化学工业出版社“十五五”普通高等教育规划教材

先进仪器测量技术

Advanced Instrumental Measurement
Techniques

占金华　陈　静　孔令帅　编著

化学工业出版社
·北京·

内容简介

《先进仪器测量技术》根据仪器的测量特点分为成分与价键分析、结构与形貌表征、物理性质测量三个部分，每部分安排5～9章，分别对大型仪器的技术概述及发展历程、基本原理、仪器结构及工作原理进行系统介绍，每章均附有2～5个实验案例，以对大型仪器的实验操作和方法进行详细指引。本书对质谱及色谱-质谱联用技术、电子探针显微分析、X射线光电子能谱、电子能量损失谱、拉曼光谱、X射线荧光光谱、核磁共振技术、电子顺磁共振波谱、电感耦合等离子体发射光谱、多晶X射线衍射、小角X射线散射、电子显微镜、原子力显微镜、激光扫描共聚焦显微镜、紫外-可见-近红外显微分光光谱仪、圆偏振荧光光谱、瞬态荧光光谱等现代仪器或测试方法均有介绍，将仪器原理、操作技能与科研实践融于一体，具有很强的指导性和参考价值。

本书可供化学、材料、生物、环境等理工科专业高年级本科生和研究生使用，亦可供科研人员和仪器测试人员参考。

图书在版编目（CIP）数据

先进仪器测量技术 / 占金华，陈静，孔令帅编著．北京：化学工业出版社，2026. 3. —（化学工业出版社“十五五”普通高等教育规划教材）. — ISBN 978-7-122-49957-8

Ⅰ. TM93

中国国家版本馆CIP数据核字第2026DM3268号

责任编辑：宋林青　　文字编辑：孙璐璐　黄福芝
责任校对：王鹏飞　　装帧设计：刘丽华

出版发行：化学工业出版社
（北京市东城区青年湖南街13号　邮政编码100011）
印　　装：大厂回族自治县聚鑫印刷有限责任公司
787mm×1092mm　1/16　印张15¼　字数396千字
2026年4月北京第1版第1次印刷

购书咨询：010-64518888　　售后服务：010-64518899
网　　址：http://www.cip.com.cn
凡购买本书，如有缺损质量问题，本社销售中心负责调换。

定　　价：48.00元

序

人类对自然界各种规律的认识是一个逐步深化、不断超越的历史进程。在这一进程中，分析测试方法与仪器的革新始终是推动科学认知跨越式发展的重要力量。现代科学仪器不仅是前沿科学研究的关键工具，更是高层次创新人才培养和社会服务不可或缺的支撑体系。通过对物质进行精准表征与测量，仪器分析为我们探索物质世界、揭示自然规律提供了根本途径，其发展水平直接关系到国家科技进步与经济社会繁荣。

当前，世界正处于新一轮科技革命和产业变革的历史交汇期，仪器科学领域亦迎来了前所未有的发展机遇。进入二十一世纪以来，随着人工智能、大数据、量子技术等颠覆性技术的融合渗透，仪器分析正向更高灵敏度、更高通量、更智能化的方向迅猛发展。面对新形势，仪器分析教材也必须与时俱进，及时反映国际前沿进展与技术趋势，才能真正服务于科技自立自强与教育高质量发展的国家战略。

《先进仪器测量技术》一书的出版恰逢其时。本书依托山东大学公共技术平台的大型仪器设备，突破传统教学框架，系统整合仪器原理与实验实践，取材新颖、结构清晰、内容详实。仪器部分不仅追溯仪器发展历程、解析基本原理与结构，更融合了国际最新研究成果，突出学科交叉与技术前沿；实验部分则立足教学实践，精选代表性实验，体现理论与应用的深度融合，彰显编写团队丰富的教学积累与专业素养。

本书兼具理论高度与实践价值，既可用作高等学校化学、材料、生物、环境等专业高年级本科生及研究生的教材，也可为科研人员、工程技术工作者提供重要参考。书中每个实验后附有参考文献，引导读者溯源前沿、拓展视野，激发创新思维与实践热情。

教育是民族振兴、社会进步的重要基石。依托高水平教材体系，培养具备仪器创新能力、交叉学科背景和战略科技视野的优秀人才，是落实教育强国战略、实现科技自立自强的必然要求。愿广大读者勤思善问、笃行务实，于分析测量之中见精微，在探索未知中追求真理，为推动我国仪器科学与技术事业的发展和全人类社会经济的共同进步贡献力量。

江桂斌

中国科学院院士

中国分析测试协会理事长

前言

物质科学是以实验为基础的重要研究领域，其发展离不开先进仪器设备的支撑。大型仪器不仅是探测物质世界的重要工具，更是培养学生创新思维和解决复杂问题能力的关键平台。近年来，山东大学大型仪器公共技术平台建设成效显著，汇聚了一批高端仪器设备与专业技术人才，为学校的人才培养、科学研究与学科交叉提供了坚实基础。

在此背景下，我们依托该平台，紧密结合大型仪器的科研属性与教学特点，将仪器原理、操作技能与科研实践融为一体，编写了这本《先进仪器测量技术》教材。本书系统整合了仪器分析的基础知识与前沿进展，旨在为高年级本科生及研究生提供系统、全面且贴近科研实际的教学资源。

本教材内容涵盖成分与价键分析、结构与形貌表征、物理性质测量等现代仪器分析核心领域，注重反映国内外最新研究成果与技术发展趋势。通过具体实验案例和详细操作指引，帮助学生深入理解仪器的工作原理与使用方法，拓展其在化学、材料、生物、环境等多学科领域的应用视野。我们期望借此激发学生的科研兴趣与创新意识，培养其自主探究、综合实践和终身学习的能力，为培养物质科学及相关领域的拔尖创新人才贡献力量。

本书由多年从事科研与教学工作的教师及专业技术人员共同编写，融入了各位编者在教学与科研中的丰富经验。每个实验均配套操作步骤、思考题和参考文献，力求兼顾实用性与前瞻性，引导学生夯实基础、积极思考、自主探索。

衷心感谢山东大学化学与化工学院、材料科学与工程学院和公共技术平台对本书编写工作的大力支持。特别感谢中国分析测试协会理事长江桂斌院士对教材的整体指导并惠赐序言，为本书增添了宝贵的学术深度。同时，向所有参与审校、提出建议的老师们致以诚挚谢意。山东大学公共技术平台的滕琪老师在本书编写和出版过程中进行了组织和协调工作，付出了大量时间和精力，对她的辛苦付出表示诚挚的谢意。

限于编写团队水平，书中难免存在疏漏与不足，恳请广大读者批评指正，使我们能在后续版本中不断改进和完善。

编者

2025 年 9 月于济南

目录

第一部分　物质的成分与价键分析

第一部分 ○ 物质的成分与价键分析

第一章　质谱及色谱-质谱联用技术　陈静、冯磊、袁进　编写
第二章　电子探针显微分析　刘树帅、王建峰　编写
第三章　X射线光电子能谱　王伟伟、付信朴、贾春江　编写
第四章　电子能量损失谱　宋克鹏、齐东卿　编写
第五章　拉曼光谱　苏捷、占金华　编写
第六章　X射线荧光光谱　孔令帅、占金华　编写
第七章　核磁共振技术与谱图解析　于群、董姝丽、贾炯　编写
第八章　电子顺磁共振波谱　王一峰、崔恩鑫、孔令帅　编写
第九章　电感耦合等离子体发射光谱　陈静、乔营、张娜　编写

第一章　质谱及色谱-质谱联用技术
Mass Spectrometry and the Coupling Technology of Chromatography and Mass Spectrometry

第一节　仪器结构与原理

一、技术概述及发展历程

质谱（mass spectrometry，MS）是一种通过测量带电离子的质荷比（m/z）和相对丰度来确定样品组成和结构的分离分析技术。质谱的发展历程可以追溯到20世纪初，早期的质谱研究工作与元素同位素测定密切相关。1912年，英国剑桥大学卡文迪许实验室的J. J. Thomson使用磁场和电场分离和测量带电粒子的质量，发现了同位素，并研制出了第一台质谱仪。1934年诞生的双聚焦质谱仪是质谱研究发展的又一个里程碑，双聚焦质谱仪大大提高了质谱仪的分辨率，为精确原子量测量奠定了基础。20世纪40年代以来，石油工业以及工农业生产领域都采用了质谱仪作为分析检测工具。在20世纪50年代以后，随着多种质量分析器的出现，质谱的分辨率得到进一步改善。有机质谱仪成为小分子有机化合物的分子量测定和结构解析的强有力工具。有机质谱的研究内容一方面是有机物离子的裂解机理，比如六元环Y-H转移重排（麦氏重排）的机理研究；另一方面是应用质谱推导有机分子结构，将质谱与紫外光谱、红外光谱、核磁共振波谱等技术结合，形成了阐明未知物结构的综合解析策略。随着质谱离子化技术的进步，质谱的应用范围拓展到了蛋白质、多肽等生物分子，特别是生物大分子的分子量测定、各级结构解析等。2002年，电喷雾电离（electrospray ionization，ESI）和基质辅助激光解吸附电离（matrix-assisted laser desorption ionization，MALDI）等技术获得了诺贝尔化学奖，开创了有机质谱研究生物大分子的新领域。随着科学研究和社会发展对复杂样品高分辨分离和精准分析的需求，质谱仪的联用技术也得到了蓬勃的发展，有机质谱的应用领域进入了生命科学和多学科交叉的范畴。

二、基本原理

质谱测量的基本原理是通过将待测分子转化为气态的、带电的分子离子和各种碎片离子，并在电磁场中进行分离，按照m/z大小进行排列，最终通过测量离子m/z和相对丰度来确定样品的组成、结构、含量的分析方法。在有机化合物结构分析方面，质谱是测定有机分子分子量，获得其元素组成、含量及阐明其分子结构的重要手段。随着质谱离子化技术的进步以及质谱联用技术的发展，质谱成为色谱分离后的又一级分离手段和检测技术，且多级质谱可以提供更加全面的结构信息，质谱成为全面获取研究对象化学信息的重要分析技术。

三、仪器结构及工作原理

1. 质谱仪器结构及串联质谱

质谱仪的种类很多，其工作原理和应用范围也有很大的不同。无论是哪种类型的质谱仪，它们都有相似的结构组成，均包括离子源、质量分析器、检测器、真空系统、显示和控制系统等几个部件(图 1-1)。其中离子源和质量分析器是质谱仪最核心的关键部件。

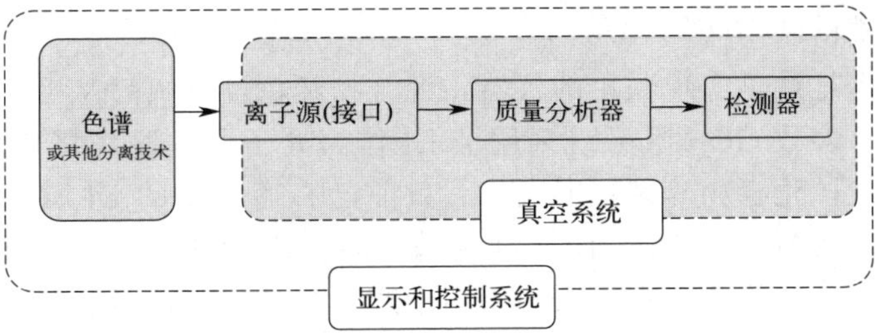

图 1-1　质谱仪及色谱-质谱联用仪的结构图

按照离子化的过程，质谱的离子源主要分为气相离子源和解析离子源两大类。在气相离子源中，分析物先被蒸发成气态，然后受激发离子化。这类离子源包括：电子电离源(EI)、化学电离源、场电离源等。在解析离子源中，固态或液态的试样不经挥发过程而直接被电离，这类离子源适用于非挥发性或热不稳定性分子的离子化，包括场解析离子源、快原子轰击离子源、MALDI 源和 ESI 源等。

扇形电磁质量分析器是历史上最早出现的质量分析器，它的工作原理是利用不同的离子在稳定磁场内偏转半径不同，将离子分开并检测。飞行时间质量分析器(time of flight，TOF)利用不同离子飞过一定距离所需的时间不同而获得分离。四极杆、离子阱、轨道阱、傅里叶变换离子回旋共振等质量分析器都是利用离子囚禁技术来实现离子的筛选和分离。每种质量分析器都有优缺点，比如扇形电磁质量分析器体积大、维护复杂，但是分析重现性好，在高分辨定量分析方面的地位是不可动摇的。四极杆质量分析器的结构简单、易加工、成本低，但是分辨率不高。TOF 最大的特点是采集速度快，质量范围较大。

把相同或者不同的质量分析器按照一定顺序串联使用形成串联质谱，可以将各种质量分析器的优势互补，使其在结构解析和定量分析中具备更加出色的性能。在典型的串联质谱中，由第一级质量分析器筛选出母离子，母离子经碰撞室碎裂后进入第二级质量分析器，分析碎片离子，形成二级质谱甚至多级质谱。随着接口技术的进步，基于不同原理的质量分析器已经很好地实现了串联，比如：三重四极杆质谱、四极杆-飞行时间质谱、四极杆-轨道阱质谱、离子阱-飞行时间质谱、离子阱-傅里叶变换离子回旋共振质谱等。除了空间串联型质谱联用仪外，人们还利用离子阱质谱、傅里叶变换离子回旋共振质谱技术开发出时间串联的多级质谱，方便地实现了多级质谱的功能，获得多达十级碎片离子，实现化合物的精准结构解析。

2. 色谱-质谱联用技术

目前环境科学、生命科学、药物分析、材料分析等领域面临的研究对象都是复杂体系，化合物的质谱响应通常会受到样本基质的干扰。利用色谱分离手段将复杂的混合物逐一分离成一个个的纯组分，然后再进入质谱进行分析，能在最大程度上解决基质效应的干扰，实现对复杂样品的多组分进行高效分离和同时定性、定量分析。在色谱柱中，由于混合物中各组分在性质和结构上的差异，它们与固定相、流动相之间产生的作用力大小不同，在两相间的分配存在差异，经过反复多次的分配平衡，该差异被逐步放大，使得各组分按照一定的规律从色谱柱中流出。质谱则是将在同一时间流出色谱柱的组分按照 m/z 值的大小进行分离。

因此，把色谱-质谱联用技术视作分离机理完全正交的二维分离，色谱质谱联用可以实现复杂样品的高分辨分离分析，全面地获取复杂分析对象的化学指纹信息，为科学研究和实际应用提供了强大的工具和方法。

（1）气相色谱质谱联用(GC-MS)

气相色谱和质谱是最早实现联用的仪器，混合物经色谱分离后从毛细管色谱柱的尾端直接导入质谱离子源。多数 GC-MS 系统采用了 EI 作为离子源和联用接口。EI 源的优点是电离效率高，重复性好，化合物碎裂程度大等。目前已有商业化的 EI 源标准谱图库，便于对未知化合物进行结构解析。GC-MS 技术对色谱柱的稳定性和载气的纯度都有较高的要求，避免因柱流失或载气不纯等原因在质谱的谱图中产生大量干扰信号。气相色谱峰的峰宽仅几秒，质谱的采集速度必须与气相色谱的峰宽相匹配，才能在一个色谱峰宽的时间内完成多次全质量范围的扫描，确保分析结果的准确性。目前，气相色谱与四极杆质谱组成的 GC-MS 联用仪和气相色谱与三重四极杆质谱组成的 GC-MS/MS 联用仪已经成为挥发性有机化合物常规检测的必备工具。

（2）液相色谱质谱联用(LC-MS)

由于液相色谱的分析对象大多是极性强、挥发性差、热不稳定的化合物，在 LC-MS 联用仪中通常使用 ESI 源作为联用接口和质谱离子源，有机分子在 ESI 源中通常可以得到分子离子峰，大分子在 ESI 源中能产生一系列多电荷离子。多电荷离子提供的信息非常有利于生物大分子的分析检测和结构解析。LC-MS 分析要求色谱流动相不能含有非挥发无机盐和表面活性剂，因为非挥发无机盐在离子化的过程中容易堵塞离子源，表面活性剂会污染离子源，抑制待测物质的离子化效率。目前，超高效液相色谱与多种串联质谱的联用已经广泛用于生物化学、环境化学、医学研究、药物研究及农林科学等各领域。

四、主要功能及代表性应用

1. 质谱及质谱联用技术在化合物结构鉴定方面的应用

GC-MS 用到的 EI 源的碎裂规律研究已经较为成熟，可以借助商业化的 EI 源标准谱图库辅助结构鉴定。在 LC-MS 分析中，ESI 源通常只产生分子离子和少量碎片离子。所以，LC-MS 中的质谱多是由两个及以上的质量分析器组成的串联质谱。串联质谱筛选分子离子作为母离子，将其在碰撞室碎裂，然后检测产生的碎片离子来进行结构解析。然而，实际样本构成复杂，化合物存在很多异构体，二级质谱碎片离子相似的情况很常见，仅依靠质谱信息难以鉴别。此时可综合考虑异构体的色谱保留行为与质谱碎裂规律，以提高化合物结构鉴定效率。

在聚合物分子和生物大分子(如蛋白质多肽、核酸和多糖等)的鉴定和结构解析研究中，MALDI 源与飞行时间质谱（TOF MS）联用(MALDI-TOF MS)也是一种比较常用的分析技术。MALDI-TOF MS 的离子源通过激光轰击待测样品与基质形成的共结晶薄膜，使基质从中吸收能量并传递给生物分子，二者间发生电荷转移而使生物分子电离。电离的生物分子在电场作用下加速通过飞行管道，根据到达检测器的时间及离子的数量得到 m/z 比值及信号值而形成相应的峰图。MALDI-TOF MS 分析的速度快，谱图中准分子离子峰很强，可同时鉴定多种大分子，在多肽、蛋白质、蛋白质组学、药物代谢研究、环境监测、食品质量控制等领域都有广泛的应用，特别是在具有糖基化修饰及 PEG 化修饰等高度复杂的多肽与蛋白质方面有显著优势。此外，借助成像软件还可以将 MALDI-TOF MS 的质谱信号转化为相应的像素点，并重构出目标分子在组织表面的空间分布图像。

2. 质谱及质谱联用技术在定量分析方面的应用

在常规的色谱分析中，同一保留时间可能含有多种不同的组分，由于不同组分峰面积叠加，对定量分析造成误差，而在 LC-MS 或 GC-MS 中采用与待测组分相对应的特征 m/z 离子的提取流图来进行定量分析，不相关的组分将不出现信号，减少组分之间的干扰。对于植物提取液、土壤提取液、体液这类十分复杂的分析对象，当中有大量的保留时间相同、分子量也相同的干扰组分存在。消除干扰的最好办法是采用色谱与三重四极杆质谱联用(GC-MS/MS 或 LC-MS/MS)。三重四极杆质谱有子离子扫描、母离子扫描、中性丢失扫描、多反应检测(MRM)四种工作模式(图 1-2)。在 MRM 模式下采集到的谱图是对干扰物进行了“三重过滤”的，即通过色谱分离过滤了保留时间不同的干扰物，通过第一级四极杆过滤了保留时间相同但分子量不同的干扰物，通过第三级四极杆过滤了保留时间相同、分子量也相同但碎片离子不同(分子结构不同)的干扰物。然后，根据色谱峰面积，采用外标法或内标法进行定量分析。基于 MRM 模式的 LC-MS/MS 和 GC-MS/MS 方法特别适用于复杂体系痕量多组分的测定，相关的分析方法在药物代谢研究、环境监测、食品安全等领域具有广泛的应用。

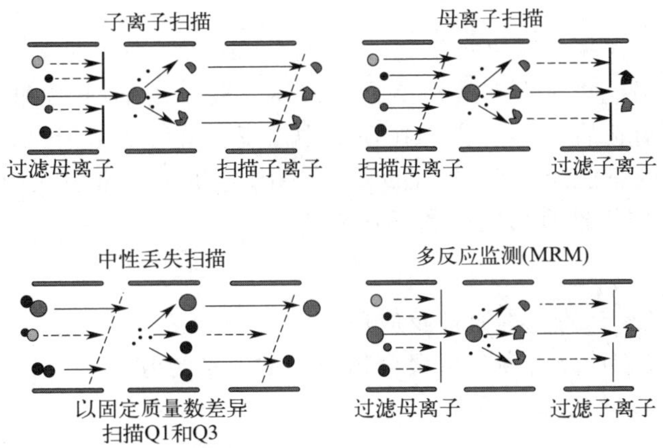

图 1-2 三重四极杆质谱的工作模式

3. 质谱及质谱联用技术在组学研究中的应用

目前，质谱及色谱质谱联用技术在蛋白质组学、表观遗传学、代谢组学等领域都表现出可观的应用前景。质谱不仅可以用于各种亲水性、疏水性化合物，蛋白质分子量的测定，还可以用于一个基因组、一个细胞、一个组织或一个有机体表达的全部蛋白质或所有代谢物的组学研究。组学研究主要有两种研究策略，一是针对样品所有组分的非靶向分析，二是根据功能为主线研究某一代谢途径的所有蛋白质、多肽、代谢物。以质谱为基础的 GC-MS 和 LC-MS 等联用技术，具有高分辨分离分析能力，灵敏度高，分析速度快，成为组学分析的主流分析平台。利用色谱质谱联用方法获得的葡萄中单萜种类和含量的指纹图谱可用于葡萄、葡萄酒的品类鉴别和产地溯源。通过分析生物体内脂质的组成和变化，揭示脂质代谢的调控机制和生物过程的变化。通过分析蛋白质的组成和结构，研究蛋白质的表达水平、修饰状态和相互作用，揭示蛋白质在生物体内的作用和调控机制。通过对生物体内的脂质进行定性和定量分析，从而研究脂质代谢的调控机制和与疾病的关联。这些应用实例表明，色谱质谱分析平台在组学分析中发挥着重要的作用。

第二节　仪器分析实验

实验 1-1　基质辅助激光解吸附电离-飞行时间质谱分析微纳塑料

Analysis of Micro(Nano)plastics by MALDI-TOF MS

MALDI-TOF MS 通过将待测样品与基质混合，形成样品-基质混合物。当激光照射到样品-基质混合物上时，基质吸收激光能量并转化为热能，从而使样品分子从基质中解吸附出来。解吸附的样品分子在激光的作用下被离子化，并通过质谱仪进行分析[1]。它能够提供高灵敏度、高分辨率和快速分析的优势，同时不需要对样品进行复杂的预处理。因此，MALDI-TOF MS 成为了生物大分子分析的重要工具之一，已被广泛应用于多肽和蛋白质、碳纳米材料、纳米塑料等大分子的分析检测[2-3]。此外，MALDI-TOF MS 也是聚合物表征的重要手段，可用于获取聚合物材料的分子量分布、嵌段、端基等结构信息，以及聚合物制备过程机理研究等[2-3]。在成像系统的辅助下，MALDI-TOF MS 还可以实现样品表面的分子成像。

目前，微(纳)塑料被视为新兴污染物，不仅因为它们自身的危害，还因为它们与环境中其他污染物的相互作用，并成为其他污染物的载体。聚苯乙烯(PS)和聚对苯二甲酸乙二醇酯(PET)约占总塑料消费的 90%，它们在环境中广泛存在[4]。由于 PS 和 PET 都是非极性聚合物，缺乏易电离的官能团，在 MALDI-TOF MS 分析中通常引入阳离子化试剂与 PS 和 PET 结合，提高这类非极性聚合物的离子化效率[5]。

【实验目的】

1. 理解 MALDI-TOF 的基本原理及应用范围。
2. 掌握 MALDI-TOF 分析高分子聚合物分子量分布的方法。
3. 了解正交实验设计的基本原理。

【仪器与试剂】

1. MALDI-TOF MS 仪。
2. PS-100 nm 微球、PS -1000 nm 微球、PET-100 nm 微球、PET-1000 nm 微球、未知样。
3. 试剂：1,8,9-三羟基蒽(DIT)、3-吲哚丙烯酸(IAA)、芥子酸(SA)、三氟乙酸银、三氟乙酸钠、三氟乙酸钾、四氢呋喃。

【实验步骤】

1. 配制样品溶液：将 PS-100 nm、PS-1000 nm、PET-100 nm、PET-1000 nm 微球分别溶解在四氢呋喃中，配制成 0.5 mg/mL 的溶液。
2. 配制基质溶液：DIT、IAA、SA 分别溶解在四氢呋喃中，配制成 10 mg/mL 的溶液。
3. 配制阳离子试剂溶液：三氟乙酸银、三氟乙酸钠、三氟乙酸钾分别溶解在四氢呋喃中，配制成 10 mg/mL 的溶液，置于暗处。
4. 分别设计基质-分析物-阳离子试剂体积比为 20∶8∶5、20∶4∶5、20∶2∶5。针对 PS-100 nm、PS-1000 nm、PET-100 nm、PET-1000 nm，利用正交实验设计制样条件，即基质、阳离子试剂、基质-分析物-阳离子试剂体积比。
5. 在正交实验设计的制样条件下，混合样品、基质、阳离子试剂，涡旋 10 s，确保充分混合。取 1 μL 混合液，采用干燥液滴法制备样品，进行 MALDI-TOF 分析。

6. MALDI-TOF 分析：设置仪器为线性正离子模式，使用 337 nm 的光源，加速电压为 19 kV，反射电压为 21 kV，延迟萃取电压为 18.56 kV，质谱采集范围为 500～10000(m/z)、8000～100000(m/z)。比较质谱信号的信噪比，选出最适合 PS-100 nm、PS-1000 nm、PET-100 nm、PET-1000 nm 的制样条件。

7. 未知样制备和分析：在相同条件下对未知样本制样、分析，对其成分和分子量进行鉴定。

【结果分析】

1. 分析最佳制样条件下的 PS-100 nm、PS-1000 nm、PET-100 nm、PET-1000 nm 的质谱图，解析谱图质谱信号的归属。

2. 计算 PS-100 nm、PS-1000 nm、PET-100 nm、PET-1000 nm 的准确的重均分子量、数均分子量和分子量分布指数。

3. 解析未知样质谱信号的归属并计算重均分子量、数均分子量和分子量分布指数，对未知样本进行鉴定。

【注意事项】

1. 不同分析物，选用的基质类型不同。为了获得理想的分析灵敏度和质谱谱图，样品与基质的配合物必须形成晶体。

2. 注意控制样本中盐的含量，严格避免样本中含有表面活性剂。

【思考题】

1. MALDI 源与 ESI 源最大的不同是什么？

2. 在 MALDI-TOF 分析中，不同物质在同一时间被离子化，往往产生复杂的质谱图，如何解决这一问题？

实验 1-2 高效液相色谱-串联质谱同位素稀释法测定磺胺类抗生素 Isotope Dilution Determination of Sulfonamide Antibiotics by LC-MS/MS

抗生素在各种常见细菌性疾病的治疗中发挥了重要的作用[6]。随着抗生素滥用问题日益严重，抗生素已被列为一种新型环境污染物。环境中抗生素的赋存特征及生态健康风险已成为研究热点。在此背景下，开发复杂体系中多种抗生素的高通量定量分析对相关研究非常重要[7]。液相色谱-质谱联用技术结合了色谱对复杂样品的高分辨分离能力[8]，以及质谱的高选择性、高灵敏度且能够提供分子量与结构信息的优点。其中，基于 MRM 模式的 LC-MS/MS 方法特别适用于复杂体系中痕量多组分的同时测定，利用稳定同位素稀释法定量分析可以进一步校正质谱信号的稳定性，消除因离子化效率不同带来的测量误差。该方法在药物分析[9]、食品分析[10] 和环境分析[11] 等许多领域得到了广泛的应用。

【实验目的】

1. 掌握 LC-MS/MS 用于多种痕量物质同时测定的方法。
2. 理解稳定同位素稀释在定量分析中的用处。
3. 锻炼基本色谱质谱知识的综合运用能力。

【仪器与试剂】

1. LC-MS/MS 联用仪、色谱柱(C18，2.1 mm×100 mm，d_p=2.0 μm)。

2. 涡旋仪、超声仪。

3. 标准样品：16 种磺胺混标溶液、磺胺嘧啶-D4 标准溶液。浓度均为 1 μg/mL。

4. 高纯水、甲醇、乙腈、硫酸镁、醋酸钠、甲酸。

5. 0.22 μm 滤膜。

6. 待测试样。

【实验步骤】

1. 配制溶液磺胺标准溶液：用甲醇/水(20/80，体积比)混合溶剂将磺胺嘧啶-D4 标准溶液稀释至 150 ng/mL。使用甲醇/水(20/80)混合溶剂将磺胺混标溶液稀释为 5、10、15、20、25 ng/mL。每个样品中均加入磺胺嘧啶-D4 作为内标，浓度为 10 ng/mL。所有样本过 0.22 μm 滤膜后保存至进样瓶中。

2. 配制流动相：流动相 A 为水，含 0.1%甲酸。流动相 B 为甲醇。实验前将流动相进行过滤和脱气处理。

3. 设定高效液相色谱分析条件：按照仪器操作规程开启 LC-MS/MS 联用仪。接入色谱柱。调整色谱条件如下：流动相流量 0.30 mL/min、柱温为 35 ℃。梯度洗脱程序为：初始 10%B，第 5 分钟 80% B，第 6 分钟 100% B，第 6.1 分钟 10% B，第 8 分钟 10% B。

4. 建立磺胺抗生素 MRM 检测方法：

① 将质谱设置为 ESI 正离子全扫描模式，取 1 μg/mL 磺胺标准溶液进行分析，记录磺胺抗生素和内标的质谱母离子。

② 将质谱设置为 ESI 正离子子离子扫描模式，取 1 μg/mL 磺胺标准溶液进行分析，记录磺胺的质谱子离子。

③ 将质谱设置到 ESI 正离子 MRM 模式，取 1 μg/mL 磺胺标准溶液进行分析，记录磺胺母离子-子离子对的 MRM 检测条件，形成 MRM 检测方法。

5. 待测样本前处理：称取 1 g 待测试样，加入 2 mL 水、2 mL 乙腈、2 g 硫酸镁、0.5 g 醋酸钠。将上述混合物涡旋 30 s，以 6000 r/min 转速离心 10 min。取 900 μL 上清液，加入 100 μL 浓度为 150 ng/mL 磺胺嘧啶-D4 标准溶液，用 0.22 μm 滤膜过滤至色谱进样瓶。

6. 样品分析：步骤 3 设定的色谱条件和步骤 4 设定的质谱条件下，对磺胺标准溶液和待测样本进行 LC-MS 分析，进样量 5 μL，记录各样本中磺胺的保留时间和峰面积。

7. 实验完毕，按照仪器操作规程清洗色谱柱，将仪器设置为待机状态。

【结果分析】

1. 利用外标法对 16 种磺胺抗生素进行定量分析。

2. 利用磺胺嘧啶-D4 作为内标，对磺胺嘧啶进行定量分析。比较外标法和同位素稀释内标法的定量分析准确度。

【注意事项】

1. 安装色谱柱时，注意不要接反方向。

2. 所有样本均应过滤除去颗粒物后再分析。

【思考题】

1. 简要解释选择磺胺抗生素质谱检测离子的原因。

2. 简述 LC-MS/MS 分析中影响化合物质谱响应强度的因素。

3. 使用同位素内标的优点有哪些？

实验 1-3　基于超高效液相色谱-四极杆-轨道阱质谱的代谢组学用于蜂蜜溯源分析 Metabolomics Study for Honey Traceability Analysis Using UPLC-Q-Orbitrap MS

蜂蜜中的特征代谢产物受植物源的生物合成途径、地理气候、储存方式等多种因素的影响，可作为蜜源鉴定、产地鉴别的依据[12]。LC-MS，尤其是超高效液相色谱（ultra-high performance liquid chromatography，UPLC）与高分辨质谱的联用技术的代谢组学分析可以全面获取蜂蜜中所有代谢产物的质谱信息[13]，结合化学计量学统计方法，能够对不同蜜源蜂蜜进行差异识别，从植物代谢组学角度揭示不同蜜源蜂蜜的差异性以及特征化合物。近年来，基于该技术的代谢组学分析[14] 在产地鉴定、品质鉴别、掺假掺杂鉴定等方面得到了广泛应用[15-16]。

代谢组学研究中常常涉及大量的代谢物数据，这些数据通常具有高维度。主成分分析（principle components analysis，PCA）将高维的代谢物数据降维到 2～3 个主成分，其中每个主成分都能够反映原始变量的大部分信息，这样可以将高维的代谢组数据在二维或三维空间中展示出来，帮助我们观察样本的聚类情况和提取对聚类有贡献的代谢物数据[17]。

【实验目的】

1. 理解超高效液相色谱、高分辨质谱的基本原理。

2. 掌握代谢组学中质量控制样本（QC）的设计和应用。

3. 了解色谱质谱分析中复杂样品的前处理技术和多变量统计分析的一般方法，以及代谢组学的前沿应用。

【仪器与试剂】

1. 超高效液相色谱-四极杆-轨道阱质谱仪、平行浓缩仪、固相萃取仪、分析天平、涡旋仪、超声仪、高速离心机、移液器、数据统计分析软件。

2. UPLC HSS T3 色谱柱（100 mm ×2. 1 mm，1. 8 μm）、C_{18} 固相萃取小柱、0. 22 μm 有机滤膜、2 mL 过滤器、移液器吸头。

3. 试剂：盐酸溶液（0. 01 mol/L）、甲醇、超纯水、0. 1%甲酸水溶液、0. 1%甲酸乙腈溶液、洋槐蜜、椴树蜜。

【实验步骤】

1. 每种蜂蜜取 7 个样本，随机选取 1 个样本为溯源对象，其余 6 个样本为建模样本。

2. 每个样本称取蜂蜜样品 2 g（精确至 0. 01 g），加入 10 mL 浓度为 0. 01 mol/L 盐酸溶液，涡旋混匀，超声提取 30 min，以 10000 r /min 转速离心 5 min，取上清液待净化。

3. Oasis HLB 固相萃取小柱分别用 1 mL 甲醇和 3 mL 盐酸溶液（0. 01 mol/L）依次活化和预平衡后，将样品上清液转移至固相萃取小柱，待样品试液全部流出后，先用 10 mL 盐酸溶液（0. 01 mol/L）淋洗小柱除去糖类及强极性分子，再用 10 mL 甲醇洗脱，收集洗脱液在平行浓缩仪浓缩至 1 mL，经 0. 22 μm 有机滤膜过滤，待上机测定。

4. QC 样本的制备：2 种蜂蜜共 14 个样品经预处理后，各取 100 μL 等量混合制成 QC 样品，用于监测 LC-MS 分析的稳定性。

5. 设置 UPLC-Q-orbitrap 的操作条件。①UPLC 分离条件：采用 Acquity UPLC HSS T3 色谱柱（100 mm×2.1 mm，1.8 μm），以 0.1%甲酸水溶液为流动相 A，0.1%甲酸乙腈溶液为流动相 B，按照体积比进行梯度洗脱。0～0.2 min，98%A；0.2～6 min，98%A～0%A；6.1～8 min，98%A；流速 0.3 mL/min，柱温 35℃，进样量 2 μL。②质谱检测条件：ESI 正离子检测模式，质量扫描范围为 50～1200（m/z），锥孔电压为 40 V，毛细管电压为 3.0 kV，离子源温度 120 ℃，脱溶剂气温度 450 ℃，脱溶剂气体积流量 900 L/h，锥孔气体积流量 50 L/h，碰撞能量 10～45 eV。

6. 样品分析：共分析 12 个建模样品、2 个待溯源样品、3 个 QC 样品。样品随机排列，在分析序列的前、中、后段插入 QC 样品。

【结果分析】

1. 对得到的所有样品的原始数据进行峰识别、峰对齐、标度换算等处理，获得包括 m/z、保留时间和峰面积的三维数据矩阵。

2. 在 3 个 QC 样品中选取 5～10 个质谱峰，用于评价分析过程中质谱信号的稳定性，要求质谱峰强度的变异系数小于 10%。

3. 对两类蜂蜜样品及待鉴别样品的数据进行 PCA 分析，观察两类蜂蜜样品在 PCA 得分图上的聚类情况，对待溯源样本进行来源鉴别，选出 5 个对聚类贡献最大的代谢物。

【注意事项】

1. 预处理蜂蜜时，应密切观察平行浓缩的情况，切勿过度干燥造成易挥发代谢物损失。

2. 本实验作为教学实验，设计的样本量偏小。在实际的代谢组学分析中，样本量的设计应符合统计分析的要求。

【思考题】

1. 代谢组学对色谱质谱分析技术的要求是什么？

2. 代谢组学的应用领域有哪些？

【参考文献】

[1] Nielen M W F. Maldi time-of-flight mass spectrometry of synthetic polymers [J]. Mass Spectrometry Reviews, 1999, 18 (5): 309-344.

[2] Wang Z, Saadé N K, Ariya P A. Advances in ultra-trace analytical capability for micro/nanoplastics and water-soluble polymers in the environment: Fresh falling urban snow [J]. Environmental Pollution, 2021, 276: 116698.

[3] Wu P F, Tang Y Y, Cao G D, et al. Determination of environmental micro (nano) plastics by matrix-assisted laser desorption/ionization-time-of-flight mass spectrometry [J]. Analytical Chemistry, 2020, 92 (21): 14346-14356.

[4] Ma Y N, Huang A N, Cao S Q, et al. Effects of nanoplastics and microplastics on toxicity, bioaccumulation, and environmental fate of phenanthrene in fresh water [J]. Environmental Pollution, 2016, 219: 166-173.

[5] Liu S W, Zhao H, Liu Z Y, et al. High-performance micro/nanoplastics characterization by MALDI-FTICR mass spectrometry [J]. Chemosphere, 2022, 307: 135601.

[6] Tian W L, Gao L Y, Zhao Y Z, et al. Simultaneous determination of metronidazole, chloramphenicol and 10 sulfonamide residues in honey by LC-MS/MS [J]. Analytical Methods, 2013, 5 (5): 1283-1288.

[7] Ghareghani S, Goudarzi S, Amirahmadi M, et al. Development and validation of a multi-residue method for determination of antimicrobial sulfonamides, macrolides and quinolones in Iranian feta cheese by SPE clean-up and LC-MS/MS [J]. International Dairy Journal, 2023, 137: 105506.

[8] Whitehouse C M, Dreyer R N, Yamashita M, et al. Electrospray interface for liquid chromatographs and mass spectrometers [J]. Analytical Chemistry, 1985, 57 (3): 675-679.

[9] Petrović M, Hernando M D, Díaz-Cruz M S, et al. Liquid chromatography-tandem mass spectrometry for the analysis of pharmaceutical residues in environmental samples: A review [J]. Journal of Chromatography A, 2005, 1067 (1/2): 1-14.

[10] 陈伟妍，何洁怡，彭嘉宜，等．液质联用仪在动物源食品中喹诺酮类和磺胺类药物残留检测方法的研究［J］．中国食品工业，2022（17）：108-111.

[11] Campanale C，Massarelli C，Losacco D，et al. The monitoring of pesticides in water matrices and the analytical criticalities：A review［J］．TrAC Trends in Analytical Chemistry，2021，144：116423.

[12] Bankova V S，de Castro S L，Marcucci M C. Propolis：Recent advances in chemistry and plant origin［J］．Apidologie，2000，31（1）：3-15.

[13] Zhou J H，Yao L H，Li Y，et al. Floral classification of honey using liquid chromatography-diode array detection-tandem mass spectrometry and chemometric analysis［J］．Food Chemistry，2014，145：941-949.

[14] Nicholson J K，Lindon J C，Holmes E. 'Metabonomics'：Understanding the metabolic responses of living systems to pathophysiological stimuli *via* multivariate statistical analysis of biological NMR spectroscopic data［J］．Xenobiotica，1999，29（11）：1181-1189.

[15] Wu B F，Wei F，Xu S L，et al. Mass spectrometry-based lipidomics as a powerful platform in foodomics research［J］．Trends in Food Science & Technology，2021，107：358-376.

[16] Zhong P，Wei X Q，Li X M，et al. Untargeted metabolomics by liquid chromatography-mass spectrometry for food authentication：A review［J］．Comprehensive Reviews in Food Science and Food Safety，2022，21（3）：2455-2488.

[17] Ren S，Hinzman A A，Kang E L，et al. Computational and statistical analysis of metabolomics data［J］．Metabolomics，2015，11（6）：1492-1513.

第二章　电子探针显微分析
Electron Probe Microanalysis

第一节　仪器结构与原理

一、技术概述及发展历程

1932 年，克诺露(M. Knoll)和鲁斯卡(E. Ruska)设计和制造了第一台电子显微镜。1939 年，德国西门子(Siemens)公司生产了第一台商品透射电子显微镜，其分辨率优于 100Å (1Å=10^{-10}m)。随着电子显微术理论和技术的不断发展，人们能逐渐深入地研究物质的微观形貌和晶体结构。同时促使许多科学工作者探索解决能否在进行微区形态观察的同时又进行微区成分分析的问题。卡斯坦(R. Castaing)首先在这方面获得了成功。1949 年，在第一届欧洲电子显微学会议上，卡斯坦描述了他的电子探针 X 射线显微分析仪。该仪器用直径 1 微米左右的聚焦电子束作激发源，用盖革计数管检测由样品发出的 X 射线进行一般的定性分析。之后，又在仪器上加上约翰逊全聚焦分光谱仪，使定量分析成为可能。

特别值得一提的是卡斯坦的杰出的博士论文。这篇论文奠定了电子探针分析的原理、实验技术和定量计算的基础，被人们誉为电子探针显微分析这一学科的经典著作。当然，卡斯坦的贡献是建立在前人工作的基础上的。远在 1913 年，莫塞莱(H. G. J. Moseley)就发现，特征 X 射线频率与发射 X 射线的原子的原子序数平方之间存在线性关系。这就是著名的莫塞莱定律，其表达式为：

$$\nu = C(Z-\sigma)^2 \tag{2-1}$$

式中，ν 为特征 X 射线的频率；Z 为原子序数；C 和 σ 为常数(对 K 线，$C=2.48\times10^{15}$，$\sigma=1$)。同年，威廉•亨利•布拉格(W. H. Bragg)和威廉•劳伦斯•布拉格(W. L. Bragg)又创立了著名的布拉格定律：$2d\sin\theta = n\lambda$。式中，d 为晶体的晶面间距，Å；θ 为 X 射线的入射角；λ 为 X 射线的波长。

莫塞莱定律和布拉格定律奠定了 X 射线分光化学分析的基础，加上二十世纪三十年代以来在电子显微镜发展过程中逐步完善起来的电子光学技术以及随后德布尔 (J. H. de Boer) 和约翰逊(H. H. Johnson)设计和制造的弯晶 X 射线谱仪等，所有这些为卡斯坦的工作打下了物理基础和实验技术基础。

基于卡斯坦在 ONERA 的设计，法国 CAMECA 公司于 1985 年提供第一台电子探针商品仪器，取名为 MS-85。此后，许多人致力于完善和发展由卡斯坦首先提出的将 X 射线强度比转换为元素质量浓度的定量处理方法。当今，样品中主要组分经电子探针定量分析后，其准确度能达到相对误差在 1%～2%以内。同时，具有大晶面间距的分光晶体的应用，使电子探针能测定包括铍(原子序数为 4)在内的超轻元素。场致发射电子枪和六硼化镧阴极电子枪的应用，大大提高了电子枪的亮度。另外，随着电子光学、微电子学、X 射线能谱技术和计算机技术的发展，电子探针仪器不断更新换代，性能不断改善，朝着小型化、多功能化和自动化的方向不断进步。

1958 年，科斯特勒(C. S. Cosslett)和邓康姆(A. V. Duncumb)在英国剑桥大学卡文迪许实验室设计和制造了第一台扫描电子探针，从而实现了在电子探针仪器中能使电子束在样品表面进行二维面扫描。他们用背散射电子或特征 X 射线等信号来调制显像管的亮度，从而得到样品表面形貌和元素的面分布信息。这样，电子探针不仅能用于定点定量分析，还能进行表面形貌特征和元素分布情况的观察和记录，使电子探针具有通常定量分析仪器不可比拟的独特优越性。随着电磁透镜的发展，电子探针的空间分辨率逐步提升，目前，市面上成熟的场发射电子探针最小束斑尺寸可达 50 nm，进一步将分析提升至亚微米水平。

二、基本原理

当高能入射轰击到样品表面后，会激发多种电子信号，诸如二次电子，背散射电子，特征 X 射线，俄歇电子等。各种信号的种类见图 2-1。

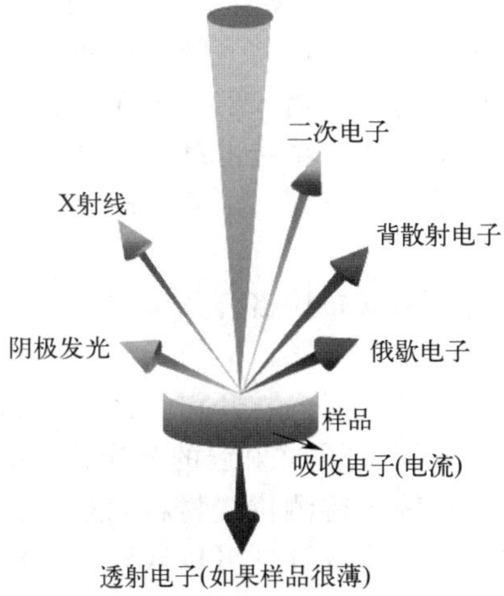

图 2-1　电子束与样品交互作用激发的信号种类

由于不同信号源能量的差异，不同信号来源于样品表面的深度存在较大差异。二次电子是物质原子层面结构上最外层电子逃逸后形成的电子信号集群，其能量较低，大部分来源于材料表面 10 nm 以内的区域(见图 2-2)。因此，二次电子信号可以获取样品浅表层的信息，常作为电子显微镜高分辨成像的信号源。而背散射电子是高能入射电子撞击原子核后，经弹性碰撞反弹逃逸的入射电子集群。通常，在近表层 300 nm(见图 2-2)以内的弹性碰撞，背散射电子可以顺利逃离材料表面，被探测器捕获，表面深处的背散射电子信号会在反复碰撞过程中能量衰减，无法被探测器捕获。鉴于背散射电子信号的产额取决于原子核质量，因此，背散射电子信号用来呈现成分像，亦根据形貌衬度的明暗，反馈材料原子序数的高低。

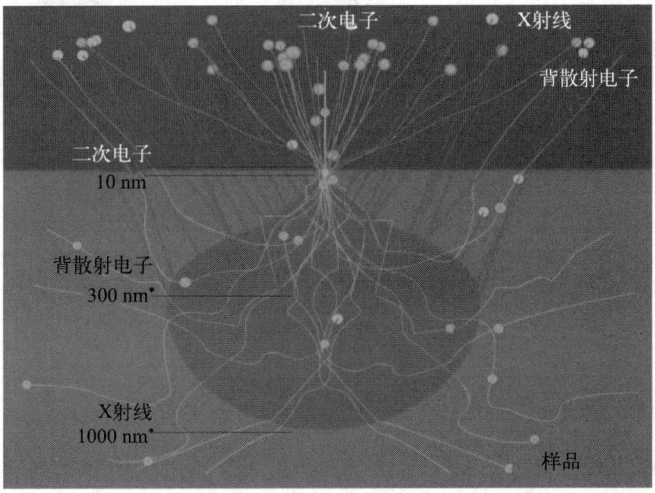

图 2-2　电子束与样品交互作用激发的信号的激发区域大小

特征 X 射线为高能电子入射到试样时，试样中元素的原子内层(如 K、L 层)电子将被激发到较高能量的外层(如 L 或 M 层)，或直接将内壳层电子激发到原子外，使该原子系统的能量升高(激发态)，原子较外层电子将迅速跃迁到有空位的内层，以填补空位降低原子系统的总能量，并以特征 X 射线或 Auger 电子的方式释放出多余的能量。即产生的 X 射线能量为两个壳层的能量差，如 $E_{K\alpha}(Fe)=E_K(7.11\,keV)-E_L(0.71\,keV)=6.40\,keV$，而特征 X 射线能量通常较高，因此，探测器可探测到近表面 1000 nm(见图 2-2)以内深度的特征 X 射线信号。从根源上讲，电子探针显微分析是微米与亚微米尺度微区成分分析的一种检测方法。

电子探针核心部件为谱仪系统，俗称波谱系统，尽管电子探针整套设备的结构较为复杂，且应用过程中存在较多难点(多归因于特征 X 射线庞大的线系，不同元素之间的相互干扰极为复杂)，波谱系统的基本原理实则较为简单。整个谱仪系统核心部件为分光晶体(通常为人造晶体，且晶面间距已知)、探测器(通常为正比计数器)(见图 2-3)以及控制分光晶体运动的马达。当入射电子在待测样品表面激发特征 X 射线信号后，特征 X 射线进入波谱系统，整个波谱系统可理解为动态罗兰圆。在测试过程中，待测样品表面、分光晶体、探测器三者始终位于同一个罗兰圆上。因此，三者的几何关系满足：

$$L=2R\sin\theta \tag{2-2}$$

同时，根据布拉格公式可知：

$$2d\sin\theta=n\lambda \tag{2-3}$$

由此推算出，几何关系中的 L 与特征 X 射线的波长存在正相关关系。因此，我们可以根据不同特征 X 射线的分光位置，反推特征 X 射线的波长，从而获取特征 X 射线的种类，进而推断出待测位置材料元素种类。进一步地，通过探测器对特征 X 射线信号量的收集与后续的数值统计，可以获取某一材料中不同元素的具体含量。

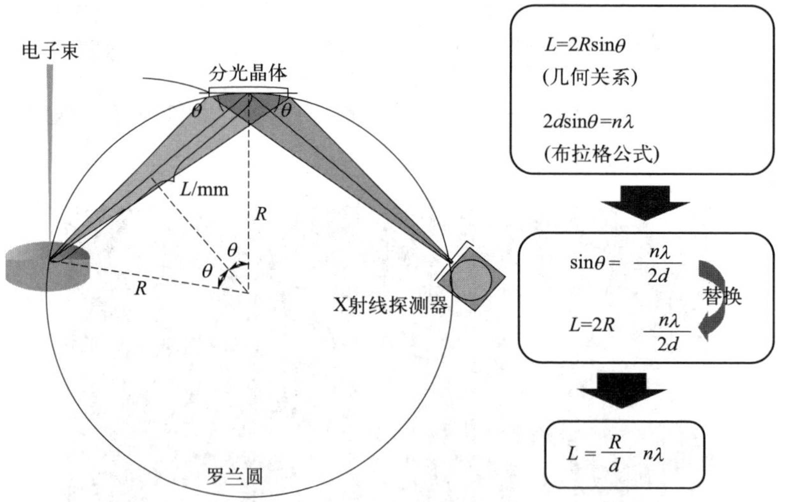

图 2-3　电子探针基本原理

三、仪器结构及工作原理

电子探针仪器的结构如图 2-4 所示，一套完整的设备包括电子光学系统、稳定的样品台系统(机械定位精度可达 0.2 μm，确保多区域采集的准确性)，以及可靠的谱仪系统。

电子光学系统主要由电子枪(负责产生高能电子束)、电磁透镜(负责会聚电子束)以及扫描线圈(负责控制电子束的摆动)组成，大部分结构与常规的扫描电子显微镜完全一致，不同的是电子探针的电子束束流较大，最大可达 3 μA(3000 nA)，且长时间测试过程中，为了确

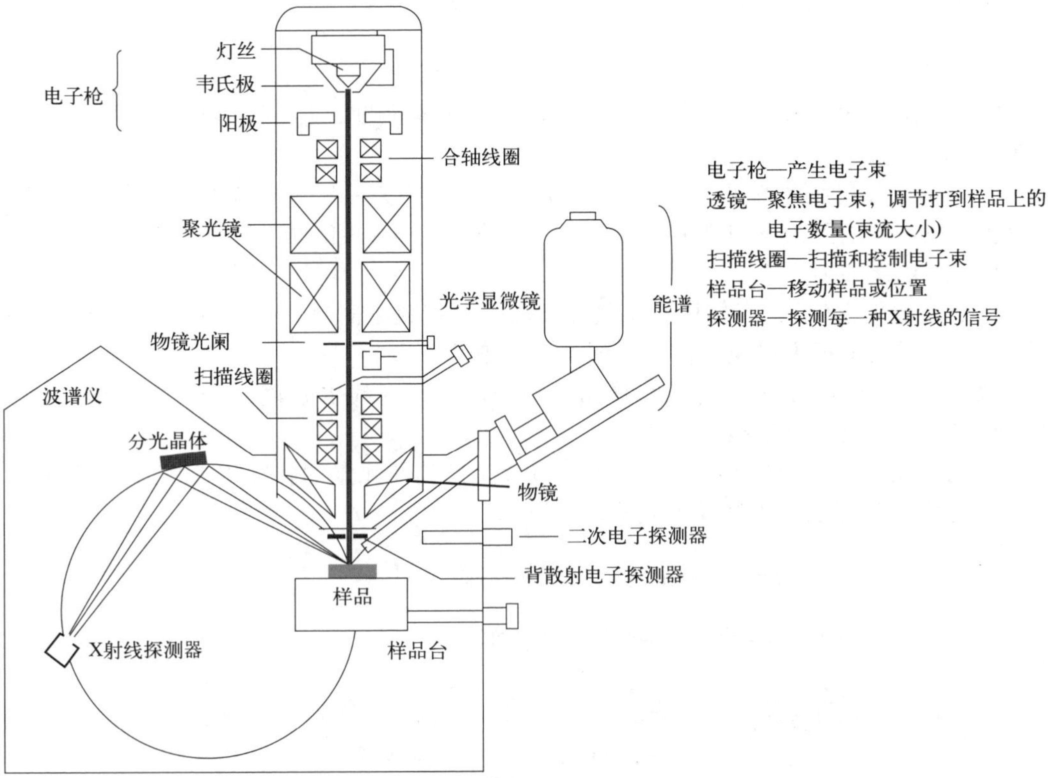

图 2-4　电子探针仪器的结构

保不同位置测试条件一致，需要稳定的束流进行支撑。因此，探针的电子光学系统主要向大束流、高稳定性的方向靠拢，电子探针通常会配备法拉第杯(束流探测器)，用来精确监控电子束束流的大小。

样品台系统主要是由一套稳定的机械结构组成，机械重复定位精度可达 0.2 μm，定位精度极高，确保在不同位置点分析、长距离线分析，以及大范围面分析过程中，重复采集样品表面信号位置的稳定性，这是扫描电镜无法比拟的。

谱仪系统由一套光镜(OM)、分光晶体，以及 X 射线探测器组成。光镜是电子探针上独特的一个单元，主要利用光学显微镜景深小的特点，用来标定待测样品的高度位置，确保样品待测位置在罗兰圆上。分光晶体是谱仪系统的核心。分光晶体主要包含两种，全聚焦分光晶体与半聚焦分光晶体。全聚焦分光晶体价格较为高昂，但信号的衰减较小，能够更好地收集信号。半聚焦分光晶体是对平晶式的一个巨大改进。弯曲的晶体可以将更大立体角内发出的 X 射线“收集”并反射，但因为它只弯曲了晶体块，没有弯曲晶格面，所以不具备严格的点对点聚焦能力。它实现的是“线聚焦”或“准聚焦”，因此，被称为半聚焦分光晶体，相比全聚焦式，半聚焦分光晶体制造容易，成本低，耐用，但其分辨率以及信号强度低于理想的全聚焦分光晶体。X 射线探测器主要收集特征 X 射线，并对 X 射线的信号进行计数，用来计算待测元素的含量。

电子探针定量计算特征元素的原理如图 2-5 所示。利用电子束轰击已知精确含量的标准样品(如铁单质标样，Fe 的含量为 99.999%)，从而获取已知含量对应的特征 X 射线强度，记录未知样品的 cps(单位时间、单位束流，特征 X 射线的计数强度)；然后使用相同的电子束条件(加速电压必须一致，通常束流可保持一致)，去轰击未知样品表面，利用与已知样品间的线性关系，获取未知样品的含量，见公式：

$$C_{unk}=\frac{I_{unk}}{I_{std}}\times C_{std} \tag{2-4}$$

式中，C_{unk} 代表未知元素含量；I_{unk} 代表未知元素强度；I_{std} 代表标准样品强度；C_{std} 代表标准样品含量。

然而，特征 X 射线的强度与含量并非真正的正比例关系，其产额除了与样品中某一元素的含量有关，最主要的影响因素包含三个，通常称为 ZAF 影响。ZAF 为以下三种效应首字母的简称，依次如下：

① 原子序数效应(Z)：当标样的待测样品的原子序数不同时，产生 X 射线的效率会随入射到样品的电子能量损失以及背散射电子产额而变化；

② 吸收效应(A)：部分 X 射线在样品中被吸收，X 射线的强度会变低，且样品对 X 射线的吸收与样品的成分息息相关；

③ 荧光效应(F)：被探测的 X 射线中，包含少量其他元素的特征 X 射线或连续 X 射线，这部分 X 射线的强度取决于样品的组成。

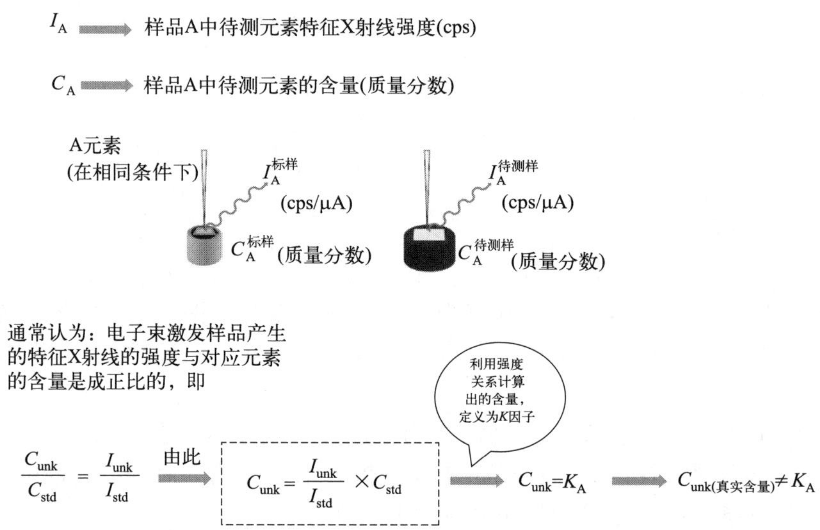

图 2-5 电子探针定量计算特征元素的原理

因此，未知样品的真正含量可归结为

$$C_{unk}=\frac{I_{unk}}{I_{std}}\times C_{std}\times ZAF \tag{2-5}$$

其中 ZAF 系数通过国外研究者的大量数值统计工作得以确定，目前已被商业化软件使用。

四、主要功能及代表性应用

电子探针最大的优势是可以对未知样品微区进行有标准定量分析。鉴于电子探针为高真空环境下的高能电子微束分析技术，因此，电子探针对样品的要求较高，基本要求包括以下几点：

① 在电子束照射下和低真空环境下稳定。

② 导电(若不导电则镀碳或镀金处理)。

③ 尺寸合适(一般)。

④ 样品表面平整(一般样品要打磨抛光，若多相之间无法通过成分像分辨，则样品可轻微腐蚀)。

由于对样品状态的严格要求，电子探针主要应用于：①块体材料的研究工作，包括金属块体、无机材料等；②地质科学以及其他相关方向材料成分的研究工作。

1. 电子探针在金属材料分析中的应用

(1) 合金中的相与夹杂物分析

使用电子探针来分析合金中的相及夹杂物的一大优势在于，能使材料成分信息和物质形貌特征形成对照，且能够对夹杂物中存在的每个相进行识别，使材料分析的结果更为准确[1]。以合金夹杂物为例，我国钢厂曾出现生产出的钢铁内含点状夹杂物的情况，导致生产的钢铁产品合格率降低。按照传统材料分析方法，该点状夹杂物的主要成分为硅酸盐。随后我国钢厂通过增加插铝的次数来将其消除，结果与期望不符，点状夹杂物含量反而呈现上升趋势。后来采取电子探针方法检测发现，该点状夹杂物为复合相，主要成分与保护性炉渣接近，产生原因是冶炼炉渣温度较低，钢水出现破渣上升。依据此结构，钢厂将炉渣温度升高，钢铁的合格率也由开始的50%上升到理想的95%。

电子探针与波谱仪组合可形成能够配合结构分析的组合仪器。科学家曾用这种组合仪器对18-8型不锈钢进行了晶界析出相分析。伴随着图像处理技术的升级，使得现在的材料分析可以按照夹杂物内物质的浓度差或元素的类型予以各样式的分布统计及呈现定量相的分析结果。

(2) 扩散反应分析

在扩散研究中起到较大推动作用的是放射性同位素的研发与应用。而利用电子探针结合图像处理仪形成的浓度-深度曲线不仅比上述提到的放射性同位素法更为方便，而且准确率也得到了较大提升，但由于电子探针分析方法无法在自扩散中发挥作用，因此不能全然代替放射性同位素法。在扩散研究中除了自扩散还有反应扩散现象，该现象在金属类材料的加工及各种反应中广泛出现，如热处理、氧化、腐蚀等。利用电子探针可以清晰地观察物质反应扩散时元素的转化及新物质的生成[2]。例如，由NbTi超导合金和复合铜为原材料的多股超导线，Cu-Ti两种成分间由于加工不当很容易出现脆性金属间相，导致生产的多股超导线成品率较低。在对所涉及的生产原材料间的扩散反应进行逐一研究后发现，500℃时即会生成金属间相，当改变退火时间条件和温度条件时，此相会加厚且生成新相。研究还显示出金属Cu和Nb间不会发生反应扩散现象，而Ti元素会与界面上的Cu结合生成Cu_3Ti型物质，使边界处的Nb浓度升高，形成一层阻隔层，使Ti元素无法实现进一步的扩散，随后都是Cu元素沿着NbTi物质的结晶晶层向其内部扩散，再次与Ti形成不同的化合物。除了热处理，电子探针还能在如氧化腐蚀类的表面改性反应中，探索到元素的迁移，为改进工艺、合成新物质提供有力助力。

(3) 合金相图分析

采用电子探针检测合金相图常见的有两种方法，一是扩散偶法，利用两种金属或合金制成扩散偶，升温一段时间后退火，测量不同物质的浓度曲线，得到二元或者三元系的等温截面，也可利用三种浓度较纯的金属制成"品"字形的扩散偶测量其三元系相图；二是退火淬火法，将多种相位共存的样品放在一起，升温一段时间后退火，使合成物达到平衡后实施淬火，随后利用电子探针测量混杂物各相的成分，并绘制该温度下的等温截面。

以上两种方法的优势在于，不仅降低了样品的数量，而且可以直接测量混合物的均匀性。若退火后混合物各相平衡，既可获得各相的成分，也可获得连接线；若退火后混合物各相未达到平衡，则可通过测定相界面两边的物质成分计算出相界，以此获得未平衡状态下的低温相图。比如科学家探究魏氏组织在铁陨石中的形成与反应过程，利用电子探针制定出了不同温度下的 Fe-Ni-P 相图。将温度从 550 ℃降低 300 ℃的过程中，铁素体沉淀析出。科学家利用分析电镜得到了低温相图来解释这一现象的形成过程。目前，使用电子探针对合金相图进行测定的方法已在国内外广泛地应用，在未来可能会在稀土的研究、合金的探索方面发挥更大的作用。

（4）显微偏析

对合金元素的偏析会对材料的性能产生较大的影响。研究表明，许多金属材料出现失效的现象与元素偏析存在一定的关联性。随着世界航空航天事业的发展，对材料性能的要求也更为严格，科研人员研发出越来越多的金属材料，现阶段微量元素的分析以及对材料性能的影响已经成为研究的热点，质量分数为 ppm($1\ ppm=10^{-6}$)级别的微量杂质可能会对制造出的合金性能影响较大。如高温合金凝固过程中，杂质会随之进入凝固区，测定发现合成物中存在较多的 P、Si 等微量杂质，其中 P 元素的偏析度最高可至 1000 ppm（C 偏析度 /C 基体）。P 元素这一混杂物的存在直接导致合金的最终凝固温度下降到 1100 ℃。由此不难得出，在分析新研发的金属性能时，以电子探针检测 P 元素的含量为检测标准可大大提升其测定准确率。根据电子探针分析结果可以推断，如开发具有优异性能的合金，需要降低金属中 P 元素的含量，同时对 Si、B 等微量元素的含量也需加以控制。这可通过改变合金开锻温度的条件来减少变形抗力，使热加工技能得到提升。

（5）轻元素分析

轻元素指的是碳、硼、氧、氮等元素，该类元素的分析一直是材料分析从业人员的难题。现阶段对于此类元素的定性定量分析还存在不少需要修正的问题，具体为：其一，轻元素信号强度较低。这主要是由轻元素在 X 射线产额方面存在能力不足和长波辐射易被吸收这两方面原因所导致的。其二，化学键合的影响。在对轻元素的特征 X 射线进行激发时，可能涉及键合电子，键合电子的存在会让特征 X 射线的强度及形成的谱线形状变得不稳定。研究表明，由键合电子引发的不稳定现象会使结果出现 30%左右的误差。其三，受谱线干扰。重元素会生成高次射线，使其谱线出现重叠或者背景升高等现象。其四，与轻元素强度相关的分布函数暂无实验数据支撑，现存的与吸收系数相关的数据缺乏说服力等。所以，电子探针对金属材料中轻元素的分析还存在一定的问题，需要科研人员继续研究开发新的功能，使电子探针分析法发挥更大的作用。

2. 电子探针在地矿材料研究中的应用

（1）电子探针在石英研究中的应用

石英(SiO_2)是地壳岩石主要的造岩矿物之一，广泛分布于各种地壳岩石和热液矿脉中。它的化学成分虽然单一，但少量的 Al、Ti、Mn、Fe、Li、Ga 和 P 等元素也能够进入石英晶格中，致使不同地质环境下石英微量元素的种类和含量存在较大差异。因此，石英微量元素在示踪成矿岩浆 /流体来源和演化、揭示变质作用过程以及判别沉积环境等方面具有重要意义[3]。例如，石英 Ti 温度计的提出被广泛应用于估算岩浆岩和变质岩的形成温度；石英中 Al 含量的变化能够反演热液矿床成矿流体酸碱度的改变。

目前，石英微量元素原位分析方法包括 SIMS、LA-ICP-MS 和 EPMA。SIMS 分析具有最高的灵敏度和分析精度，并能分析 H 元素，但它缺乏高质量的基底匹配外标，分析时间较长且成本较高。LA-ICP-MS 虽能同时分析几十种元素且检测限较低，但其空间分辨率低，受不同元素的干扰、分馏效应及记忆效应的影响较大。再者，由于石英是激光能量吸收度较小的矿物，在激光下剥蚀行为较差，剥蚀坑会出现菱角并发生溅射，极大影响测试的准确度。EPMA是目前最适合分析石英微量元素的原位微束分析技术，一是因为石英中具有重要指示意义的Ti和Al的含量通常为数十到数百个ppm，适合EPMA分析检测；二是因为EPMA高空间分辨率和样品无损的特性，可以最大程度获取石英中Ti和Al的高精度成分信息。

Müller等．首次报道使用EPMA在20 kV和200 nA的工作条件下分析石英中Na、Al、K、Ti和Fe五种元素的含量，并获得10～60 ppm的检测限(1σ)，而相对误差为6～12 ppm。此后，Wark和Watson利用电子探针在15 kV加速电压、150 nA束流及300 s峰位测试时间的条件下对实验样品进行分析并建立石英Ti温度计。Ti的检测限为20 ppm(1 σ)，单点分析时间为11 min。目前，国际上技术先进的电子探针实验室正不断地开发新方法，致力于降低石英Ti和Al的检测限。尽管有少量的实验室能将Ti和Al的检测限降至10 ppm以下，但都存在分析时间较长的缺陷。Donovan等通过改变背景模型，采用多谱仪计数方式成功将Ti的检测限降至2～3 ppm(1σ)，并将Al的检测限降至6～7 ppm(1σ)，但其单点分析时间长达33 min。此外，缺乏对测试结果准确度和精确度的可靠性评估是目前石英微量元素电子探针分析存在的关键问题。

(2) 电子探针在橄榄石研究中的应用

橄榄石[$(Mg,Fe)_2SiO_4$]是上地幔最主要的造岩矿物，体积占比通常超过60%。除Mg、Fe和Si外，橄榄石还含有丰富的Ni、Mn、Ca、Al、Ti、Cr、Co、Zn和P等微量元素。这些微量元素在揭示基性岩浆源区物质组成、地幔岩石温压条件、氧逸度环境和岩浆演化动力学过程等方面发挥着重要作用。尽管LA-ICP-MS能够准确获得橄榄石微量元素的成分，但是对于具有复杂成分环带和大量包裹体的岩浆结晶成因的橄榄石来说，LA-ICP-MS分析束斑过大(>60 μm)，无法准确获得岩浆演化的精确信息，因此需要更高空间分辨率的电子探针(<5 μm)对橄榄石微量元素进行分析。Sobolev等[4]率先使用电子探针分析洋岛玄武岩中橄榄石斑晶Ni、Ca、Mn、Cr、Co和Al元素，在20 kV、300 nA的条件下，检测限达到了6～15 ppm (1σ)，而误差为15～30 ppm。Batanova等为了提高测试效率，在25 kV、900 nA的条件下，采用能谱仪(EDS)分析主量元素，所达到的误差分别为Mg(0.2%)、Fe(0.04%)和Si(0.14%)，同时使用波谱仪(WDS)精确分析Ni、Mn、Ca、Al、Cr、Co、Ti、Zn、P和Na等微量元素，误差为4～14 ppm，检测限降至3～9 ppm(1σ)，各微量元素分析结果与LA-ICP-MS测试结果在误差范围内一致。尽管该方法中由EDS获得的主量元素误差与WDS相当，但主量元素含量无法加入WDS微量元素的基底校正，会增加分析误差。更准确、严谨的方法应当是采用WDS同步分析主、微量元素，让获得的主量元素含量直接参与基底校正。除此之外，该方法需要配备EDS定量分析软件，存在使用兼容性的局限。

(3) 电子探针在金红石研究中的应用

金红石(TiO_2)是地壳岩石中常见的定年副矿物之一，其稳定的温压范围非常宽泛。金红石是高场强元素和过渡族元素的重要载体，除Ti之外，金红石还富含Nb、Zr、Fe、Cr、V、Ta、Hf、Al和Si等微量元素，可用于反演寄主岩石的原岩类型、岩石平衡的温压条件和氧逸度环境、大陆地壳演化过程以及俯冲带熔流体活动等。

目前对金红石微量元素的测定分析大多依赖于LA-ICP-MS，仅有少数实验室可利用电子探针进行高精度分析。Zack等使用电子探针JEOLJXA8900RL测试榴辉岩和石榴云母片岩中的金红石，包括Ti、Fe、Mg、Al、Si、Ca、V、Cr、Mn、Zr、Nb和W共12个元素。在30 kV和80 nA的条件下，不同元素的峰位测试时间如下：Ti、Fe为60 s；Mg、Al、Si、Ca、V、Cr为120 s；Mn、Zr、Nb为300 s；W为600 s。由此获得的检测限：Mg、Al、Si、

Ca、Cr 为 20～35 ppm(1σ)；Mn、Fe、Nb、W 为 40～45 ppm(1σ)；Zr 为 80 ppm(1σ)。此后，王汝成等采用 Fialin 等报道的方法测试中国大陆科学深钻(CCSD)东海超高压榴辉岩中金红石的 Cr、Nb 和 Zr 含量。具体工作条件为：加速电压 20 kV，束流 100 nA，峰位测试时间分别为 Cr(100 s)、Nb(200 s)和 Zr(300 s)，所获得的 Cr、Nb 和 Zr 的检测限分别为 28 ppm、28 ppm 和 17 ppm(1σ)。余金杰等也同样在 20 kV、100 nA 的条件下对 CCSD 主孔榴辉岩中金红石的 Cr、Nb 和 Zr 含量进行了分析，通过延长峰位测试时间[Cr(150 s)、Nb(240 s)和 Zr(300 s)]，获得更低的检测限，分别为 19 ppm、21 ppm 和 36 ppm(1σ)。陈振宇等以苏鲁超高压带榴辉岩中不同产状的金红石为对象，分析其 Zr、Nb、Cr、V、Fe 和 Al 的含量。他们采用与前人相同的加速电压及束流，利用 5 μm 束斑直径，在峰位测试时间 Zr 为 300 s，Nb、Cr 为 240 s，V、Fe 和 Al 为 180 s 的条件下，获得了 20～30 ppm 的检测限(1σ)。尽管以上四项工作都获得了较低的检测限，然而由于缺乏监测标样，对测试数据的可靠性仍需要进一步的论证和探讨。王娟等[5] 利用 CamecaSXFive 电子探针对金红石标样 R10 进行系统分析，测试 Al、Si、Ti、Fe、Cr、Zr、V、Nb 和 Ta 共 9 个元素，结果显示 Zr、Nb、V、Fe 和 Cr 分析结果与推荐值在误差范围内一致，其中大部分元素数据波动范围在 10%以内，而 V 和 Fe 元素的数据波动范围仅在 5%以内。V、Fe 和 Nb 测试精度比以往电子探针分析结果有较大提高，表明电子探针分析方法已经实现对金红石部分重要微量元素的分析检测。

除了上述矿物外，电子探针在硫化物、金刚石和玻璃熔体等微量元素分析中也取得了重要进展。

第二节　仪器分析实验

实验 2-1　利用电子探针分析 2 系铝合金第二相的 Cu 含量

Analysis of Cu Content in the Second Phase of 2-series Aluminum Alloys Using Electron Probe Microanalysis

【实验目的】

1. 认识电子探针的基本结构。
2. 理解电子探针对未知样品微区点定量分析的原理。
3. 理解电子探针线分析与面分析的原理。

【仪器与试剂】

1. 场发射电子探针 JXA-8530F Plus，一套 MAC 金属单质标准物质，主要包含纯物质单质 Al、单质 Cu 以及二系铝合金中的各类元素。

2. 尺寸为 10 mm×10 mm×10 mm 的二系铝合金块体，其中待测面打磨并机械抛光后待用。

【实验步骤】

1. 标准样品信号录入：将 53 个金属单质的 MAC 标样装入电子样品室中，将电子光学条件设置为加速电压 15 kV，束流 20 nA，束斑尺寸 20 μm，设置峰值驻留时间 10 s，前背底与后背底驻留时间各为 5 s，进行 Al 元素、Cu 元素、Zn 元素、Mg 元素标准样品信号的采集。

2. 未知样品信号的采集：将打磨抛光后的 2 系铝合金块体放入样品室中，利用 OM(光学显微镜）调整样品高度至罗兰圆上，然后使用对应分光晶体在 Al、Cu、Mg、Zn 等特征峰位对未知样品进行信号的采集。采集信号过程中，电子光学条件尽可能保持一致，如加速电压 15 kV，束流 20 nA，束斑尺寸 20 μm，设置峰值驻留时间 10 s，前背底与后背底驻留时间各为 5 s。

3. 软件计算：根据未知样品特征 X 射线计数强度，再根据系统中内置的 ZAF 修正系数，计算得到 2 系铝合金中微量元素 Cu 的含量。

4. 对二系铝合金中的第二相进行元素线分析，设置采集步长、采集频率与驻留时间。

5. 对二系铝合金中的第二相进行元素面分析，设置采集步长、采集频率与驻留时间。

【结果分析】

1. 点分析：根据点定量的结果，判断第二相的元素组成，推断第二相的物相结构。

2. 线分析：根据元素在第二相之内与之外的过渡情况，分析第二相中元素的富集情况。

3. 面分析：根据直观的元素面分布结果，分析 2 系铝合金中的元素偏析情况，从而判断元素 Cu 在铝合金基体中的赋存状态。

【注意事项】

1. 测试时，务必确保待测面位于罗兰圆上。若待测面偏离罗兰圆，负责信号将无法进入谱仪系统，导致实际计数率低于理论技数率，造成结果数值偏低。

2. 测试时，尽可能选择尺寸在 1 微米以上的第二相进行点定量分析。从源头处讲，尽管电子束最小束斑尺寸已经控制在 100 nm 以内，但由于电子束在样品作用表面产生的“梨形”激发区域较大，造成元素探测的空间分辨率仅能达到微米，最多亚微米的尺度，为了避免基体信号对第二相信号的干扰，尽可能选择尺寸在 1 微米以上的第二相进行测试。

【思考题】

1. 简述电子探针的优势与不足。

2. 电子探针进行未知样品测试需要注意哪些因素？

3. 电子探针发展中面临的挑战有哪些？

实验 2-2　利用电子探针对钢表面渗氮层进行分析
Analysis of the Nitrided Layer on the Rigid Surface Using Electron Probe Microanalysis

【实验目的】

1. 了解电子探针在轻元素领域分析的优势。

2. 了解电子探针线、面分布的基本原理。

3. 理解电子探针在表面渗层中的应用。

【仪器与试剂】

1. 场发射电子探针 JXA-8530F Plus，一套 MAC 金属单质标准物质，主要包含 BN 单质。

2. 尺寸为 10 mm×10 mm×10 mm 的不同工艺制备的渗氮的钢块材料 3 块，其中待测面打磨并机械抛光后待用。

【实验步骤】

1. N 元素寻峰：将 53 个金属单质的 MAC 标样装入电子样品室中，并将其中 BN 标准物质移动至待测位置。然后，将电子光学条件设置为加速电压 15 kV，束流 20 nA，束斑尺寸 20 μm，利用 Peak Search 功能，使用 LDE1L 晶体对 N 元素进行寻峰处理，并记录当前 N 元素的特征峰峰位。

2. 待测样品 N 元素的线分析：首先，将待测样品移动到测试位置，通过 Z 轴的调整，将待测位置移动至罗兰圆上；然后设置合理的电子光学条件，其中加速电压 15 kV，束流 100 nA（因 N 元素特征 X 射线信号较弱，故提高束流，从而增加原始 N Kα 线的产额）；最后，设置待测线元素分析长度及具体位置，设备采集长度 100 μm，具体的采集点为 1000 点，单点驻留时间 1000 ms（延长驻留时间，从而提高 N 元素的信号产额，提高探测能力），步长 0.1 μm，并将 LDE1L 分光晶体的位置移动到步骤 1 记录的寻峰位置，然后点击 Acquire 进行线分布采集。

3. 待测样品 N 元素的面分析：首先，将待测样品移动到测试位置，通过 Z 轴的调整，将待测位置移动至罗兰圆上；然后设置合理的电子光学条件，其中加速电压 15 kV，束流 100 nA（因 N 元素特征 X 射线信号较弱，故提高束流，从而增加原始 N Kα 线的产额）；最后设置待测线元素采集区域大小及具体采集位置，设备采集区域大小为 120 μm×90 μm，其中 X 方向采集点为 400 像素点，Y 方向采集点为 300 像素点，单点驻留时间 1000 ms（延长驻留时间，从而提高 N 元素的信号产额，提高探测能力），步长 0.3 μm，并将 LDE1L 分光晶体的位置移动到步骤 1 记录的寻峰位置，然后点击 Acquire 进行面分布采集。

【结果分析】

1. 线分布结果分析：根据 N 元素的线分布数据，可以推断出渗氮过程由表及里是由强变弱的过程，并且在某一转折点出现 N 元素的骤减，并不是线性递减关系；同时，也可以根据 N 元素的分布位置，获取渗氮层主体的厚度。

2. 面分布结果分析：根据 N 元素面分布结果，可以推断出，整个渗氮工艺相对稳定，不同位置的渗氮层厚度相对稳定。

【注意事项】

1. 测试时务必确保待测面位于罗兰圆上。若待测面偏离罗兰圆，负责信号将无法进入谱仪系统，导致实际计数率低于理论技数率，造成结果数值偏低。

2. 由于 N 元素的特征 X 信号波长较长，强度较低，在测试过程中需要采取提高束流与延长驻留时间的方式进行采集，最大限度地提高 N 元素的探测极限。

【思考题】

1. 电子探针在轻元素分析中的优势是什么？

2. 电子探针进行线、面分析中寻峰处理的目的是什么？

3. 电子探针可以分析哪些轻元素？

【参考文献】

[1] 赵同新，陈文迪，殷婷，等．电子探针对含 Be 矿物绿柱石的定量分析［J］．矿物学报，2020，40（2）：169-175.

[2] 何翠强．手持式 X 射线荧光光谱仪在金属材料分析中的应用研究［J］．冶金与材料，2018（4）：134-135.

[3] Götze J，Möckel R. Quartz：Deposits，mineralogy and analytics［M］. Berlin：Springer，2012.

[4] Sobolev A V，Asafov E V，Gurenko A A，et al. Komatiites reveal a hydrous Archaean deep-mantle reservoir［J］. Nature，2016，531（7596）：628-632.

[5] 王娟，陈意，毛骞，等．金红石微量元素电子探针分析［J］．岩石学报，2017，33（6）：1934-1946.

第三章　X 射线光电子能谱
X-Ray Photoelectron Spectroscopy

第一节　仪器结构与原理

一、技术概述及发展历程

固体表面与界面的成分与结构研究是近 30 年来国际瞩目的前沿领域，推动了表面分析技术的迅速发展，使其成为现代实验室表征表面或界面成分、结构及电子态的关键技术。该技术建立在超高真空基础上，以电子、光子、离子等作为入射束并作用于样品表面，进而发射出各种不同的粒子，通过对这些粒子进行分析获得与样品表面有关的信息。表面分析技术历经发展已形成许多不同门类，目前常用的表面分析技术主要包括 X 射线光电子能谱(XPS)、俄歇电子能谱(AES)和二次离子质谱(SIMS)。三类技术特性互补，AES 表面灵敏度高、微区分析能力强，但受限于表面荷电问题，主要应用于物理方面固体材料的研究；SIMS 可以进行全元素分析，但定量分析难度大，常规表面分析应用相对较少；XPS 空间分辨率虽然相对较差，但容易消除荷电效应获得丰富的化学信息，是目前使用最为广泛的表面分析技术，对于解决基础科学问题和应用分析中的技术问题极为有效[1-3]。

X 射线光电子能谱(XPS)，亦称化学分析用电子能谱(ESCA)，其理论基础源于 19 世纪末 H. R. Hertz 等人对光电效应的观察以及 A. Einstein 对光电效应的解释——“光子将能量转移给原子中的电子，使电子出射而没有能量损失”。随后，J. J. Robinson 和 E. G. Rawlinson 研究了 X 射线辐照金的光电发射，得到可识别的金光电子能谱。1951 年，W. C. Steinhardt 和 E. E. Serfass 首次将光电发射用作分析工具。在 20 世纪 60 年代，瑞典物理学家 K. Siegbahn 研究团队发展了 ESCA 的仪器和理论并首先发现原子内壳层电子结合能位移现象，攻克了电子能量分析等技术，并测定各元素轨道电子的结合能，将其成功应用于许多实际的化学体系，使 XPS 技术获得国际公认。在与 K. Siegbahn 的合作下，美国惠普公司于 1969 年制造了世界上首台商业单色 X 射线光电子能谱仪，自此 XPS 成为不可或缺的成熟表面表征技术。鉴于在光电子能谱技术及谱学理论方面做出的重大贡献，K. Siegbahn 教授于 1981 年获得诺贝尔物理学奖。

XPS 技术发展至今，其实验技术获得了进一步发展，在高能量分辨、高空间分辨以及谱图和成像性能上均取得一定突破：单色化 XPS(Mono XPS)的 X 射线源从最初固定能量的激发源发展到可以利用同步辐射获得能量连续可调的激发源；选区 XPS(SAXPS)的 X 射线最小束斑直径可达 6 μm，提升 XPS 微区分析能力；成像 XPS(iXPS)技术的发展，实现了从图像中进行能谱分析；能量分析器也从传统的单通道电子倍增器检测器发展到位置灵敏检测器和多通道检测器。此外，随着催化科学与技术的发展，研究者越来越清楚地意识到传统 XPS 仪器所需的超高真空环境限制了该方法对材料表面或界面上动态变化的研究。为了解决这个技术障碍，20 世纪 70 年代，K. Siegbahn 教授父子开拓性地将真空差分技术引入 XPS 系统用于研究自由分子，开启了近常压 XPS(NAP-XPS)的发展之路。经过三十年的实验探索与技术发展，通过结合真空差分系统、电子光学透镜和同步辐射装置，美国劳伦斯伯克利国家实验室在2000年建成首个基于同步辐射光源的NAP-XPS实验站，其信号强度提高了两个数量级以上。目前，随着科学技术的发展，基于实验室的NAP-XPS技术也逐步发展成熟，在多相催化和能源材料等重要研究领域得到了迅速推广，研究对象也从气体-固体界面的研究进一步向液体-固体界面方向发展。

二、基本原理

XPS技术的理论基础基于爱因斯坦光电定律，其原理为：特定能量的X射线激发样品表面时，光子被原子轨道电子吸收后会发生能量转移，电子通过克服轨道结合能与功函数脱离原子束缚，剩余能量则转化为光电子动能，而原子因电子逸出形成激发态离子，这个过程就是光电效应。在XPS分析中，计算固体样品电子结合能的参考基准为费米能级(E_F)，由内层电子跃迁至费米能级所需能量即为结合能(E_B)，由费米能级进入真空能级所需能量为功函数(Φ)，剩余能量转化为光电子动能(E_k)。在光电离过程中，能量的转化依据图3-1可以用以下公式表示：

$$E_B = h\nu - E_k - \Phi$$

式中，$h\nu$为X射线源光子的能量，为一定值；Φ为能谱仪的功函数，主要由谱仪材料和状态决定，其平均值为3～4 eV。因此测出电子的动能E_k，即可得到固体样品的电子结合能E_B。从上述公式中可以看出，对于特定的单色激发源，以及特定的原子轨道，所激发的光电子的能量是特征的。因此，当固定其激发源的能量时，所激发的光电子的能量只与元素的种类以及所电离激发的原子轨道能量相关。基于此，依据光电子的结合能，就可以分析出样品中元素的组成，定性分析除H和He之外的全部元素。

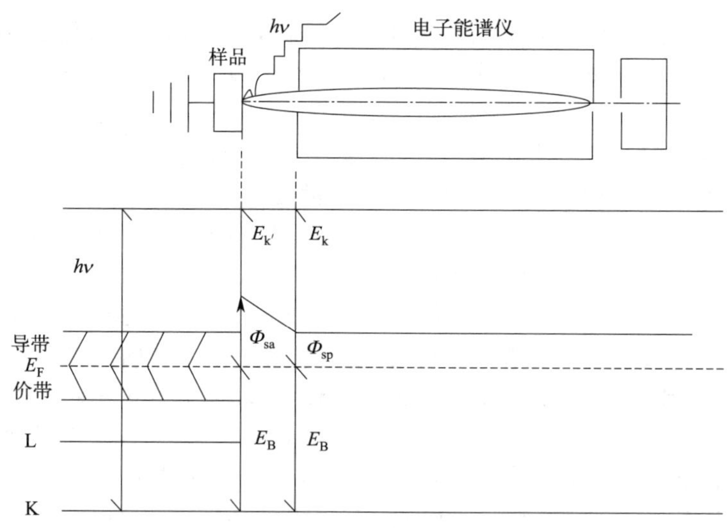

图3-1 固体样品与电子能谱仪接触时测量结合能的示意图[1]

三、仪器结构及工作原理

XPS仪器结构复杂，虽然在持续迭代更新，但基本构造大致相同，通常由超高真空系统、X射线激发源、电子能量分析器、检测器系统以及数据采集与处理系统等组成(图3-2)。这些部件均封装于不锈钢材质的超高真空(UHV)腔室内，并配有μ金属电磁屏蔽层。下面对仪器各部件构造及功能进行简单介绍。

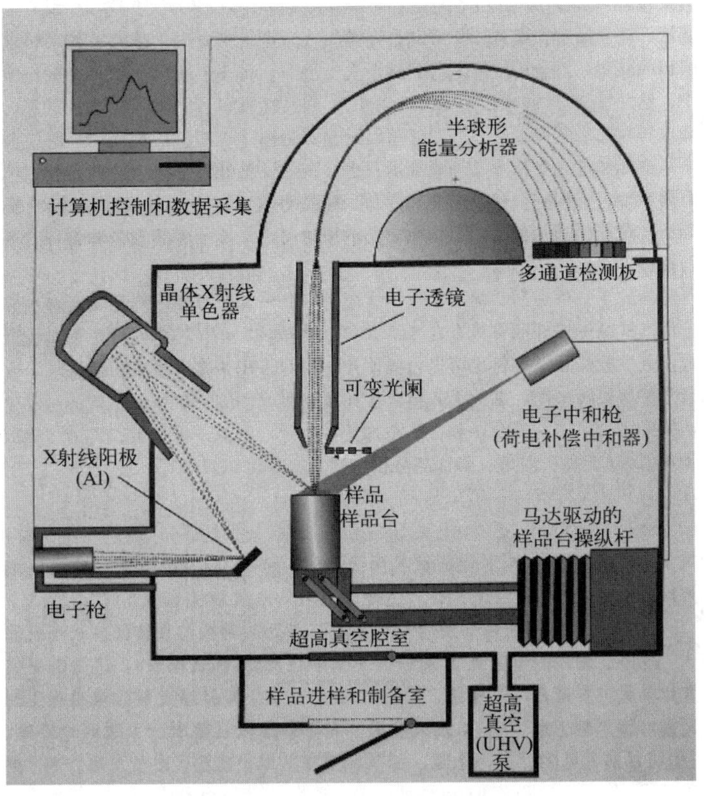

图 3-2 X 射线光电子能谱仪结构示意图

1. 超高真空系统

超高真空[通常需优于 10^{-9} mbar(1 bar=10^5 Pa)]是 XPS 分析的核心基础，其既能保障光电子逃逸过程中不与气体分子碰撞造成信号损失，又能避免样品表面受残余气体污染或产生额外干扰谱线，同时满足 X 射线源等关键部件的运行需求。现代 XPS 系统采用机械泵-分子泵-钛升华泵组合实现主真空腔室-分析室的超高真空环境，通过体积优化的快速进样室实现样品高效传输(10^{-7} mbar 级预抽真空)，并形成由进样室、分析室、原位反应池(实时监测材料动态演化)、制备室(支持 Ar 离子刻蚀/蒸镀等处理)、高温高压预处理腔室组成的五腔室模块化架构，既可在分析前完成表面清洁、镀膜、气氛处理等复杂操作，又能实现从样品预处理到反应态表征的全流程原位研究，充分满足多场景表面分析需求。

2. X 射线激发源

XPS 的 X 射线源通过高能电子轰击阳极靶材(如 Al 或 Mg)激发特征 X 射线(如 Al Kα 1486.6 eV 和 Mg Kα 1253.8 eV)，其能量由靶材原子内部电子跃迁所决定。然而天然线宽(0.70～0.85 eV)限制了分辨率，且伴线及韧致辐射需通过单色化滤除，使用单色器可将线宽降低至 0.3 eV 并提升信噪比，但会降低 X 射线强度。因此，通常需结合高效收集透镜、能量分析器及多通道检测器进行补偿。显然，理想的 XPS 光源应具有可连续调节能量、高强度、单色化的特性。同步辐射光源(可调谐、高强度、单色性优)虽是理想选择，但由于特定环境的局限性，同步辐射源 XPS 的数量远远少于实验室 XPS。此外，XPS 谱图中光电子与俄歇电子的共存干扰可通过调整 X 射线能量进行区分：前者能量随光源变化，后者能量固定。

3. 电子能量分析器

能量分析器作为电子能谱仪的核心组件，其工作原理是利用静电场使电子发生偏转，或通过减速场筛选电子，从而分析其能量分布，以半球形(HSA)和筒镜形(CMA)两种为主。其中，HSA凭借高光电子传输效率与高分辨率常用在XPS能谱仪上，而CMA因俄歇电子的传输优势专用于俄歇电子能谱仪(AES)；现代电子能谱仪基于电子群在加速或减速时，不改变他们绝对能量分布的原理，在能量分析器前，都会对电子进行预减速。能量分析器与预减速透镜结合，有两种收谱模式：①固定减速比(CRR)模式，其特点是峰宽可变，分辨能力固定，通常适用于AES；②固定分析器传输能量(CAT)模式，该模式下线宽固定，对XPS、UPS收谱有利。为提升接收灵敏度，除电子透镜外，还采用磁浸透镜扩大接收角来补偿单色化信号损失，并集成同轴中和系统改善荷电效应；针对成像XPS，球镜型反射能量分析器(SMA)可在宽视场下同步保持高空间与能量分辨率，实现光电子空间分布的高精度成像与检测。

4. 检测器系统

光电子能谱仪需借助电子倍增器(增益约10^8)检测极弱电子流($10^{-3}\sim10^{-19}$ A/s)，其中多通道延迟线检测器(DLD)通过并行采集的方式，显著提升微区(约10 μm)收谱和成像的灵敏度。如Thermo Scientific ESCALAB Xi$^+$配置的双探测器系统：采谱模块配备6通道电子倍增器阵列，其位于分析器焦平面，支持宽动态范围及高计数率谱图采集；并行成像系统由通道板与位敏探测器组成，可在256×256像素分辨率下获取无本底干扰的平行图像，其低计数率运行模式可以避免局部高计数率辐照而引起灵敏度变化，延长使用寿命。两类探测器协同实现了高分辨、高灵敏的谱-像一体化表征，为相关研究和分析提供了有力支持。

5. 数据采集与处理系统

现代计算机具有强大的仪器操作控制以及数据分析处理能力，通过集成化控制系统可以实时监控仪器组件、真空状态及分析器参数，并与样品定位系统联动，实现无人值守的多样品连续测试；在数据处理方面，计算机依托多任务处理能力可以同步完成复杂数据的采集、存储与分析，软件支持秒级峰形拟合、全谱自动寻峰与成分识别，并提供数据缩放、对比、变换、微分/积分等处理功能，还可生成元素分布图、深度剖析图像等可视化结果。近年来软硬件的协同升级显著提升了XPS的自动化水平和数据分析效率，使其能更快速、高精度地分析复杂样品。

6. 附件

可以添加到XPS谱仪中的附件类型非常多，常见的附件包括离子枪、电子枪、气体引入装置、四极杆质谱仪等，可依据研究需要选择附件并定制特定系统。在许多情况下，以XPS技术为主的表面分析也可以实现多功能一体，即在同一真空室内配置一种或多种附加技术，包括AES、ISS、REELS、UPS等，但依附于XPS系统的附加技术相比于独立的、专门的技术，整体性能上通常会受影响。对于单色化的XPS系统，确保绝缘材料能获得高质量谱图所必需的重要附件是低能电子中和枪。

四、主要功能及代表性应用

XPS是表面分析领域的核心技术之一，兼具元素组成鉴定、化学态解析及半定量分析能力，其独特优势在于可分析导体、半导体乃至绝缘体材料，突破了传统表面技术的材料限制。随着科学技术的发展，XPS已从基础化学分析拓展至材料科学前沿。例如，结合离子刻蚀与变角技术可以实现薄膜深度剖析；集成紫外光源探索导电材料能带结构；借助高灵敏探测器完成微区化学态成像；通过多腔室与差分真空系统的引入实现气固界面原位研究等。

作为高灵敏超微量分析技术，XPS 具备多重优势：①样品处理简易、表面损伤小；②覆盖除 H/He 外全元素信息，化学位移分析可揭示原子氧化态与官能团特征；③谱线干扰少、标识性强；④探测深度约 10 nm，可以准确反映表面状态；⑤样品不受导体、半导体以及绝缘体的限制。目前，XPS 广泛应用于无机物、有机物及高分子材料研究，在能源催化、腐蚀防护、薄膜工程、航空航天等关系国计民生的基础行业及尖端领域起到重要作用。

1. 定性、半定量、元素化学态分析

XPS 谱图包含极其丰富的信息，通常横坐标以光电子结合能(B. E.)表示，纵坐标以光电子计数强度(cps)表示。光电子能谱图由一系列谱线(宽谱)以及指定的为数不多的谱线(窄谱)所组成，通过对谱线的峰位、峰强度以及峰宽的分析可以得到样品的化学组成、元素化学态以及各元素相对含量等信息。

(1) 定性分析

XPS 宽谱包含了样品中几乎所有元素的主要特征能量的光电子峰，依据特征峰能量位置可以实现全元素定性分析，将激发出来的光电子信号依据激发轨道的名称进行差别标记。由于光电子激发过程复杂，同时还存在部分轨道的自旋-轨道裂分、等离子体基元损失峰、震激伴峰以及俄歇峰等，在定性分析时必须予以综合考虑。对绝缘样品进行分析时，还需要进行荷电校正。

图 3-3 为在宽能量范围内收集的一张 CuO/CeO_2 样品的 XPS 全谱图，在这张谱图中出现多个 Cu 和 Ce 的峰以及表面杂质 C 峰和残留的 Na 峰。在谱图下方出现明显的背景，这是由电子在逃逸样品前发生的非弹性散射所致，它会降低电子的动能和谱峰强度，因此在定量分析前必须扣除背景。

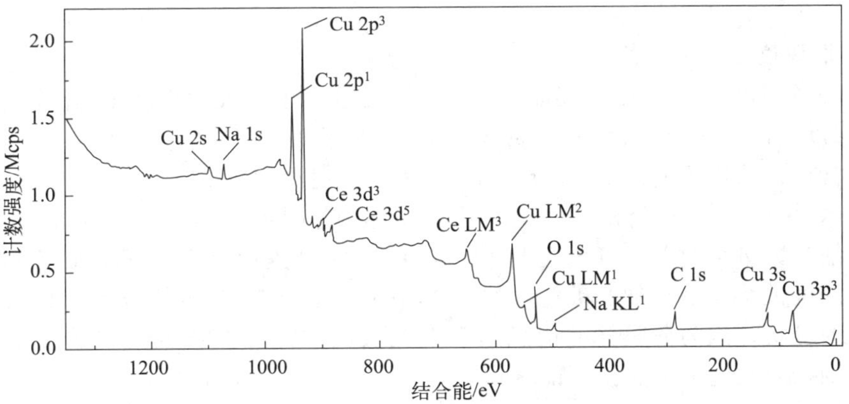

图 3-3　CuO/CeO_2 样品的 XPS 全谱图

(2) 半定量分析

XPS 的定量分析基于峰强度(积分面积)与元素含量的关联性，但因信号强度会受多种因素(样品不均匀性，元素的灵敏度因子，谱仪对光电子的传输效率等)的影响，其与元素含量间无直接线性关系，故 XPS 属半定量表征手段，主要提供表面元素的相对含量(如原子百分比)。值得注意的是，XPS 仅提供几个纳米厚度范围内的表面信息，所反映的信息不能代表样品体相组成，样品表面 C、O 污染以及吸附物也会影响定量分析的可靠性。

(3) 元素化学态分析

XPS 通过探测内层电子结合能的化学位移，能够分析原子的结合状态以及电子分布状态。除个别元素外，几乎所有元素都会因配位环境改变产生显著位移，因此可直接用于判定化学态；对位移较为微弱或受到干扰的元素，可借助俄歇谱线中的化学位移对该元素的化学状态进行精准鉴别。

图 3-4 为 Ni/SiO_2 催化剂不同使用阶段的 Ni 2p、C 1s 的 XPS 谱图，通过分析发现 Red 1→Run 4 过程，Ni 物种状态发生明显变化，由 NiO 物种逐渐转化为 Ni^0 和 Ni_3C 物种，C 1s 结果进一步证实 Ni_3C 物种的生成，并对不同阶段各元素原子含量进行了半定量测定，实现对样品中各元素化学态以及半定量分析。

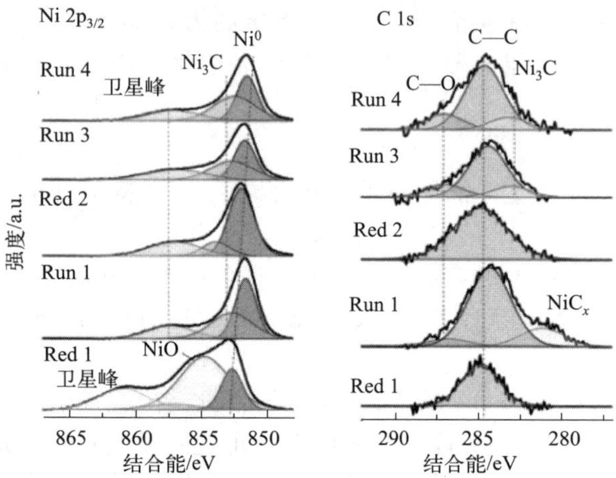

使用阶段	元素原子含量/%			
	Ni	C	O	Si
Red 1	2.1	0.9	47.6	49.5
Run 1	0.9	1.6	44.3	52.8
Red 2	1.4	0.3	46.8	51.6
Run 3	1.0	0.6	46.3	52.1
Run 4	1.2	1.0	43.4	54.3

图 3-4　Ni/SiO_2 催化剂不同使用阶段的 Ni 2p 和 C 1s 的 XPS 谱图及各元素含量结果[4]

2. 元素沿深度方向的分析

常规 XPS 分析的是来自样品表面 90°方向的出射电子，大约 95%的信号来自样品表面小于 3λ 的深度，因此 3λ 被认为是常规 XPS 的分析深度。如果想实现元素沿深度方向分布的分析，通常可以采用角分辨 XPS 分析和 Ar 离子溅射深度分析。

角分辨 XPS(AR-XPS)分析：由于电子在固体内平均自由程有限，决定了 XPS 的分析深度为几个纳米数量级。AR-XPS 基于采样深度与出射光电子接收角的正弦关系来分析元素浓度与样品深度关系，是一种非破坏性的、采样深度小于 3λ 的分析技术。该技术尤其适合于薄膜样品的分析，因为薄膜样品信息通常在浅表层，常规 XPS 分析会受基底干扰，而深度剖析技术则会对它造成无法挽回的破坏。

Ar 离子溅射深度分析：这是一种使用最广泛的深度剖析方法，是一种破坏性分析，通常会导致样品表面晶格的损伤、择优溅射和表面原子混合等现象。其优点是可以分析表面层较厚且覆盖层厚度均匀的样品。它的原理是通过离子溅射剥离测试区域最外层，对样品进行逐层分析，可以得到各元素或各化学态含量随样品深度(刻蚀时间)的变化，一般认为刻蚀时间越长，深度剖析的准确性越差。

图 3-5 为使用 Ar 离子溅射技术对 Cu 箔表面 Cu_2O 层厚度进行分析的结果。未刻蚀前 530.0 eV 左右的峰归属于 Cu_2O 的 O 1s 峰，随着刻蚀时间的延长，Cu_2O 的峰逐渐减弱，直至刻蚀 36 秒后完全消失，说明表面 Cu_2O 已基本刻蚀完成，参照标样估算 Cu_2O 厚度约为 3.6 nm。

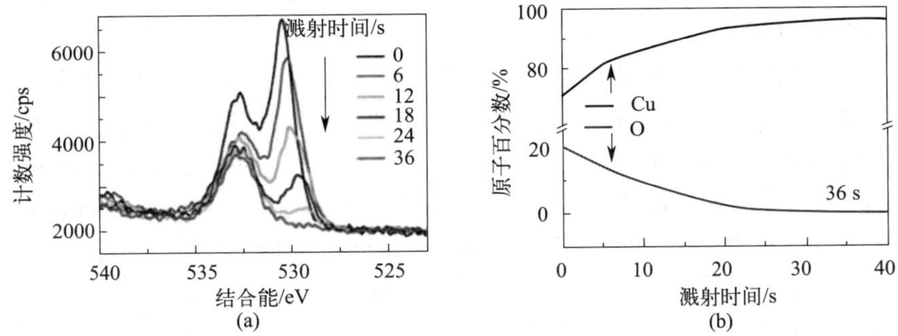

图 3-5 Cu 箔表面 O 1s 峰随溅射时间的变化 (a) 以及 O 和 Cu 相对原子含量随溅射时间的函数 (b) [5]

3. 紫外光电子能谱(UPS)和 XPS 价带谱

现代紫外光电子能谱(UPS)技术可配备于 X 射线光电子能谱上，一般用于 UPS 测试的光子是由 He 气放电中电子跃迁产生的，其中 He Ⅰ线(21.2 eV)，来自中性 He 原子跃迁；He Ⅱ线(40.8 eV)，来自单重电离的 He^{+}。由于固体中这个能量范围内的光电子平均逃逸深度较小，故 UPS 技术对表面状态和浅表层能级结构更为灵敏，通过测量价层电子的能量分布可分析有些样品能级的精细结构，包括材料的价带谱、逸出功，以及价电子的电离势等，在量子力学、固体物理、表面科学与材料科学等领域有重要作用。

随着半导体器件以及光催化材料的发展，相关器件的制备与性能调控要求准确测量材料的价电子能级结构(LUMO 和 HOMO 能级)。UPS 通常适用于测量导体及半导体薄膜样品，对于导体(金属)，其价带与导带有交替重合；而半导体的价带与导带是分开的，带隙较宽，介于绝缘体与导体之间。通常，将占有态的最高能称为费米能级(E_F)，常用作结合能的参考点。材料逸出功(Φ)定义为真空能级(E_{VAC})与 E_F 的差值，电离势(IP)为将电子从分子的最高占据轨道(HOMO)激发到无穷远处(真空能级)所需要的能量。对于有机半导体材料，其 IP 可作为 HOMO 能级的绝对值，由此即可得到材料的 HOMO 能级，因而 UPS 也成为了测量有机半导体材料 HOMO 能级的一种常用方法(图 3-6)。

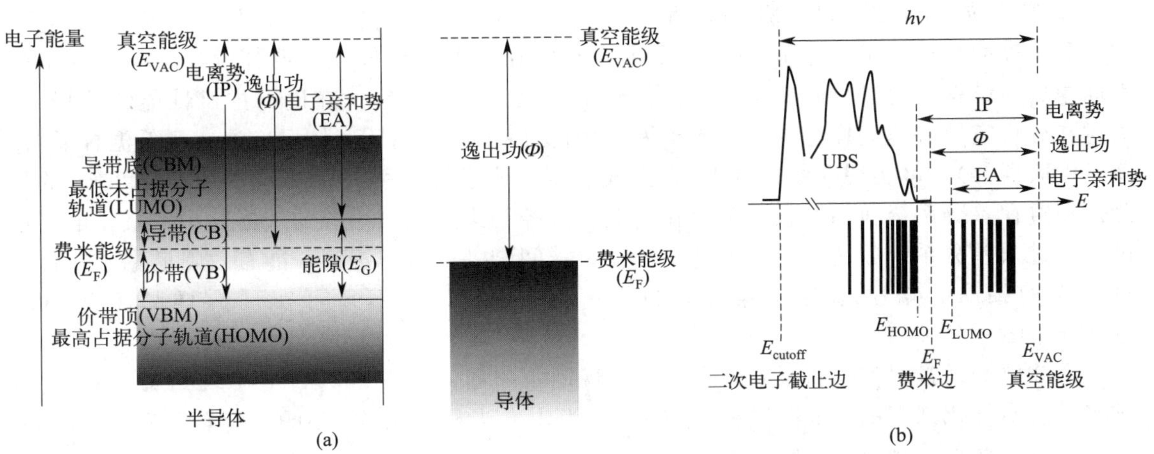

图 3-6 半导体与导体能级结构图 (a) 及 UPS 谱图中能量关系示意图 (b)

XPS 价带谱位于 XPS 全谱中靠近费米能级的低结合能区域(0～35 eV)，是所有原子价电子谱的重叠，反映了固体价带结构的信息。但由于 XPS 价带谱不能直接反映能带结构，还必须使用合理的计算模型。因此，在 XPS 价带谱的研究中，通常作比较研究，进行理论分析较少。

4. 成像 XPS(iXPS)分析

成像 XPS 可以提供表面相邻区域空间分布的元素和化学信息，能把小面积能谱的接收与非均质样品的光电子成像结合起来，适用于从微米到毫米尺度范围内的非均匀材料、绝缘体、电子束轰击下易损伤材料的研究。一直以来，XPS 获得的空间分辨率要逊色于 AES 和 SIMS 等其他表面分析技术。而随着微电子芯片的日益小型化，对样品表面缺陷的分析及表面元素和官能团分布成像需要更高的空间分辨率。目前，通过微探针模式或显微镜模式可以实现最佳空间分辨率在 10 μm 左右。然而，对许多应用而言，要求 1 μm 或更高的分辨率。因此，该技术的未来方向是在更小的区域内达到更高的计数率，将 XPS 成像推向真正的亚微米化学表征技术。

图 3-7 为成像 XPS 在 TiSnSb 电极截面的应用，与 SEM 图像相比，XPS 平行图像覆盖层可以清楚地区分出截面上的所有组分，在电极截面上的小面积 XPS 能谱进一步证实了 O 1s、Ti 2p、Cu 2p 和 C 1s 的存在。

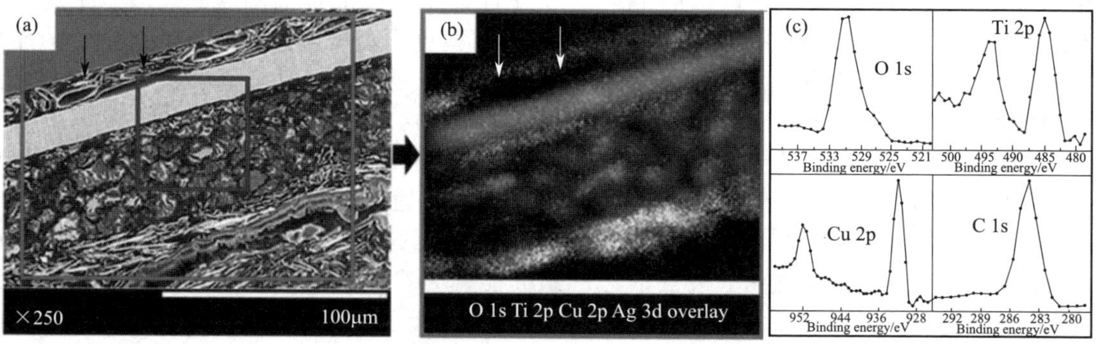

图 3-7 TiSnSb 电极截面的 SEM 图像(a)；同一 TiSnSb 电极截面 O 1s、Ti 2p、Cu 2p 和 Ag 3d 的高分辨平行 XPS 图像叠加(b)；O 1s、Ti 2p、Cu 2p 和 C 1s 谱图(c) [6]

5. 准原位/近常压(NAP-XPS)分析

利用表面分析技术在分子-原子水平上对材料在制备、预处理、吸脱附及反应过程中的表面组成与结构变化进行研究是当前催化科学发展的重要内容。在确保主机性能的前提下，通过在分析室及快速进样室中安置或扩展专用部件(如高温高压气体反应池、高低温样品台、蒸发镀膜器等)，可实现准原位 XPS 的测试，而差分系统的引入则实现了近常压 XPS 的检测。通过在差分系统前端安置一锥形孔，能有效控制进入差分系统的气体分子数量，电子通过该孔进入差分系统后还会通过另外两个孔，孔间配备的电子透镜，能有效降低电子在传输过程中的损失，增强信号采集率。目前，实验室 NAP-XPS 可实现的样品工作压力达 25 mbar。

图 3-8(a)通过对 Cu 2p 区域的收集，发现制备的催化剂在 933.4 eV 出现归属于 Cu^{2+} 的谱峰，表明催化剂中的 Cu 物种主要以 CuO 为主。当样品升至 300 ℃暴露于 0.5 mbar H_2 下，卫星峰消失伴随 Cu 2p 结合能移至 932.5 eV，Cu 物种被还原，由于 Cu^+ 和 Cu^0 很难用 Cu 2p 来区分，进一步采用 Cu LMM 峰来区分，图 3-8(b) 所示 918.2 eV 对应 Cu^0，确认高温 H_2 气氛下为金属 Cu 物种。同时，对 Ce 3d[图 3-8(c)]进行采集，H_2 气氛下 Ce^{3+} 含量明显升高。因此，通过 NAP-XPS 可以直接在近常压下对气-固界面进行化学成分、氧化态以及电子结构的实时原位分析。

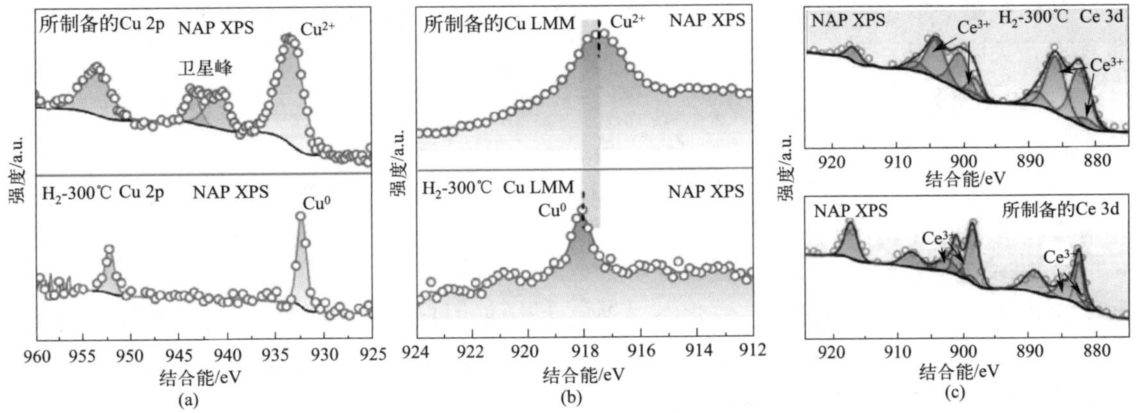

图 3-8 CeO_2-CuO 催化剂 Cu 2p(a)，Cu LMM(b)和 Ce 3d(c)的 NAP-XPS 谱图

（反应条件：300 ℃，0.5 mbar H_2）[7]

第二节 仪器分析实验

实验 3-1 XPS 分析元素组成、含量及其价态

Determination of Elemental Composition, Content and Valence State by XPS

【实验目的】

1. 掌握 XPS 分析的基本原理以及在未知物相鉴定方面的应用。
2. 熟悉 XPS 定量分析方法和元素化学态测定。
3. 了解 X 射线光电子能谱仪的使用。

【仪器与试剂】

Thermo Scientific ESCALAB Xi^+，压片机，打孔器，PET，TiO_2 粉末，双面胶带，仪器专用样品台，洗耳球，无尘布，无水乙醇，铝箔，药匙。

【实验步骤】

1. 样品处理

导电样品粘贴导电胶，不导电样品粘贴绝缘胶，粉末状样品装填在铝箔纸小孔处经压片后裁剪至合适大小固定于样品台上，块状样品裁剪成合适大小后固定于样品台上。

2. 拍照和进样

将样品台拍照后转移至快速进样室，开启真空泵，抽真空至 10^{-8} mbar，打开分析室与进样室之间的阀门，将样品台送到分析室的样品架上，关闭阀门。

3. 测试程序设置及数据采集

调入样品台照片，寻找合适位置，添加全谱及测试元素窄谱，进行测试参数设置和数据采集。需要注意，不导电样品需进行荷电补偿。

4. 退样

数据采集结束后，对样品台进行复位，打开分析室与进样室之间的阀门，将样品台移回进样室，关闭阀门。

【结果分析】

1. 定性分析

通过对全谱进行自动寻峰，可以标注 PET、TiO_2 粉末每个峰的结合能位置，确定样品中有哪些元素存在。

2. 半定量分析

选中样品中各元素窄谱，设置每个元素谱峰的面积计算区域以及扣除背底方式，依次处理所采集的各个元素，可以获得 PET(C、O)以及 TiO_2(Ti、O)样品中每个元素的相对原子百分比，得到半定量后的数据表。

3. 元素化学态分析

选中谱图 PET 的 C 谱峰，添加基线进行分峰拟合，依据结合能数据，参考各元素结合能标准数据库，鉴别化学环境不同的 C 元素，标定 C—C，C—O，C═O 并给出半定量分析结果。

4. 数据校正

分析样品中 C 1s 峰位与基准 284.8 eV 的差值，选中需要进行校正的谱图，根据实际情况填写数值，进行校正。

【注意事项】

1. 样品制备过程尽可能避免人为污染，如手摸、吹气等；粉末样品一定压实，并用洗耳球吹掉表面松散的粉末，尽量薄而均匀，以减少荷电效应。

2. 测试前，一定保证快速进样室的真空度优于 10^{-7} mbar 以上，方可将样品送入分析室进行测试。

【思考题】

1. 对于不导电样品，应如何处理才能保证价态分析的准确性？

2. XPS 定量分析的结果通常与样品元素化学计量比结果不吻合，为什么？

实验 3-2　XPS 元素深度分析
Depth Profile Analysis by XPS

【实验目的】

1. 掌握角分辨 XPS(AR-XPS)及 Ar 离子束溅射法深度分析的原理及各自优缺点。

2. 了解角分辨 XPS(AR-XPS)对单晶 Si 表面氧化层的分析方法。

3. 了解 Ar 离子束溅射法分析 CeO_2/Si 薄膜不同元素随溅射深度的变化。

【仪器与试剂】

Thermo Scientific ESCALAB Xi^+，单晶 Si，涂有 CeO_2 薄膜的硅片(CeO_2/Si)、导电胶带，仪器专用样品台，无尘布，无水乙醇。

【实验步骤】

1. 样品处理

将单晶 Si、已制备好的干燥的涂有 CeO_2 薄膜的硅片(CeO_2/Si)切割成合适的大小，用导电胶固定于样品台上。

2. 拍照和进样

将样品台拍照后转移至快速进样室，开启真空泵，抽真空至 10^{-8} mbar，打开分析室与进样室之间的阀门，将样品台送到分析室的样品架上，关闭阀门。

3. 测试程序设置及数据采集

AR-XPS：调入单晶硅样品台照片，寻找合适位置，设置测试起始角度，根据间隔角度设置步长，添加全谱及测试元素窄谱，进行测试参数设置和数据采集。

Ar 离子束溅射：调入 CeO_2/Si 样品台照片，寻找合适位置，设置离子枪刻蚀能量、刻蚀时间及刻蚀层数，添加全谱及测试元素窄谱，进行测试参数设置和数据采集。

4. 退样

数据采集结束后，对样品台进行复位，打开分析室与进样室之间阀门，将样品台移回进样室，关闭阀门。

【结果分析】

1. 单晶 Si 的 AR-XPS 分析

通过对单晶 Si 进行深度分析可以作出 Si、O 的 XPS 谱图随角度变化图。选中样品中各元素窄谱，依次处理所采集的各个元素，可以获得 Si、O 随角度变化的相对原子百分比。角度与样品深度有线性关系，可以获得表面氧化硅层的厚度。

2. CeO_2/Si 的 Ar 离子束溅射分析

通过对 CeO_2/Si 进行离子束溅射分析可以作出 Si、O、Ce 的 XPS 谱图随刻蚀时间变化图。选中样品中各元素窄谱，依次处理所采集的各个元素，可以获得 Si、O、Ce 随刻蚀时间变化的相对原子百分比。参照 Ta_2O_5 的溅射速率，可估算刻蚀深度，达到逐层剥离、逐层分析。对于不同材料，刻蚀速率会有较大差别，特别是对于复杂材料很难得到真实的刻蚀速率。

【注意事项】

1. 角分辨 XPS 通过改变收集电子的发射角度，探测不同深度的电子，测试过程需关闭磁浸透镜，采用静电模式。
2. 离子束刻蚀对样品具有破坏性，如破坏化学键和择优刻蚀，对有机材料建议选择团簇离子源。
3. 为降低择优溅射及基底效应，应提高溅射速率和降低每次溅射的时间。

【思考题】

1. 在角分辨 XPS 深度分析中，角度与深度有何关系？
2. 在 Ar 离子刻蚀深度剖析分析中，荷电效应如何校正？

实验 3-3 紫外光电子能谱分析
Ultraviolet Photoelectron Spectroscopy Analysis

【实验目的】

1. 掌握 UPS 测定导电样品逸出功的原理及实验方法。
2. 了解 UPS 谱图与样品能级结构的关系。

【仪器与试剂】

Thermo Scientific ESCALAB Xi^{+}，Au 箔，PFO 薄膜，导电胶带，金属样品夹，仪器专用样品台，无尘布，无水乙醇。

【实验步骤】

1. 样品处理

将 Au 箔、PFO 薄膜（PFO 旋涂在镀金 Si 衬底）用金属样品夹及导电胶固定于样品台上。

2. 拍照和进样

将样品台拍照后转移至快速进样室，开启真空泵，抽真空至 10^{-8} mbar，打开分析室与进样室之间的阀门，将样品台送到分析室的样品架上，关闭阀门。

3. 测试程序设置及数据采集

选取样品表面一点，选择 UPS 透镜模式，设置采谱范围、步长、通能等参数，分别进行价带谱测试和施加偏压条件下的二次电子截止边谱图测试。

4. 退样

数据采集结束后，对样品台进行复位，打开分析室与进样室之间阀门，将样品台移回进样室，关闭阀门。

【结果分析】

1. UPS 测试样品逸出功

选中金箔的 UPS 谱图，读取二次电子截止边（E_{cutoff}）以及费米能级（E_F）的位置，二次电子截止边表示能量为 $h\nu$ 的光子最多只能激发一定的二次电子，使其不经过弹性散射达到样品表面，因此材料的逸出功与二次电子截止边和费米边的位置有关，材料逸出功由 $\Phi=h\nu-|E_F-E_{cutoff}|$ 计算得到。

2. UPS 谱图与能带间的关系

选中 PFO 薄膜的 UPS 谱图，读取二次电子截止边（E_{cutoff}）以及价带顶（VBM）/（HOMO）能级位置，电离势（IP）为将电子从分子的最高占据轨道（HOMO）激发到无穷远处（真空能级）所需要的能量，材料的电离势由 $IP=h\nu-|E_{VBM/HOMO}-E_{cutoff}|$ 计算得到。因此，通过 UPS 谱图可以建立能级结构示意图。

【注意事项】

1. 荷电效应影响 UPS 结果，进行 UPS 测试的样品须导电性良好且与标样实现良好的接触，绝缘体一般无法测量功函数。

2. 测试样品一般为表面分布均匀、清洁无污染的固体薄膜或块体。

3. 长时间不进行 UPS 测试时，要先使用 He 气对仪器内部及管路进行清洗，然后进行测试。

【思考题】

1. 粉末样品是否适合测试 UPS？存在哪些问题？

2. 通过 UPS 画出样品能级示意图并说明计算过程。

【参考文献】

[1] 黄惠忠．表面化学分析［M］．上海：华东理工大学出版社，2007.

[2] 杨万龙，李文友．仪器分析实验［M］．北京：科学出版社，2008.

［3］ 陈培榕，李景虹，邓勃．现代仪器分析实验与技术［M］．2 版．北京：清华大学出版社，2006.

［4］ Galhardo T S，Braga A H，Arpini B H，et al. Optimizing active sites for high CO selectivity during CO_2 hydrogenation over supported nickel catalysts［J］．Journal of the American Chemical Society，2021，143（11）：4268-4280.

［5］ Hu J X，Xu J B，Zhao Y F，et al. Roles of oxygen and hydrogen in crystal orientation transition of copper foils for high-quality graphene growth［J］．Scientific Reports，2017，7：45358.

［6］ Madec L，Ledeuil J B，Coquil G，et al. Cross-section auger/XPS imaging of conversion type electrodes：How their morphological evolution controls the performance in Li-ion batteries［J］．ACS Applied Energy Materials，2019，2（7）：5300-5307.

［7］ Wu M Y，Wang B B，Wang W W，et al. Dynamic structural evolution of CeO_2 in CuO［J］．ChemCatChem，2023，15：e202300894.

第四章　电子能量损失谱
Electron Energy Loss Spectroscopy

第一节　仪器结构与原理

一、电子能量损失谱（EELS）概述及发展

电子能量损失谱(electron energy loss spectroscopy，EELS)是一项用于研究材料中电子能级结构和元素成分的技术。它基于电子束与样品相互作用时，电子失去能量的现象。当高能电子束通过样品时，它们会与样品中的原子和分子发生相互作用，导致电子损失能量。通过测量和分析这些能量损失，可以获得有关样品的信息，如元素成分、化学状态、晶体结构、电子能级结构等。电子能量损失谱通常与透射电子显微镜(TEM)结合使用，可以实现对样品的高分辨率成像和能谱分析，是材料科学、纳米技术和固体物理等领域的重要分析工具[1-2]。

作为目前材料领域常见的分析技术之一，EELS 相比于其他的测试技术具有如下特点：

① 相比于 X 射线光电子能谱(X-ray photoelectron spectroscopy，XPS)，具有高空间分辨率。得益于球差校正透射电子显微技术的发展，可以实现亚埃尺度的成分分析。

② 相比于俄歇电子能谱(Auger electron spectroscopy，AES)，更加灵敏。

③ 相比于 X 射线能谱(X-ray energy dispersive spectroscopy，EDS)，对轻元素更为敏感，在轻元素探测方面具有优势。

④ 可以辨别表面吸附的原子、分子的结构和化学特性，从而成为表面物理和化学研究的有效手段之一。

电子能量损失谱是物理学、材料科学以及化学等研究领域的重要表征手段，伴随着透射电子显微镜分析能力的提升，电子能量损失谱的理论和分析能力也得到逐步的发展，具体包含以下几个阶段：

- 20 世纪 20 年代：1929 年，Rudberg 发现特定能量的电子束施加在金属样品上后，在接收非弹性散射电子时，发现该类型电子会随着样品化学成分不同而有不同的能量损失，可以通过分析不同的能量损失位置而得到特定区域的元素成分。
- 20 世纪 60 年代：电子能量损失谱技术的早期研究主要集中在理解电子与物质相互作用的基本原理上。研究人员开始观察到电子在穿过样品时的能量损失，并尝试将这种损失与材料的性质联系起来。
- 20 世纪 70～80 年代：随着透射电子显微镜和扫描透射电子显微镜的不断改进，电子能量损失谱技术的分辨率和灵敏度得到了显著提高。这使得研究人员能够在更高的空间分辨率下进行能量损失谱分析，从而深入了解材料的微观结构和化学组成。
- 20 世纪 90 年代：在 20 世纪 90 年代，能量过滤像(energy-filtered TEM)和扫描透射电子能量损失谱(scanning transmission electron microscopy EELS，STEM-EELS)等新技术的出现进一步拓展了电子能量损失谱的应用范围。能量过滤技术通过使用能量选择器来筛选出

特定能量范围内的电子，从而提高了信噪比和分辨率。而 STEM-EELS 则结合了扫描透射下的高角度散射和电子能量损失谱技术，可实现对样品中局部区域的化学成分和电子结构的精确分析。

● 自 21 世纪至今：随着纳米科技和材料科学领域的发展，电子能量损失谱技术在纳米尺度下的应用变得越来越重要。现代电子能量损失谱技术已经广泛应用于研究纳米结构材料、催化剂、生物样品等领域，并且不断涌现出新的技术和方法，如低温电子能量损失谱、原子分辨电子能量损失谱等，进一步拓展了该技术的应用前景。

二、电子能量损失谱的基本原理

当电子束轰击到样品表面时，会发生一系列的物理和化学相互作用。这些相互作用可以分为两类：弹性过程和非弹性过程。在弹性过程中，入射电子与原子核碰撞，没有能量转换；而在非弹性过程中，入射电子与样品原子中的轨道电子相互作用，导致能量转换。这些相互作用可以产生多种效应，包括二次电子、背散射电子、俄歇电子、特征 X 射线、连续 X 射线和阴极荧光等(图 4-1)。

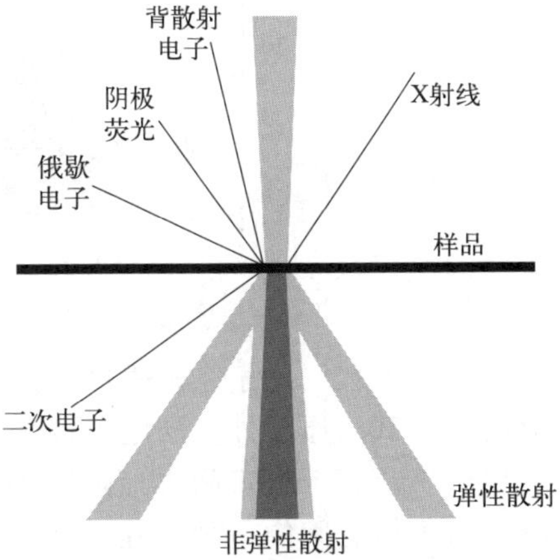

图 4-1 电子与物质的交互作用

二次电子：这是样品原子较外层电子(价带或导带电子)电离产生的电子，能量较低，通常小于 50 eV。它们仅在样品表面 5～10 nm 的深度内逸出，因此具有高分辨率。二次电子的强度对微区表面的形貌衬度敏感，适用于显示形貌。

背散射电子：入射电子与样品相互作用后，再次逸出样品表面的高能电子，其能量接近于入射电子。背散射电子的数量与样品的原子序数有关，因此可以用来反映样品的形貌信息。

阴极荧光：晶体物质在高能电子照射下发射出可见光、红外光或紫外光的现象。

在电子能量损失谱中，具有已知动能的电子束入射待测材料后，部分电子与原子相互作用发生非弹性散射，损失部分能量并且路径发生随机的小偏转，这个过程中能量损失的大小经电子能谱仪测量并得以分析解释。通过研究非弹性散射电子的能量损失分布，可以得到原子中电子的空间环境信息，从而研究样品的多种物理和化学性质。

在非弹性散射电子中，存在一些具有一定特征能量的俄歇电子，其特征能量只与物质的元素有关，如果在样品上检测这些俄歇电子的数目并按照能量分布，就可以标定物质的各元素组成。如果其特征能量不仅与物质的元素有关，而且与入射电子的能量也有关，则称其为特征能量损失电子。将在样品上检测到的能量损失电子的数目按照能量分布进行统计，即可得到一系列的谱峰，也就是我们说的电子能量损失谱。通常情况下，按照散射能量的大小，我们得到的电子能量损失谱可以划分为三个区：零损失区、低能损失区和高能损失区(图 4-2)。

零损失区：位于谱线的最左边，能量范围是 0～10 eV。零损失区主要包括三部分电子，即透射电子、发生弹性散射的电子和微小能量损失的电子(声子激发等的影响)。零损失区以零损失峰为特征。

利用零损失峰既可以进行能量基准的标定，也可以进行成像(零损失像)。零损失像包含材料的质厚衬度信息，可以反映材料的形貌。由于零损失像含有透射电子和弹性散射电子的信息，而不含有非弹性散射电子的信息，因此零损失像比普通像具有更高的衬度。

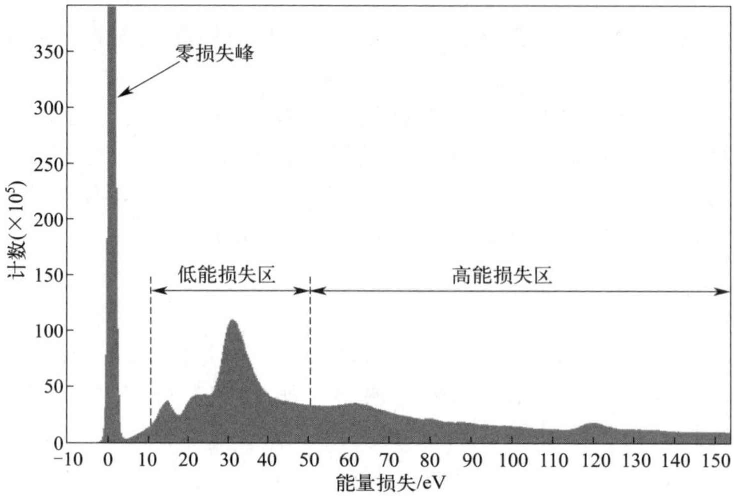

图 4-2 电子能量损失图谱的区域划分

低能损失区：位于零损失区之后，能量损失范围在 10～50 eV。所含的信息主要是来自入射电子与试样原子外壳层电子的非弹性散射。低能损失区是由发生非弹性散射作用后产生的等离子峰及若干个带间(内)跃迁小峰组成的。等离子峰主要是等离子激发所产生的，是入射电子与固体之间的一种长程相互作用，即入射电子穿过晶体时引起的电子云相对于离子实的集体振荡。等离子激发峰随着试样厚度的增大而增多，不仅可以反映材料的质厚衬度信息，而且由于只含有非弹性散射信息，因此可以反映材料中的元素信息。对低能损失区进行分析，可以获得有关样品厚度、微区化学成分以及电子结构等方面的信息。

高能损失区：能量损失大于 50 eV，所含的信息主要是来自入射电子与试样原子内壳层电子的非弹性散射。高能损失部分主要有和内层电子相互作用导致的吸收边(core-loss edges)、近边精细结构(near edge fine structure)和扩展能量损失精细结构(extended energy loss fine structure)。

吸收边对应始端是内壳层电子能量和费米能之差，即内壳层电子电离所需要的能量值。不同元素内壳层电子电离所需要的能量不同，所以可以通过吸收边确定元素的类别。能量损失近边结构出现在吸收边后 50 eV 左右，当样品中的内壳层电子从入射电子获得足够能量时，壳层电子将从基态跃迁到激发态，而在内壳层留下一个空穴。但如果获得的能量不足以使其完全摆脱原子核的束缚成为自由电子，那么内壳层电子只能跃迁到费米能级以上导带中某一空的能级。此时从入射电子获得的能量等于所激发壳层电子跃迁前后所处能级能量之差。又因电子跃迁而从入射电子获得的能量正好和电子能量损失谱中入射电子的损失能量相对应，我们可以通过电子能量损失谱中能量损失电子的强度分布得到样品中导带能级分布和态密度等电子结构信息。随着能量增加，近边精细结构的振幅逐渐减小，若在随后几百电子伏特范围内没有其他电离边，而我们还可以观测到微弱的强度振荡现象，则将其称之为扩展能量损失精细结构。通过扩展能量损失精细结构振荡，可以得到电离原子位置以及近邻原子的信息，所以对非晶态和短程有序材料的研究将非常有用。

三、电子能量损失谱仪

电子能谱损失谱仪的结构大体上可以分为三部分：电子源(TEM 部分)、能量分析器(谱仪部分)和记录系统(探测器部分)。如图 4-3(a)所示。其中，电子源是指进入入射光阑的非弹性散射电子，主要包括透过电子、核心损失电子以及等离子损失电子等。能量分析器既谱仪是电子能量损失谱的核心部分，该部分系统的主要功能是按照能量的大小对电子源逸出的电子进行分散处理。具体来说，具有不同能量的电子在磁棱镜(实际上就是一个扇形铁磁体)内受磁场的作用沿着半径为 R 的圆弧形轨迹前进，从而在磁场的作用下发生至少 90°的方向偏转。相同能量的电子偏转相同的角度，且能量损失越多的电子发生的偏转角度越大。接着将具有相同能量损失但传播方向不一致的电子重新聚焦在像平面上一点。如此我们便得到了以电子能量损失为横坐标、以电子强度分布为纵坐标的电子能量损失谱。该过程中电磁透镜对电子束的色散与三棱镜对白光的色散相似，所以又将该磁透镜称为磁棱镜，如图 4-3(b)所示。非弹性散射的电子经过谱仪的能量分散后，相同能量的电子会聚焦于同一位置，并在探测器(CCD 相机)上形成能量损失谱，以供进行最后的数据分析处理。

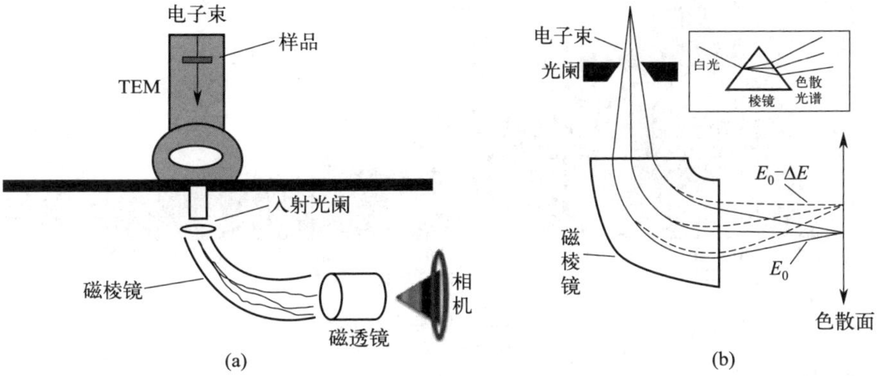

图 4-3 电子能量损失谱仪结构（a）和原理（b）

四、主要应用

随着 EELS 和计算机技术的发展，该技术越来越多地应用到物质科学研究领域。根据不同能量损失区间包含的信号不同，其主要作用包含以下几个方面：

(1) 低能损失区

样品厚度的测量：经过样品的电子，没有经历非弹性散射的电子数目随样品厚度指数衰减，而这部分电子的相对数目可以通过计算所有损失峰的积分强度面积 I_t 与零损失峰的强度之比 I_0 而获得。样品厚度 t 的计算公式为：

$$t=\lambda\ln(I_t/I_0) \tag{4-1}$$

式中，λ 是等离激元震荡的平均自由程，依赖于半收集角度 β；I_t 为所有损失峰的积分强度面积；I_0 为零损失峰的强度。当低能损失区存在锐利的等离子峰时，λ 的计算公式如下：

$$\lambda=2a_0m_0V^2/[E_p\ln(1+\beta^2\theta_E^2)] \tag{4-2}$$

式中，a_0 是波尔半径；m_0 为电子静止质量；V 是电子速度；E_p 是等离激元能量；θ_E 是特征散射角。

化学成分的测量：在化学元素的电子能量损失谱中，能量较低的特征损失谱会对样品的等离子峰产生一定的影响，从而使得等离子峰包含了元素的特征。通过对照低能损失区内等离子峰的形状和位置，可以判定元素的种类(图 4-4)。除此之外，能量损失可以看作是高速电子束流经过样品时所产生的介电反应，因此低能损失谱也包含了介电常数的信息，通过测量低能损失谱，可以获取样品的介电常数信息。

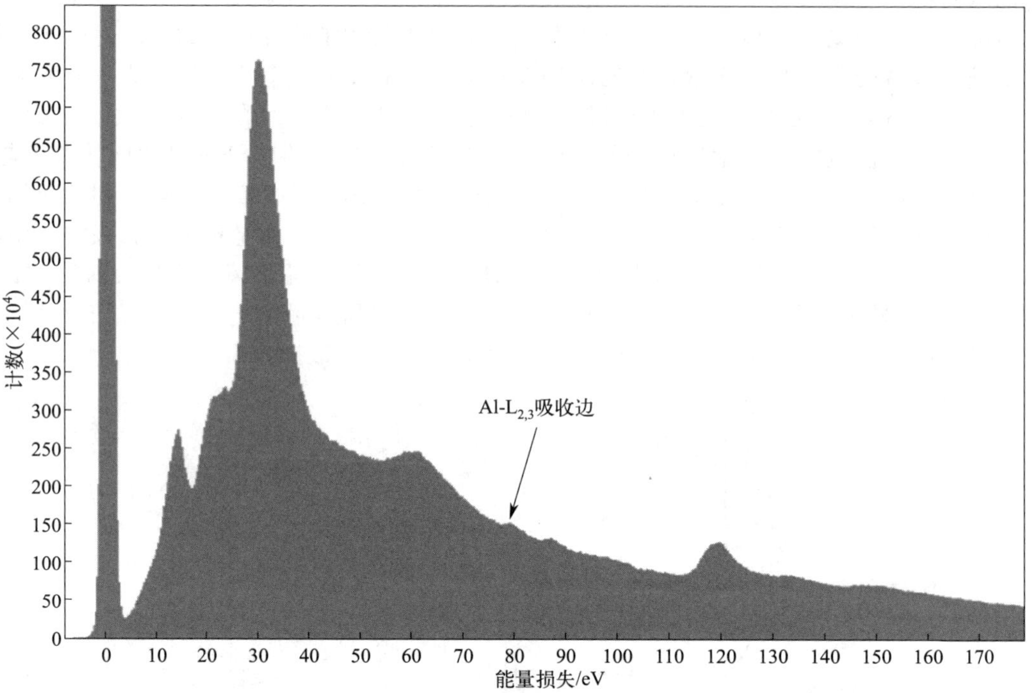

图 4-4　低能损失区

（2）高能损失区

相比于低能损失区的高背底信号影响，高能损失区的电子能量损失谱信号通常更加明显，因此，通过高能损失区的信号可以更好地进行元素成分的分析，既可以对元素做定性分析，又可以做定量分析。同时，由于电子能量损失谱的高能损失边的近边结构反映了固体材料的能带结构、化学以及晶体状态，也可以用来进行同素异形体的分析和判定。

定性分析：根据激发能量的不同，利用高能损失区域的吸收边可以方便地进行元素的定量分析。通常，原子序数小于 13 的元素常用 K-吸收边进行分析，原子序数大于 13 的元素可以选择 K-吸收边、L-吸收边或者 M-吸收边进行分析。例如对应于 532 eV 起始的边为 O-K 吸收边，对应于 779 eV 的为 $Co\text{-}L_{2,3}$ 吸收边。根据碳的 K 吸收边的形状和起始位置的不同，可以快速地判定碳的存在形态（图 4-5）。

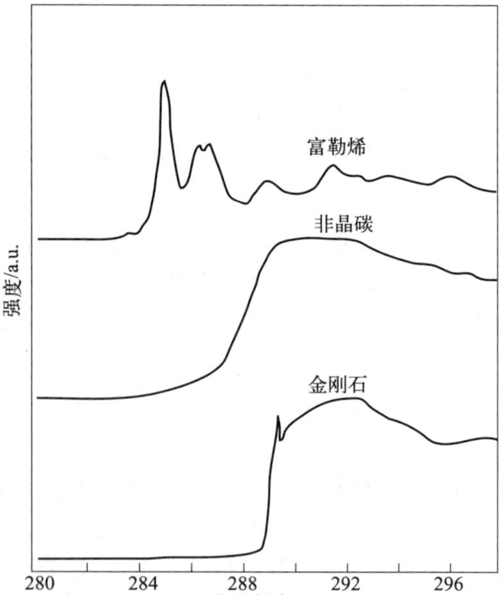

图 4-5　不同形态碳材料的 K 吸收边[3]

定量分析：通过对特定吸收边的分析，可以确定不同价态元素的含量。比如测定非晶碳膜中 sp^2 杂化和 sp^3 杂化的碳原子所占比例。在非晶碳膜的 C-K 吸收边包含两个特征峰，285 eV 的峰是 sp^2 到 π^* 的激发；290 eV 的峰是 sp^3 到 σ^* 的激发，通过计算这两个峰的积分强度可计算碳膜中 sp^2 含量，由此也可以推算得到 sp^3 的含量[3]。对于过渡金属，通过扣除连续背底，计算不同白线的峰强比值，可以计算得到同种元素不同价态的原子百分比[4]。

元素和价态分布：通过选择某一特征能量损失的电子作为信号进行成像，可以得到对应特征峰的元素分布图像。利用电子能量损失谱进行元素分布成像分析通常包含两种模式：一种是能量过滤像(energy filtered TEM，EFTEM)，该模式下，采用的是平行电子束；另外一种是扫描透射模式下的电子能量损失谱成像(STEM-EELS)，此模式下采用的是会聚电子束。在STEM-EELS模式下，可以进行点、线和面扫描，从而获取高空间分辨率下的元素信息。对比两种模式的成像方式，EFTEM是选择某种元素的特征峰直接成像，STEM-EELS是获取EELS谱，然后从中提取不同元素信息成像。在STEM-EELS模式下，还可以进行元素的价态分布成像，通过对同种元素不同价态的电子能量损失谱进行拟合，可以获取不同价态的二维分布图像。例如图4-6，在$La_{2/3}Sr_{1/3}MnO_3$(LSMO)薄膜中，存在着位于{100}面的APB和位于{110}面的反位缺陷(anti-site defects)共同构成的锯齿状缺陷结构，其中{110}面的La/Sr原子列被Mn-O原子列代替。对比界面处和远离缺陷处的LSMO完整区域的Mn-$L_{2,3}$的精细结构发现[图4-6(a)]，缺陷处Mn-L_3峰相对于LSMO基体处向低能量损失方向有1.4 eV左右的偏移，同时，$L_{2,3}$的强度比明显增强。利用Hatree-Slater方程扣除连续背底后计算得到，LSMO基体中Mn的$L_{2,3}$强度比为2.33，而缺陷处为2.65，基于价态和$L_{2,3}$强度比的简单线性关系，可以得到缺陷之外的LSMO中Mn以Mn^{3+}和Mn^{4+}混合状态存在，而缺陷核心处以Mn^{3+}的状态存在。采用多重线性最小二乘法(multiple linear least squares，MLLS)拟合的方法，可以获取Mn^{3+}和Mn^{4+}离子峰二维分布[5]。

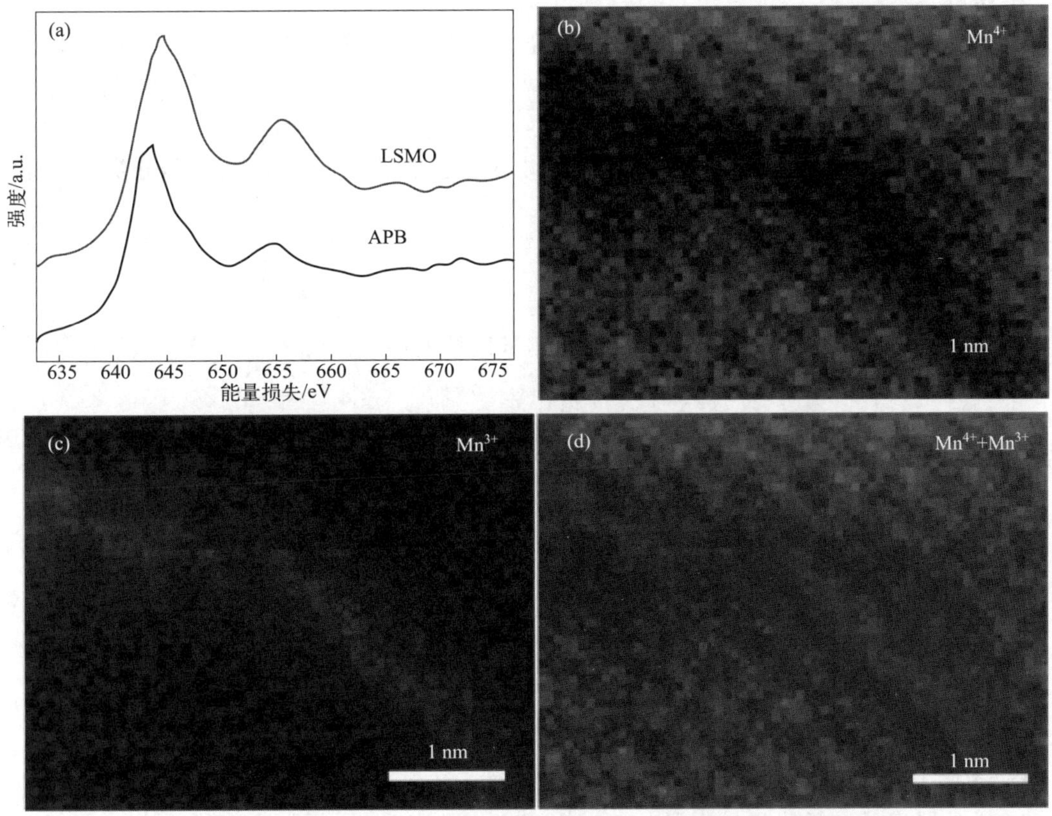

图4-6 $La_{2/3}Sr_{1/3}MnO_3$薄膜缺陷处锰离子价态的二维分布图[5]

第二节　仪器分析实验

实验 4-1　EELS 测定样品厚度、元素组成及含量 Determination of Sample Thickness, Elemental Composition and Content by EELS

【实验目的】

1. 掌握电子能量损失谱分析的基本原理以及在元素鉴定方面的应用。
2. 熟悉电子能量损失谱定量分析方法和元素化学态测定。
3. 了解电子能量损失谱仪的基本使用方法和注意事项。

【仪器与试剂】

Thermofisher Spectra 300 球差校正透射电子显微镜，Gatan GIF Continuum 1065 电子能量损失谱仪，分散在微栅碳膜上面的纳米粉末样品。

【实验步骤】

1. 样品处理

将粉末样品置于酒精中，超声分散，然后滴于微栅碳膜上。

2. 进样

将样品安装在样品杆上面，对样品进行等离子清洗后，转移至透射电镜镜筒内，待真空抽到满足测试要求。

3. 测试程序设置及数据采集

TEM 模式下，寻找合适的样品位置。对电子能量损失谱仪进行光路和分辨率校正，进行测试参数设置和数据采集。

【结果分析】

1. 样品厚度分析

通过对低能损失峰进行分析，确定样品测试区域的厚度。

2. 元素分析

对照获取的电子能量损失谱，确定出现吸收边的位置，确认每个吸收边对应的元素种类。

3. 元素含量分析

采用 Power-law 模型扣除背底，利用 DM 软件计算样品中元素的含量百分比，并与样品的化学计量比做对比。

【注意事项】

1. 样品要求具有一定的导电性，颗粒尽可能小，尽量薄而均匀，以减少荷电效应。
2. 采集 EELS 谱时，一定要注意零损失峰的强度，防止损坏电子能量损失谱相机。

【思考题】

1. 样品厚度对电子能量损失谱的测试有什么样的影响？
2. 电子能量损失谱定量分析的结果通常与样品元素化学计量比有少量的差异，其原因为何？

实验 4-2 基于 STEM-EELS 的元素分布分析
Elemental Mapping by STEM-EELS

【实验目的】

1. 掌握 STEM-EELS 分析的基本原理。
2. 掌握 STEM-EELS 提取元素分布的方法。

【仪器与试剂】

Thermofisher Spectra 300 球差校正透射电子显微镜，Gatan GIF Continuum 1065 电子能量损失谱仪，分散在微栅碳膜上面的纳米粉末样品。

【实验步骤】

1. 样品处理

将粉末样品置于酒精中，超声分散，然后滴于微栅碳膜上。

2. 进样

将样品安装在样品杆上面，对样品进行等离子清洗后，转移至透射电镜镜筒内，待真空抽到满足测试要求。

3. 测试程序设置及数据采集

STEM 模式下，寻找合适的样品位置。对电子能量损失谱仪进行光路和分辨率校正，进行测试参数设置，采集 STEM-EELS 数据。

【结果分析】

1. 元素分布图的提取

通过选择不同元素的吸收边，扣除背底信号，提取对应的元素分布图，对不同的元素分布图进行着色叠加。

2. 不同区域的元素电子能量损失谱提取

提取不同样品位置，如表面和界面的电子能量损失谱，对比相同元素的电子能量损失谱的精细结构，推测产生差异的原因。

【注意事项】

1. 样品要求具有一定的导电性，所选样品区域要尽可能薄。
2. 采集 STEM-EELS 信号时，首先要对零峰进行校正，确保其他吸收边位置的准确性。

【思考题】

1. STEM-EELS 与 EDS 获取元素分布图的方式和结果有何异同？
2. 提取元素分布图时，背底扣除窗口的变化对元素分布的影响如何？

【参考文献】

[1] Egerton R F. Electron energy-loss spectroscopy in the electron microscope [M]. Boston: Springer US, 2011.

[2] Williams D B, Carter C B. Transmission electron microscopy [M]. Boston: Springer US, 2009.

[3] 鲁占灵，张兵临，姚宁，等. 非晶碳膜中 sp^2 和 sp^3 相的检测方法 [J]. 材料导报，2006，20 (6)：98-101.

[4] Chen S Y, Gloter A, Zobelli A, et al. Electron energy loss spectroscopy and *ab initio* investigation of iron oxide nanomaterials grown by a hydrothermal process [J]. Physical Review B, 2009, 79 (10): 104103.

[5] 宋克鹏，杜奎，叶恒强，等. $La_{2/3}Sr_{1/3}MnO_3$ 薄膜中反相畴界面的原子结构和成分研究 [J]. 电子显微学报，2020，39 (5)：503-507.

第五章　拉曼光谱

Raman Spectroscopy

第一节　仪器结构与原理

一、技术概述及发展历程

拉曼光谱(Raman spectroscopy)，是一种散射光谱。拉曼光谱分析技术是基于印度科学家拉曼(C. V. Raman)所发现的拉曼散射效应，对与入射光频率不同的散射光谱进行分析，以得到分子振动、转动方面的信息，并应用于分子结构研究的一种分析方法。

1928 年，印度科学家拉曼(图 5-1)在《一种新的二次辐射》一文[1] 中指出：当单色光定向地通过透明物质时，会有一些光被散射。这些散射光中，大部分与入射光波长相同，然而还有极小一部分(约为 $1/10^9$)散射光，其波长与入射光波长不同(波长变长或变短)。这种单色光被介质分子散射后频率发生改变的现象，称为拉曼效应[1]。1930 年拉曼因此获得诺贝尔物理学奖。

图 5-1　印度科学家拉曼（C. V. Raman）照片

入射光与样品相互作用产生的拉曼散射与物质分子结构相关，不同的物质分子具有自己独特的拉曼光谱(如图 5-2 所示)，就像人的指纹。因此，拉曼光谱又被称为分子“指纹光谱”。通过光谱仪器采集被照射物质的拉曼散射光，转换得到光谱图，实现对物质的结构成分分析。因此，拉曼光谱成为样品成分分析与检测的有力手段，拉曼光谱分析具有样品用量少、不损伤样品、不受水分子干扰等优点。

早期的拉曼光谱仪是以汞弧灯为光源，产生的拉曼散射谱线极其微弱，因此应用受到限制。直至 20 世纪 80 年代，随着科学技术的飞速发展，拉曼光谱仪在配置和性能方面日臻完善，如：美国 Spex 公司和英国 Renishaw 公司相继推出了共焦激光拉曼光谱仪，低功率激光光源的使用使激光器的使用寿命大大延长，激光共焦显微拉曼的引入可以实现与生物切片相似的拉曼扫描，从而得到样品不同深度的拉曼光谱。美国 EG&G Dilor 公司推出多测点在线工业用拉曼系统，采用的光纤可达 200 m，从而使拉曼光谱的应用范围更加广阔。

20 世纪 90 年代初，由于社会生产活动的需要，人们又探索出多项技术并应用于拉曼光谱仪中，促进了小型便携式拉曼光谱仪的出现并不断发展。如今，拉曼光谱仪器在科学研究和现场便携检测两个大方向上呈现了多元化的发展。科研仪器追求更高性能，便携仪器致力于解决现场实际问题，追求更实用。在此基础上，在线仪器、专用化仪器，以及各种特殊应用条件的仪器新品也在不断涌现。随着技术的发展，拉曼光谱仪器的应用领域不断拓展，市场也在迅速增长，尤其是在现场快速检测方面。

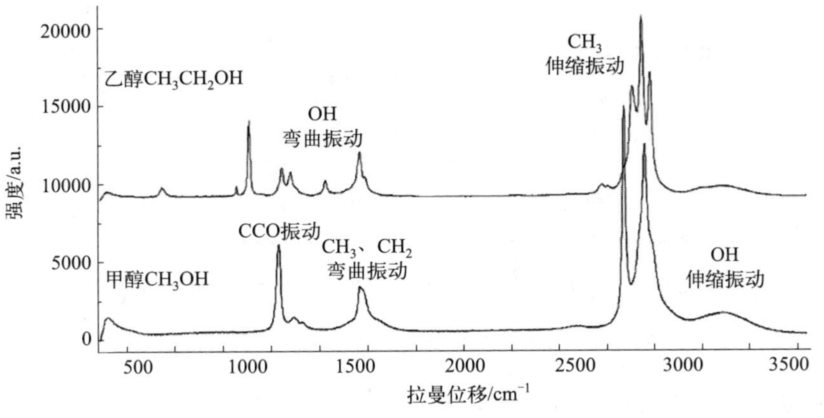

图 5-2　甲醇和乙醇的拉曼光谱图

二、基本原理

当用单色光照射透明样品时，大部分光透过而小部分光会被样品在各个方向上散射，这些光的散射又分为瑞利散射和拉曼散射两种（如图 5-3 所示）。

1. 瑞利散射和拉曼散射

若光子和样品分子发生弹性碰撞，即光子和分子之间没有能量交换，散射光能量和入射光能量相同，只有方向发生改变。这种光的散射，叫作瑞利散射（Rayleigh scattering）。当光子和样品分子发生非弹性碰撞时，散射光能量和入射光能量大小不同，光的频率和方向都有所改变，这种光的散射称为拉曼散射（Raman scattering），其散射光的强度占总散射光强度的 10^{-10}～10^{-6}。

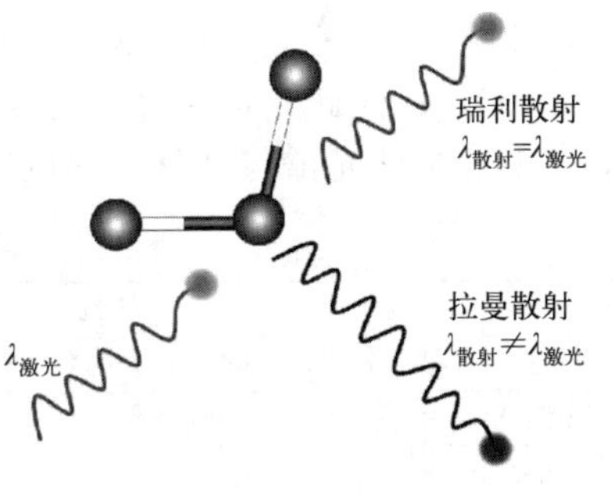

图 5-3　拉曼散射示意图

2. 拉曼散射的产生

拉曼散射的产生原因是光子与分子相互作用时发生了能量交换，改变了光子的能量，散射过程可以通过样品分子发生的能级跃迁来描述（如图 5-4 所示）。样品分子处于振动能级的基态或振动激发态，入射光子的能量远大于振动能级跃迁所需能量，但又不足以将分子激发到电子能级激发态。样品分子在吸收了光子后，被激发到较高的不稳定能态（虚态）。处于激发虚态的分子不稳定，会返回振动能级的基态或振动激发态，并以光子的形式释放能量。当样品分子从振动能级基态（E_0）跃迁到激发虚态后返回振动激发态（E_1），光子将一部分能量传递给了样品分子，此时，散射光能量为 $\Delta E=h(\nu_0-\Delta\nu)$，产生斯托克斯（Stokes）散射；当样品分子从振动激发态（E_1）跃迁到激发虚态后返回振动基态（E_0），散射光子获得了部分能量，即 $\Delta E=h(\nu_0+\Delta\nu)$，产生反斯托克斯（anti-Stokes）散射。因为绝大部分分子都处于振动能级基态，因此斯托克斯散射远强于反斯托克斯散射。

3. 拉曼位移

Stokes 与 anti-Stokes 散射光与激发光之间的频率差值 $\Delta\nu$ 称为拉曼位移。一般 Stokes 散射光比 anti-Stokes 散射光强度大得多，故在拉曼光谱分析中通常测定 Stokes 散射光线。在拉曼光谱图中，横坐标为拉曼位移，纵坐标表示散射强度。对同一物质，拉曼位移与入射光频率无关，取决于分子振动能级的变化，不同的化学键或基态有不同的振动方式，决定了

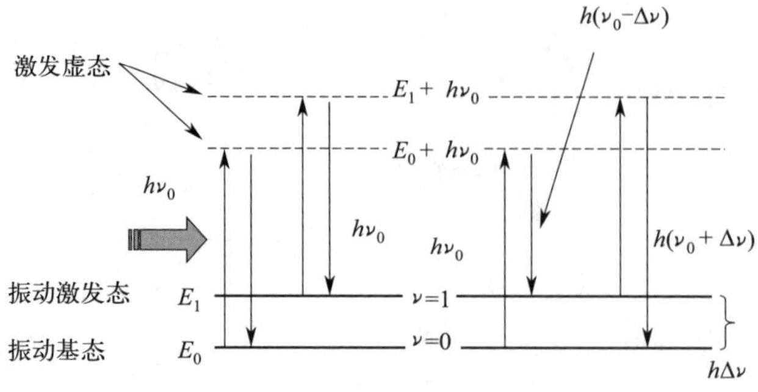

图 5-4　斯托克斯散射和反斯托克斯散射示意图

其能级间的能量变化，与之对应的拉曼位移是特征的。这是拉曼光谱进行分子结构定性分析的理论依据。

4. 拉曼光谱与红外光谱的对比

拉曼光谱与红外光谱都能够获得关于分子内部各种简正振动频率和有关振动能级的信息，用于鉴定分子的官能团[2]。但两者产生的原理和机制各不相同，本质上拉曼光谱属于散射光谱而红外光谱为吸收光谱。红外光谱适用于研究不同原子的极性键振动，如—OH，—C═O，—C—X。拉曼光谱适用于研究同原子的非极性振动，如—N—N—，—C—C—。因此，物质分子结构分析中，红外光谱与拉曼光谱大多数时候是相互补充的。表 5-1 对拉曼光谱与红外光谱的对比进行了总结。

表 5-1　红外光谱与拉曼光谱对比

项目	红外光谱	拉曼光谱
原理	分子对入射红外光的吸收	入射光与散射光的频率差(拉曼位移)
光谱选律	分子的偶极矩变化	分子的极化率改变
光谱范围	$400 \sim 4000\,cm^{-1}$	$50 \sim 4000\,cm^{-1}$
入射光	红外光	紫外-可见光-近红外光均可
制样要求	固体：需要研磨成 KBr 压片 液体：涂膜法，ATR 法	固体：压平即可测试 液体：可置于玻璃瓶、毛细管等容器中测定
适用范围	极性键，如—C═O，—C—X，多用于有机物测定	非极性键，如—C—C—，—N—N—，有机物、无机物均可测试
水的干扰	比较大	无干扰

三、仪器结构及工作原理

现代共焦显微拉曼光谱仪一般由光源、外光路、色散系统、接收系统以及信息处理与显示系统五部分组成[3-4]。其仪器结构如图 5-5 所示。

1. 光源

随着激光技术的不断发展，拉曼光谱仪的光源已经由激光器取代了早期的汞灯，激光具有单色性好、功率强的优点，使得拉曼光谱仪的分析检测能力得到了很大提升。目前拉曼光谱仪常用的激光器包括氦镉激光器($\lambda=325$ nm)，氩氪离子激光器($\lambda=458$ nm，$\lambda=473$ nm，$\lambda=647$ nm 等)，氦氖激光器($\lambda=633$ nm)，半导体激光器($\lambda=532$ nm，$\lambda=785$ nm，$\lambda=980$ nm)等[5]。

2. 外光路

① 滤光片：安置滤光部件的主要目的是抑制杂散光以提高拉曼散射的信噪比。其中，

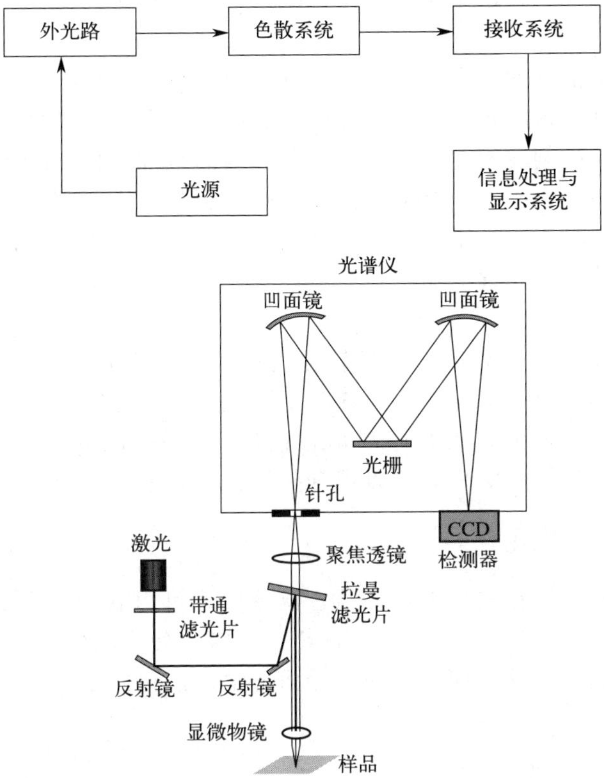

图 5-5　拉曼光谱仪器组成示意图

窄带干涉滤光片只允许特定波长的入射激光通过，大于其半峰宽波长的杂散光则无法进入光谱仪，进而提高了入射光的单色性并滤除离子线，图 5-6 中是放置与未放置窄带干涉滤光片的单晶硅拉曼光谱，通过对比可以看出，放置窄带干涉滤光片能有效提高光谱的信噪比。

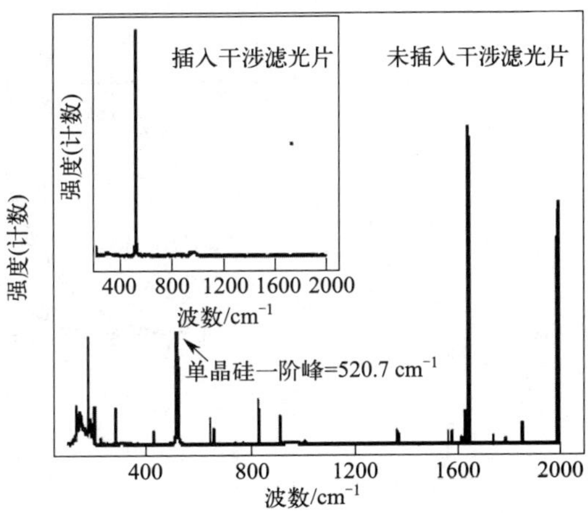

图 5-6　未放置窄带干涉滤光片的单晶硅拉曼光谱

（插图：放置窄带干涉滤光片的单晶硅拉曼光谱）[5]

另一种常用的滤光片是瑞利滤光片，分为 Edge 滤光片和 Notch 滤光片两种。Edge 滤光片是一种高通滤光片，只能测得斯托克斯散射信号，通常最低可测到 50 cm^{-1} 左右的拉曼信号。Notch 滤光片是一种高通和低通滤光片，可测得斯托克斯和反斯托克斯散射信号，与 Edge 滤光片相比可以测得更低波数的拉曼信号（低于 10 cm^{-1}）。

② 物镜：物镜是显微拉曼光谱仪的重要组成部分，物镜参数包括数值孔径、放大倍数和工作距离，通常物镜的放大倍数越大，物镜的数值孔径越大，工作距离越小，需要根据样品性质及入射激光波长选择合适的物镜。入射到样品上的激光光斑尺寸符合以下公式：

$$D=1.22\lambda/NA$$

式中，λ 为入射光波长；NA 为物镜数值孔径。由公式可知，在理想情况下，使用短波长激光器和较高数值孔径的物镜，将会提高检测的空间分辨率。

3. 色散系统

色散系统决定了光谱仪的光谱分辨率，通常为单色仪，主要包括：入射狭缝、光栅、出射狭缝等。其中光栅刻线密度越大，光谱分辨率越高，但会造成出射光通量降低，最终会影响光信号强度。此外，高刻线密度光栅单次收集光谱的范围较低刻线密度光栅窄，因而在相同检测范围时，选用高刻线密度光栅需要的测试时间更长。光谱仪焦长越长，其光谱分辨率越高，但同样会造成出射光通量下降，信号减弱。因此，必须根据样品综合考虑各硬件的配置，才能得到高质量的拉曼光谱数据。

4. 检测器

检测器是将接收到的拉曼散射光信号转化为电信号的器件，分为单道和多道探测器两种。光电倍增管（photomultiplier tube，PMT）是典型的单道探测器，其光谱分辨率较高，但扫描速度较慢；多道探测器的代表是电荷耦合器件（charge-coupled device，CCD），其收集散射光效率高、灵敏度高，一次采集可以得到整段光谱，缩短了测试时间。

四、主要功能及代表性应用

拉曼光谱包含物质结构和成分信息，结合拉曼成像可以获得成分结构的空间分布（如图5-7所示），为样品化学成分和结构鉴定、相态、结晶度及缺陷研究、反应过程中物种监控提供了分析手段。因此被广泛应用于表面和界面化学、催化、生物医学、食品科学、环境分析等多个领域。

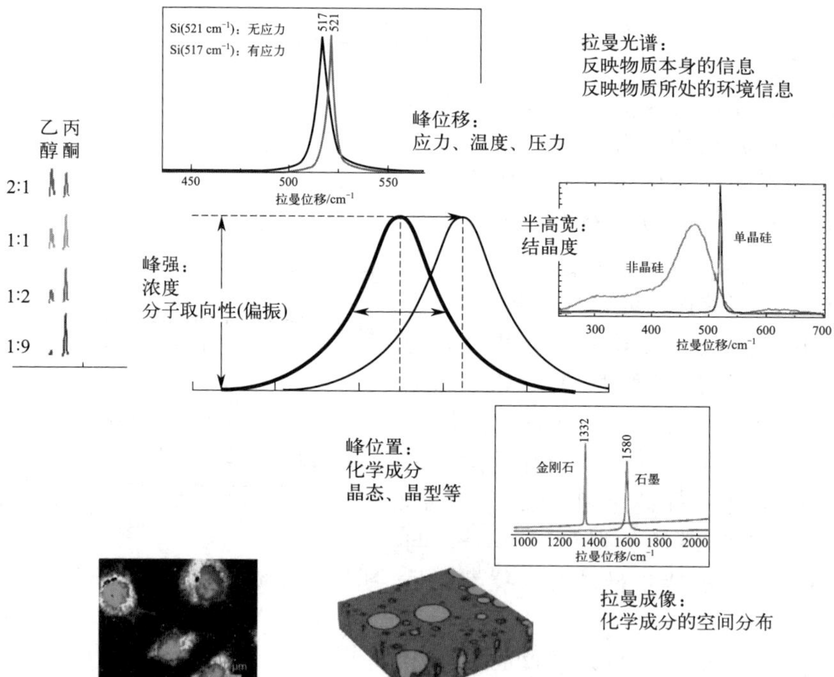

图 5-7　拉曼光谱提供的信息

1. 功能

（1）物质成分的鉴定分析

拉曼光谱研究对称分子的非极性基团或分子骨架振动情况，主要用来鉴别化学物质的种类、特殊的结构特征或特征基团。它与红外吸收光谱互为补充。拉曼位移的大小、强度及拉曼峰形状是鉴定化学键、官能团的重要依据。利用偏振特性，拉曼光谱还可以作为分子异构体判断的依据。

对于像 S—S、C ═C、N ═N、C ═S、C—C 等这类基团，如果分子中这类基团的环境接近对称，它的振动在红外吸收光谱中极为微弱，但可用拉曼光谱检测。另外，拉曼光谱是检测环状化合物的有力工具。利用拉曼光谱的标准谱图与未知物拉曼光谱图进行比对，也是拉曼光谱定性分析的一个重要手段。

（2）拉曼成像

利用显微共聚焦技术以及自动化样品台可以对样品进行拉曼光谱成像，对选定区域进行逐点扫描，选择特征拉曼谱线并进行图像处理，获得化学成分在样品表面的分布情况。对于透明样品，还可以得到成分的三维分布信息。该技术可应用于高分子材料的应力检测、催化剂表面的吸附情况等。

（3）原位分析

结合相应的附件在改变测试条件(如变温、特定气氛、施加外力或电场等)的情况下监测样品化学成分的变化，可以实现样品反应过程的原位分析，是催化反应以及电化学反应过程中中间产物监测以及样品性能分析的有力手段。

2. 应用

（1）有害物质及污染物的检测分析

拉曼光谱信号由于具有指纹特征，特别是利用表面增强拉曼光谱、共振增强拉曼光谱等信号放大技术，其检测灵敏度和稳定性大大提高。该技术目前已广泛应用于有害物质及污染物的检测中[6-8]。占金华课题组利用一维银纳米线材料自组装形成滤膜结构，利用滤膜的物理截流作用可以实现纳塑料的分离富集；同时银纳米线的纳米结构使其具有优异的 SERS 活性，实现对新兴污染物纳塑料的高灵敏度原位分析。

（2）化学反应的原位监测

在催化化学中，拉曼光谱能够提供催化剂本身以及表面上物种的结构信息，实现催化反应过程的实时研究[9]。同时，激光拉曼光谱是研究电极/溶液界面的结构和性能的重要方法，能够在分子水平上深入研究电化学界面结构、吸附和反应等基础问题并应用于电催化、腐蚀和电镀等领域[10-11]。

（3）在材料科学研究中的应用

拉曼光谱在材料科学中是物质结构研究的有力工具，在相组成界面、晶界等课题中可以做很多工作[12-13]，包括：

① 薄膜结构材料拉曼研究：拉曼光谱已成为 CVD(化学气相沉积法)制备薄膜的检测和鉴定手段。拉曼可以研究单、多、微和非晶硅结构以及硼化非晶硅、氢化非晶硅、金刚石、类金刚石等层状薄膜的结构。

② 超晶格材料研究：可通过测量超晶格中应变层的拉曼频移计算出应变层的应力，根据拉曼峰的对称性，知道晶格的完整性。

③ 半导体材料研究：拉曼光谱可测出经离子注入后的半导体损伤分布，可测出半磁半导体的组分、外延层的质量、外延层混品的组分载流子浓度。

④ 耐高温材料的相结构拉曼研究。

⑤ 全碳分子的拉曼研究。

⑥ 纳米材料的量子尺寸效应研究。

(4) 在生物学研究中的应用

拉曼光谱是研究生物大分子的有力手段，由于水的拉曼光谱很弱、谱图简单，故拉曼光谱可以在接近自然活性状态下来研究生物大分子的结构及其变化[14-15]。生物大分子的拉曼光谱可以同时得到许多宝贵的信息：

① 蛋白质二级结构：α-螺旋、β-折叠、无规卷曲及β-回转。

② 蛋白质主链构象：酰胺Ⅰ、Ⅲ，C—C、C—N伸缩振动。

③ 蛋白质侧链构象：苯丙氨酸、酪氨酸、色氨酸的侧链和后两者的构象及存在形式随其微环境的变化。

④ 对构象变化敏感的羧基、巯基、S—S键、C—S键的振动信号。

⑤ 生物膜的脂肪酸碳氢链旋转异构现象。

⑥ DNA分子结构以及DNA与其他分子间的作用。

⑦ 研究脂类和生物膜的相互作用、结构、组分等。

⑧ 对生物膜中蛋白质与脂质的相互作用提供重要信息。

第二节　仪器分析实验

实验 5-1　不同晶型二氧化钛拉曼光谱研究
Raman Spectroscopy of Different Crystal Types in Titanium Dioxide

二氧化钛是一种重要的无机化工原料，是白色粉末状多晶型化合物，自然界常见的有锐钛矿型和金红石型两种晶型。不同结构类型的二氧化钛的应用也各有不同，因此确定材料中二氧化钛的结构对研究材料的性质和应用具有重要意义。

本实验利用拉曼光谱仪研究锐钛矿型及金红石型两种晶型的二氧化钛样品，了解拉曼光谱在材料结构鉴定中的应用。

【实验目的】

1. 了解拉曼光谱原理。
2. 掌握拉曼光谱仪操作方法。
3. 掌握拉曼光谱数据的处理与解析方法。

【仪器与试剂】

1. 主要仪器装置：激光拉曼光谱仪。
2. 主要试剂：锐钛矿型及金红石型两种晶型的二氧化钛粉末。

【实验步骤】

1. 制备两种晶型的二氧化钛样品

锐钛矿型样品为分析纯 TiO_2 粉末，金红石型 TiO_2 粉末由锐钛矿型 TiO_2 加热至1650℃，降温至室温得到。

2. 拉曼测试

取少量两种晶型的 TiO_2 样品置于载玻片上，压平，采用532 nm激光进行拉曼光谱采集。

【结果分析】

对比两种样品的拉曼光谱并进行分析。

【注意事项】

1. 拉曼光谱仪所用的激光极强，不可直视。

2. 实验过程中注意保持样品台整洁。

【思考题】

1. 简述拉曼光谱产生的基本原理。

2. 拉曼光谱作为一种基本的表征手段，具有哪些优缺点？

3. 拉曼光谱与红外光谱的主要区别有哪些？

实验 5-2 微塑料拉曼光谱成像研究 Raman Mapping of Microplastics

拉曼成像是一种利用光谱和空间信息生成图像的技术。从样品的不同空间位置进行拉曼光谱采集，然后将每个光谱减少到只有一个值的相应像素，再将每一张拉曼光谱表示成对应像素点的一个值。最常见的方法是使用峰强度进行拉曼成像来表示化学成分分布和浓度。多个峰的强度、峰偏移、峰值比、峰值宽度等也用于在各种情况下生成拉曼图像。像素值通常显示为灰度或假彩色。

显微拉曼光谱仪可用来进行拉曼成像测试，而且具体测量流程并不复杂。拉曼光谱在选定的测试区域内按一定的距离间隔进行逐点采集，所获得的拉曼数据就包含了空间信息。在整个测试过程中，激光始终聚焦在样品上的单个点上进行测试，而样品则逐点移动到激光下方，直到整个感兴趣区域被“成像”。获得的空间信息可以是一维、二维或三维，通过这种方式，可以得到包括样品涂层的均匀性、成分或颗粒和其他污染物分布信息等。

微塑料作为一种新兴污染物，已有大量研究证明微塑料会危害人类与其他生物的健康和生存。拉曼光谱作为一种成分分析的有力手段在微塑料分析中有明显的优势。此外，通过拉曼成像还可以得到不同种类微塑料在空间上的分布信息，实现对微塑料的形态分析。本实验以不同种类的塑料微球标准样品为例，通过显微拉曼光谱仪，对样品进行成像分析，旨在介绍拉曼光谱及拉曼成像的基本原理及分析方法。

【实验目的】

1. 了解拉曼光谱及拉曼成像原理。

2. 掌握拉曼光谱仪操作方法。

3. 掌握拉曼光谱成像数据的处理与解析方法。

【仪器与试剂】

1. 主要仪器装置：激光拉曼光谱仪、100 mL 容量瓶、10 mL 量筒、硅片。

2. 主要试剂：无水乙醇、1 微米聚苯乙烯(PS)微球、1 微米聚甲基丙烯酸甲酯(PMMA)微球、超纯水等。

【实验步骤】

1. 待测微塑料样品制备

配制塑料微球溶液：将 PS 微球和 PMMA 微球加入无水乙醇稀释至相应浓度，将稀释后的样品滴加在硅片上，自然风干，制备成纯 PS 样品、纯 PMMA 样品，以及 PS、PMMA 混合样品。

2. 微塑料拉曼测试及拉曼成像

① 微塑料样品拉曼光谱测定：取以上制备的样品，选取 532 nm 波长激光测定拉曼光谱，进行测试条件优化。

② 基于光谱测试条件，对硅片样品进行拉曼成像测试，得到硅片上塑料微球的分布图。

【结果分析】

1. 分析塑料微球在硅片上的分布。
2. 分析成像条件的选取对成像结果的影响。

【注意事项】

1. 拉曼光谱仪所用的激光极强，不可直视。
2. 实验过程中注意保持样品台整洁。

【思考题】

1. 简述拉曼光谱成像的基本原理。
2. 拉曼成像条件的选择对成像结果有哪些影响？

实验 5-3 催化反应过程的拉曼光谱分析

Raman Spectroscopic Analysis of Catalytic Reaction Processes

拉曼光谱的分子指纹光谱特征使其成为研究物质分子结构的有力工具。20 世纪 70 年代起拉曼光谱被广泛应用于催化领域的研究并在过去的十几年迅速发展。通过拉曼光谱可以得到催化剂和其表面吸附物种的结构信息，这对了解催化反应过程十分有利。同时拉曼光谱在催化领域的研究中还有着一些其他光谱技术不具备的优势：①拉曼光谱可以得到较低波数(几十个波数)的光谱信息，这有利于一些催化剂(如分子筛等)的结构研究；②对于常见的催化材料(如 SiO_2、γ-Al_2O_3、TiO_2 等)，由于其拉曼散射截面小，因此对表面吸附物种的拉曼分析干扰很小；③由于水对拉曼分析几乎没有影响，因此拉曼光谱可以研究水溶液体系下的催化过程。

类芬顿反应是有效降解水中多种有机污染物的一种很有前途的方法，它依赖于活性氧的产生。过一硫酸盐(peroxymonosulfate，PMS)是类芬顿反应过程中的一类典型氧化剂。许多过渡金属氧化物都可以作为电子供体催化 PMS 分解。PMS 的过氧键(—O—O—)发生均裂，可生成硫酸根自由基($SO_4^-\cdot$)、羟基自由基(•OH)和单线态氧($^1O_2$)。拉曼光谱可以通过催化反应中的催化剂和吸附分子特征峰的变化，来研究催化反应进程。本实验利用拉曼光谱研究了含有氧空位的氧化锌材料活化 PMS，催化降解双酚 A(bisphenol A，BPA)的反应过程，旨在介绍拉曼光谱在催化反应过程研究中的应用。

【实验目的】

1. 了解拉曼光谱原理。
2. 掌握拉曼光谱仪操作方法。
3. 掌握拉曼光谱数据的处理与解析方法。

【仪器与试剂】

1. 主要仪器装置：激光拉曼光谱仪。
2. 试剂与样品：过一硫酸盐、双酚 A、富含氧空位的氧化锌纳米棒。

【实验步骤】

1. 制备富含氧空位的氧化锌纳米棒(V_o-rich ZnO nanorods)

将 1.8 g 锌粉加入含有 1.5 g 十六烷基三甲基溴化铵(CTAB)的 35 mL 水溶液中，磁力搅拌 0.5 h。将得到的悬浮液倒入 40 mL 反应釜中，在 180 ℃下加热 24 h。收集制备好的样品，用蒸馏水和酒精清洗几次以去除表面的 CTAB，并在 60 ℃下真空干燥过夜。

2. 催化反应过程的拉曼光谱分析

① 分别取适量的 V_o-rich ZnO nanorods、PMS 粉末，以及 V_o-rich ZnO nanorods/ PMS 粉末混合物(质量比 5∶1)，放置于玻璃片上压平，选用 633 nm 波长激光、合适的测试功率及积分时间，测试 700～1200 cm^{-1} 波数范围内的拉曼光谱。

② 在完成 V_o-rich ZnO nanorods/ PMS 粉末混合物(质量比 5∶1)拉曼光谱采集后，再向混合物中滴加 10 mg/L 的 BPA 溶液，选用 633 nm 波长激光、合适的测试功率及积分时间，测试 700～1200 cm^{-1} 波数范围内的拉曼光谱。

【结果分析】

对比 V_o-rich ZnO nanorods/ PMS 混合物加入 BPA 前后的拉曼光谱图与 V_o-rich ZnO nanorods、PMS 粉末单体拉曼光谱图的区别，分析催化反应路径。

【注意事项】

1. 拉曼光谱仪所用的激光极强，不可直视。
2. 实验过程中注意保持样品台整洁。

【思考题】

1. 拉曼光谱在监测催化化学反应路径中有哪些优势?
2. 简述富含氧空位的氧化锌纳米棒活化 PMS 的基本原理。

【参考文献】

[1] Raman C V, Krishnan K S. A new type of secondary radiation [J]. Nature, 1928, 121 (3048): 501-502.

[2] 孙姝纬，赵慧玲，郁彩艳，等. 锂电池研究中的拉曼/红外实验测量和分析方法 [J]. 储能科学与技术，2019，8 (5): 975-996.

[3] Han X X, Rodriguez R S, Haynes C L, et al. Surface-enhanced Raman spectroscopy [J]. Nature Reviews Methods Primers, 2021, 1: 87.

[4] 耿乙迦. 拉曼光谱及非线性光学成像仪器的研制与应用探索 [D]. 长春：吉林大学，2020.

[5] 公祥南，郭莉杰，周小元，等. HORIBA HR 型激光拉曼光谱仪的使用和维护 [J]. 实验室研究与探索，2017，36 (10): 299-303.

[6] Shi Y, Wang W S, Zhan J H. A positively charged silver nanowire membrane for rapid on-site swabbing extraction and detection of trace inorganic explosives using a portable Raman spectrometer [J]. Nano Research, 2016, 9 (8): 2487-2497.

[7] Araujo C F, Nolasco M M, Ribeiro A M P, et al. Identification of microplastics using Raman spectroscopy: Latest developments and future prospects [J]. Water Research, 2018, 142: 426-440.

[8] Yang Q, Zhang S Y, Su J, et al. Identification of trace polystyrene nanoplastics down to 50 nm by the hyphenated method of filtration and surface-enhanced Raman spectroscopy based on silver nanowire membranes [J]. Environmental Science & Technology, 2022, 56 (15): 10818-10828.

[9] Zhang K F, Yang L, Hu Y F, et al. Synthesis of a gold-metal oxide core-satellite nanostructure for In Situ SERS study of CuO-catalyzed photooxidation [J]. Angewandte Chemie International Edition in English, 2020, 59 (41): 18003-18009.

[10] Chen S, Ji D L, Chen Q W, et al. Coordination modulation of hydrated zinc ions to enhance redox reversibility of zinc batteries [J]. Nature Communications, 2023, 14: 3526.

［11］ 田中群．谱学电化学［M］．北京：化学工业出版社，2021.
［12］ 张树霖．拉曼光谱学与低维纳米半导体［M］．北京：科学出版社，2008.
［13］ Wang Z Y，Huang L L，Zhang M，et al. Chemical mechanism-dominated and reporter-tunable surface-enhanced Raman scattering *via* directional supramolecular assembly［J］．Journal of the American Chemical Society，2022，144（38）：17330-17335.
［14］ Li J B，Zhang D Y，Li B，et al. Identifying the active phenanthrene degraders and characterizing their metabolic activities at the single-cell level by the combination of magnetic-nanoparticle-mediated isolation，stable-isotope probing，and Raman-activated cell sorting（MMI-SIP-RACS）［J］．Environmental Science & Technology，2022，56（4）：2289-2299.
［15］ Mrđenović D，Ge W J，Kumar N，et al. Nanoscale chemical imaging of human cell membranes using tip-enhanced Raman spectroscopy［J］．Angewandte Chemie International Edition in English，2022，61（43）：e202210288.

第六章　X射线荧光光谱

X-Ray Fluorescence Spectrometry

第一节　仪器结构与原理

一、技术概述及发展历程

1. 技术概述

X 射线荧光光谱技术是一种通过分析物质在 X 射线激发下产生的特征荧光(次级 X 射线)来确定其化学成分的分析方法。X 射线荧光光谱仪(XRF)主要由激发源(X 射线管)和探测系统组成。工作时，X 射线管产生入射 X 射线(一次 X 射线)照射样品，激发样品中的元素。受激发的元素会发射出具有特定能量或波长特征的二次 X 射线(即特征 X 射线)。探测系统通过测量这些二次 X 射线的能量和强度，结合仪器软件的数据处理，最终确定样品中各元素的种类及其含量。

2. 发展历程

(1) 早期发展

1895 年，德国物理学家伦琴(W. C. Röntgen)发现并命名了 X 射线。1909 年，英国物理学家巴克拉(C. G. Barkla)发现样品辐射出的 X 射线与其原子量之间存在关联。1913 年，英国物理学家莫塞莱(H. Moseley)证实了一系列元素的特征谱线与其原子序数呈规律性关系，这为 X 射线荧光光谱仪的研制奠定了理论基础。

(2) 仪器发展

1948 年，弗里德曼(H. Friedman)和伯克斯(L. S. Birks)研制出世界上第一台 X 射线荧光光谱仪，为后续商业化应用奠定了基础。20 世纪 60 年代中期至 90 年代，X 射线荧光光谱仪从第一代演进至第三代，可分析元素数量从单一元素扩展至约 30 种。21 世纪初以来，随着硅漂移探测器(SDD)和 Si-PIN 探测器技术的持续改进，便携式 XRF 光谱仪在多元素分析能力、准确度和检出限、小型化等方面均较第三代仪器实现了质的飞跃。

3. 仪器优缺点

(1) 优点

①非破坏性：XRF 分析过程中不会破坏样品，可在不改变其化学状态的前提下完成检测。②分析速度快：XRF 分析通常在 10～300 s 内即可完成样品中所有待测元素的测定。③分析精度高：XRF 具有较高的精度和可靠性，可准确测量样品中元素的含量。④多元素分析能力：XRF 技术可同时检测样品中的多种元素，无论元素在化学性质上是否属于同一族。⑤样品制备简单：XRF 分析对样品制备要求较低，适用于固体、粉末、液体等多种样品类型。⑥化学状态无关性：XRF 分析结果不受样品化学结合状态的影响，适用于不同物质状态的分析。

(2) 缺点

①定量分析依赖标准试样：XRF 定量分析需借助标准试样作为参考，以精确测定元素

含量。②对轻元素灵敏度较低：XRF 技术对轻元素（如原子序数小于 11 的元素）的检测能力有限，可能导致测量结果不准确。③易受元素间干扰和谱峰重叠影响：若样品含多种元素，XRF 分析可能因元素间干扰或谱峰重叠而降低结果准确性。

二、基本原理

1. X 射线荧光的产生

原子结构由原子核及核外电子组成，每个核外电子都以特定的能量在固定轨道上运行。当能量高于原子内层电子结合能的高能 X 射线与原子发生碰撞时，会驱逐一个内层电子（如 K 层电子），从而产生一个空穴，使整个原子结构处于不稳定状态。此时，较外层电子（如 L 层电子）会自发地跃迁到内层来填充这个空穴。由于不同壳层之间存在能量差（如 $\Delta E = E_L - E_K$），当跃迁过程中能量差以二次 X 射线形式释放出来时就可以发射特征 X 射线荧光（图 6-1）。

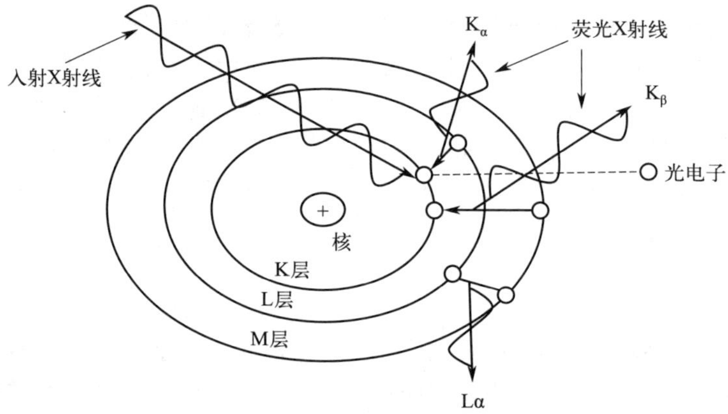

图 6-1　X 射线荧光的产生

2. 三大定律

① 莫塞莱定律（Moseley's law）：描述各元素 X 射线特征光谱规律的实验定律。1913 年，亨利·莫斯莱（Henry Moseley）研究从铝到金的 38 种元素的 X 射线 K 系与 L 系特征光谱，发现谱线频率的平方根与元素原子序数呈线性关系：

$$\sqrt{\frac{1}{\lambda}} = C(Z - \sigma) \tag{6-1}$$

莫斯莱指出，这些 X 射线特征光谱源于内层电子跃迁，证明 X 射线特征光谱与原子序数一一对应。根据该公式，只需测定特征 X 射线的波长 λ，即可确定对应元素的原子序数 Z。这成为 X 射线荧光光谱仪定性分析的理论基础，也使 X 射线荧光技术成为最可靠的定性分析方法之一。

② 布拉格定律（Bragg's law）：描述晶体衍射基本关系的理论定律。1912 年，英国物理学家布拉格父子（W. H. Bragg 和 W. L. Bragg）提出形式简洁、揭示晶体衍射本质的布拉格定律：

$$2d\sin\theta = n\lambda, n = 1, 2\cdots \tag{6-2}$$

式中，d 为晶面间距；θ 为入射 X 射线与相应晶面的夹角；λ 为 X 射线的波长；n 为衍射级数。

该定律是波长色散型 X 射线荧光光谱仪的分光原理，能够将不同元素、不同波长的特征 X 射线完全分离，大幅简化谱图处理流程，同时降低仪器检出限。布拉格方程的推导图示见图 6-2。

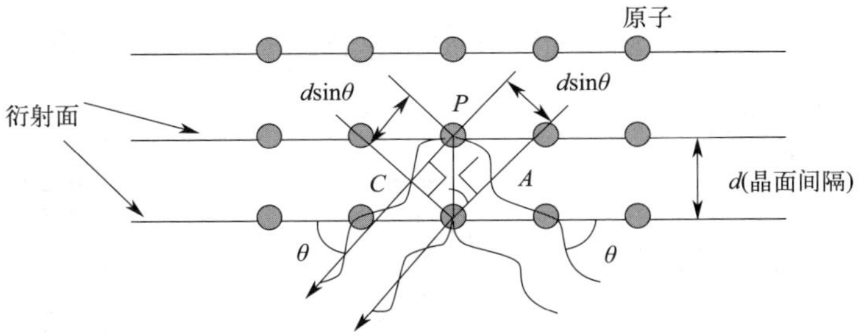

图 6-2　布拉格方程的推导图示

③ 朗伯-比尔定律(Beer-Lambert law)：描述样品对 X 射线吸收行为的定律，用于计算理论 X 射线荧光相对强度。当 X 射线穿过物质时，因光电效应、康普顿效应及热效应等作用，其强度会衰减，表现为能量损失或运动方向改变，导致沿入射方向传播的同能量 X 射线光子数量减少，这一现象称为吸收。在元素和实验条件固定的情况下，荧光 X 射线的强度 I_i 与分析元素的质量分数 w_i 的关系为：

$$I_i=\frac{Kw_i}{\mu_m} \tag{6-3}$$

式中，μ_m 为总质量吸收系数；K 为常数。

该公式表明，在一定条件下，荧光 X 射线强度与分析元素含量呈线性关系，这为 X 射线荧光定量分析提供了理论依据。

对于任意一种元素，其质量吸收系数随着波长的变化会呈现一定数量的突变。当波长(或能量)变化到某一特定值时，吸收性质会发生明显变化，即出现突变。这些发生突变的波长称为吸收边(或称吸收限)。在相邻吸收边之间，质量吸收系数随波长的增大而增大。对于 X 射线荧光分析技术来说，入射原级射线在穿透样品的过程中会发生衰减，同时样品被激发后产生的荧光 X 射线在射出样品的过程中也会发生衰减。由于质量吸收系数的不同，元素的信号强度并不是严格正比于元素浓度，而是存在一定程度的偏差。因此，需要对此效应进行校正，才能实现准确的定量分析。

3. 荧光分析原理

每一种元素都有其特定波长(或能量)的特征 X 射线。由 Moseley 定律可知，元素的荧光 X 射线的波长(λ)随其原子序数(Z)的增大，会有规律地向短波方向移动：

$$\frac{1}{2}(1/\lambda)=K(Z-S) \tag{6-4}$$

式中，K、S 为常数，其值取决于谱系(K、L、M、N 等)。通过测定样品中荧光 X 射线波长，就可以确定样品中元素的种类，这就是 X 射线荧光光谱的定性分析。此外，元素特征 X 射线的强度与该元素在样品中的含量成比例。通过测量样品中某种元素荧光 X 射线的强度，并采用适当的方法进行校准和校正，就可以计算出该元素在样品中的百分含量，这就是 X 射线荧光光谱的定量分析。

三、仪器结构及工作原理

1. X 射线荧光光谱仪

当用 X 射线照射试样时，试样会被激发出各种波长的荧光 X 射线。为了进行定性和定量分析，需要把混合的 X 射线按波长(或能量)分开，分别测量不同波长(或能量)的 X 射线的强度。实现这一功能的仪器称为 X 射线荧光光谱仪[1]。

2. 分类

仪器分为波长色散型(WDXRF)(图 6-3)和能量色散型(EDXRF)(图 6-4)。

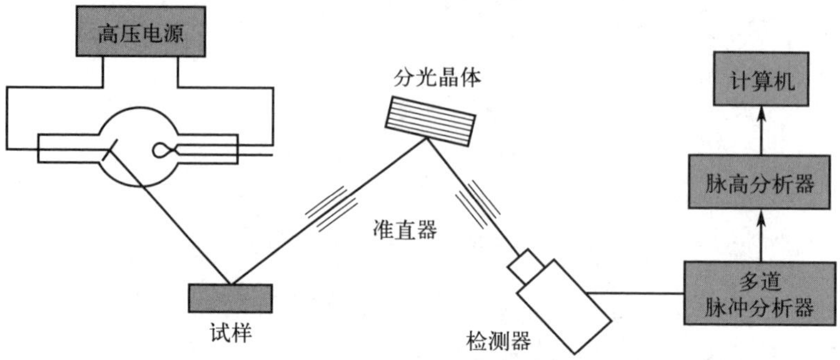

图 6-3 波长色散光谱仪

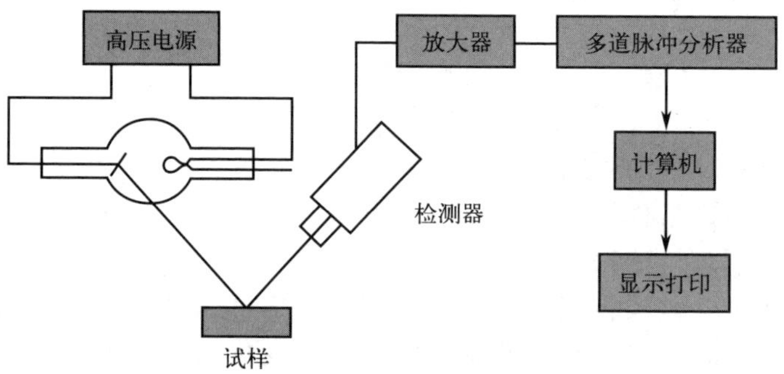

图 6-4 能量色散光谱仪

3. 仪器基本构造

仪器主要由五部分组成：样品进样系统、X 射线发生系统、光学系统、真空系统和数据处理系统。

(1) 激发光源

两种类型的 X 射线荧光光谱仪采用 X 射线管作为激发光源。端窗型 X 射线管示意图见图 6-5。

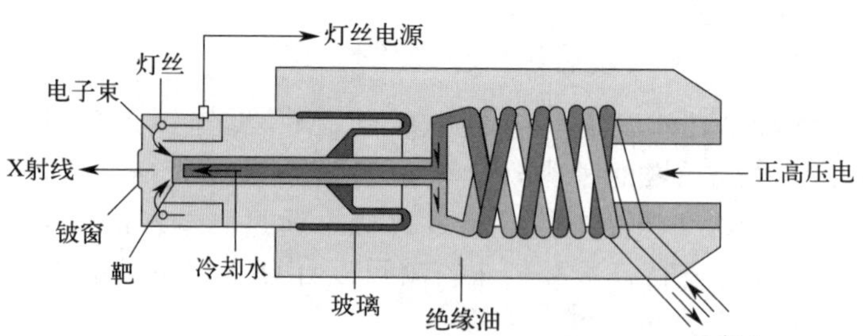

图 6-5 端窗型 X 射线管示意图

灯丝和靶极密封在抽成真空的金属罩内，在灯丝和靶极之间施加高压(通常为 40 kV)。灯丝发射的电子经高压电场加速后撞击靶极，产生 X 射线。X 射线管发出的初级 X 射线(一次 X 射线)作为激发样品荧光 X 射线的辐射源。只有当一次 X 射线的波长稍短于受激元素吸收限(λ_{min})时，才能有效激发出 X 射线荧光。若一次 X 射线的波长大于 λ_{min}，则其能量不足以激发样品元素的特征 X 射线。

X 射线管的靶材选择和工作电压决定了能有效激发受激元素的那部分一次 X 射线的强度。提高管工作电压会增加短波长一次 X 射线的比例，从而增强荧光 X 射线的强度。但并非电压越高越好，因为入射 X 射线的荧光激发效率与其波长有关：越接近被测元素的吸收限波长，激发效率越高。

X 射线管产生的 X 射线透过铍窗入射到样品上，激发出样品元素的特征 X 射线。正常工作时，X 射线管消耗的功率中仅有约 0.2%转化为 X 射线辐射，其余大部分转化为热能，导致 X 射线管温度升高。因此，必须持续通入冷却水以冷却靶极，防止过热损坏。

(2) 分光系统

分光系统的主要部件是晶体分光器，其作用是通过晶体衍射现象把不同波长的 X 射线分开。根据布拉格衍射定律($2d\sin\theta=n\lambda$)，当波长为 λ 的 X 射线以 θ 角入射到晶体表面，若晶面间距为 d，则在出射角为 θ 的方向上，可以观测到波长为 $\lambda=2d\sin\theta$ 的一级衍射峰，以及波长为 $\lambda/2$，$\lambda/3$ 等的高级衍射峰。通过改变 θ 角，可以观测到其他波长的 X 射线，从而实现不同波长 X 射线的分离。平面晶体反射 X 射线示意图见图 6-6。

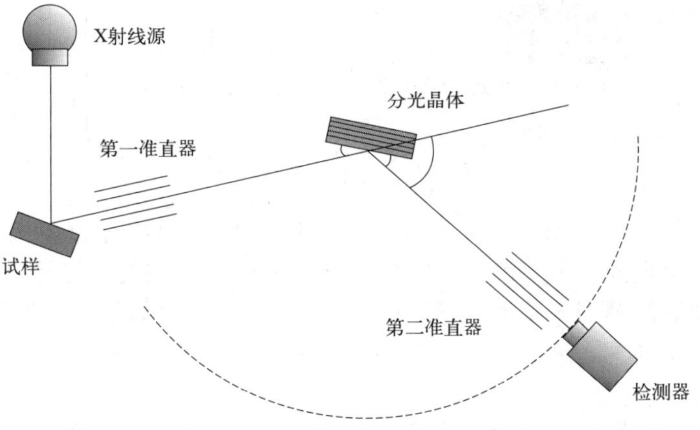

图 6-6 平面晶体反射 X 射线示意图

(3) 检测记录系统

X 射线荧光光谱仪常用的检测器包括流气正比计数器和闪烁计数器。

图 6-7 为流气正比计数器的结构示意。它主要由金属圆筒(阴极)和芯线(阳极)组成，计数器内充有氩气(90%)和甲烷(10%)的混合气体。当 X 射线进入管内，会使 Ar 原子电离，生成的 Ar^+ 在向阴极运动的过程中，进一步引起其他 Ar 原子电离。这种雪崩式电离过程产生一个脉冲信号，且脉冲幅度与 X 射线能量成正比，因此这种计数器被称为正比计数器。为了保证计数器内气体浓度的稳定性，混合气体需保持持续流动。流气正比计数器特别适用于轻元素的检测。

另一种检测装置是闪烁计数器(图 6-8)。闪烁计数器由闪烁晶体和光电倍增管组成。当 X 射线照射到晶体时，会产生闪烁光，该光信号经光电倍增管放大后转换为脉冲信号。闪烁计数器更适用于重元素的检测。

4. 能量色散光谱仪

前文介绍的波长色散光谱仪利用分光晶体将不同波长的荧光 X 射线分开并检测，从而

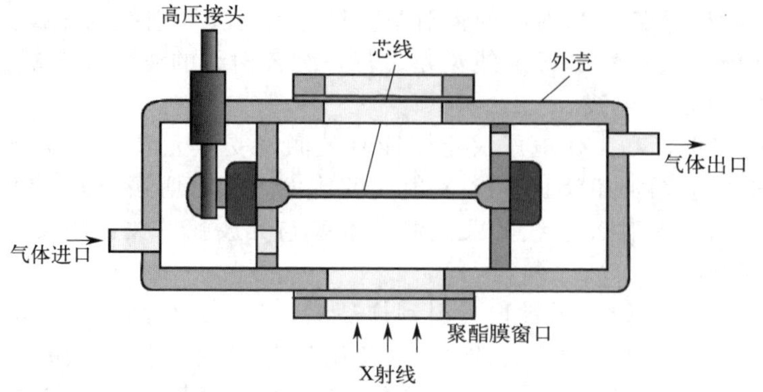

图 6-7　流气正比计数器结构示意

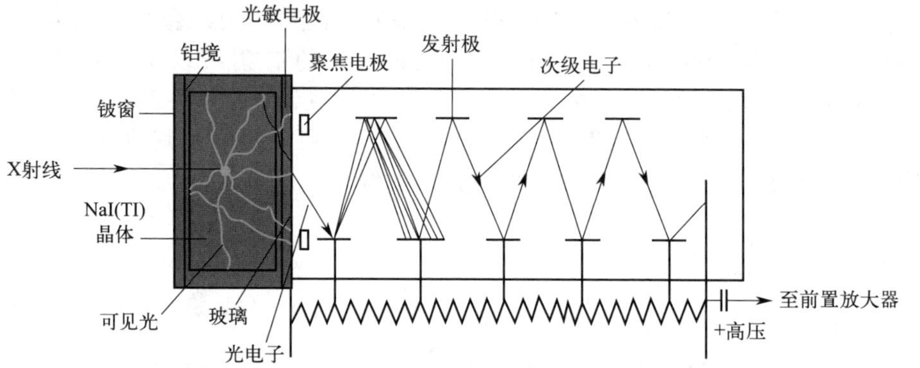

图 6-8　闪烁计数器示意

得到荧光 X 射线光谱。而能量色散光谱仪则是利用荧光 X 射线能量不同的特点，通过半导体探测器直接进行能量分辨和检测，无需使用分光晶体。常用的半导体探测器包括：锂漂移硅探测器、锂漂移锗探测器及高纯锗探测器等。其工作原理如下：X 射线光子进入探测器后，会产生电子-空穴对；这些电子-空穴对在电场作用下形成电脉冲，且脉冲幅度与 X 射线光子的能量成正比。

在一段时间内，试样发出的荧光 X 射线由半导体探测器依次检测，产生一系列与光子能量成正比的电脉冲。这些脉冲经放大器放大后，输入多道脉冲分析器(通常需 1000 道以上)。系统按脉冲幅度的大小分别统计脉冲数，并将脉冲幅度转换为 X 射线光子能量标度，从而得到计数率随光子能量变化的分布曲线，即 X 射线能谱图。经计算机校正后，能谱图得以显示，其形状与波谱类似，但横坐标为光子能量。

能量色散的最大优点是可同时检测样品中几乎所有元素，分析速度快；对 X 射线的总检测效率高于波长色散光谱仪，因此可采用小功率 X 射线管作为激发源；无复杂机械结构，仪器稳定性高，体积小巧。缺点是能量分辨率较低，探测器需在低温条件下保存，对轻元素检测困难。

四、主要功能及代表性应用

1. 主要功能

① 无损检测：XRF 技术能够在分析过程中保持样品完整，无需破坏或改变样品物理形态。

② 多元素同步分析：XRF 可同时分析样品中的多种元素(包括金属与非金属)。

③ 高效快速：单个样品分析通常仅需数分钟，适用于大批量样品检测、流程控制及实时监测。

④ 宽浓度范围检测：XRF 的检测范围覆盖百分比含量至亚 ppm 级(百万分之一)浓度。

⑤ 多类型样品兼容：支持固体、液体及气体样品的分析。

2. 应用

(1) XRF 在环境科学领域的应用[2]

大气气溶胶分析：采用 XRF 光谱仪对墨西哥城都会区(MCMA)采集的大气气溶胶样本进行分析。样品沉积于聚碳酸酯滤膜上，通过 XRF 测定其元素组成，以解析大气污染物来源与成分。

土壤与沉积物分析：将土壤或沉积物压制成片或直接使用厚样品，XRF 可测定其中元素含量，用于评估土壤污染程度、肥力状况及微量元素分布。

环境监测与污染溯源：XRF 能监测环境中重金属等有害元素，辅助识别污染源及其迁移路径。通过多点采样分析，可追踪污染物扩散趋势。

(2) XRF 在法医学领域的应用[3]

法医学应用的需求：法医学常需对微量物证(如玻璃碎片)进行无损分析。传统方法(如 AAS、ICP-AES、ICP-MS)通常需破坏样本，而 XRF 作为一种无损、快速的技术，近年来在该领域得到广泛应用。

便携式 XRF(PXRF)优势：①便携性。可携带至犯罪现场进行实时检测。②无损性。保留样本完整性，满足法庭证据要求。③高效性。单次检测仅需数秒，适合快速筛查。④操作简便。样本前处理步骤极少。⑤多元素同步检测。一次性获取全面化学成分数据。

应用实例：PXRF 可检测玻璃样本中的主要元素(Si、O、Ca、Al、Na)及痕量元素(Sr、Rb、K、Fe、Sn)。基于元素含量差异，研究者成功区分了 98.31%的样本配对(7500 对)。

(3) XRF 在考古学中的应用[4]

基于 X 射线透镜的微束 X 射线荧光分析系统可对考古样品进行无损、原位、微区的元素分析。微束 XRF 分析系统可在不损伤珍贵文物的情况下完成检测。研究人员能直接在文物原始位置进行分析，无需取样或移动文物。可对样品微小区域进行高分辨率元素分布测定，为研究文物制作工艺和材料来源提供关键数据。

以明代青花瓷残片的分析为例，展示了微束 XRF 分析系统的应用。通过分析青花部位的元素分布，研究人员发现青花中的某些元素含量与青花颜色的深浅相一致。相关性分析表明，某些元素对的比值具有产地指纹特征，可作为真伪鉴别和窑口溯源的重要依据。

第二节　仪器分析实验

实验 6-1　磷石膏成分的定量分析
Quantitative Analysis of Phosphogypsum Components

【实验目的】

1. 了解 X 射线荧光光谱分析的基本原理和应用范围。
2. 掌握 X 射线荧光光谱仪的操作方法和数据处理技术。
3. 了解 X 射线荧光法用标准曲线作定量分析的原理和步骤。
4. 了解共存元素干扰的校正方法。

【仪器与试剂】

1. 仪器：X 射线荧光光谱仪(包括 X 射线源、样品台、探测器、数据处理系统等)。

2. 试剂：磷石膏样品、标准样品(用于仪器校准和结果验证)。

【实验步骤】

1. 样品要求：目前，X射线荧光光谱仪器性能稳定，且由高性能计算机处理数据，因此分析误差主要来自待测样品与标准样品的差异。例如，样品化学组成差异可能导致共存元素干扰；样品物理状态(如晶型、粒度、密度、偏析、表面光洁度等)差异也可能引入误差。为减小误差，必须严格把控试样制备过程。对金属试样，若成分不均匀，通常需重熔并快速冷却制成圆片，或溶解后以溶液或滤纸形式分析；若结晶状态不同，可通过淬火处理获得均一组织，试样表面需精细打磨抛光。对矿石类块状样品及粉末试样，需粉碎研磨至约300目，随后压片。为消除基体效应和粒度影响，建议添加助熔剂 $Li_2B_4O_7$ 或 $Na_2B_4O_7$ 熔融成玻璃熔片分析，或溶解后以溶液、滤纸形式分析。制备好的固体试样需防止潮解、氧化和污染。待测试样不得含水分、油渍、易挥发成分或腐蚀性溶剂。易脱落、碎裂的样品需固定后再测定。特别注意有机物或含结晶水样品在加热、抽真空或X射线照射时可能分解、起泡、膨胀，甚至损坏或污染仪器[5]。

2. 样品制备：将灼烧后的磷石膏粉末压片，与已压片的磷石膏标准样品一同存放于干燥器中备用。制备好的固体试样需防止潮解、氧化和污染。

3. 仪器校准：使用标准样品对X射线荧光光谱仪进行校准，以确保测量结果的准确性。

4. 样品测试：将制备好的磷石膏样品放置在样品台上，调节合适的测试参数(如电压、电流、扫描范围等)，启动测试程序进行测定。

5. 数据处理：首先分析标准样品并绘制工作曲线，同时进行共存元素校正；然后分析未知样品，最终打印分析报告。

6. 结果输出：将处理后的数据以表格或图表形式输出，并附上相应的数据分析和解释。

【结果分析】

根据实验数据，可获得磷石膏样品中元素的含量信息。通过对比标准曲线可分析待测磷石膏样品中元素的含量。从定量分析的全过程来看，X射线荧光法定量分析的优点是快速、方便，样品处理简单，其分析误差主要来源于标准样品与未知试样之间的差异。

【注意事项】

1. 样品制备过程中应确保样品的均匀性和代表性，避免杂质和污染物的引入。

2. 仪器校准是确保实验结果准确性的重要步骤，应定期使用标准样品进行校准检查。

3. 在测试过程中必须注意安全操作，避免X射线泄漏对人体造成伤害。

4. 数据处理时应选择合适的计算方法和数学模型，确保分析结果的真实性和准确性。

【思考题】

1. 试分析XRF定量分析中共存元素间干扰的产生原因。

2. 本实验中，为什么磷石膏试样必须经过灼烧处理以去除结晶水？如何优化样品制备过程以提高实验结果的准确性？

3. 在数据处理过程中可采取哪些措施避免或减小误差？

实验6-2 铁砂成分的定性分析
Qualitative Analysis of Iron Sand Components

【实验目的】

1. 学习定性分析中的人工谱线识别。

2. 测定铁砂样品中主要元素的含量，分析其在考古铁器研究中的应用价值。

【仪器与试剂】

1. 仪器：X 射线荧光光谱仪(包括 X 射线源、样品台、探测器、数据处理系统等)。

2. 试剂：铁砂样品。

【实验步骤】

1. 样品制备：称取约 1.9 g 粉末样品，装入直径 70 mm、厚度 15 mm 的钢模中心的聚氯乙烯环中；将模具上的环转移至另一模具中固定，使用手动液压泵压制成型，用石蜡纸包裹样品，并储存于干燥器中[6]。

2. 仪器设置：根据测试需求设置分析条件(包括 X 射线管电压、电流、光栅参数、输出格式等)。

3. 样品测试：将制备好的铁砂样品置于样品台上，启动测试程序，完成数据采集。

4. 结果输出：导出处理后的数据(表格或图表形式)，对计算机未识别的谱峰进行人工标定，结合专业知识对结果进行分析解释。

【结果分析】

根据实验数据，可以得到铁砂样品中的元素信息。人工解析谱图的一般流程：①识别 X 射线管靶材产生的特征谱线(如 Rh K_{α}、Rh $K_{\alpha'}$、Rh K_{β}、Rh $K_{\beta'}$ 等)；②标注强度最大峰的 2θ 角(对应特征波长)，并根据元素谱线强度比确定伴随线；③重复上述步骤直至所有谱线完成归属，需特别注意谱线重叠干扰(可通过峰形展宽、不对称性判断)；④采用 FP 法进行定量计算，获取各元素含量。

通过对比不同样品元素组成，探讨其在铁器制作工艺或原料来源研究中的价值。

【注意事项】

内容同实验 6-1。

【思考题】

1. 如何将 XRF 技术与其他地质分析技术联用，以提高研究效果?

2. 试比较原子发射光谱法、原子吸收光谱法和 XRF 法的优缺点及适用范围。

3. XRF 技术在生产和生活中有哪些实际应用?

【参考文献】

[1] Hokura A. X-ray fluorescence spectrometry [J]. Analytical Sciences, 2021, 37(1): 1-2.

[2] Marguí E, Queralt I, de Almeida E. X-ray fluorescence spectrometry for environmental analysis: Basic principles, instrumentation, applications and recent trends [J]. Chemosphere, 2022, 303: 135006.

[3] Corzo R, Ernst T, Insana J, et al. Evaluation of the performance of modern X-ray fluorescence spectrometry systems for the forensic analysis of glass [J]. Forensic Chemistry, 2022, 31: 100447.

[4] 程琳，丁训良，刘志国，等. 一种新型的微束 X 射线荧光谱仪及其在考古学中的应用 [J]. 物理学报，2007，56(12)：6894-6898.

[5] 陈培榕，等. 现代仪器分析与实验技术 [M]. 北京：清华大学出版社，2006.

[6] Ichikawa S, Ishikake Y, Nishi Y, et al. Characterization of the iron sand collected from the foot of Mt. Aburayama (Fukuoka, Japan) for estimating the origin of archeological iron artifacts from northern Kyushu [J]. *X-Ray Spectrometry*, 2024, 53: 121-138.

第七章　核磁共振技术与谱图解析
Nuclear Magnetic Resonance Technology and Spectrum Analysis

第一节　仪器结构与原理

一、技术概述及发展历程

核磁共振波谱法（nuclear magnetic resonance，NMR）与红外吸收光谱、紫外吸收光谱、质谱并称为“四大波谱”，应用于多种无机或有机物的结构定性或定量分析。核磁共振技术发展至今，应用范围涉及诸多研究领域，如化学位移各向异性的研究，动力学研究，医药分子间相互作用，生物大分子的结构解析，医药领域的磁共振成像分析等。按测试样品的制备和磁体的功能性不同，核磁检测可分为液体核磁共振（liquid-state NMR）检测、固体核磁共振（solid-state NMR，ssNMR）检测、低场核磁共振（low-field NMR，LF NMR）检测以及磁共振成像（magnetic resonance imaging，MRI）检测。迄今为止，高场核磁共振波谱仪的场强已从最初的 30 MHz 发展到 1.2 GHz。常见的高场核磁检测除了包括^{1}H（氢谱）和^{13}C（碳谱）等常见核素外，还有^{19}F（氟谱）、^{31}P（磷谱）、^{29}Si（硅谱）、^{2}H（氘谱）等杂核以及二维相关谱的检测。低场核磁共振可以进行弛豫（T_1 为纵向弛豫时间，T_2 为横向弛豫时间）分析，通过弛豫时间的检测进而获得水分子或者体系中化合物所含氢原子在研究体系中的分布或作用情况[1]。

核磁共振检测是一种非破坏性、无辐射的分析技术，常用于确定化合物的化学位移、耦合常数、溶剂效应、三维结构和动力学等参数。可以通过谱峰的化学位移来确定化合物的结构，通过分析耦合常数来推断原子之间的相互作用，通过测量谱峰的积分面积来计算化合物的含量或浓度。核磁共振成像技术常用于生物医学和药学领域，通过检测生物体内的器官和组织，如大脑、肺部、肝脏等部位的成像，获取不同部位的影像信息来研究药物的递送效率或者治疗效果。核磁共振成像不产生任何辐射，可即时得到高分辨率的图像，因此安全高效，是医药等研究领域不可或缺的重要表征方法[2]。

核磁共振技术发展至今，是一百多年来科技和信息化发展的积淀结果。早在 20 世纪初，德国的物理化学家证明了原子核磁矩量子化，为磁矩的测定奠定了基础。在 20 世纪 30 年代，物理学家 Isidor Rabi 发现在磁场中的原子核会顺应磁场方向或逆着磁场方向有序平行排列，施加一定频率的无线电波之后，原子核的自旋方向发生翻转，这是科学家们关于原子核与磁场以及外加射频场相互作用的最早探索。Rabi 通过测量原子核中质子的自旋性能，即核磁矩，获得原子、原子核或者分子的磁性质，从而可以推断出原子核的形状、物理和磁学性质。1944 年，Rabi 的这项研究获得了诺贝尔物理学奖。1946 年美国斯坦福大学 F. Bloch 利用共振感应方法研究室温下水中氢原子核的核磁共振，提出了著名的 Bloch 方程，阐述了原子核在外磁场中的行为。Bloch 的理论为核磁共振的研究奠定了重要的基础。同年，哈佛大学的 E. M. Purcell 采用共振吸收方法研究了石蜡中氢原子核的核磁共振现象。这两次核磁共振实验的成功正式宣告了核磁共振技术的诞生，促进了核磁精密测量新方法的发展，于

1952 年二人共同获得诺贝尔物理学奖。1953 年，第一台 30 MHz 的商用核磁共振波谱仪面世。1958 年，科学家在测试 NaCl 单晶的 ^{23}Na 谱时，发现当样品旋转足够快时，其线宽可以大大减小，并且发现了线宽和旋转角度之间的相互关系 $|0.5(3\cos^2\beta-1)|$，当旋转轴与外磁场的角度 $\beta=55.44°$ 时，偶极相互作用对线宽的影响大大减弱，这一卓越的发现，被认为“magic”，自此该现象称为魔角旋转(magic angle spinning)。20 世纪 50 年代开始，核磁共振技术得到了广泛的应用。

20 世纪 60 年代，核磁共振技术在化学和生物领域得到了拓展应用。化学家们发现，核磁共振波谱可以用于确定化合物的结构和确定它们之间的相互作用。生物学家则利用核磁共振波谱研究生物大分子(如蛋白质和核酸)的结构和动态行为。1962 年，科学家发现不同核素间发生极化转移(交叉极化，cross-polarization，CP)，CP 理论的发展和测试技术的建立，为十多年后固体核磁测试稀有核素提供前提条件。

20 世纪 70 年代是成像和二维核磁共振技术突飞猛进的时代，通过研究不同自旋核素之间的相互作用，获得了待测物更丰富的立体结构信息。这一技术的推出极大地拓宽了核磁共振的应用功能。

至 20 世纪 80 年代和 90 年代，核磁共振技术进一步得到了改进和推广。研究人员提出了多维核磁共振技术，用于解析三维蛋白质分子结构。此外，高场核磁共振波谱仪的发展极大地增强了谱图的分辨率和灵敏度，进一步拓宽了核磁技术的应用范围[3]。

核磁共振波谱技术的发展历程经历了不断的突破和改进。从最初的磁共振现象的发现，到 Bloch 方程的提出，再到二维、成像和多维核磁共振技术的研发，核磁技术在化学、生物、医学和材料科学等领域均发挥着重要作用。随着电子和信息化的不断进步，核磁共振技术将继续为科学研究和实际应用提供强大的工具。

二、基本原理

位于磁场中的磁性原子核响应一定频率的电磁信号而产生共振，即核磁共振。原子核绕着其中心轴旋转，即自旋。当施加外磁场时，原子核除了自旋之外，还会围绕着外加磁场的方向旋转运动，这种一边绕轴旋转一边自旋的运动称为进动(如图 7-1 所示)。进动的频率叫作拉莫尔频率(Larmor frequency)。

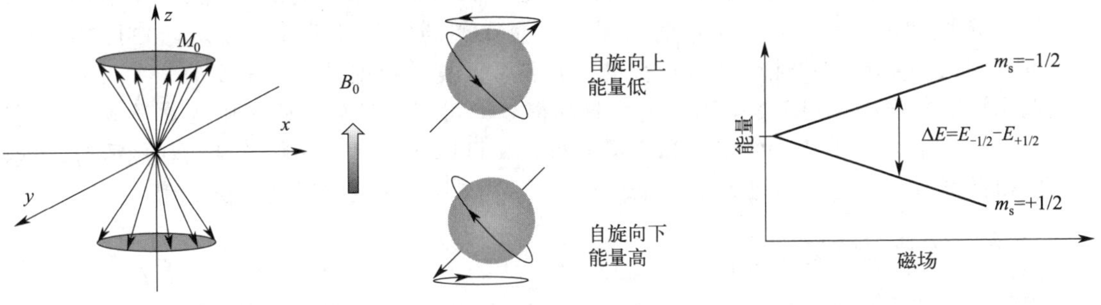

图 7-1　能级裂分

$$\omega=\gamma B_0$$

式中，ω 是角频率；γ 代表旋磁比，它与原子核的类型有关，是个常量(H 原子核的 $\gamma=42.58\ \mathrm{MHz/T}$)；$B_0$ 为外加磁场强度。

进动的原子核在外加磁场(磁场强度为 B_0)作用下，其能态裂分为两个取向：顺着磁场方向，逆着磁场方向。这两种进动角度实际上对应着两种能级，如图 7-1 所示，顺着磁场方向的能级低；逆着磁场方向的能级高。因此就出现了能级分裂，也叫塞曼能级分裂(Zeeman splitting)。处于高、低能级的质子数量符合玻尔兹曼分布(Boltzmann distribution)，在低能级的粒子总是比在高能级的粒子少了 10^{-6}～10^{-4}，也就是说，在 10^4～10^6 个原子核中只能观察到一个粒子是处于低能级的。处于高能级的粒子与处于低能级的粒子存在能量差，实现共振的关键是对处于磁场中的粒子施加一定频率的射频脉冲，低能级的粒子吸收能量跃迁到高能态，而产生了核磁共振现象。

其实核磁共振波谱仪捕捉的信号来源并不是粒子从低能级跃迁到高能级的这个过程，而恰恰是撤去射频脉冲后，粒子从高能态恢复到低能态的过程，该过程称为弛豫(relaxation)。

固体核磁共振技术用于研究各种核周围的中短程相互作用，可以提供非常细致的结构信息，既可以对结晶度较高的固体化合物进行结构分析，又可以用于非晶物质或者结晶度较低的固体结构解析。固体样品中的化学位移各向异性、同核或者异核之间的偶极-偶极耦合以及四极相互作用导致核磁谱线展宽严重。本章节前面提到的魔角旋转(magic angle spinning，MAS)技术可以解决谱线变宽的问题，是固体核磁重要的实验方法。其中魔角为 54.7°，由 $3\cos^2\theta-1=0$ 计算得出。在进行魔角旋转实验时，粉末状的样品装在转子内，转子相对于静磁场构成魔角进行高速旋转(如图 7-2)。在固体核磁的多种实验中，其中单脉冲(one pulse)、高功率去耦(high power decoupling，HPDEC)和交叉极化技术(cross-polarization，CP)是常用的实验技术方法。

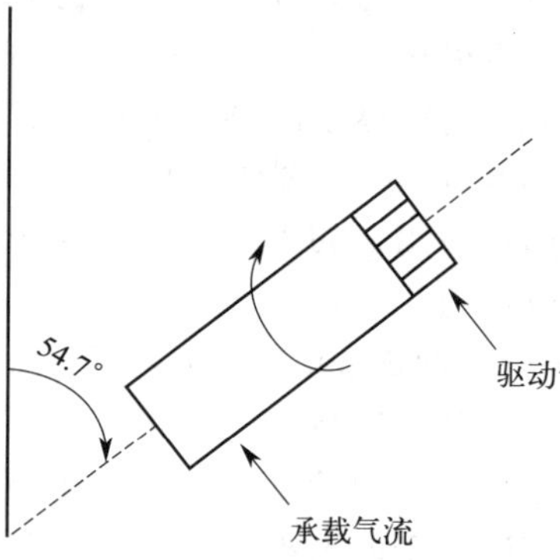

图 7-2　固体核磁共振魔角旋转实验示意图

进行核磁共振检测前，样品需满足的条件有：

① 非零自旋量子数：自旋量子数是描述原子核自旋性质的一个参数，用 I 表示。只有具有非零自旋量子数的原子核才能产生核磁共振信号。例如，^{1}H 核的自旋量子数为 1/2，^{23}Na 核的自旋量子数为 3/2，^{27}Al 核的自旋量子数为 5/2。

② 核素的天然丰度：样品中待测原子核的丰度需要足够高，以确保获得足够的信号强度。对于丰度较低的原子核，可以使用高灵敏度的检测器或采用实验标记的合成技术来增强信号。

③ 稳定性和可重复性：原子核的共振频率应在相同的条件下保持稳定，并且在不同的实验重复测试中具有一致性。这对于获得可靠和可重复的数据是至关重要的。

低场核磁共振检测(LF NMR)具有多种功能，既可以定量分析样品中的化学成分、测定材料中的水含量、用于油脂的定性和定量分析，又可以研究多孔材料的结构和性质等。这些功能使得低场核磁成为一种非常有用的分析技术，在多个领域中得到广泛应用。

三、仪器结构及工作原理

固体核磁共振波谱仪的基本结构包括气路单元、魔角旋转单元、磁体单元、射频系统、检测系统和控制系统。低场核磁的基本结构单元包括磁体、射频系统、梯度单元、检测系统和控制系统。

气路单元：主要由空气压缩机、冷干机、储气罐组成。为样品的弹出和吹入，以及高速旋转提供干燥的载气。保证在测试过程中，体系内有压力稳定和干燥的气流。

魔角旋转单元(该单元为固体核磁特有的构造)：主要由外置的 MAS 控制单元构成。转子在测试中，需要的驱动气流和承载气流的大小由魔角旋转单元控制调节，以保证转子达到相应的转速。

磁体单元：是核磁共振波谱仪的核心部分。它提供一个稳定的高强度磁场，磁场强度越强，灵敏度越高。高场核磁(液体核磁和固体核磁)的磁体是超导磁体，而低场核磁的磁体是永磁体。磁场系统还包括磁场均匀性调节装置(即匀场线圈)，以确保样品处于均匀的磁场中[4]。

射频系统：用于产生射频脉冲，以激发样品中的原子核产生共振。射频系统通过产生特定频率的射频脉冲来激发原子核从低能级跃迁至高能级，进而获得共振信号。它包括射频发射器、射频放大器、射频线圈和探头[5]。

检测系统：用于接收和放大样品中产生的核磁共振信号。它通常包括一个调制电容和一个接收线圈。调制电容被调到与样品中特定原子核的共振频率一致，以增强信号的接收。接收线圈用于接收共振信号，并将其放大后发送给控制系统进行处理。

梯度单元：是核磁共振的重要组成部分。核磁成像是通过磁体内部的三个梯度线圈将梯度磁场叠加到原有的 B_0 上，梯度线圈产生的磁场与 B_0 方向相同，但幅度在空间中呈线性变化。

控制系统：用于调节和控制核磁共振波谱仪的各个部分。它包括一个计算机和相关的软件，用于控制和监控磁场系统和射频系统的参数设置、数据采集和处理，以及实时监控和调节仪器的运行状态。

四、主要功能及代表性应用

固体核磁共振波谱检测技术主要用于研究化合物在固体粉末状态下的结构特点。通过固体核磁波谱检测既可以获得待测物质的结构信息、分子运动情况，也可以辨别化合物之间的主客体相互作用，区分微观晶体结构，因此固体核磁的检测应用范围非常广泛。低场核磁通过检测液体、凝胶、固体物质的弛豫时间可以获取分子间相互作用、评价分散体系的稳定性，还可以用于检测橡胶交联密度和跟踪检测反应体系的絮凝、团聚、沉降等过程。

本节将从以下几个方面简要介绍固体核磁和低场核磁的代表性应用。

1. 固体核磁^{27}Al 一维及二维谱检测 γ-Al_2O_3 分子筛表面配位结构

大连化物所侯广进教授团队[6] 利用超高场固体核磁(ssNMR，场强为 35.2 T)揭示 γ-Al_2O_3 表面五配位结构。首先制备出富含五配位铝结构的无定形氧化铝纳米片(Al_2O_3-NS)，与 γ-Al_2O_3 进行结构对比研究。并借助高场^{27}Al MAS NMR 对 Al_2O_3-NS 和 γ-Al_2O_3 的铝物种进行定量分析(如图 7-3)，发现其配位模式均具有多样性，即均存在四配位、五配位和六配位模式的结构。通过超高场的^{27}Al-^{27}Al DQ 双量子相关实验及高场多核、多维固体核磁共振技术发现 γ-Al_2O_3 表面及 Al_2O_3-NS 的五配位铝结构倾向于以区域形式存在。该研究成果将有助于深入理解 γ-Al_2O_3 在催化剂、催化剂载体等应用场景中的构-效关系。

2. 固体核磁^{19}F 谱定量检测固体分散体的结晶度

苏永超等[7] 开发并证明了采用固体核磁氟谱鉴定的方法来检测固体分散体中药物的结晶度，^{19}F 直接极化法(^{19}F direct polarization magic angle spinning solid state NMR，DPMAS ssNMR)和^{1}H-^{19}F 交叉极化法(^{1}H-^{19}F cross polarization magic angle spinning，CP MAS)可以对一种市售的无定形含氟药物 I(compound I，Merck & Co.，Inc.，Rahway，NJ，U. S. A)进行定量检测，结果显示其结晶度为 0.1%(质量分数)，应用该方法最低检测限可以达到 0.04%(质量分数)。药物在生产、运输及保存过程中容易受到机械碰撞、温度波动、化学反应等作用的影响，产生"无定形-晶相"的转变，从而导致药物变质。固体核磁^{19}F DPMAS 方法可以快速地检测结晶度转变的结果，为新药物的研发和质量控制提供了高效而可靠的鉴定方法。

药物 I 的结构中含有氟元素，使得固体核磁检测^{19}F 成为可能。^{19}F DPMAS 是固体核磁

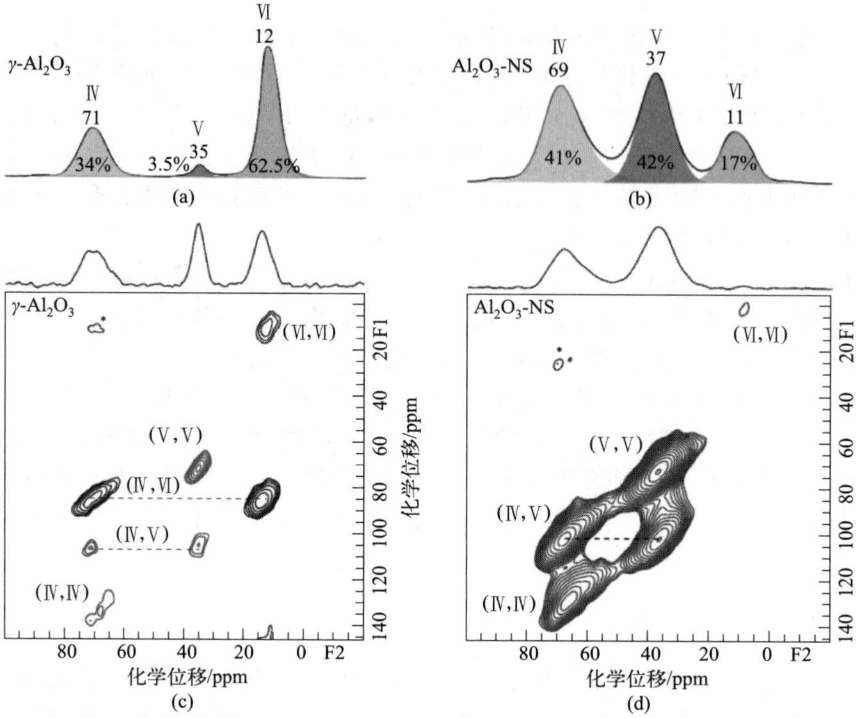

图 7-3 化合物 γ-Al_2O_3 和 Al_2O_3-NS 在超高场下测得的一维^{27}Al MAS NMR [(a),(b)] 和二维^{27}Al-^{27}Al DQ [(c),(d)] 双量子固体核磁共振

的一种定量检测方法(如图 7-4),需要将回收延迟的时间设置为大于纵向弛豫时间的 5 倍以确保被激发的核素恢复到平衡。由图 7-5 和图 7-6 测得的^{19}F DPMAS 可以清晰地区分出化合物的结晶度,精确地定量化合物中无定形的含量和结晶度。由图 7-7 可以得出,最低检测限可以达到 0.1%(质量分数)。在晶相含量的检测上,该方法优于报道过的 DSC 和 PXRD 的最低检测限 1%(质量分数)和 5%(质量分数)。

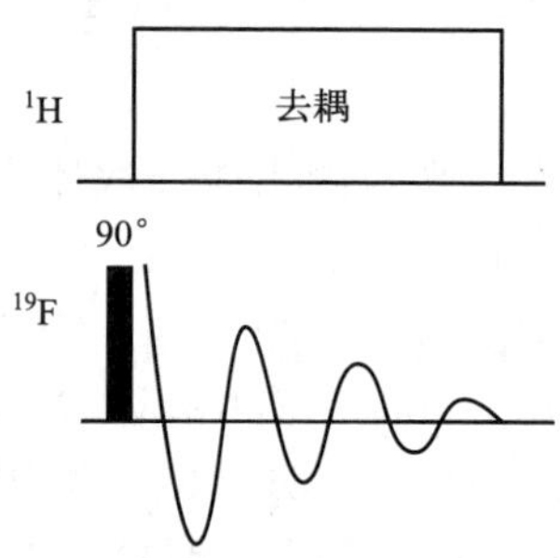

图 7-4 ^{19}F DPMAS ssNMR 实验采用的脉冲序列

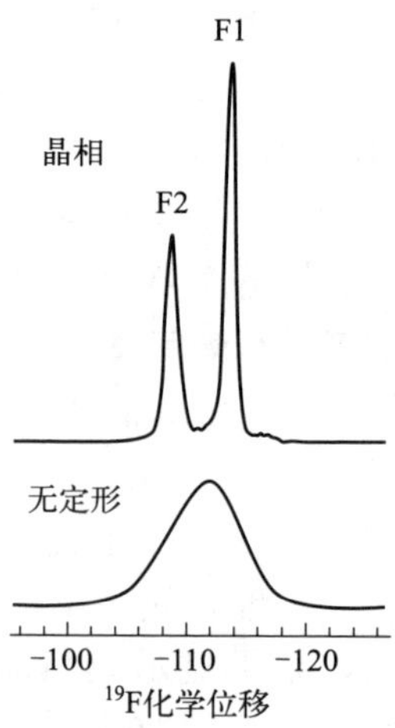

图 7-5 药物 I 的^{19}F DPMAS

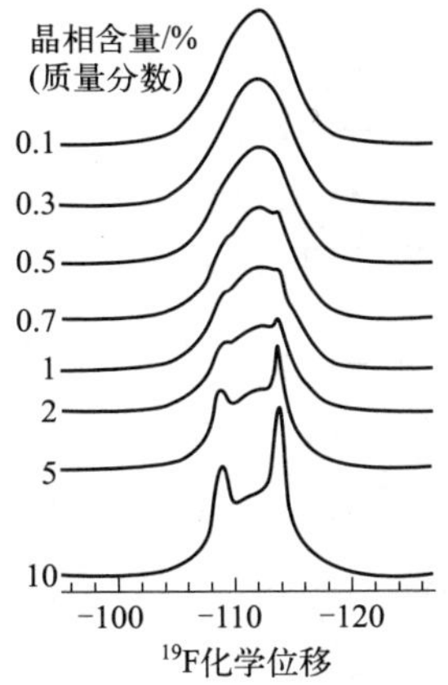

图 7-6　不同晶相含量的 ^{19}F DPMAS

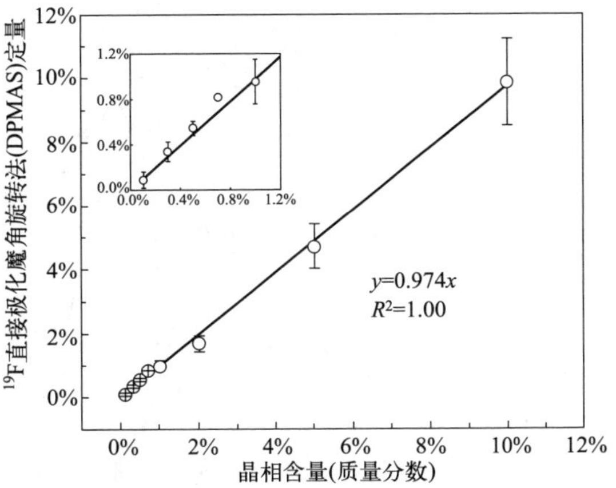

图 7-7　^{19}F DPMAS 实验得到的标准曲线

［内嵌图为横坐标扩展至 0.1%(质量分数)到 1%(质量分数)］

3. 固体核磁 ^2H 谱研究分子运动

Stephen J. Loeb 等[8] 将化合物 1(如图 7-8)与基于冠醚的轮烷分子(简称 $C_{18}O_6$)组装形成化合物 2(如图 7-9)，化合物 2 中标记有氘原子，用于化合物 2 的 ^2H ssNMR 测试［如图 7-10(a)和(b)］。如图 7-10(c)所示，在 185K 的低温下，化合物 $C_{18}O_6$ 中的氘原子处于非常慢速的运动中，其氘谱是典型的粉末线型。温度升到 276K 时，$C_{18}O_6$ 中的氘原子处于快速运动状态，化合物 2 中的 C—D 键以 65°角快速运动时的模拟结果与实验结果吻合，如图 7-10(b)中的(ii)，更清晰地展示了温度升高时，分子运动变快。当温度升到 411K 时，C—D 键以 70°角快速运动，由于化合物 1 中咪唑上的 H 原子与 $C_{18}O_6$ 中的 6 个氧原子存在氢键作用，$C_{18}O_6$ 以 45°角旋转运动，共旋转 225°［如图 7-10(e)］。当温度升到 479K 时，轮烷分子可以完整旋转 360°。

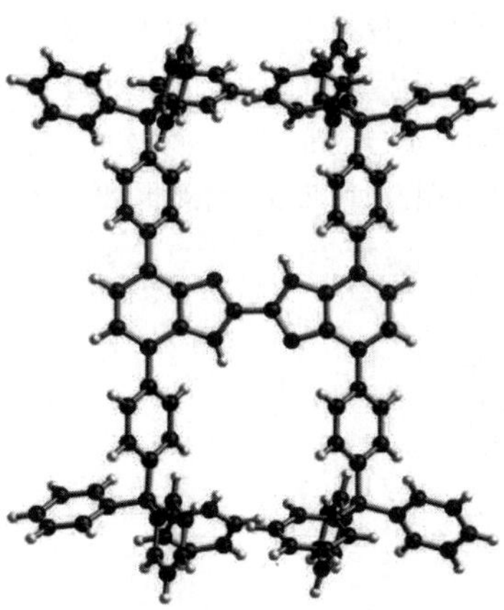

图 7-8　化合物 1 的球棍图

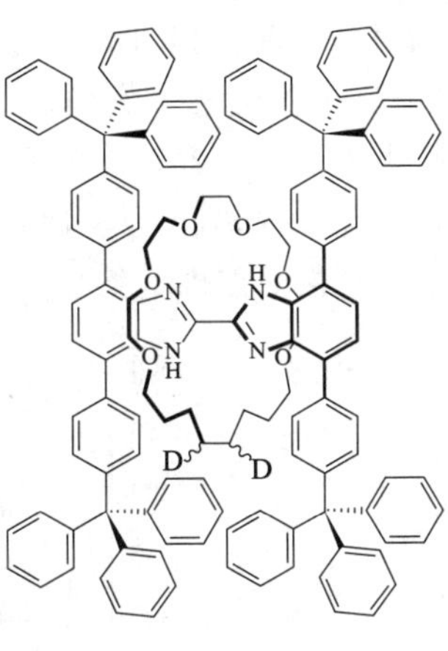

图 7-9　组装后化合物 2 的结构图

通过调控构筑基元结构或者分子间作用力组装出具有足够空间可以实现分子运动的零维材料，固体核磁 ^2H ssNMR 检测可以捕捉到固体材料中的构象改变、部分旋转、完整旋转等结构的转变过程。该工作的设计及实验表征方法为开发新型的分子梭或者索烃提供前沿的研究基础。

4. 低场核磁弛豫时间检测样品状态转变

LF NMR 可以快速、无损地测定材料中的水分含量。通过测量水分子在低场磁场下的

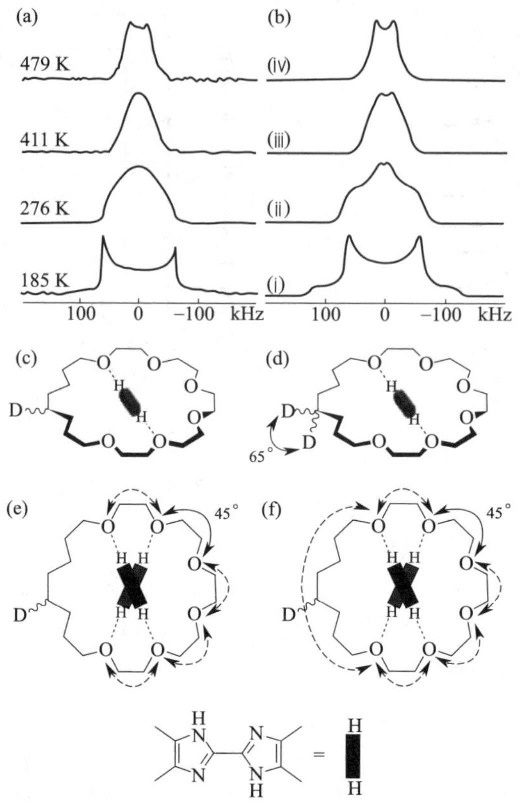

图 7-10　不同温度下^{2}H ssNMR 谱图（a），计算模拟的^{2}H ssNMR 谱图（b）及分子运动示意图（c）~（f）

横向弛豫时间(T_2)，可以推断出样品中水分的含量。这种方法适用于食品、药品、化妆品等各种样品中水分含量的定量分析。LF NMR 也可以对水分子在不同状态(如结冰、液态、蒸汽)下的行为进行分析。通过观察和比较不同状态下水分子的弛豫时间和弛豫强度，可以获得关于水分状态转变的信息，例如在冷冻食品、冷冻储存和冷冻干燥等过程中的水分状态变化。

通过测量 T_2 建立了一种测定凝胶点的新方法。在不同的时间点，每次间隔 20 分钟，持续检测 1～160 分钟时的 T_2 值，得到溶胶-凝胶弛豫时间随时间变化的曲线图(图 7-11)。两条曲线切线的相交点即为溶胶转变为凝胶的时间点，记为凝胶点[9]。

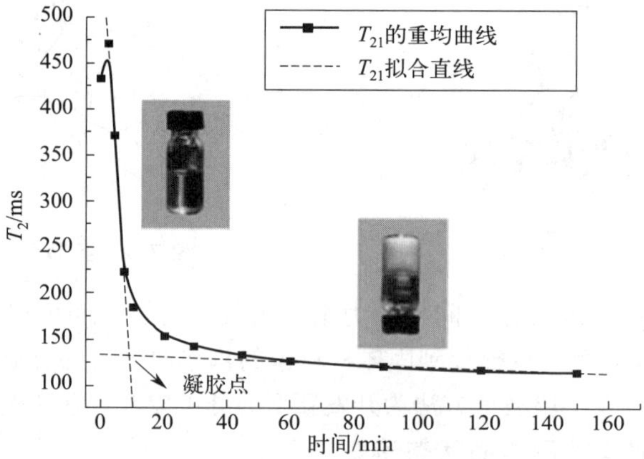

图 7-11　在不同时间点低场核磁检测到的弛豫时间 T_2

5. 低场核磁成像检测

低场核磁共振(LF NMR)技术可以用于测定和评估核磁共振造影剂的性质和效果。核磁共振造影剂是一种在磁共振成像(magnetic resonance imaging，MRI)检测时使用的物质，可以增强图像对比度，帮助医生更清晰地观察和诊断发生炎症的位置。造影剂本身不产生信号，但它可以通过改变水中质子的弛豫时间，进而呈现出不同的成像信号强度，达到成像检测的效果(如图 7-12 所示)[10]。

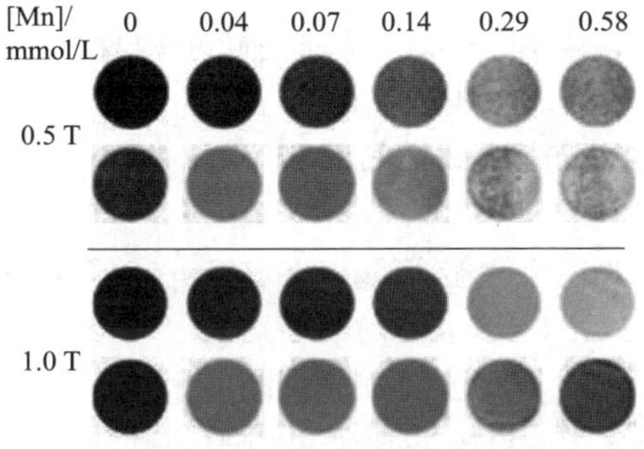

图 7-12 在场强 0.5T 和 1T 下，造影剂浓度 0.04～0.58 mmol/L 的成像分析

第二节 仪器分析实验

实验 7-1 高功率去耦魔角旋转法检测金刚烷固体核磁共振碳谱 Solid State ^{13}C NMR Spectrum of Adamantane with High Power Decoupling Magic Angle Spinning

【实验目的】

1. 了解固体核磁共振波谱仪的基本结构与主要组成部分。
2. 掌握固体核磁中的魔角旋转及高功率去耦技术的应用。
3. 了解核磁共振检测技术的常用方法。
4. 了解固体核磁的样品制备、进样方式、实验采集等一系列实验步骤。
5. 学习操作软件的使用和谱图的解析。

【仪器与试剂】

本实验所用仪器为 600 MHz 宽腔固体核磁共振波谱仪，配备有 4.0 mm 氧化锆材质的转子及聚酰亚胺材质的驱动帽。转子速度检测设备——转速检测器，确保转子可以平稳地旋转并开展实验。

实验所用的试剂为金刚烷(adamantane，CAS：281-23-2，MW：136.23)。

【实验步骤】

1. 样品制备

(1) 对测试样品的要求

① 送检样品应为干燥、不黏稠、不吸潮、不导电的均匀粉末，且颗粒细密均匀。

② 待测样品中不含 Fe^{3+}、Co^{3+}、Co^{2+}、Ni^{2+}、Cr^{2+} 等强磁性离子或铁磁性物质。

③ 样品应性质稳定，在高速旋转或受到强电磁辐射时不爆炸、不易燃、不分解。

④ 样品不具有强酸、强碱等腐蚀性质。

⑤ 测试样品应为固体粉末，重量约为 100 mg，对应所使用转子的填充体积为 100 μL 左右。

（2）填充转子

① 本实验所选用的转子为内径 4.0 mm 的氧化锆转子，将粉末样品分 4～5 次用进样工具将转子填满并轻轻压实至填充的规定高度，用盖帽器将帽子摁压在转子上，并检查帽子与转子之间是否有缝隙。

② 使用装样压实工具时，需切记不可以划伤转子内壁或者外壁。（注：转子的材质较脆，使用时需要动作轻缓，以免划伤或者摔碰转子。）

③ 用马克笔在转子盒上标记待测试样品的名字。

（3）转速测试

① 将仪器的转速测试器的三个气路通道（drive、spin、bearing）分别连接到探头的相应卡槽上。

② 将转子放入转速测试器中，帽子的方向应朝外。

③ 进行转速测试，转子在 5000 Hz 转速下可以平稳旋转 5 分钟，即证明转子的填充完好且均匀，可以进入下一步的正式测试。

2. 上机测试

（1）进样

将已经测试好转速的转子放入磁体上方的探头传输管内，样品将由传输管滑落入探头的锭子中，锭子与磁场的夹角即为魔角 54.74°。在 MAS Ⅲ 的控制界面中，点击“insert”将样品吹入锭子的正确位置上，将转子的起转速度设置为 5000 Hz，点击“go”，等转子在 5000 Hz 下平稳旋转 5 分钟后，即可设置实验参数。

（2）调谐

在命令行中输入 wobb 后回车，wobb 线出现在屏幕中。通过探头底部的 T（tuning）杆和 M（matching）杆调制 wobb 线至最佳匹配位置，点击“stop”保存调谐线的位置并退出。

（3）参数设置

设置合理的参数，为保障探头的使用安全性，注意功率的使用不能超过碳核检测允许最大值的 70%。

（4）测试完成，弹出样品

在 MAS Ⅲ 的控制界面中点击“stop”将转速由 5000 Hz 停下来，当转子不再旋转后，点击“eject”将探头里的样品弹出。

（5）谱图处理

将得到的谱图（图 7-13）进行标峰（peak picking）、积分（integrating），即可得到固体核磁的碳谱测试结果：共有两个单峰，分别为 38.4836、29.4343。

【结果分析】

在固体核磁检测中，金刚烷是检验磁场稳定性和均匀性的标准样品，其碳谱谱峰的半峰宽值应小于 7 Hz。

金刚烷化学式为 $C_{10}H_{16}$，为连续的碳-碳单键构成的环状四面体结构。结构中有 4 个季碳，6 个仲碳，两种类型碳的比例为 4∶6，对应的是 4 个季碳化学位移为 38.4836 和 6 个仲碳的化学位移为 29.4343 的相应的积分面积比应为 4∶6（积分的准确性与弛豫时间的设置有关，弛豫时间设置足够长积分更准确）。38.4836 处的谱峰的半峰宽值应小于 7 Hz。

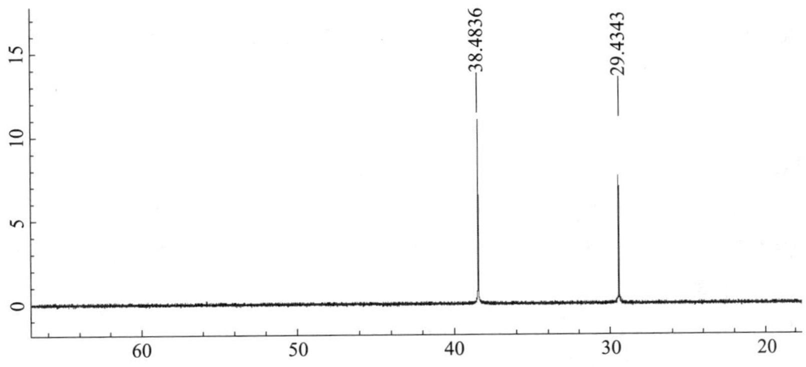

图 7-13 金刚烷的固体核磁碳谱

【注意事项】

1. 固体核磁的测试样品有具体的要求，比如需要足够的样品量以确保能填充满转子，从而得到信噪比较高的谱图结果。

2. 样品需为不吸潮、干燥、无磁性、不易产生静电的样品。固体核磁无法测试块体、不均匀颗粒的样品、凝胶及黏稠状的样品，因这种性状的样品填充到转子中之后无法进行正常的高速旋转，因此不能得到有效的谱图信息。

3. 所测试的元素含量应高于 10%，含量过低时无法得到理想有效的信噪比。

4. 样品中需含有氢原子，当没有氢原子存在时，CPMAS 的方法是无法使用的。

5. 制样时，转子的使用需要轻拿轻放，确保转子妥善放置，以免摔落到固体表面而产生裂痕。

6. 将样品旋转起来时，待当前转速旋转稳定后(转速波动需在 2 Hz 内)，即可继续升高转速。

【思考题】

1. 固体核磁的探头和液体探头的重要区别是什么？请列举说明。

2. 固体核磁测试结果和液体核磁测试结果的区别是什么？

3. 试举例说明，固体核磁实验中，需要注意的细节有哪些？

4. 固体样品的晶形对测试结果的影响是什么？可以查阅文献并试举例说明。

实验 7-2 单脉冲魔角旋转法检测固体核磁共振硅谱
Characterization of ^{29}Si ssNMR with One Pulse Magic Angle Spinning

【实验目的】

1. 掌握固体核磁中的魔角旋转及单脉冲技术的应用。

2. 学习操作软件的使用和谱图的解析。

3. 学习核磁共振硅谱的测试技术。

【仪器与试剂】

本实验所采用的仪器为 600 MHz 宽腔固体核磁共振波谱仪，配备有 4.0 mm 氧化锆材质的转子及聚酰亚胺材质的驱动帽。转子速度检测设备——转速检测器，确保转子可以平稳地旋转并开展实验。

实验所用的试剂为八(三甲基硅氧烷)倍半硅氧烷(Q8M8，CAS：51777-38-9，MW：1130.18)。

【实验步骤】

1. 样品制备

① 本实验所选用的转子为内径 4.0 mm 的氧化锆转子，将市售的样品分 4～5 次用进样工具将转子填满并轻轻压实至填充的规定高度，用盖帽器将帽子摁压在转子上，并检查帽子与转子之间是否有缝隙。

② 使用装样压实工具时，切记不可以划伤转子内壁或者外壁。(注：转子的材质较脆，使用时需要动作轻缓，以免划伤或者摔碰转子。)

③ 用马克笔在转子盒上标记上待测试样品的名字。

2. 上机测试

(1) 进样

将已经测试好转速的转子放入磁体上方的探头传输管内，样品将由传入管滑落入探头的锭子中，锭子与磁场的夹角即为魔角 54.74°。在 MAS Ⅲ 的控制界面中，点击“insert”将样品吹入锭子的正确位置上，将转子的起转速度设置为 5000 Hz，点击“go”，等转子在 5000 Hz 下平稳旋转 5 分钟后，即可设置实验参数。

(2) 调谐

在命令行中输入 wobb 后回车，wobb 线出现在屏幕中。通过探头底部的 T(tuning)杆和 M(matching)杆调制 wobb 线至最佳匹配位置，点击“stop”保存调谐线的位置并退出。

(3) 新建一个硅谱的单脉冲实验

输入命令 edc，选择 ^{29}Si 谱的单脉冲实验，设置正确的实验名称和数据保存路径。

(4) 测试完成，弹出样品

在 MAS Ⅲ 的控制界面中点击“stop”将转速由 5000 Hz 停下来，当转子不再旋转后，点击“eject”将探头里的样品弹出。

(5) 谱图处理

将得到的谱图(图 7-14)进行标峰(peak picking)、积分(integrating)即可得到固体核磁的硅谱测试结果：共有两组峰，分别为 11.4819 的单峰，－108.7028 和－109.6285 的双重峰。

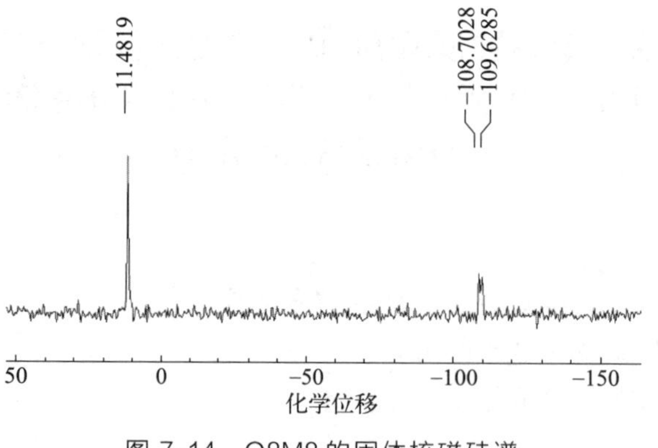

图 7-14 Q8M8 的固体核磁硅谱

【结果分析】

在固体核磁检测中，Q8M8 由于其结构对称性高常用于固体核磁中 ^{29}Si 谱检测的标准物。其中 -108.7028 ppm 和 -109.6285 ppm 的双重峰应为 Si—O—Si 笼结构中的 ^{29}Si，化学位移为 11.4819 ppm 的单峰应为笼外端基的 O—Si—$(CH_3)_3$ 结构中的 ^{29}Si。

实验 7-3　低场核磁共振的 T_2 弛豫时间分析
T_2 Relaxation Analysis of Low-Field NMR

【实验目的】

1. 了解低场核磁共振波谱仪的仪器结构和基本工作原理。
2. 掌握低场核磁弛豫测量的基本操作。
3. 学会绘制弛豫曲线并对曲线进行分析。

【仪器与试剂】

纽迈 M3 型低场核磁共振成像分析系统。
蒸馏水 2 mL(1 号样品)，浓度为 10 mmol/L 的 $FeCl_3$ 水溶液 2 mL(2 号样品)。

【实验步骤】

1. 开机：从上到下依次打开电脑主机、核磁机柜、射频单元，打开桌面仪器控制软件。
2. 准备样品：选择相应的样品 1 号或者 2 号，加至直径为 1 cm 的核磁管刻度 1.5 处。
3. 设置实验参数及测试

(1)选择油样，用 Q-FID 序列进行仪器校正。

(2)本次实验选用 1、2 号样品，分别测试其弛豫时间，并分析结果。选择所需序列(横向弛豫时间 T_2 测试选择 CPMG)，设置合适的等待时间、回波时间、回波个数、累加次数，使得信号衰减完全。

(3)放置样品：将核磁管插入盖子中心的孔中，使得样品处在探头中心位置，确保样品所处的磁场较为均匀。

(4)以样品名称作为实验数据的文件名，点击“累加采样”，将实验结果进行反演，导出数据。

4. 实验完成，关机，登记实验记录。

【结果分析】

根据实验数据和处理结果，可以得出 1 号样品、2 号样品的弛豫时间分别为 2485.5 ms、9.66 ms。通过观察两个样品的峰形(图 7-15 和图 7-16)，水的 T_2 弛豫时间谱较宽且测得的值较大，即水的弛豫时间达到近 2.5 s，说明水分子处于自由运动状态。2 号样品的 T_2 弛豫时间谱非常窄且测得的值较小，由于 Fe^{3+} 具有顺磁性，可以极大地缩短溶液中氢的弛豫时间，因此含有顺磁性物质的溶液，其弛豫时间将会出现较大幅度的减小。

【注意事项】

1. 测试样品的状态可以为液体、固体或者混合化合物。
2. 在样品放置过程中，确保样品在磁场中的位置，以避免信号的不均匀性和失真。
3. 在数据采集过程中，避免铁质金属物品或者电子器件靠近仪器，以免干扰磁场。

【思考题】

1. 低场核磁共振波谱 T_1 和 T_2 的应用有什么区别?

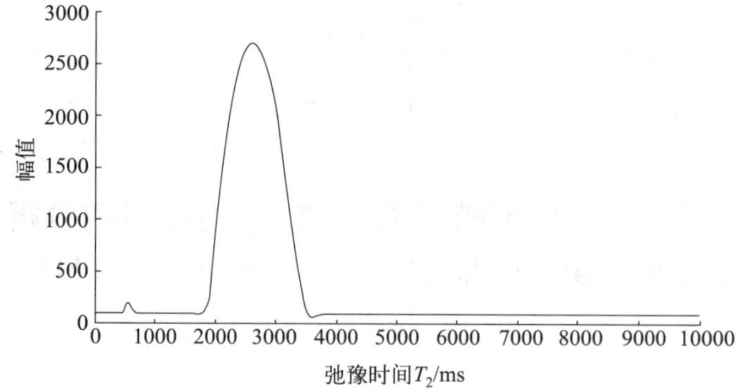

图 7-15　纯水的 T_2 曲线

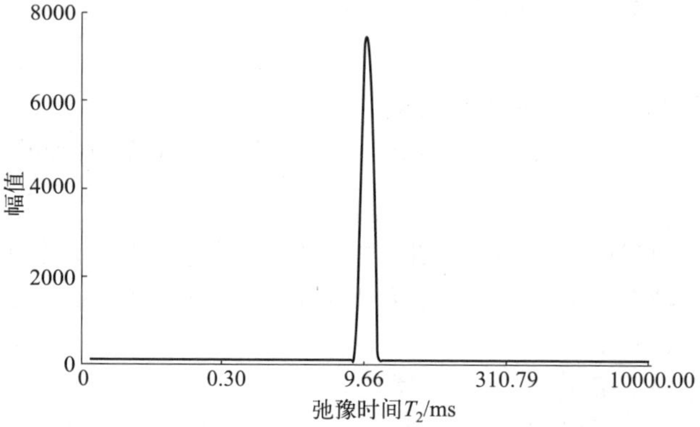

图 7-16　10mmol/L 的 $FeCl_3$ 溶液的 T_2 曲线

2. 低场核磁共振波谱在弛豫时间测试中的应用有哪些优势和特点？
3. 关于低场核磁的弛豫时间测试，什么体系的样品更适合应用弛豫时间测试？为什么？

实验 7-4　低场核磁共振成像分析
Magnetic Resonance Imaging Analysis of Low-Field NMR

【实验目的】

1. 了解低场核磁共振波谱仪的仪器结构和成像的基本工作原理。
2. 掌握低场核磁共振波谱仪成像的基本操作，能够熟悉普通液体或固体样品进行成像。
3. 学会通过核磁成像分析样品的内部或者层状结构信息。

【仪器与试剂】

M3 型低场核磁共振成像分析系统。
市售新鲜草莓。

【实验步骤】

1. 准备样品：将样品放入探头中的载物台上，探头位置对准标准零刻度线，即为成像的中心位置。

2. 开机：一键式开机将控制机柜和磁体部分启动。

3. 新建实验文件及选择合适的探头型号。

4. 完成仪器的校准和调试。

5. 预扫描 Scout，进行样品的空间信息初步定位及准确扫描的预判断。

6. 根据预扫描结果确定需要重点观察的横断面(Coronal 冠状面、Sagittal 矢状面、Axial 轴向等三个不同的方向，本次实验选择 Sagittal 矢状面的截面)，采用 T1 加权成像进行扫描。

【结果分析】

图 7-17 为实验得到的核磁共振图像结果，可以清晰地看出内部的结构细节，包括种子、果实顶部的两片萼片、果梗、从果梗延伸出来的两条髓、分布不均匀的多条维管束，该果实果肉内部结构均匀无空腔。

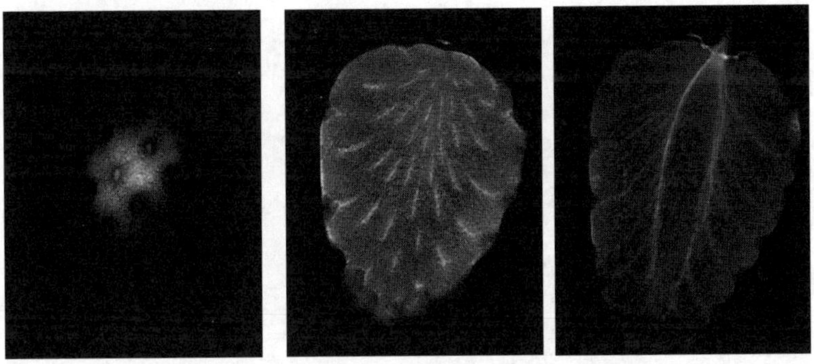

图 7-17　草莓在矢状面的三个截面成像图

【注意事项】

1. 在样品放置过程中，确保样品位置在磁场中心范围内，确保获得完整且清晰的图像。

2. 在数据采集过程中，避免金属物品靠近仪器，以免干扰磁场。

3. 选取样品时，应尽量使样品的尺寸与线圈尺寸相近。

【思考题】

1. 低场核磁共振波谱在成像中相比于高场核磁共振成像有什么优势和特点？

2. 低场核磁共振波谱成像适用于哪些样品或领域？

3. 如何选择不同的切片层数以及层厚度？

【参考文献】

[1] Kupče Ē, Frydman L, Webb A G, et al. Parallel nuclear magnetic resonance spectroscopy [J]. Nature Reviews Methods Primers, 2021, 1: 27.

[2] Khalil A, Kashif M. Nuclear magnetic resonance spectroscopy for quantitative analysis: A review for its application in the chemical, pharmaceutical and medicinal domains [J]. Critical Reviews in Analytical Chemistry, 2023, 53 (5): 997-1011.

[3] Cao R G, Liu X R, Liu Y Q, et al. Applications of nuclear magnetic resonance spectroscopy to the evaluation of complex food constituents [J]. Food Chemistry, 2021, 342: 128258.

[4] Ferreira Gomes B, Ferreira da Silva P, Silva Lobo C M, et al. Strong magnetoelectrolysis effect during electrochemical reaction monitored *in situ* by high-resolution NMR spectroscopy [J]. Analytica Chimica Acta, 2017, 983: 91-95.

[5] Liu M, Li S, Yao K W, et al. Decreasing magnetic-field inhomogeneity by inlaying the RF coil into a tubular bracket [J]. IEEE Sensors Journal, 2023, 23 (5): 4776-4784.

[6] Zhao Z C, Xiao D, Chen K Z, et al. Nature of five-coordinated Al in γ-Al_2O_3 revealed by ultra-high-field solid-state NMR [J]. ACS Central Science, 2022, 8 (6): 795-803.

[7] Du Y, Phyo P, Li M Y, et al. Quantifying micromolar crystallinity in pharmaceutical materials utilizing 19F solid-state NMR [J]. Analytical Chemistry, 2022, 94 (44): 15341-15349.

[8] Baggi G, Wilson B H, Dhara A, et al. Dynamics of a [2] rotaxane wheel in a crystalline molecular solid [J]. Chemical Communications, 2021, 57 (66): 8210-8213.

[9] Li Y Q, Li X N, Chen C, et al. Sol-gel transition characterization of thermosensitive hydrogels based on water mobility variation provided by low field NMR [J]. Journal of Polymer Research, 2017, 24 (2): 25.

[10] He M E, Chen Y N, Tao C, et al. Mn-porphyrin-based metal-organic framework with high longitudinal relaxivity for magnetic resonance imaging guidance and oxygen self-supplementing photodynamic therapy [J]. ACS Applied Materials & Interfaces, 2019, 11 (45): 41946-41956.

第八章　电子顺磁共振波谱
Electron Paramagnetic Resonance

第一节　仪器结构与原理

一、技术概述及发展历程

电子顺磁共振（electron paramagnetic resonance，EPR），又称电子自旋共振（electron spin resonance，ESR），是一种基于顺磁性物质中未配对电子自旋磁矩的磁共振波谱技术。该技术通过检测微波频率下电子自旋能级在磁场中的共振跃迁现象，能够高灵敏度（检测限达 10^{-12}～10^{-9} mol/L）地解析材料中自由基、过渡金属离子（如 Fe^{3+}、Cu^{2+}）及晶体缺陷的微观磁环境信息。如今，电子顺磁共振技术已在众多领域实现广泛应用，包括但不限于物理学、化学、生物学、生物化学、医学、环境科学、地质探矿以及考古学等。

20 世纪 50～60 年代是 EPR 技术发展的关键期，为 70 年代该技术在化学、物理学、生命科学、医学等学科中的广泛应用奠定了坚实基础[1]。EPR 技术的实验起源可追溯至 1944 年苏联物理学家 Zavoisky 在固态 $CuCl_2$ 中首次观测到顺磁共振信号，而美国学者 Cummerow 和 Halliday 于 1946 年实现了 Mn^{2+} 水溶液的 EPR 检测，这比核磁共振（NMR）的首次实验早约一年。1947 年，牛津大学克拉伦登实验室的 Bagguley 和 Griffiths 对 Cr^{3+} 明矾晶体的 EPR 研究，系统揭示了晶体场对过渡金属离子能级分裂的影响，推动了 Bleaney 学派对稀土配合物磁各向异性的定量解析。与此同时，Griffiths 在 1946 年对铁磁性薄膜的磁共振研究及 Kittel 的经典理论推导，标志着铁磁共振（FMR）与 EPR 的分支化发展。这些早期研究不仅优化了实验设备，还为新兴的波谱学构筑了理论根基，不过当时仅吸引了物理学家的关注。

自旋哈密顿（spin hamiltonian）的提出，是 EPR 技术从物理仪器迈向跨学科分析工具的理论基石[2]。这一理论工具使实验人员能够从 EPR 谱图中精准提取关键参数，同时也为理论研究者提供了专注于参数解释的基础。例如，到 1957 年，解析溶液中自由基产生光谱所需的概念已基本形成。早在 1950—1954 年，NO、NO_2、O_2 等气体的波谱就已得到准确解析，对固体基质辐照产生自由基的研究也同步开启。彼时，EPR 被视为一种极具潜力的测试化学键模型的技术手段。尽管 EPR 在化学领域已经取得了一定的进展，但在生物学领域的应用相对较少，主要集中在研究香烟烟雾中的自由基对癌症组织的影响、光照下叶绿体自由基动态，以及阐明肌红蛋白单晶中血红素平面的方向[2]。尽管这些研究涉及化学和生物学领域，但直到 20 世纪 60 年代初，EPR 仍然主要是物理学家的领域。

随着学科发展需求与应用研究成果的相互促进，EPR 波谱学在检测精度与应用范围上不断取得突破。自旋标记、自旋捕捉和自旋成像等现代 EPR 实验新技术、新方法相继涌现。尤其值得一提的是，20 世纪 80～90 年代兴起的多频 EPR、脉冲 EPR，以及 20 世纪末起步的在体（活体）EPR 研究，为顺磁共振波谱学的理论、技术及其应用拓展了更为广阔的前景。得益于新实验方法的建立，通过自旋标记等技术，顺磁共振波谱技术的应用范围已延伸至非顺磁性领域，如蛋白质、核酸和膜等生物大分子的结构与动力学研究，有望在揭示生命现象本质的同时，为临床医学提供有力支持。

EPR 技术自发现至今，已从物理学家的精密仪器发展为跨学科研究的“分子探针”：在环境科学中追踪 PM2.5 表面持久性自由基的毒理路径；在农业科学中解析植物抗逆性的活性氧调控网络；在临床医学中评估抗氧化剂对缺血再灌注损伤的干预效果。其应用广度远超 Zavoisky 等先驱的原始设想，成为连接物质微观磁性与宏观功能的桥梁。

我国对电子顺磁共振波谱技术及其应用的研究，起步于 20 世纪 60～70 年代。在长期持续发展进程中，多支从事 EPR 相关研究的队伍陆续成立。不过，对于我国这样一个在科研领域具有重要影响力的大国而言，该领域人才规模仍显不足[1]。因此，通过开设课程，系统介绍电子顺磁共振波谱学的基本原理、实验技术、实验方法，以及其在交叉学科中的应用实例，以培养专业的 EPR 技术人才，显得尤为必要且具有紧迫性。

二、基本原理

1. 定义

EPR 是一项用于检测含有未配对电子物质(包括自由基和过渡金属离子)的磁共振技术。电子顺磁共振现象是物质在电磁波和磁场的共同作用下，在某一磁场附近产生对电磁波的共振吸收的现象。此现象只能发生在具有未成对电子、固有磁矩不为零的顺磁材料中。

2. 电子的自旋产生磁矩

1925 年，Uhlenbeck 和 Goudsmit 为阐述金属原子在磁场 H 中电子光谱线的分裂，创新性地提出了自旋的概念。在此，光谱线在磁场中分裂的现象称为塞曼(Zeeman)效应。1926 年，Pauli 从理论层面引进自旋函数，将其作为空间函数的补充。随后，Dirac 证明，依据量子力学相对论的处理方式能够自然得出自旋 $\boldsymbol{S}$ 的结论，而无需任何附加的假设。

如将电子自旋视作电子绕自身轴的一种旋转运动，那么它的自旋向量 $\boldsymbol{S}$ 绕磁场 $\boldsymbol{H}$(沿 Z 方向)的进动可由图 8-1 示意，在此假设外磁场 $\boldsymbol{H}$ 处于实验室坐标系 Z 方向。依据量子力学理论，电子的自旋量子数 $S=1/2$。在强外磁场中，相应的磁量子数 $M_S=+1/2$ 和 $-1/2$，其中前者的方向平行于 Z 方向，而后者的方向反平行于 Z 方向。从经典角度出发，鉴于电子带有电荷，其自旋运动将产生一个与自旋向量 $\boldsymbol{S}$ 成正比的磁矩 μ_e[见式(8-1)]。

$$\boldsymbol{\mu}_e=-g_e\mu_B\boldsymbol{S} \tag{8-1}$$

式中，$g_e=2.002319$；$\mu_B(\mu_B=e\hbar/2m_e)$ 是玻尔磁子(也经常使用 β 来表示)。

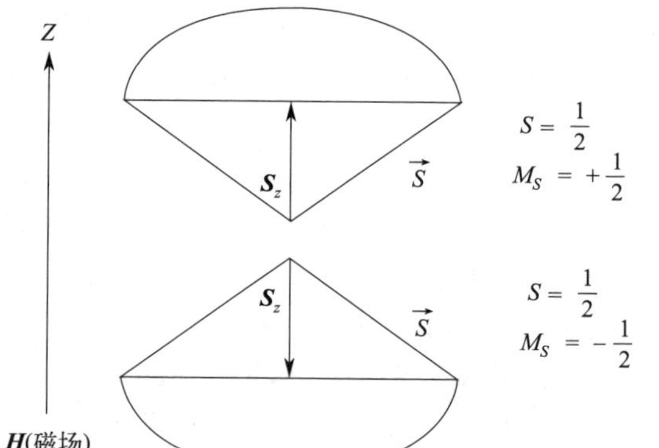

图 8-1 自旋向量 $\boldsymbol{S}$ 绕磁场 $\boldsymbol{H}$(Z 方向)进动

电子的自旋量子数 $S=1/2$，其磁量子数 M_S 在磁场中取 $+1/2$ 或 $-1/2$。稳态下两种自旋态之间没有能级差。存在外加磁场 $\boldsymbol{H}$ 时，自旋角动量跟磁场同向或者反向，两种自旋的能级差称为塞曼分裂，如式(8-2)所示。

$$\Delta E=g\mu_B H \tag{8-2}$$

式中，μ_B 为玻尔磁子，$\mu_B=9.27\times10^{-24}$ J/T；g 是一个无量纲常数，称为电子 g 因子，$g=2.00232$；$g\mu_B$ 称为电子自旋矩；H 表示磁场 $\boldsymbol{H}$ 的强度，其大小与所使用的仪器有关。

3. 电子顺磁共振原理

电子自旋在外部磁场作用下，根据塞曼效应，基态能级发生分裂。当 $S=1/2$ 时，能级差 $\Delta E=g\mu_B H$。

当外加垂直于 $\boldsymbol{H}$ 的高频微波 $b(\omega)$时，电磁波的光量子能量为 $h\omega/2\pi$。如果满足 $h\omega/2\pi=g\mu_B H$，即 $\omega=\gamma H(\gamma=2\pi g\mu_B/h$，磁旋比)，即光量子能量等于自旋系统跃迁所需能量，处于两能级间的电子发生受激跃迁，导致部分处于低能级中的电子吸收电磁波的能量跃迁到高能级中，这就是顺磁共振现象。受激跃迁产生的吸收信号经电子学系统处理可得到 EPR 谱线。电子顺磁共振原理示意图见图 8-2。

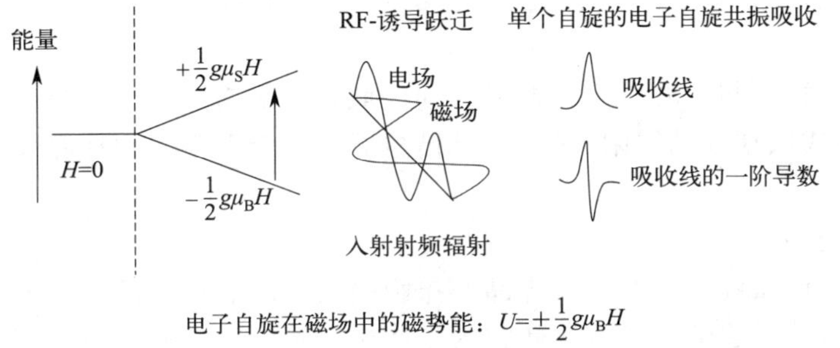

图 8-2 电子顺磁共振原理

要产生电子顺磁共振，电磁波频率和磁场强度均需满足共振条件。通过扫场法和扫频法都可以达到实验效果，而现代 EPR 测量大多使用的是扫场法。电子顺磁共振的条件如式(8-3)所示。

$$h\nu=g\mu_B H \tag{8-3}$$

式中，h 为普朗克常数，$h=6.62620\times10^{-34}$ J·s；μ_B 称为玻尔磁子，$\mu_B=9.27\times10^{-24}$ J/T。自由电子的 g 因子是各向同性标量($g_x=g_y=g_z=2.00232$)，其 EPR 谱表现为单峰。然而对于大多数顺磁物种，g 是二阶张量($g_x\neq g_y\neq g_z$)，其数值和方向敏感地依赖于化学环境。例如，临近磁性原子核(核自旋量子数 $I\neq0$)会产生附加磁场，它一方面会影响 g_x、g_y、g_z 值的大小，另一方面会对 g_x、g_y、g_z 产生二次塞曼效应导致谱线裂分。所以，除自由电子以外，g 一般不等于 2.00232，且 EPR 信号可能裂分为多个峰。电子可以看成一种各向同性的自由基，其 g_x、g_y、g_z 完全相等且无裂分，g 张量变成一个常数。当 EPR 信号用于研究顺磁性物种的周边化学环境时，我们一方面需要确定 g_x、g_y、g_z 值的大小，另一方面需要确定峰宽和裂分常数。

电子自旋发生改变需要的能量很小，跟核磁共振所需的能量范围相似，比电子轨道跃迁所需能量小得多。根据式(8-2)$\Delta E=g\mu_B H$，电子自旋裂分塞曼能对应的光子频率为 10 GHz 附近，属于电磁波的微波波段(厘米波段)。电磁波能量为 $E=h\nu=hc/\lambda$，如果该能量等于塞曼能，则电子自旋角动量将发生量子化跃迁，此时未成对电子发生强烈吸收。扫场法就是在测试过程中固定微波的频率，而连续改变磁场强度 H，从而找到满足式(8-3)的 H 值。进一步通过信号强度随 H 值的变化，可以计算出 g_x、g_y、g_z 的大小、峰宽和裂分常数。

三、仪器结构及工作原理

1. 仪器构造

电子顺磁共振波谱仪主要由磁铁、微波系统、谐振腔、检测系统和数据处理系统这五大部分构成（图 8-3)。

(1) 磁铁

EPR 对磁场的稳定度与均匀度有着较高要求，这就需要磁铁能够生成稳定且均匀的磁场。一般会使用电磁铁作为磁场源，磁场的高度稳定性与供给磁铁的电源稳定性紧密相关。在高频率、高磁场的电子顺磁共振仪里，通常采用低温超导磁体作为磁场源。

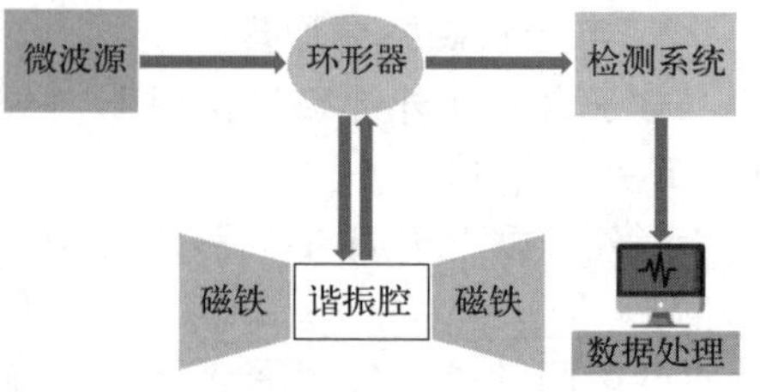

图 8-3 电子顺磁共振波谱仪基本构造

(2) 微波系统

该系统涵盖微波源和微波传导系统。微波一般通过波导管传输至谐振腔。当前，最为常见的电子顺磁共振仪为 X 波段，其微波频率处于 9～10 GHz。

(3) 谐振腔

该部件是被测样品与微波发生共振吸收的区域，样品需置于谐振腔的微波磁场最大区域(如矩形腔中心线或圆柱腔轴线附近)。常见谐振腔包括矩形腔、圆柱腔及针对特殊需求设计的专用腔体。

(4) 检测系统

经环形器进入谐振腔的微波，被样品共振吸收后，载有信号的微波再通过环形器进入检测系统。原始的微波吸收信号经调制转化为一次微分信号，这便是我们在计算机上所看到的 EPR 谱图。

(5) 数据处理系统

EPR 波谱仪配备有计算机和仪器操作软件。每种自由基都具有特定的 EPR 谱，且 EPR 信号的强度与自由基的浓度成正比。所以，通过解析 EPR 谱图，能够定性识别自由基的种类，并对其进行定量分析。

2. 工作原理

一般而言，EPR 信号极其微弱，常被噪声所掩盖，因此需要借助特殊的检波方式。目前，市面上的 EPR 波谱仪大多通过磁场调制技术和锁相放大，将吸收信号转化为一阶导数谱线(见图 8-4)。

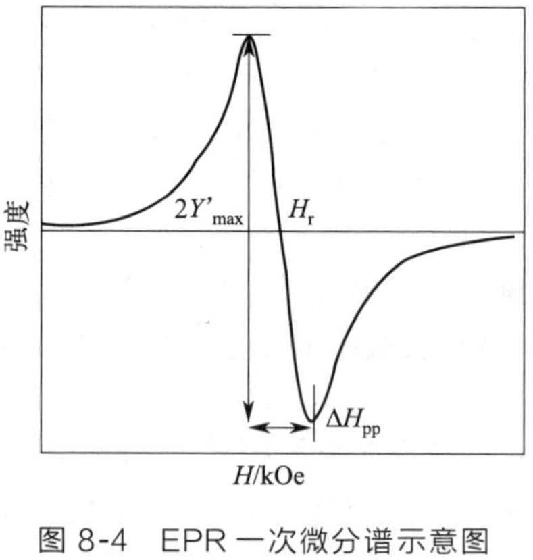

图 8-4 EPR 一次微分谱示意图
(1 kOe=0.1 T)

在众多波段中，X 波段的应用最为广泛，它具有以下显著优点：其一，元器件成熟。此波段的微波元器件工艺成熟，性能优良，适合大规模生产。这不仅确保了产品的质量，还能有效降低生产成本，使得 X 波段的 EPR 波谱仪在市场上具有更强的竞争力。其二，样品放置便利，谐振腔的尺寸设计合理，能够适配一定容积的被测样品。这为科研人员提供了极大的便利，能够满足不同类型样品的测试需求。其三，高灵敏度与分辨率。X 波段在常规样品中实现了灵敏度与分辨率的较好平衡。这使得它能够精准地检测到微弱的信号变化，为科研人员提供更精确的数据，助力科学研究的深入开展。其四，电磁铁制造容易。为满足共振条件，所需的电磁铁大小适中，制造难度相对较低。这有助于提高仪器的生产效率，降低生产周期，同时也方便后期的维护和保养。

由微波源产生的微波能量，经微波传导系统进入谐振腔。谐振腔被安置在电磁铁的空隙之间，被测样品则放置于腔内。通过调节磁场强度，直至满足共振条件。此时，样品会吸收微波能量，使得从谐振腔反射出来的微波功率发生改变。原本处于平衡状态的微波桥路失去平衡，通过检波器可检测出一个共振跃迁吸收信号。该信号经放大器放大后，在示波器或记录仪上显示出来，这便是 EPR 信号。此信号实际上是微波功率相对于磁场强度的函数曲线，它蕴含着丰富的样品信息，为科研人员研究物质的微观结构和性质提供了重要依据。

基本参数包括：

(1)通常实验测得的是电子顺磁共振吸收谱线的一次微分谱，图中有三个重要物理量，分别是共振场 H_r、共振线宽 ΔH_{pp}、吸收幅度的最大值 $2Y'_{max}$。

① EPR 的共振场 H_r

共振场 H_r 是一个重要的物理量，它表示当自旋的塞曼分裂能级差与微波能量相互匹配时所施加的外磁场的大小。在实验操作中，若微波的频率保持恒定，通过对共振场进行精确测量，我们可以计算得到 g 因子的大小，进而从中获取有关样品结构的重要信息。

对于自由电子而言，其具有独特的性质，即只有自旋角动量，而没有轨道角动量，或者可以认为其轨道角动量完全猝灭。在这种情况下，该自由电子的 g 因子大小为 2.00232。然而，在实际研究中，很多顺磁物质并非如此简单。这些顺磁物质的 g 因子会因为自旋和轨道磁矩之间的耦合，以及受到周围环境的影响而发生偏离。这种偏离现象为我们提供了研究顺磁物质的重要线索，通过对共振场 H_r 测量，我们能够深入探究自旋轨道耦合以及自旋与周围所处环境之间的相互作用信息。

为了更好地优化这一过程，我们可以进一步细化实验和分析的步骤。在测量共振场 H_r 时，要确保测量仪器的精度和稳定性，以减少误差对结果的影响。在计算 g 因子的过程中，需严格遵循相关的物理公式和计算方法，确保结果的准确性。对于顺磁物质的研究，当发现 g 因子偏离标准值时，我们可以对其进行深入分析，不仅要考虑自旋和轨道磁矩之间的耦合，还应详细考察周围环境中的各种因素，如晶格结构、相邻原子的影响等。通过将测量得到的共振场 H_r 与理论计算相结合，同时对比不同实验条件下的结果，我们可以更全面地掌握顺磁物质的微观结构和性质，为进一步的研究提供更加准确和丰富的信息。

② EPR 的共振线宽 ΔH_{pp}

共振线宽 ΔH_{pp} 是指 EPR 的一次微分谱中峰和谷之间的磁场跨度，又称峰-峰宽。通过它也可以对电子自旋和其所处环境之间的相互作用进行分析。

样品吸收峰的展宽主要源于两个方面：

其一是源于电子的寿命，这种情况被称为寿命增宽。电子不可能一直处在某一个能级固定不动，而是会通过吸收或放出能量的方式发生跃迁，从而进入不同的能级。

其二是源于自旋-自旋相互作用，被称为“久期展宽”。这是因为物质中的自旋并不是孤立存在的，在它周围还有其他未成对的电子，它们会在其内部产生一个等效磁场。因此，实验中测得的共振场 H_r 的大小其实是总磁场减去等效局域场的结果。

③ EPR 的吸收强度

电子顺磁共振的吸收强度代表着样品所吸收的总能量，其数值与参与共振的自旋数目密切相关。基于这一特性，我们能够依据吸收强度来计算样品中的自由基浓度。获取 EPR 吸收强度的方法主要有两种。一方面，可通过对一次微分谱进行两次积分准确得出吸收强度；另一方面，还能借助 ΔH_{pp} 和 $2Y'_{max}$ 进行粗略估算。

(2) 主要指标

① 灵敏度　能检测出 EPR 信号的最低样品浓度或自旋粒子数；一般可以检测到 10^{-14} mol/L 的含量。

② 分辨率　用能分辨的两条线之间的最小间距 d 或 d/H_0 表示。

③ 稳定性　仪器长时间运转基线的漂移和同一样品反复测量的误差。

④ 多功能性　添加适当的附件，使一台波谱仪具有更多的功能，例如变温系统(4～500 K)、脉冲微波模块、光激发单元等。

四、主要功能及代表性应用

1. 功能

① 测量电子顺磁共振频率：EPR 波谱仪可以准确测量电子在外加磁场作用下的共振频率。该频率与物质中未配对电子的性质相关，通过对共振频率的测量，可以获取有关电子自旋和电子态的信息[3]。

② 深入探究未配对电子数量与环境：EPR 波谱仪能够精准确定物质中未配对电子的数量，并有效提供关于电子周围环境的关键信息。通过细致分析共振线的形状、宽度和强度等特征，可准确推断未配对电子的种类、数量，以及其与周围原子、分子或晶体结构之间的相互作用情况。

③ 全面研究物质结构与性质：EPR 波谱仪在研究各类物质的结构和性质方面表现优异。通过对不同样品开展 EPR 测量，并与已知的标准样品进行严谨对比，能够准确确定未知物质的性质，如自由基的类型、浓度以及物质的氧化还原状态等。

④ 动态研究化学反应与动力学：EPR 波谱仪可用于动态研究化学反应的机理和动力学过程。通过实时跟踪反应中未配对电子的行为和变化，能够清晰揭示反应的中间产物、自由基反应的机制以及反应速率常数等重要信息[2]。

⑤ 凸显晶体学与光谱研究的互补优势：晶体学能够提供关于中心结构及其在蛋白质中组织方式等信息，然而其通常描述的是一个定义模糊的平均结构。与之不同，光谱方法能够精准表征酶的状态，尤其是借助时间分辨方法可清晰捕捉催化循环的中间产物。在此背景下，EPR 光谱在自由基和金属中心的表征方面发挥着关键作用。

2. 应用

(1) EPR 定量分析应用

检测金属离子：EPR 技术常用于检测含有未配对电子的金属离子，如 Cu^{2+}、Cr^{3+}、Fe^{3+}、Gd^{3+}、Mn^{2+} 和 VO^{2+} 等[4-6]。

免疫分析：20 世纪 70 年代初期，研究人员创新性地将 EPR 技术与免疫方法相结合，开发出一种可对小分子进行定量检测的新技术。具体而言，他们设计了新型的电子自旋探针——人工合成的脂质体微球。这种脂质体微球内部包裹着大量自由基探针，且在其膜表面镶嵌有补体。当脂质体微球上的补体与特异性抗体发生结合时，微球结构会破裂，进而释放出大量自由基探针。这些自由基探针会产生强烈的电子顺磁共振信号，通过对该信号的检测和分析，便可实现对小分子的定量检测。

物质抗氧化能力研究：利用抗氧化性物质能够清除自由基的原理，科研人员设计了多种基于 EPR 技术的方法，用于分析物质的抗氧化能力。例如，蜂蜜中的酚类化合物具有消除阴离子自由基的特性，利用这一原理，可借助 EPR 方法对蜂蜜中酚类化合物进行定量分析，从而评估蜂蜜的抗氧化能力。

(2) 自由基生物学应用

在自由基生物学领域，活性氧物种(ROS)对机体的影响呈现出显著的两面性，既存在利用价值，也潜藏着损伤风险。ROS 在生物体内扮演着关键角色，深度参与细胞信号传导、免疫调节等一系列重要生理过程，是维持机体正常生命活动的重要保障。然而，当体内

ROS 含量失控，过量的 ROS 会打破细胞和机体原有的氧化还原平衡，引发氧化性应激损伤，干扰细胞的正常代谢和功能，成为多种疾病（如心血管疾病、神经退行性疾病以及癌症等）病理进程的“助推器”。

生物体内的自由基反应复杂且持续不断，时刻处于动态变化之中。单一抗氧化剂在面对种类繁多的自由基时，其作用机制和效果各有差异。基于此，为达成不同的抗氧化目标，需要依据具体的应用场景和需求，精准筛选出合适的抗氧化剂，或者采取多种抗氧化剂协同应用的策略。EPR 方法凭借其较高的可靠性和灵敏度，在抗氧化剂筛选中发挥着重要作用，是一种有效的筛选手段。

自由基的检测方法丰富多样，大体可归纳为三类。第一类是直接检测自由基，能够直接获取自由基的相关信息；第二类是间接测量，即通过检测自由基捕捉后的产物或自由基反应的终产物，间接推断自由基的存在和活性；第三类是检测清除剂或抗氧化剂的消耗情况，以此来评估自由基的水平。在众多检测方法中，电子顺磁共振技术以其直接性、独特性，成为检测自由基具有代表性的物理学方法之一，为深入研究自由基的性质、反应机制以及在生物体内的动态变化提供了有力的技术支持[7]。

（3）氧浓度的测量

在生物体系中，氧犹如一把双刃剑，兼具积极与消极双重影响。一方面，对于所有需氧生物而言，氧是维持生存的关键要素，是生命活动得以正常进行的必要条件。从细胞呼吸到能量代谢，氧参与了生物体内一系列至关重要的生理过程，为生命的运转提供源源不断的动力。另一方面，氧又与众多病理过程紧密相关，氧浓度在此间充当着一道严格的界限。

以缺血性脑卒中的氧治疗为例：氧浓度过低时，无法达到预期的治疗效果，难以有效改善患者的病情；而氧浓度过高，则会引发氧化应激反应，导致自由基损伤，进一步加重患者的病情，对身体造成额外的伤害。因此，精准监测组织内的氧水平，对于优化氧治疗方案、提高治疗效果、保障患者安全至关重要。那些与氧相关的众多病理过程，常常被统称为“自由基病理”或“氧自由基病理”。

为了深入探究上述生理和病理现象的本质，精确测定生物体系中从整体到组织乃至细胞层面的氧浓度显得极为必要。在这方面，EPR 技术展现出了独特的优势。随着科技的不断进步，逐渐发展成熟的 EPR 血氧测量仪成为了一个极具价值的工具。它能够精准地检测生物体内不同部位、不同层次的氧浓度，为研究人员和临床医生提供数据支持，助力他们更深入地了解氧在生理和病理过程中的作用机制，进而推动相关疾病的诊断、治疗和预防工作的发展。

（4）医药学基础研究应用

在疾病病理基础研究、药理及药物改造的基础研究领域，诸多前沿且关键的探索正在开展。细胞作为构成生命的基本单元，疾病的发生与发展会直接对细胞的结构和功能产生显著影响。在这一研究过程中，自旋标记的方法发挥着重要作用，借助 SL-EPR 波谱技术，可研究膜蛋白构象变化和脂质双层动态特性，为疾病相关膜受体异常提供分子机制解释。这些信息对于深入了解疾病在细胞和分子水平的病理基础研究意义较大，能帮助科研人员从微观层面剖析疾病的发生机制，为后续的疾病防治工作提供有力的理论支撑。

此外，EPR 波谱学在研究药物与生物靶分子的相互作用中也扮演着重要角色。通过运用该技术，科研人员得以从细胞和分子水平上深入认识药物药理作用的基础，明确药物在生物体内的作用机制和效果。这不仅有助于揭示现有药物的作用原理，还能为新药的设计与研发提供全新的思路和方向。通过对药物与生物靶分子相互作用的精准研究，科研人员能够有针对性地对药物进行优化和改造，提高药物的疗效，降低不良反应，为患者带来更好的治疗选择。

(5) EPR 技术在环境中的应用

EPR 技术在检测和研究环境中的自由基及其反应时，具备独特优势。它的检测灵敏度极高，即便水中或固体颗粒物表面的自由基浓度极低，也能被精准检测出来。这一特性使得科研人员能够捕捉到环境中那些虽然含量微少，但却对环境变化有着重大影响的自由基，为深入研究环境自由基的来源、分布及迁移规律创造了条件。同时，自由基 EPR 谱线的线形、线宽及弛豫时间会随着反应条件和环境因素(如极性、温度、pH 值等)的改变而变化。研究人员通过分析不同条件下的 EPR 谱线，能够获取自旋体系结构及其与环境相互作用的大量信息，借助这些信息，不仅可以清晰地区分不同自由基的结构，还能准确地获取自由基反应的动力学常数，进而深入了解自由基反应的机制和速率，为环境科学研究提供有力的数据支持。

在具体应用方面，EPR 技术的作用同样十分显著。在环境光催化研究领域，它能够助力探究光催化反应中自由基的产生、转化和消耗机制，为开发高效环保的光催化材料提供理论依据。在天然有机质性质研究中，通过检测其自由基特性，有助于了解天然有机质在环境中的化学行为和生态功能。在染料光反应研究方面，EPR 技术能够揭示染料在光照条件下的自由基反应过程，为解决染料废水污染问题提供全新的思路。在顺磁性过渡金属离子形态研究中，它可以准确识别不同形态的顺磁性过渡金属离子，助力研究其在环境中的迁移转化规律。在环境污染物监测方面，EPR 技术能够准确地检测污染物自由基，为环境质量评估和污染治理提供关键数据[8-10]。

(6) EPR 技术在工农业生产中的应用

从原理而言，只要存在能够产生自由基的场景，EPR 技术就有其应用的空间。然而，鉴于自由基自身特性的多样性以及所处环境的复杂性，单纯依靠 EPR 技术有时难以全面、准确地开展研究工作。因此，在实际应用中，往往需要辅以其他手段，比如自旋捕捉方法，以及采用合适的样品制备方法，以此来进一步优化检测效果，扩大 EPR 技术的应用范围。借助这些补充手段，EPR 技术能够更精准地应对各种复杂的自由基检测场景，为研究工作提供更有力的支持。

基于上述独特优势，EPR 技术在工农业生产中的实际应用价值日益凸显，受到越来越多的关注。在食品工业中，它可以用于研究食品氧化过程中自由基生成机制，指导抗氧化剂开发与储存条件优化；在啤酒酿造行业，研究酿造过程中自由基生成与风味物质氧化的关联性，确保啤酒的口感和品质稳定；在烟草行业，研究烟草燃烧过程中自由基生成机制，评估减害技术的有效性；在农业方面，研究种子储藏过程中自由基累积与活力下降的关联性，为优化储藏方案提供理论依据。这些广泛的应用实例充分证明了 EPR 技术在工农业生产中应用的可行性与有效性。

第二节　仪器分析实验

实验 8-1　电子顺磁共振波谱法测定 Fenton 反应产生的羟基自由基

Determination of Hydroxyl Radical in Fenton Reaction by Electron Paramagnetic Resonance Spectroscopy

【实验目的】

1. 掌握 EPR 的基本原理，包括自旋、Zeeman 效应等。

2. 熟悉 EPR 仪器的基本操作，利用该仪器检测羟基自由基。

3. 分析 EPR 谱的特征信号，并推断样品中自由基的种类。

【实验原理】

芬顿反应(Fenton reaction)是污水处理中的经典反应，通过亚铁离子(Fe^{2+})与过氧化氢(H_2O_2)之间的反应，产生具有强氧化能力的羟基自由基(•OH)。其反应式如下：

$$Fe^{2+} + H_2O_2 \longrightarrow Fe^{3+} + \cdot OH + OH^-$$

羟基自由基是一种高活性的自由基，能够与有机污染物发生反应，将其氧化分解为二氧化碳(CO_2)和水(H_2O)，从而实现污染物的矿化。这种反应在环境修复和污水处理中具有重要的应用价值。

本实验利用 EPR 来检测 Fenton 反应中产生的•OH。由于•OH 的寿命极短，难以直接检测，因此需要使用自由基捕捉剂。本实验选用的自由基捕捉剂是 5,5-二甲基-1-吡咯啉-*N*-氧化物(DMPO)。DMPO 能够与•OH 反应，生成相对稳定的自由基加成物，其反应式如下：

$$DMPO + \cdot OH \longrightarrow DMPO\text{-}OH(顺磁性)$$

DMPO-OH 加成物具有特定的电子顺磁共振信号，可以通过 EPR 波谱仪进行检测。通过分析 DMPO-OH 的 EPR 信号特征，如信号强度、谱线形状等，可以间接推断出 Fenton 反应中•OH 的生成情况。在实验中，我们将硫酸亚铁($FeSO_4$)作为亚铁离子的来源，过氧化氢(30%)作为氧化剂，硫酸(H_2SO_4)用于调节反应体系的酸性，以促进 Fenton 反应的进行。通过精确控制反应条件，如反应物浓度、溶液 pH 值和反应时间等，可以实现对•OH 生成过程的有效监测。通过本实验，可以深入了解 Fenton 反应中•OH 的生成机制及其在污染物降解中的作用。

【仪器与试剂】

JES-X320 电子顺磁共振波谱仪，主要包括磁体、微波源、检测器等模式。

自由基捕捉剂[5,5-二甲基-1-吡咯啉-*N*-氧化物(DMPO)]，生成羟基自由基所需的试剂[硫酸亚铁，过氧化氢(30%)，硫酸]，去离子水。

【实验步骤】

1. 实验准备工作

(1)严格遵守实验室安全规定，佩戴适当的个人防护装备(如实验手套、防护眼镜和实验服)。

(2)确保 EPR 仪器已经正确连接和校准，检查磁场强度、微波源频率等参数是否合适。

(3)准备样品

① 配制 pH 为 3 的去离子水、硫酸亚铁(浓度为 100 mmol/L)以及过氧化氢(浓度为 50 mmol/L)的水溶液，选取 DMPO 为自由基捕捉剂，浓度为 0.2 mol/L。

② 将 0.5 mL 的硫酸亚铁溶液、0.5 mL 的过氧化氢溶液以及 4 mL pH 为 3 的去离子水进行混合，均匀摇晃 1 min，随后抽取 0.5 mL 反应溶液与 0.1 mL DMPO 溶液进行混合，再次摇晃 1 min，随后利用毛细管吸取待测溶液进行封装，以备 EPR 测量。

2. 样品 EPR 谱的测量

(1)将封装好的毛细管放入 EPR 样品管中，根据腔体类型(常温/变温)，使用标尺调整样品管上的活塞位置，确保样品处于磁场正中央。

(2)设置测量参数：选择合适的磁场强度、微波源频率，并调谐至谐振点。根据实验要求，设定放大倍数、扫场范围等参数。

(3)启动 EPR 仪器，进行谱线扫描，记录所得谱线的强度和峰位。

【结果分析】

观察和分析 EPR 谱的特征信号，包括谱线的形状、g 值和强度；根据谱线的参数，推断样品中自由基的类型。

综上所述，本实验通过 EPR 技术，成功实现了羟基自由基的检测，并对其特征信号进行了分析和解释。通过实验，加深了对 EPR 原理和技术的理解，为进一步研究自由基的性质提供了基础。

【注意事项】

1. 想要获得准确的 EPR 测量值，不仅仅是将样品放入谐振腔这么简单，还必须关注谐振腔的关键参数——Q 值。Q 值定义为：在一个周期内谐振腔所储存的电磁能量乘以 $2\pi\nu$（其中 ν 为频率）与单位时间内腔体消耗的能量之比，即 $Q=(2\pi\nu\times$储能$)/$功率损耗。这一参数反映了系统能量损耗的情况。一般来说，Q 值越高，谐振腔内储存的能量越多，测得的信号峰值也越高。因此，在定量测量中，如果每次测试时 Q 值不一致，则无法准确反映样品中自由基的实际浓度。为了保证 Q 值的稳定性，需要正确调节 EPR 实验参数，确保样品放置在谐振腔内时位置一致。具体要求是：样品（通常置于石英试管中）必须保持相同的深度和垂直度，且应放置在微波磁场最强、电场最弱的区域，以减少非共振能量损耗。同时，实验室的温度、湿度及空气流动情况也应保持稳定，确保谱图基线平稳。此外，开展自由基测试时，捕获剂的保存条件、使用量以及加入捕获剂后的反应时间都必须严格控制，以保证实验结果的可重复性。

2. 在操作 EPR 仪器时，注意避免强磁场对身体和金属物品的影响；使用有机溶剂时，避免接触皮肤和吸入蒸气，确保操作在通风良好的实验室中进行；样品溶液应避免受到空气氧化，尽量在操作过程中减少暴露时间；遵循实验室的废弃物处理规程，将废液和废料正确处理。

【思考题】

1. 为什么硫酸亚铁溶液需要现用现配？久置的溶液可能对 EPR 信号产生什么影响？
2. 除了 Fe^{2+}，EPR 还可用于检测哪些类型的物质？试举两例并说明其原理。
3. 为什么测试时需保持样品管在谐振腔中的位置固定？位置偏移可能引起什么问题？

实验 8-2　电子顺磁共振波谱法检测二氧化钛中氧空位

Detection of Oxygen Vacancy in TiO_2 by Electron Paramagnetic Resonance Spectroscopy

【实验目的】

1. 通过实际操作，熟悉 EPR 仪器的基本结构和操作流程，包括样品的装载、仪器参数的设置（如磁场强度、微波功率、调谐状态等）以及谱图的采集。学生将学会如何优化仪器参数，以获得清晰、准确的 EPR 信号，从而提高实验的成功率和数据的可靠性。

2. 本实验旨在通过 EPR 谱图的特征（如 g 值、线宽、谱线形状等）分析氧空位对 TiO_2 晶体结构的影响。学生将学习如何通过 EPR 信号的变化推断氧空位的类型和分布，以及这些缺陷如何改变 TiO_2 的晶体对称性和电荷分布。

3. 学习如何详细记录实验条件和数据，包括样品信息、仪器参数以及测量时间等。学生将掌握如何分析 EPR 谱图，提取有用信息，并结合理论知识对实验结果进行合理解释。通过数据记录与分析，学生将养成严谨的科学态度和扎实的实验技能。

【实验原理】

二氧化钛(TiO_2)是一种重要的宽禁带半导体材料，广泛应用于光催化、气体传感和能源存储等领域。其晶体结构通常为锐钛矿型或金红石型，由钛离子(Ti^{4+})和氧离子(O^{2-})通过离子键和共价键结合而成。在理想的 TiO_2 晶体中，氧离子和钛离子的配位数是固定的，晶体结构完整且对称。然而，在实际制备或使用过程中，TiO_2 晶体中常常会引入缺陷，其中氧空位是最常见的缺陷之一。氧空位是指晶格中氧离子缺失的位置，这种缺陷会打破晶体的对称性，导致周围原子的电荷分布发生变化，从而影响 TiO_2 的物理和化学性质。

氧空位的形成通常与 TiO_2 的制备条件、热处理过程或外部环境因素有关。例如，在高温烧结过程中，如果氧气分压不足，可能会导致氧离子从晶格中逸出，形成氧空位。此外，TiO_2 在光催化反应中也可能因光生载流子的迁移和复合而产生氧空位。氧空位的存在会引入额外的电子态，这些电子态可以捕获电子，形成具有未成对电子的缺陷中心。EPR 技术能够检测到这些未成对电子的信号，可以推断氧空位的类型、浓度和分布情况。

【仪器与试剂】

JES-X320 型号的电子顺磁共振波谱仪，包括磁体、微波源、检测器等。

二氧化钛。

【实验步骤】

1. 实验准备工作

(1)严格遵守实验室安全操作规程，确保实验环境安全。正确佩戴个人防护装备，保障自身安全。

(2)检查 EPR 仪器，确认其已正确连接和校准。仔细核查磁场强度、微波源频率等关键参数，确保其符合实验要求。

(3)准备样品

① 在氢气氛围下对二氧化钛进行 2 h 的处理，引入氧空位。

② 使用毛细管吸取待测样品进行封装，控制材料装填高度为 2 cm。

2. 样品 EPR 谱的测量

(1)将封装有氧空位材料的毛细管放入 EPR 样品管中。依据腔体类型(常温或变温)，借助标尺精准调整样品管上的活塞位置，确保样品处于腔体磁场的正中央。

(2)选择适当的磁场强度，调整微波源频率至谐振点(即腔体频率匹配状态)，随后根据实验要求设置增益、扫场范围等参数。

(3)启动 EPR 仪器，进行谱线扫描，记录所得谱线的强度和峰位。

【结果分析】

本实验对 EPR 谱的特征信号进行分析，重点关注谱线形状、g 值和强度。谱线形状反映电子自旋体系复杂程度，g 值关联电子化学环境，强度与未成对电子物质浓度有关。

通过与标准样品谱图比对，确定信号由氧空位等特定缺陷引起。依据 g 值、线宽、强度比等参数，运用理论和数据分析方法，推断出样品中缺陷类型，明确氧空位存在形式和特点，为理解样品微观结构与性能提供关键信息。

综上，本实验借助 EPR 技术检测氧空位，分析其特征信号，加深了对 EPR 原理和技术的理解，为后续研究氧空位性质及应用奠定基础，为相关领域提供参考。

【注意事项】

1. 在进行 EPR 实验时，样品量的控制至关重要。样品量过多会导致 EPR 信号过强，超出仪器的检测范围；而样品量过少则会使信号过弱，难以被仪器检测到。因此，建议在实验中使用适量的样品，以确保信号强度适中，便于准确测量。

2. 在测量过程中，仪器的调谐状态对实验结果有着直接影响。调谐不良可能导致信号失真甚至无法检测到信号。因此，实验人员需要密切关注仪器的调谐状态，一旦发现信号异常，应及时进行调整，以确保实验数据的准确性和可靠性。

3. 实验环境对 EPR 实验的成功与否也起着关键作用。EPR 实验对磁场干扰非常敏感，因此实验室内应远离强磁场源，如大型电机、变压器等，并确保仪器周围没有铁磁性物质。此外，实验环境的温度应保持稳定，避免温度波动对仪器性能和样品状态产生不利影响，建议实验室内保持恒温状态。同时，实验室内应保持干燥，高湿度可能导致仪器内部结露，影响仪器的性能和使用寿命。

4. 在实验过程中，详细记录实验条件是必不可少的。实验人员需要记录样品信息、仪器参数(如磁场强度、微波频率、功率等)以及测量时间等关键信息。这些记录对于后续的数据分析至关重要，能够帮助实验者更好地理解实验结果，并在需要时进行重复实验或进一步研究。

【思考题】

1. EPR 信号的特征(如 g 值、线宽、谱线形状)如何反映二氧化钛中氧空位的性质？请结合实验结果，讨论这些特征与氧空位浓度、类型和分布之间的关系。

2. 氧空位在二氧化钛的光催化、气体传感等应用中起着重要作用。试从物理化学的角度分析氧空位如何影响二氧化钛的性能，并讨论 EPR 检测氧空位对于理解其应用机制的意义。

3. 除了 EPR，还有其他多种方法可以用于检测二氧化钛中的氧空位，如 X 射线光电子能谱(XPS)、光致发光光谱(PL)等。请比较这些方法与 EPR 在检测氧空位方面的优势和局限性，并讨论在实际研究中如何选择合适的检测方法。

实验 8-3 电子顺磁共振波谱法检测 Cu^{2+} 及其信号拟合

Detection of Cu^{2+} by Electron Paramagnetic Resonance Spectroscopy and Spectral Simulation

【实验目的】

1. 学会 EPR 波谱仪的使用方法，获取 Cu^{2+} 的谱图。
2. 理解过渡金属离子 EPR 信号的各向异性产生原因。
3. 学会使用软件拟合各向异性 EPR 信号，并提取 Cu^{2+} 谱的参数。

【实验原理】

过渡金属离子由于其 d 轨道未充满，通常含有未成对电子，具有顺磁性，适用于 EPR 技术的研究。其 EPR 信号常表现出各向异性，具体体现在 g 因子和超精细耦合常数(A 值)在不同晶体方向上的差异，尤其在配位场不对称或价轨道取向显著的体系中更为突出。此外，当金属离子本身和邻近具有非零核自旋的配体时，EPR 信号还会产生超精细分裂，从而提供关于金属种类和金属-配体相互作用的丰富结构信息。

Cu^{2+} 为典型的 d^9 体系，含有一个未成对电子，常见的同位素 ^{63}Cu 和 ^{65}Cu 的核自旋均为 $I=3/2$，因此其 EPR 信号会因超精细耦合而出现四重分裂（图 8-5）。在固体或配位结构不对称的体系中，Cu^{2+} 常呈现明显的各向异性 g 因子（$g_{/\!/} \neq g_{\perp}$）和超精细常数（$A_{/\!/} \neq A_{\perp}$），其典型值为 $g_{/\!/} \approx 2.2 \sim 2.3$，$A_{/\!/} \approx 160 \sim 200$ G（1 G＝10^{-4} T）。

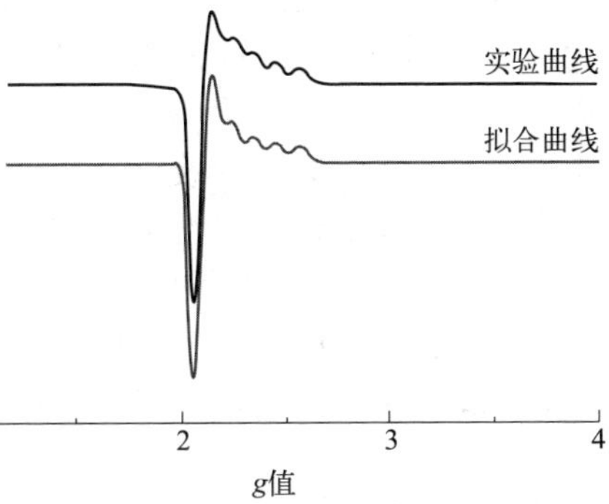

图 8-5　某固体样品中 Cu^{2+} 的典型 EPR 谱（通过数据拟合，得到 $g_{/\!/}=2.081$，$g_{\perp}=2.393$，峰宽参数 lwpp＝7.572，裂分常数 $A_{/\!/}=84.71$ 和 $A_{\perp}411.0$）

在水溶液中，Cu^{2+} 通常处于各向同性的配位环境，如 $[Cu(H_2O)_6]^{2+}$，由于快速分子运动导致电子环境平均化，其 EPR 信号表现为单一的各向同性 g 值（g_{iso}）和超精细常数（A_{iso}），通常约为 $g \approx 2.11$，$A \approx 130 \sim 140$ G。谱图中可见清晰的四重超精细分裂，是识别水溶液中 Cu^{2+} 的典型特征。该特性常用于研究金属离子与配体的相互作用及其配位结构的变化。

基于以上描述，本实验将详细讲解固体样品电子顺磁共振谱的测试流程、谱图分析和数据拟合。实验选取乙酸铜作为样本，测试其 EPR 谱并进行分析。实验全程强调安全规范，包括磁场安全、化学品处理等，确保操作的科学性与安全性。

【仪器与试剂】

JES-X320 型电子顺磁共振波谱仪，包括磁体、微波源、检测器等。

乙酸铜样品。

【实验步骤】

1. 实验准备工作

(1)环境把控：排查并消除实验室磁场干扰源，用专业设备调控温湿度至 EPR 测量适宜范围，保障实验环境达标。

(2)仪器检查：校验 EPR 仪器的磁场强度、微波频率，依据校准规范检查谐振腔，确保仪器正常工作。

(3)准备样品：使用石英毛细管吸取乙酸铜固体样品，轻敲管壁使粉末密实填充(材料高度约 2 cm)，两端密封防止吸潮，并装填至石英 EPR 样品管。

2. 样品 EPR 谱的测量

(1)将样品管放入 EPR 仪器的样品腔体中，确保样品位置处于磁场中心。

(2)设置 EPR 仪器参数。

(3)调整磁场范围至适合乙酸铜，300～400 mT，中心场强 350 mT。

(4)进行扫描测量，记录温度、湿度、EPR 谱图(包括磁场范围、拟合 g 因子、线宽参数、拟合优度等)。

【结果分析】

1. 观察与分析 EPR 谱图

(1)确定特征峰(如 Cu^{2+})的信号。

(2)分析谱线形状、峰强及可能的超精细结构以推断 Cu^{2+} 的电子环境。

2. 数据处理

(1)数据导出：使用 EPR 谱分析软件“ESR Data Process”导出标准 ASCII 数据(包含

1024 个振幅值)，选择“1k”分辨率。

(2)各向异性信号模拟：使用软件“Biomolecular EPR Spectroscopy”打开导出的“.dat”文件，输入实验参数，例如磁场范围(B-min，B-max)、微波频率(Freq，单位：GHz)，最后优化拟合参数。

(3)模拟数据导出与绘图：将拟合后的数据保存为新的“.dat”文件(格式：1024 行单列 Y 值)，在 OriginLab 软件中导入原始 X 列数据(磁场强度 B)和模拟 Y 列数据，然后绘制实验谱图(原始数据)与模拟谱图(拟合数据)，若两曲线幅值不一致，进行归一化处理(如统一最大值)；在图中用箭头标出各向异性 g 因子对应的磁场位置，并注明参数值(g 因子、线宽等)。

3. 与文献对比

比较实验结果与文献中乙酸铜的 EPR 信号，推测其中 Cu^{2+} 或配位环境的变化。

【注意事项】

1. 在 EPR 实验中，样品管的放置位置是影响实验结果的关键因素之一。为了确保实验数据的准确性和可靠性，必须将样品管精准地放置于谐振腔的最佳位置。谐振腔的设计使得微波能量在特定区域内达到最大值，而样品管只有处于这一最佳位置时，才能与微波场实现最有效的耦合。精确地放置不仅能够提高信号的强度，还能减少背景噪声的干扰，从而为后续的测量提供清晰且稳定的信号。

2. 在进行 EPR 测量之前，充分调节谐振腔参数是实现高灵敏度和高分辨率信号的关键步骤。高 Q 值是衡量谐振腔性能的重要指标，它直接反映了信号的纯净度和稳定性。通过调节谐振腔的频率、微波功率以及样品管的位置等参数，可以优化谐振腔的性能，从而获得更高的 Q 值。高 Q 值意味着更窄的谐振线宽和更高的信号灵敏度，这对于检测弱信号以及区分细微的谱线特征至关重要。

3. 毛细管的装填高度对 EPR 实验的稳定性和重复性有着重要影响。在实验中，必须严格控制毛细管的装填高度，确保其深度误差控制在±1 mm 以内。这是因为装填高度的不一致会导致样品在谐振腔内的分布不均匀，进而影响微波与样品的相互作用效率。当装填高度偏差较大时，可能会导致谐振腔的 Q 值波动，从而影响信号的稳定性和实验结果的重复性。

4. 在进行实验前，必须仔细检查样品管是否无裂纹。样品管在制备、运输或操作过程中可能因外力冲击而产生微小裂纹，这些裂纹会影响样品管的密封性和完整性，进而干扰实验结果的准确性。裂纹还可能导致样品泄漏或污染，甚至损坏实验设备。因此，使用高倍放大镜或专业检测工具对样品管进行全面检查至关重要。一旦发现裂纹，应立即更换样品管，以确保实验的顺利进行和数据的可靠性。

【思考题】

1. 乙酸铜 EPR 谱中 g 因子的各向异性如何反映其配位结构的对称性？
2. 乙酸铜和氯化铜的 ESR 谱图有哪些差异？形成这些差异的关键因素是什么？

【参考文献】

[1] 卢景雰．现代电子顺磁共振波谱学及其应用［M］．北京：北京大学医学出版社，2012.

[2] Karunakaran C, Balamurugan M. Electron paramagnetic resonance spectroscopy [M]//Spin resonance spectroscopy. Amsterdam: Elsevier, 2018: 169-228.

[3] 刘光虹，王晓旋，胡少刚，等．电子自旋共振仪测定羟基自由基［J］．高校实验室科学技术，2019 (1)：55-56.

[4] Mi X Y, Wang P F, Xu S Z, et al. Almost 100% peroxymonosulfate conversion to singlet oxygen on single-atom CoN_{2+2} sites [J]. Angewandte Chemie International Edition, 2021, 60 (9): 4588-4593.

[5] Kong L S, Fang G D, Chen Y F, et al. Efficient activation of persulfate decomposition by Cu_2FeSnS_4 nanomaterial for

bisphenol A degradation: Kinetics, performance and mechanism studies [J]. Applied Catalysis B: Environmental, 2019, 253: 278-285.

[6] Jiao X C, Chen Z W, Li X D, et al. Defect-mediated electron-hole separation in one-unit-cell $ZnIn_2S_4$ layers for boosted solar-driven CO_2 reduction [J]. Journal of the American Chemical Society, 2017, 139 (22): 7586-7594.

[7] Ullman B, Wormsted M A, Cohen M B, et al. Purine oversecretion in cultured murine lymphoma cells deficient in adenylosuccinate synthetase: Genetic model for inherited hyperuricemia and gout [J]. Proceedings of the National Academy of Sciences of the United States of America, 1982, 79 (17): 5127-5131.

[8] Feng W H, Yu M M, Wang L J, et al. Insights into bimetallic oxide synergy during carbon dioxide hydrogenation to methanol and dimethyl ether over $GaZrO_x$ oxide catalysts [J]. ACS Catalysis, 2021, 11 (8): 4704-4711.

[9] Qi G D, Xu J, Su J H, et al. Low-temperature reactivity of Zn^+ ions confined in ZSM-5 zeolite toward carbon monoxide oxidation: Insight from *in situ* DRIFT and ESR spectroscopy [J]. Journal of the American Chemical Society, 2013, 135 (18): 6762-6765.

[10] Chiesa M, Giamello E, Che M. EPR characterization and reactivity of surface-localized inorganic radicals and radical ions [J]. Chemical Reviews, 2010, 110 (3): 1320-1347.

第九章　电感耦合等离子体发射光谱
Inductively Coupled Plasma Emission Spectroscopy

第一节　仪器结构与原理

一、技术概述及发展历程

在 20 世纪 60 年代和 20 世纪 70 年代，英国和美国分别采用不同的方法对电感耦合等离子体(ICP)电离源的设备进行开发。英国 Greenfield 团队采用高功率发生器(＞2 kW)，宣称“没有分析不了的样品”，但设备笨重且运行成本高。美国爱荷华州立大学选择低功率设计(1～1.5 kW)，显著降低氩气消耗，奠定了现代 ICP 的经济可行性。直至 1975 年，美国 ARL 公司推出首台多通道电感耦合等离子体原子发射光谱仪(ICP-AES)，配备预设波长通道的光电倍增管(PMT)检测器，实现多元素同步测定。1991 年，电荷耦合器件(CCD)和电荷注入器件(CID)取代 PMT，实现全谱直读功能，单次扫描即可获取 180～800 nm 范围内全部谱线。随后双向观测技术(同时优化难易激发元素)、小型化固态射频发生器、智能诊断软件以及激光剥蚀进样技术的引入，逐渐构成了现在的电感耦合等离子体发射光谱(ICP-OES)设备。我国在 20 世纪 80 年代，元素分析以自组装摄谱仪为主，90 年代引进国外仪器后，ICP-OES 才逐渐成为实验室常规手段。

二、基本原理

ICP 是一种通过高频电流经感应线圈产生高频电磁场，使工作气体电离而形成的火焰状等离子体，是目前用于原子发射光谱，具有良好的蒸发—原子化—激发—电离性能的光谱光源。其具有环形结构、温度高、电子密度高、惰性气氛等特点，用它作为激发光源具有检出限低、线性范围广、电离和化学干扰少、准确度和精密度高等分析性能[1]。

电感耦合等离子体通过高频电磁感应产生高温电离气体，其核心原理基于电磁感应加热与等离子体物理过程。高频电源(如 40.68 MHz 射频电源)向感应线圈施加电流，产生交变电磁场。炬管内通入氩气，经点火器电离产生初始电子，电子在电磁场中加速并碰撞氩原子，引发雪崩式电离，形成等离子体。电子与离子在交变场中往复运动，通过欧姆加热使等离子体温度升至 6000～10000 K，形成稳定炬焰。在测量过程中，液体样品由载气引入雾化室雾化后，以气溶胶形式进入等离子体的中心通道，在高温氩气气氛中被充分蒸发、原子化、电离和激发，使所含元素发射各自的特征谱线。根据各元素特征谱线的强度，定量分析相应元素的含量。

ICP 电离源通常配备质谱检测器(ICP-MS)或光谱检测器(ICP-OES)。这两种检测手段均具备同时分析多个样品的能力，且具有精度高、准确度好、应用范围广的特点。由于检测器的差异，二者在用途上存在一定区别：ICP-OES 具有高灵敏度、低检测限(达到 ppm 级)、较宽的动态线性范围以及多元素同时分析的优势，通常适用于痕量及部分常量元素的定性和定量分析，在多个行业领域均有广泛应用。ICP-MS 则具备元素分析、同位素分析、形态分析等定性定量分析能力，其检测限优于 ICP-OES(达到 ppb 级)，凭借方便快捷、精度高、准确度高的特点，在众多领域应用广泛[2-3]。

三、仪器结构及工作原理

ICP-OES 主要由以下部分构成：气体源、高频功率源、等离子体生成室、样品装置、光谱仪和数据处理系统。如图 9-1 所示。

气体源提供高纯度氩气气体，以维持等离子体的形成和稳定，同时也防止空气中干扰元素的参与。

高频功率源产生高频电场，使氩气气体离子化并产生等离子体。电场的强度和频率需要根据实验条件进行调整，以保证等离子体可以在预期的温度下形成和维持。

等离子体生成室是等离子体形成的地方，通常由一个环形感应线圈制成。当高频电场通过感应线圈时，感应线圈内的惰性气体被离子化，并形成等离子体。在等离子体生成室中，温度高达数万摄氏度以上，使得样品中的元素被激发并产生特征光谱线。

样品装置将需要分析的样品送入等离子体生成室中。通常采用气体分流器或者喷雾器进行样品加入（图 9-2）。

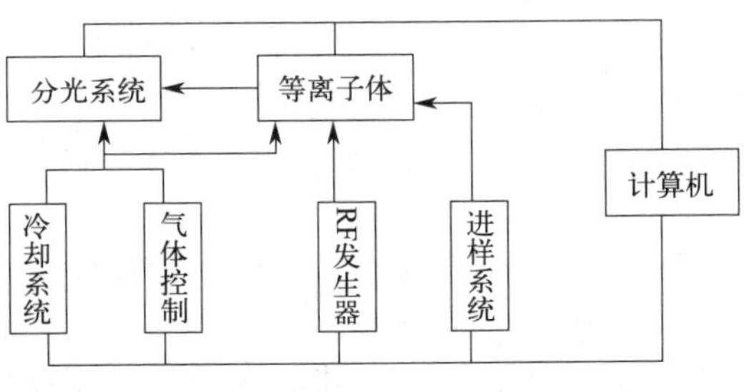

图 9-1　ICP 结构示意图

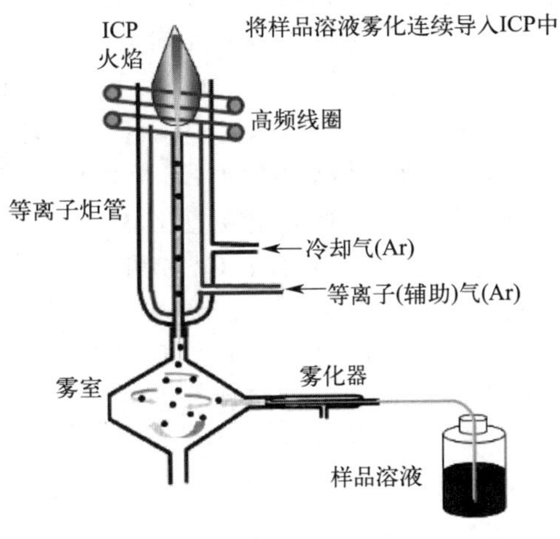

图 9-2　ICP 样品导入系统

光谱仪是 ICP-OES 的重要部分之一，用于分析等离子体中元素的发射光谱。典型的光谱仪包括光栅单色仪和 CCD 检测器。光谱仪会将不同波长的光线分解，并且将其聚焦到检测器上进行检测。

数据处理系统用于控制设备、收集和处理数据。数据处理系统通常包括计算机、软件和外围设备，可以对获取的数据进行处理和储存。

ICP-OES 分析仪的使用方法：

① 样品预处理：将待测样品制成溶液，并按照实验要求进行稀释定容处理。

② 仪器准备：打开主机电源，对设备进行不少于 2h 的氩气吹扫，并启动冷却水循环系统，检查气路和电路是否正常。

③ 标准曲线建立：选用待测元素的标准物质制备一系列浓度不同的标准溶液，进行标准曲线的绘制。

④ 样品测试：将处理好的样品溶液注入等离子体发射光谱仪中，记录相应的发射光谱信号和强度数据。

⑤ 数据分析：利用标准曲线对样品数据进行定量分析，得出待测样品中各种元素的含量。

⑥ 仪器保养：使用完毕后，清洗样品室和通道，关闭冷却水循环系统。定期更换灯管和消耗品等。

四、主要功能及代表性应用

ICP-OES 是一种高灵敏度、高分辨率的分析技术，广泛应用于元素分析领域。

1. ICP-OES 的主要功能

(1)元素定量分析：是 ICP-OES 的主要功能，可以同时测定待测样品中多元素的含量，具有高灵敏度和高选择性。

(2)元素定性分析：通过比对样品光谱与标准光谱库中的光谱，确定样品中的元素成分。

(3)样品纯度分析：通过测量待测样品中的杂质元素的含量，进而评估样品的纯度和质量。

2. ICP-OES 的主要应用领域

ICP-OES 作为一种高灵敏度、高分辨率的分析技术，结合其定性分析、定量分析和多元素分析功能，使其具有广泛的应用前景。目前 ICP-OES 主要应用于环境、农业、食品、土壤、材料和医药等领域的元素分析。

(1)在环境领域：ICP-OES 可以用于监测环境中的重金属及其他污染物，比如水源中铅、汞、镉等元素的含量。这对于评估环境质量和监测环境污染具有重要意义[4]。

(2)在农业领域，ICP-OES 可以用于分析土壤中氮、磷、钾等元素含量，这对于土壤肥力评估和农业生产具有重要意义。

(3)在食品领域：ICP-OES 可以用于食品中重金属(Pb、Cd、As、Hg、Sn)污染监控，营养元素(Ca、Mg、Fe、Zn、Se)、有毒元素(Al)的元素分析。

(4)材料研究：ICP-OES 可以用于材料中的元素含量分析，如金属合金的成分分析。这对于材料研究和质量控制具有重要意义[5]。

(5)医药行业：ICP-OES 可以用于血液、尿液、组织(消解/稀释后)中的必需微量元素(Zn、Cu、Fe、Se)和有毒元素(Pb、Cd、As、Hg、Al)的分析和检测。

总之，ICP-OES 作为一种高灵敏度、高选择性的元素分析技术，其广泛应用对于保障人类健康和促进科学研究具有重要作用。

第二节 仪器分析实验

实验 9-1 电感耦合等离子体原子发射光谱测定铝合金材料中 Ti、P、B 元素的含量 Content Determination of Ti、P、B in Aluminium Alloy by Inductively Coupled Plasma Atomic Emission Spectrometry

【实验目的】

1. 学习 ICP-OES 的工作原理。
2. 通过 ICP-OES 实验，测定铝合金样品中 Ti、P、B 元素的含量。

【仪器与试剂】

仪器：Thermo Fisher iCAP PRO、万分之一天平、加热板。

试剂：Ti、P、B 元素的标准溶液、硝酸（优级纯）、盐酸（优级纯）、超纯水、铝合金粉末。

【实验步骤】

1. 准备样品：将铝合金样品称取适量，缓慢加热使样品完全溶解到混合酸中，稀释定容成待测溶液。

2. 调试仪器：打开 ICP-OES 仪，进行参数调试和校准，确保仪器正常工作。

3. 校准标准曲线：配置已知浓度的 Ti、P、B 元素的标准溶液，通过 ICP-OES 仪测量其光谱线，建立标准曲线。

4. 测量样品：将待测溶液注入 ICP-OES 仪中，测量其光谱线，并记录测量结果。

5. 数据处理：根据标准曲线和测量结果，计算出合金样品中 Ti、P、B 元素的含量。

【注意事项】

1. 溶液样品的基本要求：

① 待测元素完全进入溶液。

② 溶解过程待测元素不损失。

③ 不引入或尽可能少引入影响测定的成分。

④ 试样溶剂具有较高的纯度，易于获得。

2. 需要对样品进行溶解后再进行测定，即样品的前处理（溶液化）。

稀释法：用纯水、稀酸、有机溶剂直接稀释样品；只适用于均匀样品（如排放水，电镀液，润滑油等）。

【思考题】

1. 如何降低样品测试中的误差？需要从哪几个角度分析？

2. 样品如果未完全消解会造成什么后果？

3. 对浑浊的样品需要怎么进一步处理？

实验 9-2　电感耦合等离子体质谱单颗粒分析法测定银纳米颗粒含量和粒径分布

Determination of Concentration and Size Distribution of Silver Nanoparticles by Single Particle ICP-MS

随着纳米颗粒在工业生产过程和日用消费品中的应用越来越广泛，经由工业废弃物排放和日用消费品弃置而进入环境的纳米颗粒物也日益增多[6]。纳米颗粒对人体健康的影响与其浓度和粒径等因素密切相关。因此，同时对纳米颗粒进行组成、含量和尺寸分布展开测定十分重要。目前，常用的纳米颗粒的表征方法有电子显微技术、体积排阻色谱、场流分离等。与这些方法相比，单颗粒电感耦合等离子体质谱法(SP-ICP-MS)样品处理简单、检测速度快、颗粒浓度检出限低，可同时测定纳米颗粒的组成、含量和粒径分布[7]。SP-ICP-MS 分析的目标物可以是纳米颗粒，也可以是大气粉尘颗粒物、细胞、藻类、病毒等[8]。

利用 ICP-MS 分析元素含量时，样本消解为可溶离子，质谱测量得到连续信号，信号强度代表该元素的浓度[图 9-3(a)]。SP-ICP-MS 分析时，溶液中的纳米颗粒进入等离子体完成原子化、离子化，经质量分析器选择后到达检测器得到脉冲信号[图 9-3(b)]。脉冲频次(N_p)与颗粒浓度(c_p，颗粒/L)有关，单个纳米颗粒的脉冲强度(I_p)代表了该纳米颗粒中所含原子数，与纳米颗粒的尺寸相关[9-11]。

N_p 与 c_p 的关系见公式(9-1)。利用已知颗粒浓度的纳米标准物质分析，可以计算出传

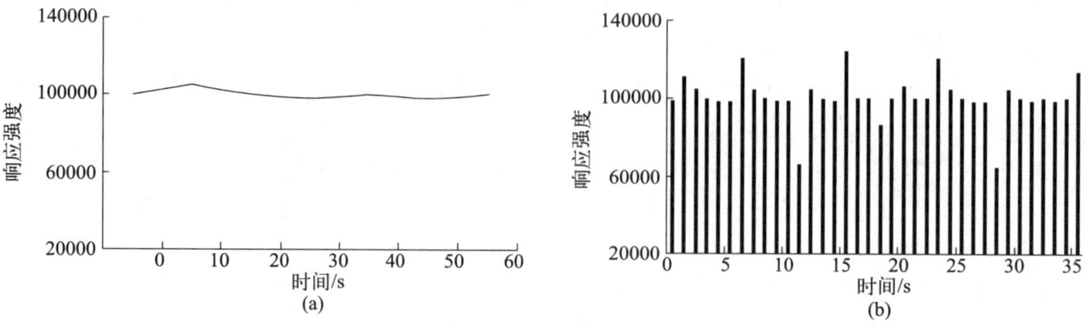

图 9-3 利用 ICP-MS 分析元素含量时的信号 (a) 和 SP-ICP-MS 的分析信号 (b)

输效率 η_n。

$$\eta_n=\frac{N_p}{c_p V t_d} \tag{9-1}$$

式中，V 为样品流速；t_d 为驻留时间。

使用纳米颗粒所含元素的标准溶液在相同的条件下分析。进入质谱的元素质量(W)可通过公式(9-2)计算。

$$W=\eta_n c_{std} V t_d \tag{9-2}$$

式中，c_{std} 为标准溶液的浓度。

I_p 与单个颗粒质量(m_p)的关系由公式(9-3)表示。利用一系列已知浓度的标准溶液，可以得到 W 与 I_p 标准曲线的斜率 m，然后通过公式(9-3)计算单个纳米颗粒的质量(m_p)：

$$m_p=f^{-1}\frac{I_p/\eta_i-b}{m} \tag{9-3}$$

式中，f 为纳米颗粒中测量元素的质量分数(对银纳米颗粒，$f=1$)；η_i 为纳米材料在等离子体中的离子化效率(对银纳米颗粒，$\eta_i=100\%$)；b 和 m 是标准曲线的截距和斜率。球形颗粒的直径(d_p)可以计算为：

$$d_p=\sqrt[3]{\frac{6m_p}{\pi\rho_p}} \tag{9-4}$$

式中，ρ_p 为纳米粒子的密度。样本中颗粒物的质量浓度 c_m 由公式(9-5)计算：

$$c_m=\frac{\sum m_p}{\eta_n V} \tag{9-5}$$

【实验目的】

1. 掌握 ICP-MS 测量金属离子浓度基本原理。
2. 理解 SP-ICP-MS 分析法的一般流程的应用范围。
3. 了解 ICP-MS 的前沿研究进展。

【仪器与试剂】

1. 仪器：ICP-MS 仪(配纳米应用模块)、pH 计、分析天平、超声仪、减压过滤装置。
2. 试剂：AgNPs(粒径 60 nm，100 nm)；Ag^+ 标准溶液(1000 μg/mL)。
3. 其他试剂和材料：超纯水、1%的硝酸溶液、5%乙醇溶液、0.45 μm 滤膜、50 mL 容量瓶 14 个、500 mL 量筒一支。

【实验步骤】

1. 配制标准溶液：用 1%的硝酸溶液将 1000 μg/mL Ag^+ 标准溶液稀释成 0.1、1、20、

40、60、80、100 μg/L 的 Ag^+ 工作溶液。用超纯水将 60 nm AgNPs 标准储备液用 5%乙醇溶液稀释成 2×10^5 颗粒/mL 的 AgNPs 颗粒标准溶液，使用前超声分散 10 min。

2. 处理实际水样：约 500 mL 待测水样经 0.45 μm 滤膜过滤，用超纯水稀释 10、50、100、500、1000 倍，避光放置，待用。

3. 仪器准备：打开仪器主机电源和 RF 发生器的开关，打开氩气总阀，调整分压为 85～115 psi(1 psi=6894.757 Pa)。开启电脑，启动软件，启动真空系统，等待分析室真空度合格时，开启循环水机和排风机，接好蠕动泵夹。点火，蠕动泵开始转动以后，将进液管和内标管放入超纯水中稳定 10 min，查看废液是否能顺畅排出。

4. 设置操作条件：对 1 μg/L 的 Ag^+ 标准溶液进行信号监测，调节各项参数使得 m/z 107($^{107}Ag^+$)的信号达到最佳。仪器参数推荐为：RF 功率 1400 W，雾化气流速 1.0 L/min，辅助气流速 1.2 L/min，等离子体气流速 18 L/min，样品流速 0.30 mL/min。每次测试驻留时间为 100 μs，采集时间为 100 s，检测质谱离子 m/z 107($^{107}Ag^+$)。

5. 测量传输效率 η_n：按步骤 4 的分析条件测量 AgNPs 标准溶液(60 nm，2×10^5 颗粒/mL)，按照公式(9-1)计算 η_n。重复采集三次数据，然后用蒸馏水冲洗进样系统 10 min。

6. 测量标准曲线的斜率：按步骤 4 的分析条件测量 0.1、1、20、40、60、80、100 μg/L 的 Ag^+ 工作溶液，按照公式(9-2)计算进入质谱的元素质量(W)，利用 I_p 对 W 作图，得出斜率 m。每个样品数据重复采集三次，分析完毕后用蒸馏水冲洗进样系统 10 min。

7. 测量实际水样：按步骤 4 的分析条件测量实际水样中的 AgNPs。样品颗粒浓度过高可能导致两个或多个纳米颗粒同时进入 ICP 中受到激发，造成在同一驻留时间内脉冲信号叠加。将稀释至其初始浓度$\frac{1}{10}$、$\frac{1}{50}$、$\frac{1}{100}$、$\frac{1}{500}$、$\frac{1}{1000}$的样本由稀到浓进行检测，考察样本浓度与 I_p 的关系，选择合适稀释比例下的测量结果进行数据分析。

8. 仪器关机：等离子体熄火，3 min 后关闭循环水，关闭氩气。

【结果分析】

1. 计算水样中 AgNPs 的 d_p，并对尺寸分布情况进行统计分析。

2. 计算水样中 AgNPs 的 c_p 和 c_m。

【注意事项】

1. SP-ICP-MS 分析时，样本必须充分稀释，确保一次只有一个单颗粒到达 ICP-MS 的等离子体中。

2. 水中 AgNPs 检测时，pH 值应在 5.0～7.0 之间。酸度过大，纳米颗粒易发生聚集。碱性溶液对仪器的进样系统有损害。

【思考题】

1. SP-ICP-MS 测量未知样本时，如何选择合适的稀释比例?

2. SP-ICP-MS 的测量结果受哪些因素的影响?

3. SP-ICP-MS 还可以应用在哪些领域?

【参考文献】

[1] 辛仁轩 . 等离子体发射光谱分析 [M] . 3 版 . 北京：化学工业出版社，2018.

[2] 李华昌 . 电感耦合等离子体发射光谱分析 [M] . 北京：科学出版社，2018.

[3] Grindlay G, Alavi S, Mostaghimi J. Analytical performance of the Conical torch in inductively coupled plasma optical emission spectroscopy operating methanol and 1-propanol solutions [J] . Journal of Analytical Atomic Spectrometry, 2020, 35 (12): 2956-2963.

[4] Patil A B, Tarik M, Schuler A J, et al. Insights about inductively coupled plasma optical emission spectroscopy interferences of major rare earth elements in complex e-waste feeds [J]. Spectrochimica Acta Part B: Atomic Spectroscopy, 2022, 191: 106399.

[5] Galay E P, Dorogin R V, Temerdashev A Z. Quantification of cobalt and nickel in urine using inductively coupled plasma atomic emission spectroscopy [J]. Heliyon, 2021, 7 (1): e06046.

[6] Nowack B, Bucheli T D. Occurrence, behavior and effects of nanoparticles in the environment [J]. Environmental Pollution, 2007, 150 (1): 5-22.

[7] Zhou Z C, Beauchemin D. Single particle inductively coupled plasma mass spectrometry and its variations for the analysis of nanoparticles [J]. Chemical Communications, 2024, 60 (14): 1826-1839.

[8] Elinkmann M, Reuter S, Holtkamp M, et al. Improving detection thresholds and robust event filtering in single-particle and single-cell ICP-MS analysis [J]. Journal of Analytical Atomic Spectrometry, 2023, 38 (12): 2607-2618.

[9] Peters R, Herrera-Rivera Z, Undas A, et al. Single particle ICP-MS combined with a data evaluation tool as a routine technique for the analysis of nanoparticles in complex matrices [J]. Journal of Analytical Atomic Spectrometry, 2015, 30 (6): 1274-1285.

[10] Pace H E, Rogers N J, Jarolimek C, et al. Determining transport efficiency for the purpose of counting and sizing nanoparticles *via* single particle inductively coupled plasma mass spectrometry [J]. Analytical Chemistry, 2011, 83 (24): 9361-9369.

[11] Pace H, Rogers N, Jarolimek C, et al. Correction to determining transport efficiency for the purpose of counting and sizing nanoparticles *via* single particle inductively coupled plasma mass spectrometry [J]. Analytical Chemistry, 2012, 84 (10): 6433.

第二部分 物质的结构与形貌表征

第十章　多晶X射线衍射　马继臻、张进涛、程世博　编写
第十一章　小角X射线散射　封振宇、张冠云　编写
第十二章　电子显微镜　鲁宁、马希骋　编写
第十三章　原子力显微镜及红外联用技术　崔基炜、张爱敏、齐娜　编写
第十四章　激光扫描共聚焦显微镜　苏捷、孙国勋　编写

第十章　多晶X射线衍射
Polycrystalline X-Ray Diffraction

第一节　仪器结构与原理

一、技术概述及发展历程

X射线衍射(X-ray diffraction)技术是利用X射线在样品晶体中的衍射现象对样品进行定性分析、定量分析、结晶度测量、晶体结构分析、微观应力分析及结构精修等的一种测试手段，具有无损、高效、准确的特点，已经发展成为研究材料中原子、分子和晶体结构的重要手段之一。X射线衍射法通常可分为单晶衍射和多晶衍射两种，前者研究的对象是一颗单晶体，而后者的研究对象是一堆细小的单晶体，例如粉末、多晶体金属以及多晶体薄膜等。

1895年，德国物理学家伦琴(W. C. Röntgen)在研究阴极射线时首次发现了X射线。1912年，劳厄(M. von Laue)发现了晶体的X射线衍射现象。同年，英国物理学家布拉格父子提出了著名的X射线的布拉格衍射方程，并首次用X射线衍射法测定出氯化钠的晶体结构。1916年德国科学家德拜(P. Debye)和谢乐(P. Scherrer)提出了X射线粉末衍射法，揭开了利用多晶样品进行晶体结构测定的序幕。20世纪30年代中期，哈那瓦尔特(J. W. Hanawalt)和里恩(L. C. Rinn)提出用多晶衍射在混合物中鉴定化合物的方法，并测出了1000种化合物的多晶衍射谱，使多晶X射线衍射成为表征多晶聚集体的重要手段[1-2]。

二、基本原理

在真空中，高速运动的电子碰撞阳极靶时，高速电子到达靶面时运动突然受阻，其动能部分转变为辐射能，以X射线的形式放出。X射线波长为0.01～100 Å，是介于紫外线和γ射线之间的一种电磁波，而用于晶体结构研究的X射线的波长通常为0.5～2.5 Å，这个范围的波长与晶体的点阵面的间距大致相当。波长太长，样品和空气对X射线的吸收太大；波长太短，衍射线会过分地集中在低角度区域，不易分辨[3]。

晶体可以看作是由许多平行的原子面堆积而成，当X射线照射到原子面上时，每个原子产生的反射波在原子面反射方向上的相位确定且波长相等，符合干涉条件，称为相干散射。晶体的衍射线可以看作是由这些原子面的衍射线叠加而成。

一束波长为λ的平行X射线以入射角θ投射到面间距为d的晶体上，从中任选两个相邻的原子面M、N，作原子面的法线和两个原子面分别相交于A、B。过A、B分别绘出代表原子面M、N的入射线a、b和反射线a'、b'。由图10-1可以看出，经原子面M、N反射的反射波的光程差为：$\delta = BC + BD = 2d\sin\theta$。当光程差为入射波长的整数倍时干涉加强，即

$$2d\sin\theta = n\lambda \tag{10-1}$$

这个关系式称为布拉格方程。式中，n为整数，称为反射级数；2θ称为衍射角。当公式中的λ为定值时，通过确定θ可以得到晶面间距d的大小，从而可以获得晶体材料的微观结构

信息。

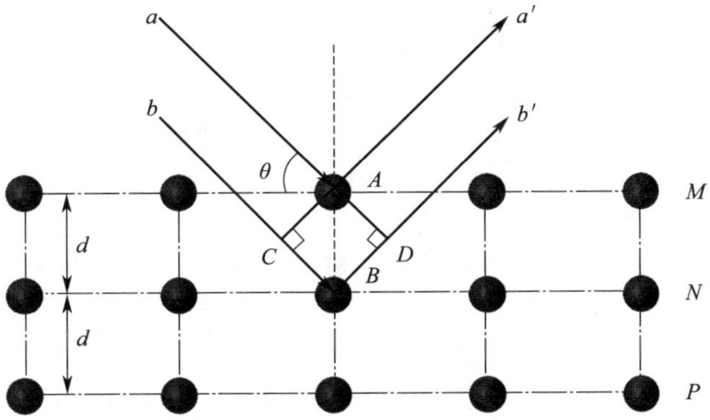

图 10-1　X 射线在晶面上的衍射

晶体的粉末 X 射线衍射图谱跟人的指纹一样千差万别，图谱上各个衍射峰的强度和对应的衍射角是由晶体内部结构特性决定的。通常衍射峰对应的衍射角取决于晶胞的大小和形状，以此可以对样品组成进行定性物相分析；而衍射峰的强度取决于晶胞内原子的类型及分布，这是利用 X 射线衍射进行定量物相分析的基础。在多晶 X 射线衍射仪所记录的衍射数据中，可以直接而准确地获得衍射线的强度和衍射角，通过查询标准的 PDF 卡片而进行物相分析。

三、仪器结构及工作原理

多晶 X 射线衍射仪主要由四个部分构成：①X 射线发生器(产生 X 射线的装置)；②测角仪(测量角度 2θ 的装置)；③X 射线探测器(测量 X 射线强度的计数装置)；④X 射线系统控制装置(数据采集系统和各种电气系统、保护系统等)；⑤数据处理软件(对测量数据进行必要分析处理)。其基本结构示意图如图 10-2 所示。

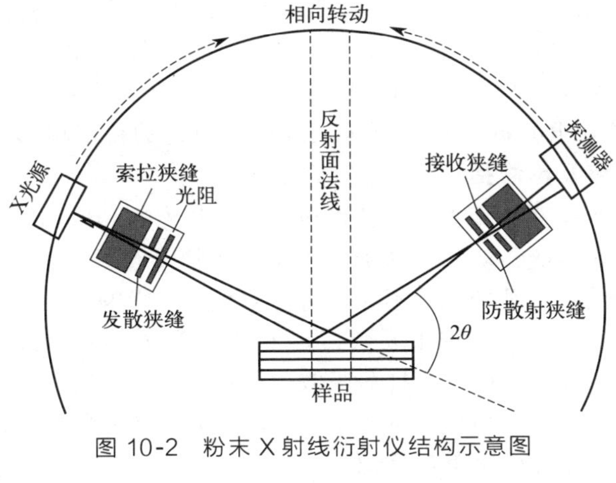

图 10-2　粉末 X 射线衍射仪结构示意图

在仪器控制系统的驱动下，高压发生器给光管加载高压，灯丝产生的热电子经高电压加速后轰击阳极靶材产生 X 射线，X 射线从光管发出，照射在样品上产生射线衍射。在数据采集系统的控制下，样品保持不动，X 射线光管和计数器做相向运动，从而测量到不同衍射角位置的衍射强度，得到相应的衍射谱图。

四、主要功能及代表性应用

在多晶 X 射线衍射分析中，物相定性鉴定是最基本和最常用的方法。所谓物相，是指具有某种稳定晶体结构的物质，包括单质、化合物、固溶体以及金属间化合物等。每一种物相均具有其独一无二的衍射花样，若一个样品中存在多种物相时，每个物相产生的衍射花样都将独立存在，该样品的衍射谱是各个单相衍射图谱的简单叠加。因此通过无损的多晶 X 射线衍射方法可以快速分辨出样品中的各种成分。

根据衍射峰的位置和强度可进行物相定性和定量分析。在此基础上，根据衍射峰位置的改变来研究实际物质的晶胞参数和宏观内应力的存在；根据衍射峰的面积可以进行物相定量分析以及含非晶物质的样品的结晶度分析；根据衍射峰强度的改变来研究材料的织构以及实际物质的真实晶体结构；衍射峰的宽度和形状能够真实反映实际物质的晶粒尺寸和微观应变的大小。结合 Rietveld 全谱拟合，多晶粉末 X 射线衍射可以得到精确的结果，因此可以替代很多传统的数据处理方法对样品进行精确的定性和定量分析、晶胞参数精修、微结构和织构精修、晶体结构精修等。下面着重介绍 Rietveld 全谱拟合法的原理及其方法。

1. Rietveld 全谱拟合的原理

衍射谱主要由样品的晶体结构、样品中各个物相的质量分数、仪器因素以及样品的组织状态四个方面的因素构成。Rietveld 全谱拟合法是通过预设以上参数，计算出一个初始衍射花样(即计算谱)，将该衍射花样与测量出来的衍射谱逐点进行强度比较，计算出两者的残差 R：

$$R=\sum W_i(Y_{oi}-Y_{ci})^2 \tag{10-2}$$

式中，Y_{oi}、Y_{ci} 为步进扫描第 i 步的实测强度和计算强度；W_i 为基于统计的权重因子。按照最小二乘法优化原理不断调整，优化用于计算的各项参数，使得 R 趋向于极小值，此时优化后的计算谱与实测衍射谱趋向吻合，从而获得修正的晶体结构。

计算谱的参数主要由晶体结构和影响峰位、强度分布、峰形、峰宽的各种函数构成，其中初始晶体结构决定了计算谱的衍射峰位置及结构因子等，因此初始预设的晶体结构与真实样品的结构越接近，则精修过程越能较快得到正确的结果。晶体结构数据可以通过查阅相应的数据库获得，例如无机晶体结构数据库(ICSD)、剑桥结构数据库系统(CSDS)、国际衍射数据中心(ICDD)、晶体学开放数据库(COD)等，或查阅文献查找最新发表的结构。影响计算谱的背景的各种函数在 Rietveld 法中常采用经验上设定的特定峰形函数。

2. Rietveld 精修顺序及精修指标

精修过程中的参数根据其作用大小大致可以分为结构参数和非结构参数两类，其中结构参数主要是指晶体结构中包含的参数，如原子晶胞中每个原子坐标、温度因子、位置占有率等，这些参数受晶体结构的约束，其变化量不大，对衍射强度的影响非常小；非结构参数往往与物相的晶体结构无关，是影响衍射谱的重要因素，主要包括 2θ 零点、仪器参数、衍射峰的非对称性、背景、样品位移、样品透明性、样品吸收、晶粒大小和微观应力、择优取向等。因此精修时需遵循“先修非结构参数，后修结构参数，逐步放开”的原则按照以下顺序进行：

(1)所有参数都由软件自动赋予初始值。

(2)只调整、修正 1～2 个必要的参数。

(3)逐步放开次要参数。

(4)从精修结构判断进一步要修正的参数或者结束精修。

Rietveld 精修是一个循环过程，因此必然有其相应的收敛标度，常用拟合因子(R_P)和加权拟合因子(R_{W_P})因子来衡量其收敛情况：

$$R_P=\frac{\sum|Y_{io}-Y_{ic}|}{\sum Y_{io}} \tag{10-3}$$

$$R_{W_P}=\sqrt{\frac{\sum w_i(Y_{io}-Y_{ic})^2}{\sum w_i Y_{io}}} \tag{10-4}$$

式中，Y_{io} 为第 i 个计数点的强度测量值；Y_{ic} 为第 i 个计数点的强度计算值；$w_i=1/Y_{io}$ 为统计权重因子。其中 R_{W_P}，根据逐点强度计算，反映计算值和实验值之间的差别，最能反映拟合的好坏，在精修过程中指示着参数调整的方向，一般认为 R_{W_P} 值低于10精修结果是可靠的。

3. Rietveld 精修图谱的实验要求

用于精修的图谱必须是高分辨、高准确的数字粉末衍射谱。因此，粉末样品要充分研磨，至少过300目筛，使样品粒度为0.1～10 μm；采用阶梯扫描方式采样，扫描步宽以最小半峰宽(FWHM)的1/5～1/4为好，一般在0.02°左右，每步停留时间以最大每步计数为10000～20000为佳；衍射角度一般使 2θ 达到130°，并尽量选择小的狭缝；使用内标物质或外标物质校正仪器误差；使用高功率的衍射仪。

第二节 实验项目

实验10-1 草酸钙的多晶X射线衍射分析 The Polycrystalline X-Ray Diffraction Analysis of CaC_2O_4

【实验目的】

1. 掌握多晶X射线衍射仪的原理。
2. 掌握根据多晶X射线衍射图谱进行定性物相分析的步骤和PDF数据库的使用方法。
3. 了解多晶X射线粉末衍射仪的结构。

【仪器与试剂】

多晶X射线衍射仪。

样品架、草酸钙粉末。

【实验步骤】

1. 开启计算机、循环水系统和X射线衍射仪电源。
2. 打开真空系统，确保真空系统正常工作并等待真空度至 10^{-5} Pa以下。
3. 开启X射线，并对X射线光管进行老化。
4. 将样品装入样品架的内框中，并用玻璃板压实、压平后小心放置到仪器样品台上。
5. 设置采集参数，采集样品的衍射数据，本实验中需要设置的参数为扫描范围和扫描速度。待数据收集结束并且X射线管窗口关闭指示灯亮起后，才能更换下一个样品。
6. 所有的样品测试结束后，关闭X射线。等待20 min后，依次关闭仪器电源和循环冷却水。

【结果分析】

1. 打开数据处理软件(常用Jade软件)，调入测得的原始X射线衍射图谱，根据软件操作获得衍射峰的峰位、半峰宽和面积等数据列表。
2. 在数据处理软件中启动PDF数据库软件，进行寻峰/匹配，自动搜索该样品的可能组分列表。

3. 选定可能的卡片与样品的衍射图谱进行比对，判断是否匹配，导出匹配的 PDF 卡片。

4. 将原始衍射图片转换成文本文件进行进一步的数据处理。

【注意事项】

1. 样品制备是影响衍射图谱质量的重要因素，需要制备粉末颗粒大小适当、表面平整、样品尺寸合适的样品。

2. 真空度会影响 X 射线光管中灯丝的使用寿命，一定等待真空度降至 10^{-5} Pa 以下才能开启射线。

【思考题】

1. 一个表面高低不平的样品会怎样影响衍射谱？

2. 样品框中的粉末是否一定都对所测衍射谱有贡献？

3. 用多晶 X 射线衍射法对物相进行定性、定量分析的物理基础是什么？

实验 10-2　$LiCoO_2$ 晶体结构精修 The Refinement of $LiCoO_2$ Crystal Structure

【实验目的】

1. 掌握多晶 X 射线衍射仪的原理。

2. 了解 Rietveld 全谱拟合精修的原理及精修顺序。

3. 了解 Rietveld 全谱拟合精修的应用。

【仪器与试剂】

多晶 X 射线衍射仪。

样品架、$LiCoO_2$ 粉末。

【实验步骤】

1. 开启计算机、循环水系统和 X 射线衍射仪电源。

2. 打开真空系统，确保真空系统正常工作并等待真空度至 10^{-5} Pa 以下。

3. 开启 X 射线，并对 X 射线光管进行老化。

4. 粉末样品要充分研磨，过 300 目筛。加入内标物质 Si 后将样品装入样品架的内框中，并用玻璃板压实、压平后小心放置到仪器样品台上。

5. 设置采集参数，采用步进扫描方式采样，步长设为 0.02°，每步计数时间以强度达到 20000 计数为宜。扫描范围为 5°～130°。

6. 等待数据收集结束并且 X 射线管窗口关闭指示灯亮起后，更换下一个样品。

7. 所有的样品测试结束后，关闭 X 射线。等待 20min 后，依次关闭仪器电源和循环冷却水。

【结果分析】

1. 打开数据处理软件(常用 Jade 软件)，调入测得的混合物(内标物 Si 和 $LiCoO_2$)的原始 X 射线衍射图谱，鉴定样品中的物相，选择内标物 Si 和 $LiCoO_2$ 的“.cif”文件。

2. 查看晶体结构数据是否完整。

3. 控制内标物 Si 相的晶体结构不被修正。

4. 分别选择内标相 Si 和精修相 $LiCoO_2$，进行精修。

5. 输出精修结果。

【注意事项】

1. 用于 Rietveld 精修的图谱必须是高分辨、高准确的数字粉末衍射图谱，因此扫描样品的制备以及扫描参数需要严格按照实验步骤进行设置，必要时进行重复测试。

2. Rietveld 精修过程中非结构参数的优化要比结构参数的优化重要，因此在精修过程中要先对非结构参数进行精修，然后再对结构参数进行精修。

【思考题】

1. Rietveld 精修的应用有哪些？

2. 用 Rietveld 结构精修研究晶体结构，收集 XRD 数据时应注意些什么？

3. 如何判断精修结果的优劣？

【参考文献】

［1］ 黄继武，李周．X 射线衍射理论与实践［M］．北京：化学工业出版社，2021.

［2］ 江超华．多晶 X 射线衍射技术与应用［M］．北京：化学工业出版社，2014.

［3］ 马礼敦．近代 X 射线多晶体衍射：实验技术与数据分析［M］．北京：化学工业出版社，2004.

第十一章　小角 X 射线散射
Small Angle X-Ray Scattering

第一节　仪器结构与原理

一、技术概述及发展历程

小角 X 射线散射(small angle X-ray scattering，SAXS)，其基本原理是当 X 射线照射到试样上时，如果试样内部存在纳米尺度的电子密度不均匀区，则会在入射光束周围的小角度范围内(一般 $2\theta \leqslant 6°$)出现散射 X 射线。其物理实质在于纳米尺度的散射体与周围介质的电子云密度的差异，这种密度起伏导致 X 射线相干散射，所以小角 X 射线散射被广泛用于研究尺度在 1～100 nm 量级范围之间的电子密度非均质体。对于理想均质物质，由于电子密度完全均匀，其散射强度理论值为零。而当体系内出现第二相或非均匀区时，其电子密度的空间涨落会引发散射现象。根据散射理论，散射角与特征尺寸成反比关系(Guinier 近似)，这意味着较大尺寸的结构会在更小的散射角区域产生信号峰。散射强度受多重因素影响，包括散射体的几何形状、尺寸分布、分散状态、取向排列以及内部电子密度梯度等。例如，在稀疏分散且随机取向的体系中，若粒子具有均一尺寸和均匀内部电子密度，其散射函数将呈现特定规律；而粒子形状不规则或存在取向一致性时，散射强度分布会产生显著差异。

1895 年，伦琴(W. C. Röntgen)发现了一种比可见光波长还要小的电磁辐射，由于对其性质一无所知，所以伦琴将其命名为 X 射线(X-ray)。最早在 1912 年，德国科学家劳厄(M. von Laue)等人首次观察到 X 射线晶体衍射现象，这标志着 X 射线结构分析的诞生。此后，X 射线技术主要应用于晶体材料表征、生物大分子解析及医学成像领域。随着纳米科技的发展，传统表征方法在亚百纳米尺度结构的解析中逐渐显现局限性。20 世纪后期以来，SAXS 凭借其对纳米级电子密度起伏的高灵敏度，已成为表征胶体、高分子、介孔材料等纳米体系的重要技术，在半导体微纳结构检测等领域发挥着独特作用。

SAXS 理论体系的建立与完善历经近百年。1925 年 P. Debye 基于统计热力学理论，首次预言了 X 射线在小角度区域的非晶散射现象，为 SAXS 理论奠定基础；1934 年 B. E. Warren 提出小角散射强度是源于晶粒与基体的电子密度差，并运用数学方法与实验技术从非 Bragg 衍射的 X 射线散射中提取物质结构信息；1937 年 A. Guinier 通过系统实验建立散射强度与粒子尺寸的定量关系，提出 Guinier 定律，揭示低 q 区散射数据与回转半径 R_g 的直接关联；20 世纪 40～50 年代 O. Kratky 改进实验装置(如 Kratky 狭缝准直系统)，显著提升测量精度；G. Porod 提出 Porod 定律，阐明高 q 区散射强度与界面锐度的关系，二者共同推动 SAXS 技术标准化；20 世纪 70 年代 O. Glatter 将间接傅里叶变换法引入 SAXS 数据分析，实现从散射曲线到实空间粒子尺寸分布的直接反演，解决了复杂体系的结构解析难题；2004 年美国国家标准与技术研究院的 T-J Hu 及美国阿贡国家实验室的 D. Keane 等人基于贝叶斯反演算法，提出了一种直接从散射光谱中提取纳米结构参数的方法，显著提升了纳米结构动态原位分析的效率[1-2]。

SAXS作为目前国际前沿领域“软物质”纳米结构材料研究的核心表征技术，兼具原位动态分析能力与统计可靠性优势。特别是其能在液体介质或外场(温度、应力、电磁场等)调控条件下实现纳米结构的原位实时追踪，突破传统电镜(SEM/TEM/AFM)受限于真空环境与静态观测的瓶颈。另外，其基于数万至百万量级粒子的散射信号叠加，可提供1～300 nm尺度范围内胶体、聚合物、生物大分子等体系的统计平均结构信息，与传统电镜的局部显微成像形成互补。该技术对固体、薄膜、胶体、凝胶、液体等样品形态具有普适性，且无需复杂制样(如超薄切片或金属镀层)，已广泛应用于能源材料、生物医药、高分子科学等领域。近年来，国内通过发展同步辐射联用技术、建立标准化检测方法，显著提升了SAXS在动态过程解析与工业应用中的技术效能，成为纳米多尺度结构研究中不可替代的分析工具。

SAXS技术通常测定尺寸为1至数百纳米数量级范围(胶体范围)的结构解析，其非破坏性、原位动态分析特性使其在软物质体系研究中具有不可替代性。研究领域涉及化学、材料科学、生物医学及凝聚态物理等多学科，主要研究对象包括：①自组装系统——如胶束、囊泡、脂质体、表面活性剂有序聚集体；②生物大分子体系——如蛋白质、核酸、生物膜；③功能材料系统——如嵌段共聚物的微观结构、工业纤维/薄膜的结晶取向、自组装超分子结构；④界面与动态过程——如溶胶-凝胶转变、纳米颗粒界面吸附层演化等。通过同步辐射光源联用及原位反应池设计，SAXS已实现从静态结构解析向跨尺度动态追踪的跨越，为药物递送系统优化、智能材料开发等前沿方向提供关键实验支撑。

二、基本原理

X射线本质上是一种与可见光和紫外线性质类似的电磁波，只不过X射线的波长要比这两者短得多，波长范围介于0.01～10 nm(介于γ射线与紫外线之间)，其物理本质兼具波动性与粒子性(波粒二象性)。相较于可见光，X射线具有两个显著特征：其一，其产生源于高能电子束轰击金属靶时发生的韧致辐射(电子急剧减速释放光子)或内壳层电子跃迁；其二，短波长特性(约为可见光的1/1000)赋予其强穿透能力与高光子能量。在传播特性方面，X射线与可见光均以光速直线传播，且遵循反射、折射与干涉等波动规律。在散射分析中，假设入射X射线方向单位矢量为$\boldsymbol{S}_0$，散射方向单位矢量为$\boldsymbol{S}_1$，二者构成2θ散射角。当一束平行X射线照射作用于间距远小于观测距离的两个散射中心O、K时，观测点接收的散射波可视为两束平行波的相位相干叠加，这种几何模型为后续的干涉强度计算奠定了理论基础，如图11-1所示。

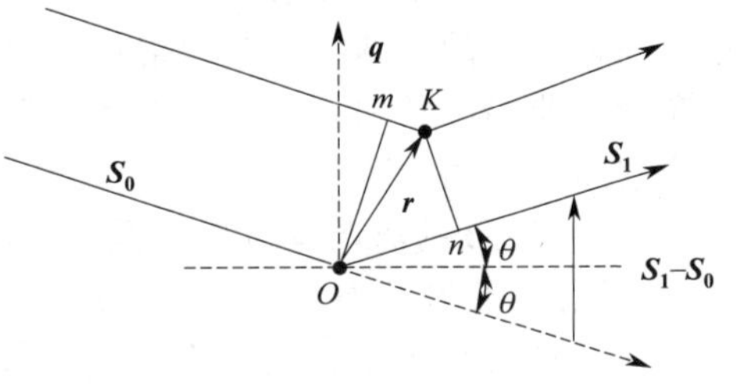

图11-1　两个电子的X射线小角散射

下面分析散射角为2θ时的干涉情况。若以O点的散射波为基准，散射点K与点O的光程差如式(11-1)：

$$\delta = O_n - K_m = \boldsymbol{r}\boldsymbol{S}_1 - \boldsymbol{r}\boldsymbol{S}_0 = \boldsymbol{r}(\boldsymbol{S}_1 - \boldsymbol{S}_0) = \boldsymbol{r}\boldsymbol{S} \tag{11-1}$$

式中，$\boldsymbol{S} = \boldsymbol{S}_1 - \boldsymbol{S}_0$，其$|\boldsymbol{S}| = 2\sin\theta$，因此$\delta = \boldsymbol{r}\boldsymbol{S}$，相位差如式(11-2)：

$$\phi = \frac{2\pi\delta}{\lambda} = \frac{2\pi(\boldsymbol{r}\boldsymbol{S})}{\lambda} = \boldsymbol{r}\,\frac{4\pi\sin\theta}{\lambda} = \boldsymbol{r}\boldsymbol{q} \tag{11-2}$$

式中，ϕ为各个电子产生的散射波之间的相位差；λ为X射线波长；$\boldsymbol{q}$称为散射矢量。

在实际连续介质散射体系中，电子密度分布函数$\rho(\boldsymbol{r})$定量表征材料内部电子云的三维空间排布，其物理定义为位置矢量$\boldsymbol{r}$处单位体积内的电子数目。对任意体积元$\mathrm{d}\boldsymbol{r}$而言，其包含的电子数为$\rho(\boldsymbol{r})\mathrm{d}\boldsymbol{r}$。根据X射线散射运动学理论，每个电子对散射振幅的贡献需引入

相位因子 e^{iqr}，其中 $\boldsymbol{q}=(4\pi\sin\theta/\lambda)(\boldsymbol{S_1}-\boldsymbol{S_0})$ 为散射矢量。因此，体系的整体结构振幅 $F(\boldsymbol{q})$ 可表示为式(11-3)：

$$F(\boldsymbol{q})=\int\rho(\boldsymbol{r})e^{-i(\boldsymbol{qr})}d\boldsymbol{r} \tag{11-3}$$

所以，X 射线与物质相互作用产生的总散射强度：$I(\boldsymbol{q})\propto|F(\boldsymbol{q})|^2$，即散射强度正比于电子密度分布函数 $\rho(\boldsymbol{r})$ 傅里叶变换模的平方。该关系揭示了小角 X 射线散射中经常用到两个核心空间概念：实空间和倒易空间。在实空间中，其电子密度分布 $\rho(\boldsymbol{r})$ 直接反映散射体的微观结构(原子排列、纳米颗粒形貌等)；倒易空间是实验观测的散射强度 $I(\boldsymbol{q})$ 在此空间呈现，其 $\boldsymbol{q}$ 值大小与实空间结构特征尺度成倒数关系。实空间和倒易空间之间存在着“倒易”的物理关系，在数学上可以用傅里叶变换进行计算。

X 射线衍射和散射原理均符合布拉格定律如式(11-4)：

$$2d\sin\theta=n\lambda \tag{11-4}$$

式中，λ 为入射 X 射线波长；n 为整数散射级数；θ 为布拉格角；d 表示晶面间距。

当 X 射线入射到某一具有 d 点阵平面间距的有序结构面发生散射时，散射矢量 $\boldsymbol{q}=2\pi/d$，即 $\boldsymbol{q}=4\pi\sin\theta/\lambda$。散射矢量在满足布拉格方程时与晶面间距 d 满足倒易关系，对应倒易空间中离散的布拉格峰位置(反射方向)。对于非晶或纳米体系，散射强度虽不呈现尖锐峰，但 $qD\approx2\pi$(D 为特征尺寸)的统计规律仍隐含类布拉格关系，其连续分布的强度包络由电子密度分布的傅里叶变换主导。

X 射线衍射(XRD)与 SAXS 的本质区别源于物质结构的有序性与散射机理的差异：XRD 需满足布拉格条件，即相邻晶面散射波的相位差为 2π 整数倍，其发生依赖于原子/电子在三维空间呈现长程周期性排列(晶体结构)，其倒易空间表现为离散的布拉格峰(典型角度范围 $5°\leqslant2\theta\leqslant140°$，对应 $q\approx1\sim50\ \text{nm}^{-1}$)；SAXS 则不需要周期性条件，其信号源于亚微米尺度(约 1～100 nm)电子密度的非周期性涨落(如纳米颗粒、生物大分子等)，散射强度由实空间结构的傅里叶变换主导，在低 q 区($q\approx0.1\sim5\ \text{nm}^{-1}$，对应 $2\theta\approx0.1°\sim10°$)呈现连续分布的强度包络。散射现象是物质与 X 射线相互作用的普遍形式，而衍射仅是散射在长程有序体系中的特殊——当散射体随机或无序分布时(如非晶或溶液体系)，相位差呈现无规分布导致非相干叠加，仅产生宽泛的散射信号；若散射体周期性排列(晶体)，则相位差满足 2π 整数倍，产生相长干涉，形成尖锐的衍射峰。两者通过倒易空间矢量 $\boldsymbol{q}=4\pi\sin\theta/\lambda$ 统一表征，但 XRD 的离散峰位反映晶格周期性，SAXS 的连续分布则解析介观结构的统计特征(如尺寸、形状及分布)。

在 SAXS 技术中，散射强度与被测体系的电子密度涨落的空间傅里叶变换直接相关。若体系具有分形结构(如纳米颗粒聚集体或分形多孔材料)，其散射强度将呈现特定的幂律衰减规律[$I(q)\propto q^{-D}$，D 为分形维数]，从而在散射曲线中表征分形维数及层级结构特征。当纳米颗粒与其分散介质之间存在足够的电子密度衬度时，SAXS 信号反映的是单个颗粒(即“一次颗粒”)的几何尺寸(如半径、形状)，而非其内部晶粒或外部团聚体的尺寸。这是因为 SAXS 的物理本质是探测粒子整体与介质间的电子密度差异，其散射强度分布由颗粒的外部几何参数(尺寸、形状)及空间分布模式决定，而与原子尺度的短程有序无关。

散射强度在入射光方向(小角度区域)最强，并随散射角增大呈指数衰减，遵循 Guinier 定律(低 q 区)及 Porod 定律(高 q 区)。以 Cu 靶 X 射线($\lambda\approx0.154$ nm)为例，SAXS 的测量范围一般在 1 纳米至几十纳米的粒子尺寸，通过优化实验配置(如延长样品—探测器距离或使用高亮度光源)，上限可扩展至 100 nm 以上。需特别注意的是，SAXS 测得的“一次颗粒”是指独立存在的原始颗粒，若样品中存在因物理吸附或化学键合形成的团聚体(即“二次颗粒”)，散射信号将反映团聚体的整体尺寸。例如，纳米粉体中若未通过超声分散或表面修饰消除颗粒间的团聚效应，则测试结果将表征团粒而非一次颗粒的尺寸分布。因此，SAXS分析需确保样品处于稳定的分散状态(如胶体溶液或固载于非晶基体)，以避免团聚体对散射信号的干扰。

在SAXS分析中，颗粒分散体系可根据其结构均一性分为三类：单分散体系(颗粒形状、尺寸严格一致)、多分散体系(颗粒形状相同但尺寸存在一定分布)以及多态体系(颗粒形状和尺寸均存在差异)。对于单分散且高度稀释的体系(颗粒间距远大于自身尺寸)，散射强度分布仅由单个颗粒的形状因子 $F(q)$ 主导，实验数据可直接解析颗粒的几何参数(如球形半径、棒状长径比等)。对于多分散或多态体系，散射强度为各颗粒形状因子的权重叠加 [$I(q) \propto \sum P(D)F(q,D)^2$，$D$ 为尺寸分布函数]，其低 q 区(Guinier 区)强度衰减反映颗粒的平均尺寸，而高 q 区(Porod 区)的振荡或渐近行为则与颗粒表面粗糙度或内部密度梯度相关。

通过逆傅里叶变换可将散射强度 $I(q)$ 转换为实空间的距离分布函数 $P(r)$，其物理意义为：对于单个颗粒，$P(r)$ 表示颗粒内所有可能电子密度点对的间距 r 的分布概率。对于理想球体，$P(r)$ 呈对称抛物线型；若颗粒存在表面分形或内部孔洞，则 $P(r)$ 的尾部将呈现非对称展宽。该函数可直观揭示颗粒的尺寸分布、形状各向异性及聚集状态，是多分散/多态体系定量分析的核心工具。

在SAXS对溶液软物质体系的研究中，单分散体系(颗粒尺寸/形状均一)与多分散体系(颗粒尺寸存在分布)研究较多。在一定的假设下，通过扣除溶剂的背景散射信号，样品的净散射强度 I_{total} 可以表示为两项的乘积如式(11-5)：

$$I_{total} = F(q)S(q) \tag{11-5}$$

式中，$F(q)$ 称为形状因子，与溶液中单个溶质粒子的散射有关，它包含溶质粒子的几何特征(如尺寸、形状、内部密度分布)；$S(q)$ 称为结构因子，与溶质粒子散射波之间的干涉有关，包含粒子间相互作用的信息，常被用来研究溶液中粒子间相互作用。

对于单分散稀溶液(颗粒间距远大于自身尺寸且无相互作用)，结构因子 $S(q) \approx 1$，此时散射强度 I_{total} 正比于单粒子在各个方向的散射平均值，可直接通过 Guinier 近似(低 q 区)或 Porod 定律(高 q 区)解析颗粒的平均尺寸(如回转半径 R_g、最大外径 D_{max}、水合体积 V_p)与表面特性。对于多分散体系，需引入尺寸分布函数 $D(R)$，散射强度改写为 $I_{total}(q) = \int D(r)P(q,r)^2 \mathrm{d}r S(q)$。此时，实验数据需通过模型拟合(如球体、棒状、层状等)及分布函数(如高斯分布、对数正态分布)反演，同时需满足稀释条件(颗粒间相互作用可忽略)及独立散射近似(颗粒散射无相干叠加)。若体系偏离这些假设(如存在团聚或长程有序)，则需修正结构因子 $S(q)$ 或引入关联函数以描述高阶相互作用。

其中，回转半径(R_g)是描述散射体(如溶液中的粒子)内部电子密度分布延展度的重要参数，其定义为散射体中所有电子与电子“重心”之间的均方根距离。对于离散的原子模型，若各原子的散射系数为 f_i，原子距散射体电子“重心”的距离为 r_i，则回转半径的平方 R_g^2，如式(11-6)所示：

$$R_g^2 = \frac{\sum_i f_i |\bar{r}_j|^2}{\sum_i f_i} \tag{11-6}$$

R_g 适用于任意几何形状的粒子(如球体、棒状、盘状、无规卷曲等)。在单分散体系中，粒子形状尺寸与 R_g 的关系如表11-1所示。

表 11-1 单分散系粒子形状尺寸与回转半径

形状	回转半径 R_g
圆球(半径为 r)	$(3/5)^{0.5}r$
球壳(外半径为 r,内半径为 cr)	$(3/5)^{0.5}[(1-c)^5/(1-c^3)]^{0.5}r$
椭球(半径为 r、r、νr)	$[(2+\nu^2)/5]^{0.5}r$
圆柱体(长度为 $2L$,直径为 $2r$)	$(r^2/2+L^2/3)^{0.5}$
薄圆盘(半径为 r)	$2^{-0.5}r$
细纤维(长度为 $2L$)	$3^{-0.5}L$
平行六面体(边长为 $2a$、$2b$、$2c$)	$[(a^2+b^2+c^2)/3]^{0.5}$
立方体(边长为 $2a$)	a

实际样品不同于理想体系，其复杂性与理想体系的偏差使得小角散射数据分析面临显著挑战，其核心难点在于如何通过实验数据反演微观结构信息。由于散射强度仅提供粒子形状在三维空间的一维投影平均，通常需结合模型化分析方法：基于样品的已知物化性质(如组分、对称性等)，预先在实空间中构建散射体的几何模型(如球体、圆柱、核壳结构等)，并通过傅里叶变换计算该模型对应的倒易空间一维理论散射曲线。在此过程中，分析软件(如ATSAS、SASfit、SasView 等)通过最小二乘法不断迭代调整模型参数(如尺寸、轴比、分散度等)，使理论曲线与实验数据的残差最小化。这种方法高度依赖初始模型的合理性，若预设几何形状与真实结构偏差较大，可能导致错误收敛。因此，实际应用中常需综合其他表征手段(如电镜、动态光散射、分子量测定等)对样品的关键参数(如粒径分布、长径比、聚集态等)进行预判，从而约束模型参数空间并提高拟合可靠性。此外，对于高度异质或非理想体系(如多分散性显著、分形结构)，还需引入更复杂的数学模型(如多峰分布函数、分形维数修正项)或采用无模型分析方法(如贝叶斯反演)来增强解析能力。

小角散射数据分析中的模型无关方法基于数学物理本征关系，无需预设几何结构即可提取普适性参数，主要包括 Guinier，Porod，Debye，Kratky 等分析方法。Guinier 定律适用于稀溶液体系(体积浓度<5%，确保散射独立性)。在低 q 区域($qR_g \ll 1$)通过拟合 $\ln I(q)$ 与 q^2 的线性关系，获取 R_g 及尺寸分布。Guinier 范围的有效性与散射数据中的最小散射矢量($q_{min} \ll 1/R_g$)有关，而 q_{min} 通常取决于测量仪器的性能与设置。针对高 q 区域($q>1/R_g$，通常对应 $q>1\ \text{nm}^{-1}$)，即 Porod 区，利用 $I(q) \propto q^{-4}$ 的渐近行为(理想光滑界面)表征表面或界面特性。通过 $\log I(q)$-$\log q$ 曲线的实际斜率(Porod 指数 n)可判断界面分形维数($n=-4$ 为理想光滑，$n>-4$ 暗示表面粗糙或密度梯度)，并计算比表面积 S_p 及散射不变量 Q。Debye 定律主要反映散射体之间的相关程度，它可用于判断散射体系的理想与否，以及计算相关距离 A_C、两相平均尺度(L_P、L_S)、比表面积 S_D 等结构参数[2-4]。

以上介绍的 SAXS 数据分析的方法基于复杂数理方程，此处不作深入探讨。总而言之，SAXS 实验操作流程相对简洁，但其数据解析与理论应用则高度依赖于操作者的数理功底与实践经验积累。尽管现有理论模型与算法体系(包括模型化与模型无关算法，如 Guinier、Porod、Debye 等方法)已建立基础分析框架，但在实际应用中仍有显著挑战：一方面，理论假设的局限性(如 Guinier 定律对单分散稀体系的依赖、Porod 定律对理想界面的要求)导致其在多分散性显著或界面梯度复杂的非理想体系中适用性下降；另一方面，数据反演的多解性使得分析结果高度依赖操作者的数理经验(如散射曲线分段解析的合理性、异常数据点的甄别能力)。当前算法体系的不足主要体现在对多级有序结构(如分形簇团-单颗粒共存体系)、动态演化过程(如原位相变、聚集动力学)以及低信噪比数据的解析能力上。未来研究需从理论创新(如发展非整数维散射模型、引入时间分辨相关函数)、算法升级(机器学习辅助参数优化、贝叶斯概率反演)以及多模态联用(耦合冷冻电镜、分子动力学模拟)等维度突破现有瓶颈，从而提升 SAXS 在复杂软物质和生物大分子体系中的结构解析精度。

三、仪器结构及工作原理

1. 仪器构造与配置

小角 X 射线散射仪由光源、X 射线散射光路和腔体、高压发生器、真空系统、温控系统、数据处理和控制系统组成。

（1）光源

工作电压：40 kV。工作电流：50 mA。待机电压：20 kV。待机电流：10 mA。Cu 靶 X 射线波长：0.1542 nm。

（2）X 射线散射光路和腔体

含有光栅、线准直模块(线光源：20 mm×0.3 mm)、样品台、光束阻挡器、进样口、观察窗以及传感器。

（3）温控系统

可调节范围：−10～110 ℃，灵敏度为±0.1 ℃。

（4）数据处理和控制系统

影像板探测器为 0.0077 nm 分辨率。有多个控制和数据处理软件。

2. 测试范围与工作原理

仪器可以同时测量小角和广角 X 射线散射，所测的散射矢量 $\boldsymbol{q}$(范围 0.1～27 nm^{-1})对应的 2θ 角度最大值接近 40°。可测试从固体到液体(除气体外)几乎所有类型的样品，固体只需十几毫克，液体最少只需十几微升。图 11-2 为示意图。

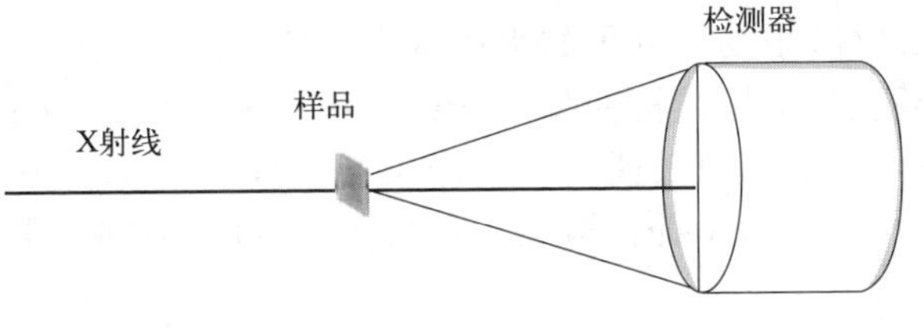

图 11-2　小角 X 射线散射（SAXS）几何示意图

四、主要功能及代表性应用

1. 功能

小角 X 射线散射技术是研究物质介观尺度(1～100 nm)结构与形态特征的核心技术和最有效方法，其通过测量 X 射线在样品内的电子密度差异非破坏性地解析纳米至亚微米尺度的有序性、界面特性及动态演化行为。该技术对固态与液态体系均具有广泛适用性：在固体领域，可表征粉体颗粒、高分子薄膜(如嵌段共聚物的周期性有序结构)、纳米复合材料；在软物质与液体体系中，能追踪胶体颗粒的自组装形貌(如表面活性剂胶束的球状/棒状转变)、两亲性嵌段共聚物溶液的相行为(如胶束-囊泡动态平衡)、乳液液滴的尺寸稳定性以及液晶材料的介观相结构(如六方相/层状相)。此外，SAXS 还可用于分析生物大分子复合物(如蛋白质寡聚态构象)、纳米颗粒的聚集态分形特征等复杂体系，为材料科学、化学、生物及物理等领域提供跨尺度的结构信息支撑。

2. 应用

（1）超分子聚合物

在超分子聚合物中，其多尺度有序性(如分子堆积方式、介观相态)与单体几何构型(如对称性、官能团空间排布)之间的构效关系尚未完全明晰。通过联用小角/广角 X 射线散射(SAXS/WAXS)技术，可同步解析超分子组装体在纳米尺度(SAXS：1～100 nm，层状/柱状周期结构)与分子尺度(WAXS：0.1～1 nm，分子链堆叠方式)的协同有序化过程，证明高度有序的超分子聚合物薄膜的形成。

（2）纳米材料

纳米粒子的成核与生长机理(如临界晶核尺寸、生长速率)受限于传统表征手段的时间-空间分辨率瓶颈。SAXS 凭借其毫秒级时间分辨能力与纳米级结构敏感性，可实时追踪成核初期(约 1 nm)至奥斯特瓦尔德熟化阶段的粒径分布演变(如金纳米颗粒从 2 nm 到 50 nm 的尺寸增长动力学)。结合 SANS(小角中子散射)的氢/氘同位素分辨优势，SAXS/SANS 联用可解析超纳米粒子团簇的多级组装路径(如核壳结构、分形聚集)，揭示单分散的超纳米粒子团簇材料的多级结构。

（3）胶体

溶液 SAXS 在研究胶体和两性分子系统的自组装过程中展现出独特优势[5-6]。用 SAXS 的方法研究凝胶结构在形变过程中的结构演化规律，可建立胶体凝胶的非屈服流变行为与其介观结构重组的定量关系。借助 SAXS 可以在原位状态下表征胶体纳米粒子在不同结构中的排列方式。

（4）结构生物学

SAXS/SANS 凭借溶液近生理状态下的结构解析能力，已经取得了许多显著的研究成果，成为生物大分子整体结构和动态构象研究的核心工具。该技术具有样品需求低、操作简便快速等优势，可真实反映生物大分子的生理状态构象，广泛应用于蛋白质折叠状态、相互作用、复合物组装及环境响应性结构变化的表征。该技术不仅适用于结构稳定(相对刚性和折叠好)的单分散体系，还能有效表征具有无序柔性结构域的多分散复杂体系，包括：生物大分子复合体、寡聚体系、RNA 折叠构象、多结构域蛋白(MDP)或内在无序蛋白(IDP)。

（5）食品科学

SAXS/SANS 技术为解析食品这类典型软凝聚态物质的多尺度结构提供了独特手段。食品体系的复杂性源于其组分多样性、多相共存性及动态过程的跨尺度特性(如纳米级分子构象至微米级聚集态)。食品体系中的多糖与蛋白质的多尺度组装特征可借助溶液小角散射技术解析。近年来，该技术在揭示此类天然生物聚合物结构和性能的构-效关系研究领域取得了重要突破。以淀粉体系为例，其半结晶颗粒在加工和储存中易发生回生与老化，传统方法难以精准解析结晶区与非晶区动态演变。SAXS 技术通过追踪特征晶面衍射强度变化，结合层状模型可定量表征片晶厚度、长周期等关键参数，并建立结晶度与加工条件的关联，为抑制淀粉老化提供结构调控依据。再如，SAXS 技术通过解析乳制品中多组分蛋白溶液的无序组装特性，在分子水平上揭示了酪蛋白自组织的动态构象及其团簇演化规律，为阐明乳蛋白胶束的微结构形成机制奠定了科学依据[6]。

除了上述应用，随着同步辐射与中子源等大科学装置的升级，小角散射技术通过整合高亮度光源、多维探测系统及人工智能辅助的散射解析算法，已跃迁为跨尺度结构解析的核心技术，其精准反演无序体系动态演化的能力正持续推动凝聚态物理、材料科学及食品工程等领域的协同创新。

第二节　仪器分析实验

实验 11-1　小角 X 射线散射表征山嵛酸银的层状结构
Characterization of the Layer Structure of Silver Behenate by Small Angle X-Ray Scattering

【实验目的】

1. 了解小角 X 射线散射法的原理和应用范围。
2. 学习使用小角 X 射线散射仪进行固体材料表征的基本操作。
3. 分析并解释数据信息。

【仪器与试剂】

小角 X 射线散射仪，包括光源、X 射线散射光路和腔体、高压发生器、真空系统、温控系统、数据处理和控制系统等。

山嵛酸银固体，铝箔。

【实验步骤】

1. 开机

打开循环水浴，3 分钟后开启位于主机立柜后面的电源开关。旋转高压发生器钥匙旋钮从“off”位置至“on”。开启电脑，开启读卡器。双击读卡器操作软件 OptiQuant，单击最上面一行中的“Instrument”，初始化读卡器。双击电脑桌面上的“SAXSquant”图标，点击左侧菜单处“set all online”，双击“Generator”，选中“Generator power up”项，等待高压发生器的电压电流缓慢升至 40 kV/50 mA，等待 15 分钟至 X 射线光源稳定。

2. 装填样品及测试

（1）将粉末样品用铝箔包严，安装在固体样品架上，放入样品台中，放入影像板，等待腔体内的真空度降至 3 mbar 以下。

（2）选中“Generator”界面上的“shutter Open”项，下拉“shutter Open”后的小对话框选中“timer”后设置测试所需要的时间。单击“Generator”界面右下角处的“apply”，X 射线从 3 号口射出，实验开始。

（3）待实验完成后，关闭真空泵，放入空气至腔体内。关闭灯使实验室成为暗室，取出影像板安装在读卡器的 cyclone 上。单击读卡器软件界面下方的“Start”，读卡器开始收集信号。

（4）打开软件 SAXSquant 2D，打开刚才采集到的数据文件(后缀为 tif)，得到一彩色图像。单击左边的“beam position”位置，使用鼠标拉出一条与入射光平行的线。单击“mask coordinates”处，从平行线下方向上拉出一长方形框图，单击软件上方的垂直按键，长方形框图与平行线垂直，单击“积分”按键进行积分得到一维散射曲线。单击“logx”键使散射曲线小角度区域放大，单击“选取 O 点”按键，使用鼠标从左向右拉出一长方形框图将入射光峰形覆盖在内，单击“OK”，单击“nm^{-1}”按键，在“file”下拉菜单处单击“save”即将一维散射曲线的“*.pdh”文件保存。

3. 关机

全部测试完成后，开启真空泵 5 分钟，将主机腔体内的空气压力降至最低后关闭真空泵。在“Generator”界面上选中“power down”，高压发生器将自动降低电压电流至零，点击左侧菜单处“set all offline”，关闭软件及电脑。将“Generator”上的旋钮从“on”旋转至“off”，然后关闭主机立柜后侧的电源开关，5分钟后关闭循环水浴。

【结果分析】

测试结束后，可以将保存的 *.pdh 数据文件用 origin 等数据处理软件作图，适当调整曲线图坐标轴查看散射强度与散射矢量($\boldsymbol{q}$)曲线的出峰情况，可以再做一个不包山嵛酸银的纯铝箔样品的测试加以对比，根据数据曲线对样品进行分析。

综上所述，本实验通过小角X射线散射法，成功实现了山嵛酸银的层状结构分析，并对其曲线进行了分析和解析。通过实验，加深了对小角X射线散射法原理和技术的理解，为进一步研究物质材料在介观尺度的有序结构提供了基础。

【注意事项】

仪器测量时，不能关闭操作软件和电脑，该电脑不能兼作他用；测试阶段，必须保持腔体抽真空，严禁打开腔体；关机前，保持腔体处于抽真空状态即可。禁止触碰光源、光路、腔体的调节旋钮。

本仪器设备适用于有序结构尺寸在0.24～40 nm范围从固体到液体(除气体外)几乎所有类型样品的分析，测试样品须无强腐蚀性等可能损坏或污染样品池的性质，测试样品须在测试过程中均一稳定并耐受X射线辐照。

【思考题】

1. 根据布拉格方程及SAXS原理，对比它与粉末衍射(XRD)有什么不同?

2. 通过对比山嵛酸银样品与纯铝箔样品的测试结果，理解物质材料的介观尺度有序结构。

实验 11-2 小角 X 射线散射表征团簇化合物的稀溶液 Characterization of the Dilute Solution of Cluster Compounds by Small Angle X-Ray Scattering

【实验目的】

1. 了解小角X射线散射法的原理和应用范围。
2. 学习使用小角X射线散射仪进行稀溶液样品表征的基本操作。
3. 分析并解释数据信息。

【仪器与试剂】

小角X射线散射仪，包括光源、X射线散射光路和腔体、高压发生器、真空系统、温控系统、数据处理和控制系统等。

含有分散氧化钛团簇的稀乙腈溶液(浓度需在0.4～5 g/L范围内)(见文献ACS Catal.，2022，12：8202-8213. DOI：10.1021/acscatal.2c02256)，乙腈。

【实验步骤】

1. 开机

打开循环水浴，3分钟后开启位于主机立柜后面的电源开关。旋转高压发生器钥匙旋钮从“off”位置至“on”。开启电脑，开启读卡器。双击读卡器操作软件OptiQuant，单击最上面一行中的“Instrument”，初始化读卡器。双击电脑桌面上的“SAXSquant”图标，点击左侧菜单处“set all online”，双击“Generator”，选中“Generator power up”项，等待高压发生器的电压电流缓慢升至 40 kV/50 mA，等待 15 分钟至 X 射线光源稳定。

2. 装填样品及测试

(1) 将液体样品注入石英毛细管样品池放入样品台中，放入影像板，等待腔体内的真空度降至 3 mbar 以下。

(2) 选中"Generator"界面上的"shutter Open"项，下拉"shutter Open"后的小对话框选中"timer"后设置测试所需要的时间。单击"Generator"界面右下角处的"apply"，X 射线从 3 号口射出，实验开始。

(3) 待实验完成后，关闭真空泵，放入空气至腔体内。关闭灯使实验室成为暗室，取出影像板安装在读卡器的 cyclone 上。单击读卡器软件界面下方的"Start"，读卡器开始收集信号。

(4) 打开软件 SAXSquant 2D，打开刚才采集到的数据文件(后缀为 tif)，得到一彩色图像。单击左边的"beam position"位置，使用鼠标拉出一条与入射光平行的线。单击"mask coordinates"处，从平行线下方向上拉出一长方形框图，单击软件上方的垂直按键，长方形框图与平行线垂直，单击"积分"按键进行积分得到一维散射曲线。单击"logx"键使散射曲线小角度区域放大，单击"选取 O 点"按键，使用鼠标从左向右拉出一长方形框图将入射光峰形覆盖在内，单击"OK"，单击"nm^{-1}"按键，在"file"下拉菜单处单击"save"即将一维散射曲线的"*.pdh"文件保存。

3. 关机

全部测试完成后，开启真空泵 5 分钟，将主机腔体内的空气压力降至最低后关闭真空泵。在"Generator"界面上选中"power down"，高压发生器将自动降低电压电流至零，点击左侧菜单处"set all offline"，关闭软件及电脑。将"Generator"上的旋钮从"on"旋转至"off"，然后关闭主机立柜后侧的电源开关，5 分钟后关闭循环水浴。

【结果分析】

实验中作为背景的乙腈也需要测试，在得到样品及背景的散射曲线的"*.pdh"文件后，可以使用 SAXSquant 中 1D operation 中的模板进行数据处理。将扣除背景后的不同浓度样品散射曲线建立散射强度与散射矢量($\boldsymbol{q}$)的定量映射关系。基于 ATSAS 软件包解析距离分布函数 $P(r)$，通过与晶体学信息文件(CIF)模拟的理论分布函数对比，可定量评估团簇分子在溶液中的单分散性与结构稳定性。

综上所述，本实验基于小角 X 射线散射(SAXS)技术，成功构建了氧化钛团簇稀溶液体系的分散性评估与结构解析模型，通过提取团簇的距离分布函数 $P(r)$ 与晶体学模拟结果的对比，证实了溶液中团簇的结构稳定性与单分散性。通过该实验不仅加深了对小角 X 射线散射法原理和技术的理解，深化了对 SAXS 技术在亚纳米级团簇解析中的认知，更为原位追踪团簇自组装路径(如催化反应中的奥斯特瓦尔德熟化过程)奠定了方法学基础。

【注意事项】

仪器测量时，不能关闭操作软件和电脑，该电脑不能兼作他用；测试阶段，必须保持腔体抽真空，严禁打开腔体；关机前，保持腔体处于抽真空状态即可。禁止触碰光源、光路、腔体的调节旋钮。严禁触碰液体样品池中的石英毛细管(易损坏)，装样品要小心。

本仪器设备适用于有序结构尺寸在 0.24～40 nm 范围从固体到液体(除气体外)几乎所有类型样品的分析，测试样品须无强腐蚀性等可能损坏或污染样品池的性质，测试样品须在测试过程中均一稳定并耐受 X 射线辐照。

【思考题】

1. 结合小角 X 射线散射法的技术特点，体会它较之于电镜表征手段的优势。
2. 结合本实验的结果分析，理解稀溶液测试数据处理分析中扣背景和去模糊化的意义。

实验 11-3 小角 X 射线散射原位表征单分散纳米金的稀溶液 In-situ Characterization of the Dilute Solution of Monodisperse Gold Nanoparticles by Small Angle X-Ray Scattering

【实验目的】

1. 了解小角 X 射线散射法的原理和应用范围。
2. 学习使用小角 X 射线散射仪进行稀溶液样品表征的基本操作。
3. 分析并解释数据信息。

【仪器与试剂】

小角 X 射线散射仪，包括光源、X 射线散射光路和腔体、高压发生器、真空系统、温控系统、数据处理和控制系统等。

含有单分散纳米金的稀溶液(需粒径较小接近球形)，纯水。

【实验步骤】

1. 开机

打开循环水浴，3 分钟后开启位于主机立柜后面的电源开关。旋转高压发生器钥匙旋钮从“off”位置至“on”。开启电脑，开启读卡器。双击读卡器操作软件 OptiQuant，单击最上面一行中的“Instrument”，初始化读卡器。双击电脑桌面上的“SAXSquant”图标，点击左侧菜单处“set all online”，双击“Generator”，选中“Generator power up”项，等待高压发生器的电压电流缓慢升至 40 kV/50 mA，等待 15 分钟至 X 射线光源稳定。

2. 装填样品及测试

(1) 将液体样品注入石英毛细管样品池放入样品台中，放入影像板，等待腔体内的真空度降至 3 mbar 以下。

(2) 选中“Generator”界面上的“shutter Open”项，下拉“shutter Open”后的小对话框选中“timer”后设置测试所需要的时间。单击“Generator”界面右下角处的“apply”，X 射线从 3 号口射出，实验开始。

(3) 待实验完成后，关闭真空泵，放入空气至腔体内。关闭灯使实验室成为暗室，取出影像板安装在读卡器的 cyclone 上。单击读卡器软件界面下方的“Start”，读卡器开始收集信号。

(4) 打开软件 SAXSquant 2D，打开刚才采集到的数据文件(后缀为 tif)，得到一彩色图像。单击左边的“beam position”位置，使用鼠标拉出一条与入射光平行的线。单击“mask coordinates”处，从平行线下方向上拉出一长方形框图，单击软件上方的垂直按键，长方形框图与平行线垂直，单击“积分”按键进行积分得到一维散射曲线。单击“logx”键使散射曲线小角度区域放大，单击“选取 O 点”按键，使用鼠标从左向右拉出一长方形框图将入射光峰形覆盖在内，单击“OK”，单击“nm^{-1}”按键，在“file”下拉菜单处单击“save”即将一维散射曲线的“*.pdh”文件保存。

3. 关机

全部测试完成后，开启真空泵 5 分钟，将主机腔体内的空气压力降至最低后关闭真空泵。在“Generator”界面上选中“power down”，高压发生器将自动降低电压电流至零，点击左侧菜单处“set all offline”，关闭软件及电脑。将“Generator”上的旋钮从“on”旋转至“off”，然后关闭主机立柜后侧的电源开关，5 分钟后关闭循环水浴。

【结果分析】

实验中作为背景的纯水也需要测试，在得到样品及背景的散射曲线的“*.pdh”文件后，可以使用 SAXSquant 中 1D operation 中的模板进行数据处理。将扣除背景后的样品散射曲线使用 Gift、SasView、SASfit 等软件进行处理，得到单分散拟合曲线并进一步分析修饰层和水化层等结构信息。

另外，样品粒径可进一步通过电镜、激光光散射、X 射线粉末衍射等表征技术做对比验证。通过实验，加深了对小角 X 射线散射法原理和技术的理解，为进一步原位研究物质材料在介观尺度的有序信息提供了基础。

【注意事项】

仪器测量时，不能关闭操作软件和电脑，该电脑不能兼作他用；测试阶段，必须保持腔体抽真空，严禁打开腔体；关机前，保持腔体处于抽真空状态即可。禁止触碰光源、光路、腔体的调节旋钮。严禁触碰液体样品池中的石英毛细管(易损坏)，装样品要小心。

本仪器设备适用于有序结构尺寸在 0.24～40 nm 范围从固体到液体(除气体外)几乎所有类型样品的分析，测试样品须无强腐蚀性等可能损坏或污染样品池的性质，测试样品须在测试过程中均一稳定并耐受 X 射线辐照。

【思考题】

1. 单分散体系和多分散体系在数据结果分析中有何异同?
2. 体会并理解小角 X 射线散射法用于纳米颗粒原位表征分析的特色。

【参考文献】

[1] Guinier A，Gerard F. Small-angle scattering of X-rays [M]. Hoboken：John Wiley & Sons，1955.

[2] 孟昭富. 小角 X 射线散射理论及应用 [M]. 长春：吉林科学技术出版社，1996.

[3] 朱育平. 小角 X 射线散射：理论、测试、计算及应用 [M]. 北京：化学工业出版社，2008.

[4] Schnablegger H，Singh Y. The SAXS Guide [M]. Graz：Anton Paar GmbH，2011.

[5] 庄文昌，陈晓，赵继宽，等. 胶体分散体系与有序分子组合体的小角 X 射线散射研究 [J]. 化学进展，2005，17 (5)：881-888.

[6] 宋攀奇，张建桥，李怡雯，等. 溶液小角散射技术在软物质研究中的应用与展望 [J]. 化学学报，2022，80 (5)：690-702.

第十二章　电子显微镜

Electron Microscope

第一节　仪器结构与原理

一、技术概述及发展历程

电子显微镜是一种以波长很短的高能电子束作为光源，通过电磁透镜会聚放大，可实现高分辨率扫描或者透视成像的电子光学仪器。它可以通过像衬度和衍射花样的定量表征，实现对材料表面和内部的微观结构(如表面形貌、内部缺陷、晶体结构、元素分布等)的显微分析，目前已在材料、物理、化学、生物、医学、环境科学等领域中得到广泛应用。根据成像模式的不同，电子显微镜主要分为透射电子显微镜(transmission electron microscope，TEM)和扫描电子显微镜(scanning electron microscope，SEM)。

1. 透射电子显微镜发展历史

一般认为透射电子显微镜(简称透射电镜)发端于20世纪20～30年代的欧洲地区[1]。微观世界的极限探索一直是人类不懈追求的方向，据此人们借助光学透镜的会聚作用设计制造了光学显微镜，用来观察微观事物。根据阿贝极限原则，显微镜的分辨极限约为光波波长的一半；可见光的波长大约为400～700 nm，所以阿贝极限大约为200 nm。因此，若想看到更微观的世界只能寻找波长更短的光源。1924年，法国理论物理学家德布罗意(L. V. de Broglie)提出物质波即波粒二象性的假说，并认为物质波的波长和实物粒子的动量有关。根据这个理论，通过加速器发射高能电子，可以得到比自然光波长小得多的电子光，这为制造分辨率更高的显微镜提供了理论可能性。1928年，德国物理学家布施(H. Busch)发现中心旋转对称的非均匀电磁场对电子束具有会聚作用，这为透射电子显微镜中核心部件(即电磁透镜)的制作提供了理论和实验基础。1931—1933年，德国柏林工业大学教授克诺尔(M. Knoll)和他的学生鲁斯卡(E. A. F. Ruska)以可发射低能电子束的阴极射线管为光源，利用两级电磁透镜制成了可放大12～17倍的电子光学放大装置，开创了电子显微技术发展的先河。随后在1934年，克诺尔和鲁斯卡以加速电压为75 kV的电子枪为光源，研制成了世界首台真正意义的透射电子显微镜，其最大放大倍数约为12000倍，分辨率可达50 nm。1939年，在鲁斯卡等人的参与下，德国西门子公司制造了世界首台具有商业价值的透射电子显微镜，其空间分辨率达到了10 nm。凭借在透射电子显微镜领域的开创性贡献，鲁斯卡也因此获得了1986年的诺贝尔物理学奖。在此之后，研究者在电镜中加装了选区光阑。这一改进，实现了对样品电子衍射花样的获取。另外，研究者通过不断提高加速电压(即减小电子束波长)的方法持续提升透射电子显微镜的分辨率。到20世纪80～90年代，200～300 kV透射电子显微镜的空间分辨率已经达到0.2 nm左右，500～3000 kV超高压电镜的空间分辨率甚至接近0.1 nm的水平。

球差校正技术的开发是透射电子显微镜技术发展的又一个里程碑。在理论上，能量为200 keV的电子束的波长要小于0.01 nm，但对应的透射电子显微镜的分辨率却只有0.2 nm

左右。这主要是因为电磁透镜中球差作用(即透镜中心区域和边缘区域对光线的会聚能力不一致)的存在，透射电子显微镜的分辨率已经不再单纯取决于加速电压，而主要受球差效应的影响。20 世纪 90 年代，德国 3 名科学家罗斯(H. Rose)、乌尔班(K. Urban)和海德(M. Haider)设计并制造了六级球差校正装置，并将其装配到飞利浦 CM200 FEG 型透射电子显微镜上，将电镜分辨率由 0.24 nm 提升至 0.13 nm。从此，球差校正透射电子显微镜进入了实质性应用阶段。这三位研究者也凭借此项开创性工作，获得了 2020 年科维理奖。进入 21 世纪，伴随着球差校正技术的成熟和发展，世界上先进的球差校正透射电子显微镜的分辨率已进入亚埃时代(<0.1 nm)。

我国透射电子显微镜技术起步于 20 世纪 50 年代。1958 年，在中国科学院长春光机所所长王大珩先生和中国科学院副院长张劲夫先生等的支持下，黄兰友及其团队参考了中国科学院武汉水生生物研究所引进自日本的透射电子显微镜，通过自主设计的电磁透镜线圈，研制成功了我国第一台电子显微镜——DX-100(Ⅰ)中型透射电子显微镜(加速电压 50 kV，分辨率 10 nm)。1959 年，又进一步研制成功 DX-100(Ⅱ)大型透射电子显微镜。1965 年，北京科仪厂研制成功 DX-2 型透射电子显微镜，其分辨率指标已达到当时较高水平。1979 年，研制成功 DX-4 型高分辨大型透射电子显微镜，并利用石墨化炭黑样品，获得了 0.2 nm 的晶格像。但是自改革开放以后，随着国家政策的调整，因种种原因，透射电子显微镜的研制大幅放缓，导致如今透射电子显微镜成为我国 35 项“卡脖子”关键技术之一。

2. 扫描电子显微镜发展历史[2]

早在 1935 年，克诺尔教授在设计透射电子显微镜的同时，就提出了扫描电子显微镜(简称扫描电镜)的原理及设计思想。他将两个阴极射线管分开布置，其中一个作为电子束光源，另外一个作为信号电子接收器，证实不同材料激发的二次电子和背散射电子信号是不同的。之后，德国物理学家冯·阿登纳(von Ardenne)提出了产生二次电子的电子散射模型，为扫描电子显微镜成像奠定了理论物理基础。1942 年，美国物理学家兹沃雷金(V. K. Zworykin)等人在美国无线电公司实验室，通过引入电磁透镜线圈来会聚入射电子束，建造了第一台可以用来检测样品的扫描电子显微镜，并获得了第一张二次电子像，其分辨率约为 1 μm。二战后，英国剑桥大学工程系教授奥特利(C. Oatley)和他的学生麦克马伦(G. S. McMullan)在英格兰建造了他们的第一台扫描电子显微镜。到 1952 年，他们不断地改进扫描电子显微镜，实现了 50 nm 的分辨率。1960 年，艾佛哈特(H. Everhart)和索恩利(T. A. Thornley)改进了二次电子探测器，发展出到现在依然是扫描电子显微镜主流探测器的 E-T 型二次电子/背散射电子探测器。在此基础上，1965 年首台商业化扫描电子显微镜诞生于剑桥仪器公司，开始在材料表面分析领域展现出广泛的应用价值。

1975 年，美国 Amray 公司率先将微型计算机引入扫描电子显微镜中，用于程序控制加速电压、放大倍数和磁透镜焦距的关系，使得二次电子图像分辨率达到 6 nm。20 世纪 80 年代，扫描电子显微镜开始加入 X 射线能谱仪/波谱仪等分析装备，很大程度拓展了扫描电子显微镜的使用范围和应用价值。得益于显示技术的快速发展，德国蔡司公司于 1985 年率先推出数字图像显示和存储的扫描电子显微镜，自此扫描电子显微镜全面进入数字图像时代。

我国扫描电子显微镜技术起步于 20 世纪 50 年代。1958 年，中国科学院开始组织研制扫描电子显微镜。1975 年，第一台扫描电子显微镜——DX-3 型电镜在中国科学院科学仪器厂(现北京中科科仪技术发展有限责任公司)研发成功。1980 年，中科科仪引进美国技术，开发成功 KYKY-1000 型扫描电子显微镜。目前，我国已有多家公司，如中科科仪、国仪量子等，研发成功多种型号的扫描电子显微镜，技术进步进入快速迭代时期。

二、基本原理

1. 透射电子显微镜的基本原理

（1）透射电子显微镜的定义

透射电子显微镜的主要特点是可以进行样品内部组织形貌与晶体结构的显微分析。电子束在穿透样品过程中会与样品中的原子、分子相互作用而发生散射，因此电子束将携带样品的晶体结构信息和组织形貌信息。

（2）电子衍射

几乎所有的金属和其他凝聚态物质，其结构都是由原子、离子等在三维空间内周期性排列而成的。这种规则排列的质点在与 X 射线、电子束发生弹性相干散射作用时，将会产生衍射现象。即在某些确定的方向上，散射波因相位相同而彼此加强，而在其他方向上散射波因相位离散而彼此相消。

电子衍射的原理和 X 射线衍射类似，满足布拉格方程是产生衍射的必要条件[3]。当平面波照射到晶体时，电子束与近似平行的晶面之间存在坡度角，如图 12-1(a)所示。按照平面波散射理论，平行衍射束相干加强的条件为波程差是波长的整数倍，进而得出布拉格方程的一般形式：

$$2d\sin\theta=\lambda \tag{12-1}$$

式中，d 为晶面间的面间距；θ 为电子束和晶面之间的坡角；λ 为电子束波长。

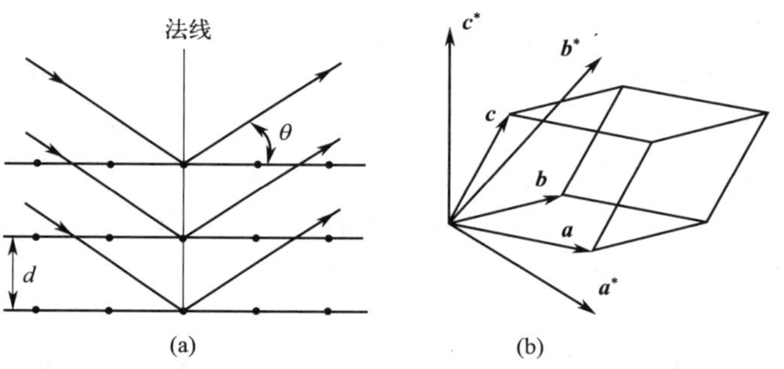

图 12-1　布拉格衍射示意图（a）及倒易点阵示意图（b）

单晶体的电子衍射花样由一系列规则排列的斑点组成，根据上述布拉格方程可知，这些衍射斑点与晶体点阵结构中的晶面有直接联系。为了描述二者之间的关系，在晶体结构点阵即正点阵的基础上，引入倒易点阵加以解释[4]。倒易点阵是与正点阵相对应的量纲为长度倒数的三维空间点阵，如图 12-1(b)所示。假设正点阵的原点为 O，基矢为 $\boldsymbol{a}$、$\boldsymbol{b}$、$\boldsymbol{c}$，倒易点阵的原点为 O^*，基矢为 $\boldsymbol{a}^*$、$\boldsymbol{b}^*$、$\boldsymbol{c}^*$，二者的关系为：

$$\boldsymbol{a}^*=\frac{\boldsymbol{bc}}{V},\boldsymbol{b}^*=\frac{\boldsymbol{ca}}{V},\boldsymbol{c}^*=\frac{\boldsymbol{ab}}{V} \tag{12-2}$$

其中 V 为正点阵单胞的体积：$V=\boldsymbol{a}(\boldsymbol{b}\times\boldsymbol{c})=\boldsymbol{b}(\boldsymbol{c}\times\boldsymbol{a})=\boldsymbol{c}(\boldsymbol{a}\times\boldsymbol{b})$。

在倒易点阵中，由原点 O^* 指向任意坐标为(h,k,l)的阵点的矢量 $\boldsymbol{g}_{hkl}$（倒易矢量）为 $\boldsymbol{g}_{hkl}=h\boldsymbol{a}^*+k\boldsymbol{b}^*+l\boldsymbol{c}^*$，式中$(h,k,l)$为正点阵中的晶面指数。倒易矢量的长度等于正点阵中相应晶面间距的倒数，即 $g_{hkl}=1/d_{hkl}$。倒易矢量是晶体学的一种表达方式，其优点是可以用一个矢量或一个点代表一个晶面族，使一些晶体学关系显得简化。其中矢量的长度代表晶面间距的倒数，矢量方向代表晶面的法线方向。

在了解倒易点阵的基础上，可以通过爱瓦尔德球图解法将布拉格定律用几何图形直观地表达出来，如图 12-2 所示。在倒易空间中，以倒易原点 O^* 为端点作入射波的波矢量 $\boldsymbol{k}$（即图中的 $\boldsymbol{OO}^*$），该矢量平行于电子束入射方向，长度等于波长的倒数，即 $k=1/\lambda$。以 O 为中心、$1/\lambda$ 为半径作一个球，就是爱瓦尔德球。

此时，若有倒易阵点 G（指数为 hkl）正好落在爱瓦尔德球面上，则相应的晶面组（hkl）与入射束的方向必满足布拉格条件，而衍射束的方向就是 $\boldsymbol{OG}$，或者写成衍射波的波矢量 $\boldsymbol{k}'$，其长度也等于爱瓦尔德球的半径。根据倒易矢量的定义，$\boldsymbol{O^*G}=\boldsymbol{g}$，于是得到 $\boldsymbol{k}'-\boldsymbol{k}=\boldsymbol{g}$。由 O 向 $\boldsymbol{O^*G}$ 作垂线，垂足为 D，因为 $\boldsymbol{g}$ 平行于（hkl）晶面的法向，所以 OD 就是正空间中（hkl）晶面的方位，若它与入射束方向的夹角为 θ，则有 $O^*D=OO^*\sin\theta$，即 $g/2=k\sin\theta$，由于 $g=1/d$，$k=1/\lambda$，故有

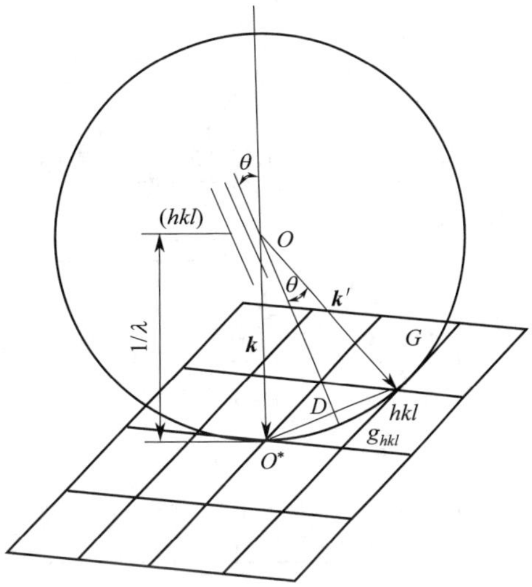

图 12-2　爱瓦尔德球作图法

$$2d\sin\theta=\lambda$$

由此推导可知，通过引入倒易点阵，可以把衍射斑点直接解释成晶体对应晶面的衍射结果。也就是说，电子衍射斑点是与晶体相对应的到一点正中某一截面上的阵点排列。

晶体中的许多晶面族（hkl）同时与一个晶向[uvw]平行时，这些晶面族总称为一个晶带，这个晶向称为晶带轴[5]。既然这些晶面族都平行于晶带轴的方向，那么它们的倒易矢量 $\boldsymbol{g}=h\boldsymbol{a}^*+k\boldsymbol{b}^*+l\boldsymbol{c}^*$ 就构成一个与晶带轴方向 $\boldsymbol{r}=u\boldsymbol{a}^*+v\boldsymbol{b}^*+w\boldsymbol{c}^*$ 正交的二维倒易点阵平面。从 $\boldsymbol{g}\cdot\boldsymbol{r}=0$ 的正交可以得出晶带定律：

$$hu+kv+lw=0 \tag{12-3}$$

如果（$h_1k_1l_1$）和（$h_2k_2l_2$）是[uvw]晶带中的两个晶面族，则可由方程组

$$h_1u+k_1v+l_1w=0$$
$$h_2u+k_2v+l_2w=0$$

得出[uvw]的解是

$$u=k_1l_2-k_2l_1, v=l_1h_2-l_2h_1, w=h_1k_2-h_2k_1 \tag{12-4}$$

因此，通过上述结论可知，可以根据晶带定律求出由两个晶向（$h_1k_1l_1$）及（$h_2k_2l_2$）构成的晶带轴[uvw]的指数。

（3）衍射衬度成像

电子束在经过物镜焦平面时会形成衍射花样（包括透射斑和衍射斑），在物镜像平面时会形成形貌像；由于在此过程中没有电子能量的损失，所以形貌像的总强度可以分解为透射束强度和衍射束强度[6]。在理想双光速条件下，即衍射花样只包含透射斑和一个衍射斑，形貌像的强度 I_0、透射束强度 I_t 和衍射束强度 I_d 存在以下关系：

$$I_0=I_t+I_d \tag{12-5}$$

由上式可以看出，在理想的双光束条件下，可以通过选择透射束成像或衍射束成像（即明场像或暗场像）实现衬度的选择性获取，如图 12-3 所示。需要指出的是，在非双光束条件下，比如存在多个衍射斑的情况下，也可以选择特定衍射斑实现成像。

假设样品内存在两个晶粒 A 和 B，它们之间的唯一差别在于它们的晶体学位向不同。如果样品中晶粒 A 完全不满足衍射条件，而晶粒 B 只有（hkl）面满足衍射条件。则在明场成像（即只选取透射斑成像）条件下，晶粒 A 的像强度 $I_A=I_0$，而晶粒 B 的像强度 $I_B=I_0-$

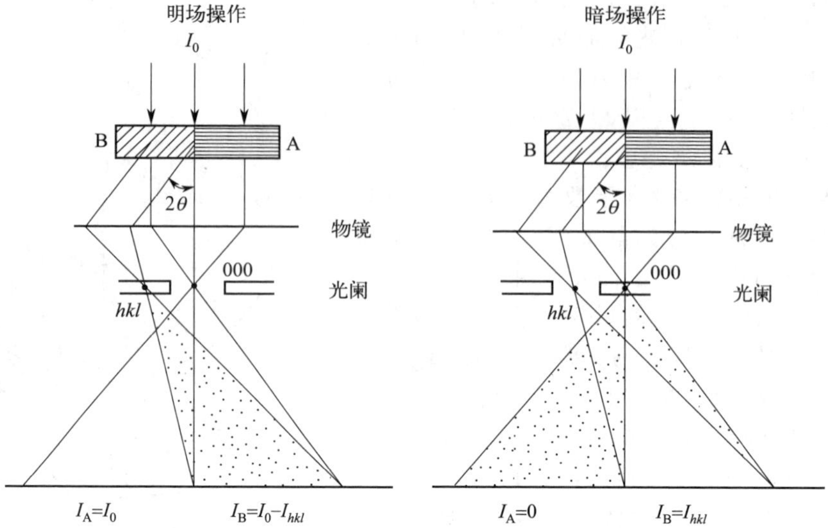

图 12-3 衍射衬度成像原理

I_{hkl}。如果以晶粒 A 像强度 I_A 为背景，则晶粒 B 的像衬度为

$$\left(\frac{\Delta I}{I}\right)_B=\frac{I_A-I_B}{I_A}\approx\frac{I_{hkl}}{I_0} \tag{12-6}$$

于是在荧光屏上将会看到晶粒 B 较暗而晶粒 A 较亮。这种由于样品中晶体取向不同而造成的衬度差别，被称为衍射衬度。

而对于暗场成像而言，双光束条件下晶粒 A 的强度为 0，晶粒 B 的强度为 I_{hkl}，以晶粒 B 像强度为背景，则晶粒 A 的像衬度为

$$\left(\frac{\Delta I}{I}\right)_A=\frac{I_B-I_A}{I_B}=\frac{I_{hkl}-0}{I_{hkl}}=1 \tag{12-7}$$

于是在荧光屏上将会看到晶粒 A 很暗而晶粒 B 较亮。由此可见，暗场成像时的衬度要比明场成像时要强得多。

（4）高分辨成像

高分辨成像技术是从原子尺度来观察和研究材料的微观结构，其成像机制是依靠相位衬度成像。高分辨电镜中关键的成像过程可以分为两个部分：第一部分为所观察样品对入射平面电子波的调制作用，这种调制作用使得样品下表面的出射波函数中携带了样品中原子排列的结构信息；第二部分为样品下表面的出射波函数经由物镜系统传递到像平面上形成反映样品中原子排列信息的高分辨像。在实际成像过程中发生的信息转换的基本过程如图 12-4 所示[7]。当平面波函数入射到一个平面物体时，出射波函数 $q_{(x,y)}$ 经物镜在后焦面获得衍射花样，其波函数分布 $f_{(u,v)}$ 为出射波函数 $q_{(x,y)}$ 的傅里叶变换。电镜中的成像系统并非完美的，可以用函数 $T_{(u,v)}$ 表征成像系统对信息的调制作用，它对应于系统对在物镜后焦面上信息的一种调制，即将 $f_{(u,v)}$ 调制为 $f'_{(u,v)}$。再经过一次傅里叶变换就得到像平面上的波函数的分布 $\Psi_{(x,y)}$，最后在记录装置上记录下像波函数的强度 I。

当试样非常薄时，电子波没有被样品“吸收”，出射波无振幅差异，仅仅引起了相位的变化(相位体近似)。在光学中光波传播相位的改变是由于折射指数的变化，电子波的折射则来源于入射电子与样品原子附近电子云的静电势 $\varphi_{(x,y)}$ 的相互作用，势场的变化将引起类似于光学中折射指数变化的作用。所以说，出射波携带了样品中原子排列的结构信息。出射波

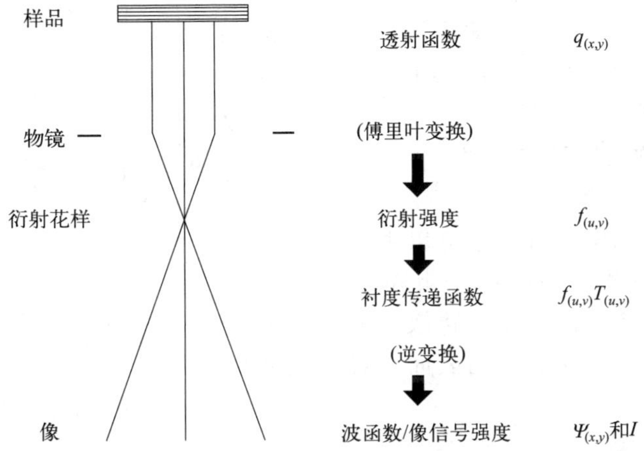

图 12-4　电子显微镜中发生的信息转换过程示意图

函数一般表示为 $q_{(x,y)}=\exp[i\sigma\varphi_{(x,y)}]$，即出射电子较之于入射电子发生了相位为 $\sigma\varphi_{(x,y)}$ 的变化。式中 σ 是由电镜加速电压所决定的常量，数值一般很小。如果考虑实际情况，一些电子作非弹性散射，由于激发样品中原子的电子而损失了能量；另外一些电子则散射到较大的角度，或与声子发生相互作用而损失或增加部分能量。如果这些电子的能量损失或角度漫散阻止了它们参与成像，这种损失可以在指数中加一个振幅衰减函数——$\mu_{(x,y)}$ 来表示，则出射波函数表示为 $q_{(x,y)}=\exp[-\mu_{(x,y)}]\exp[i\sigma\varphi_{(x,y)}]$。因为 $\sigma\varphi_{(x,y)}\leqslant 1$，$\mu_{(x,y)}\leqslant 1$，将函数展开，略去高次项得(弱相位体近似)：

$$q_{(x,y)}=1+i\sigma\varphi_{(x,y)}-\mu_{(x,y)} \tag{12-8}$$

理想物镜后焦面的波函数分布可以用上式的傅里叶变换 F 来获得：$f_{(u,v)}=F[q_{(x,y)}]$。但是成像过程会受各种成像条件(如物镜的欠焦量，球差，象散等)影响，这个影响作用可以用衬度传递函数 $T_{(u,v)}=\exp[i\sigma\chi_{(u,v)}]$来表示，则物镜后焦面上被调制的波函数分布可以表示为：$f'_{(u,v)}=f_{(u,v)}T_{(u,v)}=F[q_{(x,y)}]\exp[i\sigma\chi_{(u,v)}]$。像平面上的波函数可以由后焦面上波函数分布的傅里叶变换给出：$\Psi_{(x,y)}=F[f'_{(u,v)}]$。像强度则为其与共轭函数 $\Psi^{*}_{(x,y)}$ 的乘积：

$$I=\Psi_{(x,y)}\Psi^{*}_{(x,y)}=1-2\mu_{(x,y)}*F[\cos\chi_{(u,v)}]-2\sigma\varphi_{(x,y)}*F[\sin\chi_{(u,v)}] \tag{12-9}$$

其中 * 表示卷积。可以看到，函数 $\cos\chi_{(u,v)}$ 和 $\sin\chi_{(u,v)}$ 分别表现了成像系统对振幅 $\mu_{(x,y)}$ 和相位 $\varphi_{(x,y)}$ 的衬度传递特征，因此，$\cos\chi_{(u,v)}$ 和 $\sin\chi_{(u,v)}$ 分别为成像系统的振幅传递函数和相位传递函数。

在定性的讨论中，暂不考虑吸收效应，$\mu_{(x,y)}$ 为零，则像衬度为

$$C=2\sigma\varphi_{(x,y)}*F[\sin\chi_{(u,v)}] \tag{12-10}$$

这时像衬度与晶体的势函数投影 $\varphi_{(x,y)}$ 成正比关系，当 $\sin\chi_{(u,v)}$ 在一个较宽的范围内取 -1 时，高分辨像直接给出反映样品的晶体结构信息。由于 $\chi_{(u,v)}$ 函数和物镜的欠焦量 Δf 和球差系数 C_S 有关，$\chi_{(u,v)}=\pi[\Delta f\lambda(u+v)+0.5C_S\lambda(u+v)]$，可以证明，当 C_S 固定时，总能找到一组 Δf 值（最佳欠焦值）使 $\sin\chi_{(u,v)}$ 展宽成 -1 的平台(通带)。通常电镜的最高点分辨率对应于这种最佳欠焦条件下第一通带的最大展宽。图 12-5 为透射电镜最佳欠焦时的 $\sin\chi_{(u,v)}$ 曲线，第一通带与横轴的交点约为 $5\,\mathrm{nm}^{-1}$，对应 0.20 nm 的点分辨率。需要强调的是，只有在弱相位体近似以及最佳欠焦条件下拍摄的高分辨像才能正确反映晶体结构。但是，一般情况下，很难达到弱相位体近似，当样品太厚或含有重元素等情况下，弱相位体近

似将失效。此时，即使拍摄到清晰的高分辨像，但是它们往往并不反映样品的真实结构信息，因此需要通过模拟计算与实验像的细致匹配才有可能得到样品的真实结构信息。

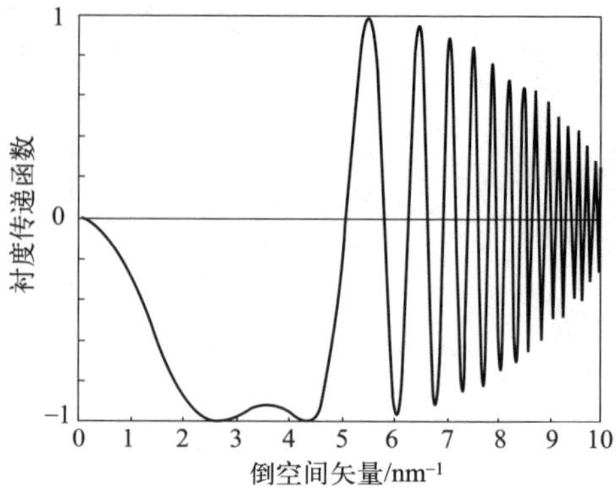

图 12-5　透射电镜的衬度传递函数

2. 扫描电子显微镜的基本原理

（1）扫描电子显微镜的定义

扫描电子显微镜的主要特点是可以进行表面形貌和原子序数分布分析。高能电子束在轰击样品后，在其表面会激发出二次电子、背散射电子等多种信号。这些信号能够反映样品的表面形貌信息和成分分布信息。

（2）二次电子成像

在入射电子束轰击作用下，离开样品表面的原子核外电子叫作二次电子。由于原子核和外层价电子的结合能力很小，因此在获得能量后，外层的电子比较容易和原子脱离（如图 12-6 所示）。另外，由于入射电子束能量一般较高（keV 级），一个入射电子携带的能量，可以使多个外层电子和原子脱离。根据实验统计，高能电子束轰击样品后激发的电子信号中，有 90%是来自样品原子外层的价电子，即二次电子。

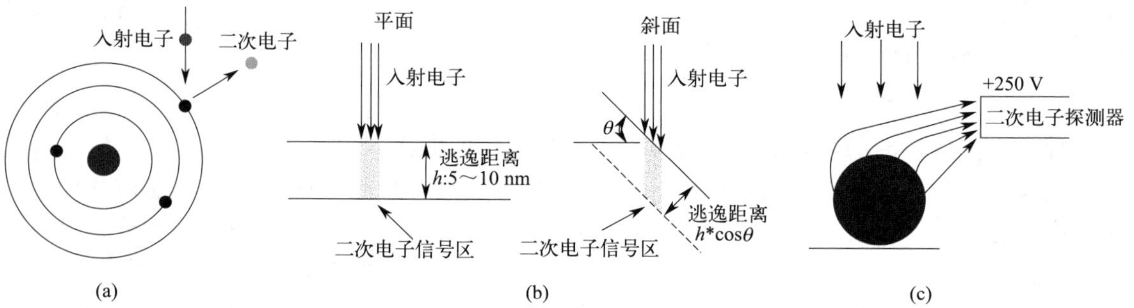

图 12-6　二次电子成像原理

由于二次电子是通过“碰撞”获得入射电子能量而逃出样品表面的核外电子，其拥有以下主要特点：

① 能量小于 50 eV，动能较低，容易被探测器前端的正电场吸引，因而阴影效应较弱，即对探测器的安装角度不敏感。

② 由于二次电子的能量较弱，因此只有距离表层 5～10 nm 深度范围内的二次电子能够逃离表面。这也就意味着，二次电子的横向产生范围将局限在小于溢出深度的尺度（纳米级），即二次电子像的分辨率较高。

③ 由于二次电子的能量较弱，其逃逸距离将剧烈影响信号强弱。对于起伏的表面，其结构特点能够减小二次电子的逃逸距离，进而导致二次电子的信号强度增强。基于此，可形成能够反映样品形貌的衬度。

总结：二次电子像分辨率高、无明显阴影效应，是扫描电镜的主要成像方式，特别适用于粗糙样品表面的形貌观察。

（3）背散射电子成像

当入射电子轰击样品表面时，入射电子与原子的原子核相互作用，并偏离其轨迹，如图

12-7 所示。如果条件合适，入射电子可以被散射回来，并脱离样品表面。根据统计，高能电子束轰击样品后激发的电子信号中，有 10%是来自背散射电子。

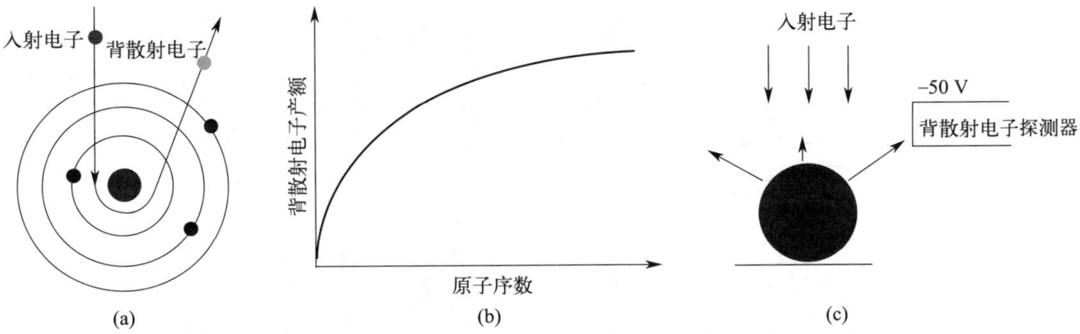

图 12-7　背散射电子衬度成像原理

由于背散射电子是由样品“反射”出来的入射电子，其主要特点是：

① 能量高，从 50 eV 到接近入射电子的能量。由于能量高，背散射电子可以认为是直线行进，因而有明显的阴影效应，也就是背散射电子也带有形貌信息。尤其是对于形貌起伏较大的样品表面，成像立体感甚至优于二次电子像。

② 由于背散射电子的能量较高，其穿透能力比二次电子强得多，可从样品中较深的区域逸出（微米级）。在这样的深度范围，入射电子已有相当宽的横向扩展，因此在样品中背散射电子的产生范围较大，相应的图像分辨率较低。

③ 一般来说，较重的元素，由于它们的原子核较大，可以比较轻的元素更强烈地偏转入射电子。因此，背散射电子产额随原子序数增大而明显增加，即样品平均原子序数 Z 大的部位产生较强的背散射电子信号，在荧光屏上形成较亮的区域；而平均原子序数较低的部位则产生较少的背散射电子，在荧光屏上形成较暗的区域，这样就形成原子序数衬度(成分衬度)。

总结：背散射电子像分辨率较低、有明显阴影效应，对原子序数较为敏感，是成分分析的主要成像方式。

三、仪器结构及工作原理

1. 透射电子显微镜的仪器结构、工作原理及主要指标

(1) 透射电子显微镜的仪器构造

透射电子显微镜主要是由电子光学系统、电源与控制系统和真空系统组成。电子光学系统是透射电子显微镜的核心，它的光路原理与光学显微镜十分相似，主要分为三个部分，即照明系统、成像系统和观察记录系统(图 12-8)。

① 照明系统　照明系统由电子枪、聚光镜和光束调节装置组成，其作用是提供高亮度、相干性好、束流稳定的照明源。其中电子枪通常采用热阴极三极电子枪，它由阴极灯丝、栅极和阳极组成。聚光镜用来会聚电子枪射出的电子束，使得电子束的强度能尽可能地得到提高。光束调节装置主要包括光束平移和光束倾斜调节线圈，用于调节照明光束的光路走向。

② 成像系统　成像系统主要由物镜、物镜光阑、中间镜和投影镜组成。物镜是电子束穿过样品后首次穿过的透镜，所以是用来形成第一幅高倍电子显微图像或电子衍射花样的透镜。因为物镜的任何本身缺陷而导致的成像瑕疵都会被成像系统中的后续透镜进一步放大，因此物镜是决定透射电子显微镜分辨率的关键所在。在物镜的后焦面上一般会放置物镜光阑，可以非常方便地进行衍射衬度成像操作，从而可以提高图像衬度。中间镜主要用来控制

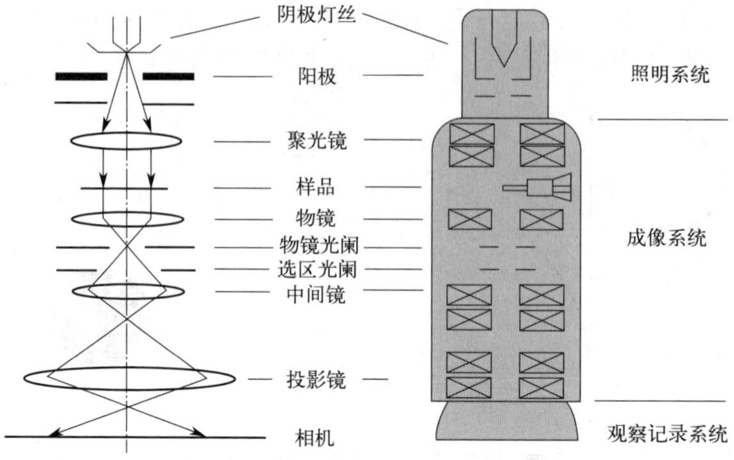

图 12-8 透射电子显微镜构造示意图

电镜的总放大倍数和成像模式。投影镜的作用是把经过中间镜放大的信息(显微像或衍射花样)进一步放大，并投影到荧光屏上。

③ 观察记录系统 观察和记录装置主要包括荧光屏和照相机构。荧光屏由于对电子束比较敏感，可以让实验人员在荧光屏上观察投影下来的显微图像或者衍射花样。随着时代发展，荧光屏正逐渐被 CCD 相机所取代，从而实现远距离的操作和观察。

(2) 透射电子显微镜的工作原理

由电子枪射出的电子束在经过高压装置的加速后，会经过聚光镜系统的会聚作用变为一束平行的、相干性极好的光源。在电子束穿透样品并经过物镜的进一步放大后，有两种操作模式可供选择：如果中间镜的物平面和物镜的像平面重合，则在荧光屏上得到一幅放大的显微图像，即电子显微镜的成像操作模式；如果中间镜的物平面和物镜的后焦面重合，则在荧光屏上得到一幅电子衍射花样，即电子显微镜的衍射操作模式。

(3) 透射电子显微镜的主要指标

① 加速电压 电子束的能量，取决于电子束被加速的电压大小。它能反映电子束穿透样品的能力。加速电压越高，电子束穿透能力越强。

② 空间分辨率 空间分辨率是透射电子显微镜的最主要性能指标，它代表电镜表征显微组织、结构细节的能力。一般用两种指标表示：点分辨率和线分辨率。点分辨率表示电镜所能分辨的两点之间的最小距离；线分辨率表示电镜所能分辨的两条线之间的最小距离，一般通过晶体的晶格像来确定，故又称晶格分辨率。

2. 扫描电子显微镜的仪器结构、工作原理及主要指标

(1) 扫描电子显微镜的仪器构造

与透射电子显微镜类似，扫描电子显微镜也主要是由电子光学系统、电源与控制系统和真空系统组成。电子光学系统主要分为三个部分：照明系统、聚光镜系统和观察记录系统。

① 照明系统 扫描电子显微镜中的电子枪与透射电子显微镜中的电子枪相似，只是加速电压比透射电子显微镜的低得多。

② 聚光镜系统 扫描电子显微镜中的电磁透镜不是作为成像透镜用，而是作为聚光镜用。它们的功能只是把电子枪发出的束斑逐级聚焦，使原来直径约为 50 μm 的电子束斑缩小到纳米尺度。扫描电子显微镜一般都有三级聚光镜，前两个聚光镜是强磁透镜，主要作用为缩小束斑尺寸，第三个聚光镜为弱磁透镜(也习惯被称为物镜)，具有较长的焦距调节范围，

主要起调焦作用(图 12-9)。

③ 观察记录系统　二次电子和背散射电子的信号都可以通过闪烁计数器进行检测。电子信号进入闪烁体后可以产生可见光，光信号通过光电倍增器即可转化成电流信号。通过电子束的逐点照射和对应位置处的电信号记录，即可得到一幅反映样品各点状态的扫描电子显微图像。

(2) 扫描电子显微镜的工作原理

由电子枪射出的电子束在经过高压装置的加速后(通常为 200～30000 V)，经过多级聚光镜被会聚成一束极细的电子束。该入射电子束在位于物镜上方扫描线圈的驱动下，对试样表面的微小区域进行逐点扫描。高能电子束射入试样后，在其表面激发出二次电子、背散射电子等信息。这些信息由相应的探测器检测，并随后经过放大处理，传送到显示屏显示显微形貌图像。

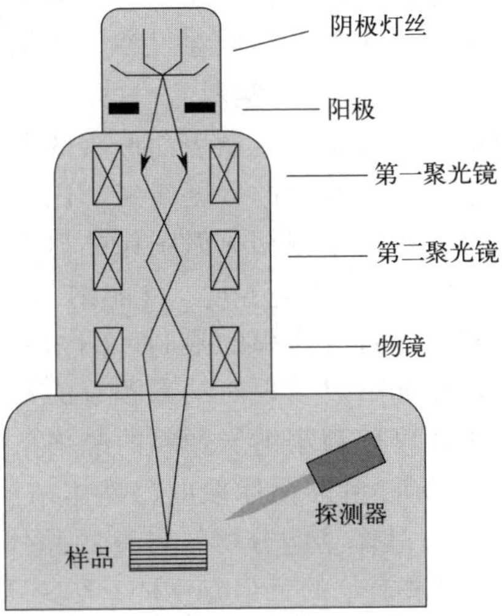

图 12-9　扫描电子显微镜构造示意图

(3) 扫描电子显微镜的主要指标

空间分辨率是扫描电子显微镜的最重要性能指标，它代表电镜显示显微组织和结构细节的能力。扫描电镜的理论分辨率只能用电子束束斑所能达到的最小尺寸来进行描述，然而由于二次电子信号的溢出区域要大于电子束束斑尺寸，因此实际分辨率要小于理论分辨率。扫描电子显微镜的分辨能力最终要通过实验进行检验，任何扫描电子显微镜都有一个指标分辨率来表明电镜的性能水平，实际分辨率一般都要不差于指标分辨率。目前有关扫描电子显微镜的实际分辨率还没有标准的测试流程，不过通常会采用三种方法：间隙测量法、有效放大率法和对比度法。实际过程中需要根据具体情况选择合适的方法进行分辨率检测。

四、主要功能及代表性应用

1. 功能

(1) 透射电子显微镜功能

① 观察材料的内部微观结构：借助于透视成像，透射电子显微镜可以方便地观察物质的内部微观结构，包括材料的组织构成以及晶体缺陷分布，比如组织形态、晶界、位错等。

② 确定材料的晶体结构类型：借助于衍射成像，透射电子显微镜可以准确地确定宏观区域(微米级)和微观区域(纳米级)内材料的晶体结构和晶格参数。

③ 观察材料的晶格条纹像：借助于高分辨成像，透射电子显微镜可以实现材料的晶格成像，并且根据获得的晶格条纹像，确定组织的微观结构，比如畴结构、晶界结构、相界结构、层错结构、位错结构等。

(2) 扫描电子显微镜功能

① 观察材料的表面形貌结构：借助于二次电子成像，扫描电子显微镜可以方便地观察物质的表面形貌结构。

② 观察材料的成分分布：借助于背散射电子成像，扫描电子显微镜可以在宏观尺度方便地确认轻重原子的大致分布。

2. 应用

(1) 透射电子显微镜在材料和生物学中的应用

① 表面形貌观察　对于材料表面结构的判断，可以通过复型的方法实现样品表面形貌

的复制，并通过透射电子显微镜加以观察。其基本原理与刑侦过程中利用石膏复刻犯罪分子鞋底花样相似，当然在尺度上更加微观。复型的材料一般选取具有同相位、不同厚度的非晶态材料(如高分子塑料)，这是因为晶态材料在电子束照射下，某些晶面将发生布拉格衍射，衍射衬度会干扰复型表面形貌的分析和判断。在随后的电镜观察中，厚度大的地方，电子束被散射或吸收掉的程度较强，因而在明场像中参与成像的电子较少，相应的图像位置处亮度较暗。进一步根据显微图像的衬度可以还原原始材料表面的形貌。

② 纳米材料分析　目前纳米功能材料多以纳米颗粒形式存在，尺寸多为百纳米以下。受其他设备分辨率的限制，纳米颗粒的形貌和结构非常适合于利用透射电子显微镜加以观察，比如可以实现对纳米颗粒的形貌、尺寸、分布状况的直观表征[8]。另外，利用高分辨技术还可以观察纳米颗粒的晶格条纹像，并根据晶格条纹像中晶格点阵的参数(如面间距和面夹角等)判断晶体取向、晶体结构等。

③ 晶体结构分析　材料的晶体结构，广义上一般是通过 X 射线衍射(X-ray diffraction，XRD)来确定的，但是 XRD 大多只能在宏观尺度(微米级)进行相结构和晶体结构鉴定，并不能进行微区的晶体结构分析。在透射电子显微镜中，利用电子衍射功能并结合相位衬度分析，既可以确定微区的晶体结构，也可以确定相应微区的具体分布范围。例如 20 世纪 80 年代，晶体学家达尼埃尔·谢赫特曼(Danielle Shechtman)利用电子衍射和电子衍衬技术，发现了准晶这个新的晶体体系，并明确提出其和五次孪晶在成像上的区别，即准晶衍射花样的具体衍射斑并非由某一孪晶区域激发，而是来自整个准晶区域[9-10]。凭借此晶体学方向的突破性贡献，谢赫特曼获得了 2011 年诺贝尔化学奖。

④ 透射电子显微镜在生物学中的应用　借助于超薄切片技术的出现和发展，人类利用透射电子显微镜对细胞超微结构进行了更为深入的观察和研究。例如观察到了以往光学显微镜看不清的细胞生物膜三层结构，以及各种细胞器的形态结构。此外，借助于透射电子显微镜的高分辨率，观察了许多肿瘤病毒，这为病毒的判断和分类提供了最直观的依据，比如利用透射电子显微镜观察到并确认 SARS 病毒是一种病毒而不是支原体[11]。

(2) 扫描电子显微镜在材料领域的应用

① 纳米材料形貌分析　目前纳米功能材料多以纳米颗粒形式存在，尺寸多为百纳米以下。受光学分辨率的限制，纳米颗粒的宏观和微观尺度的表面形貌非常适合于利用扫描电子显微镜加以观察，比如可以实现对纳米颗粒的形貌和成分分布的初步观测。

② 成分分析　能谱分析是当今材料领域研究人员广泛采用的技术，当扫描电子显微镜与能谱探测器结合使用时，能谱探测器能够接收电子束轰击样品产生的 X 射线信号。通过对样品发出的元素特征 X 射线进行波长和强度分析，可以确定元素的种类以及相对含量。

第二节　实验项目

实验 12-1　利用透射电子显微镜中电子衍射方法分析材料的晶体结构 Analysis of the Crystal Structure of Materials through Electron Diffraction in TEM

【实验目的】

1. 了解透射电子显微镜的基本结构，包括结构组成、基本工作原理等。

2. 学习使用透射电镜进行简单成像和电子衍射的基本操作。

3. 标定电子衍射花样的衍射环和衍射斑，判定晶带轴的具体指数。

【仪器与试剂】

高分辨透射电子显微镜，工作电压 200 kV。

纳米 Au 颗粒样品；金属 Cu 薄膜样品，薄区厚度小于 50 nm。

【实验步骤】

1. 实验准备工作

确保实验室安全和个人安全，遵循相关的安全操作规程，严禁直接触碰液氮、高压线路和样品杆杆体。

检查透射电镜的运行状态，包括查看仓室真空系统、测角台、控制电脑界面是否正常，以及查看历史记录是否有报警信息。

2. 准备样品

(1) 对于纳米 Au 颗粒样品(液体环境)，使用滴管选取上层液体将其滴在微栅上；用滤纸吸走大部分液体，待微栅样品完全干燥后备用。

(2) 对于金属 Cu 薄膜样品，通常以商用金属 Cu 薄膜(厚度约 50 μm)为初始样品，在经过高温退火、冲孔和离子减薄后，获得直径为 3 mm 标准尺寸、薄区厚度小于 50 nm 的透射电镜样品。由于此项准备工作较长，应提前准备。

3. 电子衍射花样的获取

(1) 对于装载纳米 Au 颗粒的微栅样品，将其碳膜正面朝下放置在透射电镜样品杆中；经过抽真空后，在像模式下选择合适的放大倍数找到纳米 Au 颗粒分布较多的区域，并进行拍照记录；在衍射模式下选择合适的设备参数使衍射环尽可能明锐，然后选择合适的曝光时间记录纳米 Au 颗粒的衍射花样。

(2) 对于金属 Cu 薄膜样品，因其不存在碳膜，可以不必在乎其在透射电镜样品杆中的朝向；经过抽真空后，在像模式下选择合适的放大倍数找到金属 Cu 薄膜样品的薄区，然后寻找包含孪晶的晶粒并进行拍照记录；在衍射模式下通过倾转样品将晶粒取向调整至{110}晶带轴方向，选择合适的设备参数使衍射斑尽可能明锐，然后选择合适的曝光时间记录衍射花样。

【结果分析】

1. 观察和分析纳米 Au 颗粒的衍射花样，包括衍射花样的形状、衍射环的分布和强度；根据衍射环的半径，和标准 Au 的衍射斑作比较，标定衍射环的指数。

2. 观察和分析金属 Cu 薄膜中孪晶的衍射花样，标定孪晶的两套衍射斑；标定每个衍射斑的指数，并据此推断出晶带轴指数。

综上所述，通过本实验获取纳米颗粒(或多晶材料)和单个晶粒(或单晶材料)的典型衍射花样，并对其衍射环(斑)进行标定。另外通过本实验，加深衍射对材料结构表征的理解和认识。

【注意事项】

为得到明锐的衍射花样，入射光的调节比较重要。从布拉格衍射模型可以看出，入射光为单色平行光，即相干光。在透射电子显微镜中，为实现放大效果，电子束通常会被电磁透镜会聚，因此电子束并非严格意义上的平行光。在实际操作过程中，若入射电子束存在会聚角，衍射斑一般不会特别明锐，甚至出现散漫的情况，这会影响衍射环或衍射斑的测量精度，为后续的标定工作带来麻烦。因此，为得到明锐的电子衍射花样，应通过调节聚光镜，使得样品上方的入射光束尽可能平行。

【思考题】

1. 纳米晶衍射环和单晶衍射斑之间的区别和联系是什么？

2. 如何理解倒易空间？

实验 12-2　利用透射电子显微镜中衍射衬度成像技术分析多晶材料的微观结构 Analysis of the Microstructure of Polycrystalline by Diffraction Contrast Imaging in TEM

【实验目的】

1. 了解透射电子显微镜的基本结构，包括结构组成、基本工作原理等。

2. 在电子衍射的基础上学习衍射衬度成像的基本操作。

3. 分析衍射斑选取和衍射成像区域的对应关系。

【仪器与试剂】

高分辨透射电子显微镜，工作电压 200 kV。

金属 Cu 薄膜样品，样品薄区厚度小于 50 nm。

【实验步骤】

1. 实验准备工作

确保实验室安全和个人安全，遵循相关的安全操作规程，严禁直接触碰液氮、高压线路和样品杆杆体。

检查透射电镜的运行状态，查看仓室真空系统、测角台、控制电脑界面是否正常，查看历史记录是否有报警信息。

2. 准备样品

对于金属 Cu 薄膜样品，通常以商用金属 Cu 薄膜(厚度约 50 μm)为初始样品，在经过高温退火、冲孔和离子减薄后，获得直径为 3 mm 标准尺寸、薄区厚度小于 50 nm 的透射电镜样品。由于此项准备工作较长，应提前准备。

3. 衍射衬度成像操作

(1) 经过抽真空后，在像模式下选择合适的放大倍数找到金属 Cu 薄膜样品的薄区，然后寻找包含孪晶的晶粒并进行拍照记录。

(2) 在衍射模式下通过倾转样品将晶粒调整至{110}晶带轴附近，然后通过进一步倾转尽可能地只保留一个较亮的衍射斑。

(3) 通过移动物镜光阑分别选取透射斑和衍射斑进行明场成像和离轴暗场成像。

(4) 在此基础上，通过倾转样品上方的电子束，进一步了解和学习中心暗场成像。

【结果分析】

分析金属 Cu 薄膜暗场成像时的衍射花样，标定对应衍射斑的指数；观察明场像、离轴暗场像、中心暗场像的区别和联系。

综上所述，本实验通过衍射衬度成像的技术应用，实现不同孪晶区域(晶体取向不同)的选择性成像。另外通过此实验，加深对电子衍射和衍射衬度成像之间关系的理解。

【注意事项】

为得到对应程度较好的明场像和暗场像，应尽可能地接近双束条件，即衍射花样中只包含透射斑和一个比较明亮的衍射斑。实现双束条件应着重从两方面做准备：一方面应选取厚度较大的区域进行成像；另一方面应该将晶体倾转至远离晶带轴的取向。

在尝试中心暗场成像时，需要对样品上方的电子束进行调试，以保证电子束的对中性比较好。这一步骤是中心暗场成像的关键所在，绝不应忽视。

【思考题】

1. 为什么理想双束条件是实现明暗场像的前提？

2. 中心暗场成像和离轴暗场成像有何区别？

实验 12-3　利用透射电子显微镜中高分辨成像技术分析材料的微观结构 Analysis of the Microstructure of Materials by High Resolution Imaging in TEM

【实验目的】

1. 了解透射电子显微镜的基本结构，包括结构组成、基本工作原理等。

2. 在电子衍射的基础上学习高分辨成像的基本操作。

3. 进行高分辨图像中显微结构的精细分析。

【仪器与试剂】

高分辨透射电子显微镜，工作电压 200 kV。

金属 Cu 薄膜样品，样品薄区厚度小于 50 nm。

【实验步骤】

1. 实验准备工作

确保实验室安全和个人安全，遵循相关的安全操作规程，严禁直接触碰液氮、高压线路和样品杆杆体。

检查透射电镜的运行状态，查看仓室真空系统、测角台、控制电脑界面是否正常，查看历史记录是否有报警信息。

2. 准备样品

对于金属 Cu 薄膜样品，通常以商用金属 Cu 薄膜(厚度约 50 μm)为初始样品，在经过高温退火、冲孔和离子减薄后，获得直径为 3 mm 标准尺寸、薄区厚度小于 50 nm 的透射电镜样品。由于此项准备工作较长，应提前准备。

3. 高分辨成像操作

(1) 经过抽真空后，在像模式下选择合适的放大倍数找到金属 Cu 薄膜样品的薄区，然后寻找包含孪晶的晶粒并进行拍照记录。

(2) 在衍射模式下通过倾转样品将晶粒调整至{110}晶带轴附近；为提高高分辨成像质量，需要进一步利用衍射模式下的菊池线将样品精细调节至{110}晶带轴。

(3) 在放大倍数大于 30 万倍的情况下，通过消像散和选择最优欠焦量，获得孪晶界面的高分辨图像。

【结果分析】

分析金属 Cu 薄膜的衍射花样，标定对应衍射斑和晶带轴的指数；观察和分析高分辨图像中孪晶和孪晶界的微观结构，以及孪晶界上的缺陷(如台阶的微观结构)；根据高分辨图像获得其傅里叶变换图像，并且和衍射斑作比较。

通过本次实验，成功获得孪晶的原子结构图像，并对其显微结构进行分析。另外通过衍射花样和高分辨图像傅里叶变换图样之间的对应关系，理解高分辨图像在纳米材料结构表征中的应用原理。

【注意事项】

为获得高质量的高分辨图像，消像散和选择最佳欠焦量是必要的步骤，其中最佳欠焦量的选择是其中难度最大的一步。

在前面的描述中，电子显微像的像衬度为 $C=2\sigma\varphi_{(x,y)} * F[\sin\chi_{(u,v)}]$，其中 $\varphi_{(x,y)}$ 为相位函数，$\sin\chi_{(u,v)}$ 为成像系统相位传递函数。最佳欠焦量的选择即为使 $\sin\chi_{(u,v)}$ 展宽成数值为-1的平台（通带），从而使衬度尽可能地仅显示 $\varphi_{(x,y)}$ 相位函数，即原子核外电子云的势场。此运算中包含 $\sin\chi_{(u,v)}$ 的卷积运算，不便于直观解释。为简化运算以方便理解，可以对高分辨图像作傅里叶变换：

$$F(C)=F\{2\sigma\varphi_{(x,y)} * F[\sin\chi_{(u,v)}]\}=2\sigma F[\varphi_{(x,y)}]\sin\chi_{(u,v)} \tag{12-11}$$

经过变换后，运算中仅包含 $\sin\chi_{(u,v)}$ 的乘积运算，相对简单得多。通过上式可以发现，若 $\varphi_{(x,y)}$ 为常数，则 $F(C)\propto\sin\chi_{(u,v)}$，从而可以直观观察到 $\sin\chi_{(u,v)}$。在已知的材料中，非晶材料的 $\varphi_{(x,y)}$ 可以认为是常数；幸运的是，在透射电镜样品薄区的边缘一般会存在非晶区，因而可以用来观察 $\sin\chi_{(u,v)}$。以金属 Cu 样品为例，在 CCD 预览高分辨图像时[图 12-10(a)]，进入实时傅里叶变换模式[图 12-10(b)]，则图像中的非晶环直接对应于 $\sin\chi_{(u,v)}$。处于中心处的圆形亮带对应于 $\sin\chi_{(u,v)}$ 曲线中数值为-1的第一通带，最内圈的第一圆形暗带对应于第一通带的边缘。

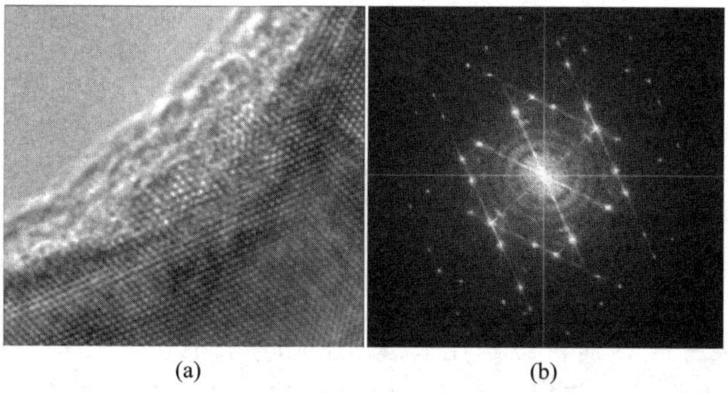

图 12-10　金属 Cu 样品的高分辨图像 (a) 及相应的傅里叶变换图 (b)

图 12-10(b) 中的衍射斑对应于金属 Cu 的 $\varphi_{(x,y)}$ 相位函数，为使图像能够尽可能地直接显示 $\varphi_{(x,y)}$，应使衍射斑处于 $\sin\chi_{(u,v)}$ 第一通带中。具体操作为：通过调节欠焦量，使非晶环逐渐向外扩张，尽可能使得第一通带覆盖全部衍射斑，这时的高分辨图像可以直接反映样品的晶体结构信息，此时的欠焦量即为最佳欠焦量。

【思考题】

1. 高分辨图像的傅里叶变换图样和电子衍射花样有什么区别和联系？
2. 如何理解最佳欠焦量？

实验 12-4 扫描电子显微镜在材料分析测试中的应用
The Application of Scanning Electron Microscopy in Materials Analysis and Testing

【实验目的】

1. 了解扫描电子显微镜的基本结构，包括结构组成、基本工作原理等。
2. 基本掌握扫描电子显微镜的基本操作，包括二次电子成像、背散射电子成像。
3. 了解和掌握能谱分析的基本操作。

【仪器与试剂】

双束显微镜，最高工作电压 30 kV。

Sn 球样品。

【实验步骤】

1. 实验准备工作

确保实验室安全和个人安全，遵循相关的安全操作规程，严禁直接触碰液氮、高压线路和样品台。

检查扫描电镜的运行状态，查看仓室真空系统、控制电脑界面是否正常，查看历史记录是否有报警信息。

2. 准备样品

Sn 球样品为标准测试样品，按照操作流程安装到扫描电镜的样品台上。

3. 成像操作

（1）经过抽真空后，在低倍模式下找到 Sn 球样品，并保存位置。

（2）在二次电子成像模式下，选择不同的加速电压进行成像。

（3）在背散射电子成像模式下，选择不同的加速电压进行成像。

（4）选择不同的电压，进行能谱分析。

【结果分析】

分析二次电子成像、背散射成像的成像特点；理解加速电压对二次电子成像和背散射成像的分辨率、衬度的影响规律。

分析加速电压如何影响能谱分析，在此基础上了解如何选择合适的加速电压进行能谱分析。

【注意事项】

对于二次电子成像和背散射成像，探测器的安装方位会影响信号的搜集角度，并且会将这种影响传导至图像衬度。因此，在进行成像观察时，应特别注意探测器类型的选择。

【思考题】

1. 二次电子像和背散射电子像信号的来源是什么？
2. 加速电压如何影响能谱分析的结果？

【参考文献】

[1] Williams D B, Carter C B. The transmission electron microscope [M] //Transmission Electron Microscopy. Boston: Springer US, 1996: 3-17.

[2] Vernon-Parry K D. Scanning electron microscopy: An introduction [J] . Ⅲ-Vs Review, 2000, 13 (4): 40-44.

[3] 周玉，武高辉．材料分析测试技术：材料 X 射线衍射与电子显微分析［M］．哈尔滨：哈尔滨工业大学出版社，1998.
[4] 亚沃尔斯基．倒易晶格空间构造［M］．田玉，译．北京：地质出版社，1959.
[5] 黄孝瑛．电子衍射分析方法［M］．北京：金属材料研究编辑部，1976.
[6] 黄孝瑛，侯耀永．电子衍衬分析原理与图谱［M］．济南：山东科学技术出版社，2000.
[7] 赫什，豪伊，尼科尔森．薄晶体电子显微学［M］．北京：科学出版社，1983.
[8] Wang Z L. Transmission electron microscopy of shape-controlled nanocrystals and their assemblies［J］. The Journal of Physical Chemistry B，2000，104（6）：1153-1175.
[9] 张利明，董闯．准晶材料性能及应用研究现状［J］．材料导报，2000（1）：22-24.
[10] Shechtman D，Blech I，Gratias D，et al. Metallic phase with long-range orientational order and No translational symmetry［J］. Physical Review Letters，1984，53（20）：1951-1953.
[11] 杨怡，陈德蕙，端青，等．呼肠孤病毒与 SARS 相关的形态学依据［J］．中国病毒学，2005（2）：105-107.

第十三章　原子力显微镜及红外联用技术

Atomic Force Microscope & Hyphenated IR Technique

第一节　仪器结构与原理

一、技术概述及发展历程

显微镜的出现给人类提供了观察微观世界的可能，例如光学显微镜的诞生让人们观察到了细胞等微观物体，电子显微镜可以实现原子级分辨率的成像，打开了探索微观世界的新局面。随着科技的发展，各种光学显微镜、电子显微镜以及扫描探针显微镜逐渐发展起来，使人们对于微观世界的认知也逐渐清晰起来。但各种显微镜之间又是基于不同的原理去观察事物的，例如，如果将显微镜比作人体的器官，那扫描探针显微镜(scanning probe microscope，SPM)则像是人的手，通过触摸去“看”事物。基于 SPM 特殊的工作原理，它往往能得到更多其他显微镜“看”不到的信息。与我们常用的光学显微镜、扫描电子显微镜以及透射电子显微镜相比，SPM 可以实现 Z 轴上 0.1 nm 的分辨率，可以表征样品的形貌和性质，除了扫描常规样品还可以扫描活的细胞等进行原位测量。

1982 年，Gerd Binnig 和 Heinrich Rohrer 发明了扫描隧道显微镜(scanning tunneling microscope，STM)，它的出现引起了整个科学界的轰动。STM 是基于探针与导电样品之间随距离呈指数变化的隧穿电流来进行空间成像的工具，也是第一种能在原子尺度上真实反映材料表面信息的仪器。利用 STM 可以让人们能够首次观察物质表面上单个原子的排列状态以及表面电子行为，这对于科学界有着重要的影响，因此其发明者荣获了 1986 年的诺贝尔物理学奖。由于 STM 仅适用于导电样品的局限性，Gerd Binnig，Calvin Quate 和 Christoph Gerber 发明了原子力显微镜(atomic force microscope，AFM)来弥补 STM 的不足。Binnig 等人发现探针与样品表面接近产生隧穿电流的同时也会有较强的相互作用力，因此 AFM 的工作原理是基于 STM，但不同的是 AFM 检测的是探针与样品表面的相互作用，这大大拓宽了样品检测的范围[1]。AFM 不仅可以检测金属、半导体、绝缘体等多种材料体系，还可以在真空、大气甚至液体下进行操作，成为了研究纳米科学的重要工具。

原子力显微镜不仅可以高分辨表征样品的表面形貌，还可以分析表面的粗糙度、黏附力、摩擦系数等性质。例如，摩擦力显微镜可以分析研究材料的摩擦系数，磁力显微镜可研究表面的磁畴分布，成为分析磁性材料的强有力工具，利用电力显微镜可分析样品表面电势、薄膜的介电常数和沉积电荷等[2]。

近年来基于 AFM 又发展起来一种新型原子力显微镜红外联用技术(atomic force microscope-based infrared spectroscopy，AFMIR)，其空间分辨率可突破光学衍射极限，实现样品表面纳米尺度的红外光谱分析和成分图谱分析。它以原子力显微镜为平台，利用原子力显微镜的探针尖端检测样品表面因红外吸收导致的热膨胀，获得样品表面局部的红外吸收光谱。该技术结合了原子力显微镜高空间分辨率的优势和红外光谱技术的化学分析能力，实现了纳米级空间分辨率的红外光谱分析[3]，已在化学、材料科学、环境科学、生物医学、空间物理、考古等许多领域得到应用。

AFMIR 技术最先是由英国的 Hammiche 和美国的 Anderson 分别同时提出并实施，但当时的红外光源仍然采用热辐射红外光源。随着 AFMIR 技术的发展，2010 年 Dazzi 等人利用可调谐自由电子激光器光源提出了基于共振增强技术的 AFMIR，使悬臂梁的振幅大幅度增加，减少了测量中样品的热损伤，通过检测样品因吸收红外光而引发的探针振荡来获得样品表面纳米尺度的红外光谱信息。现在 AFMIR 已经发展成为具备超快光谱能力和高分辨率红外成像能力的新一代原子力红外设备。我国从 21 世纪初开始引进该项技术，并逐步应用到材料科学、化学、生物学、医学等领域，近年来该项技术的应用广度和应用深度不断扩大，在储能材料、芯片材料、高分子医用材料、有机化学、口腔医学等专业领域取得了广泛而深入的发展，取得了大量重要科研成果。

随着科技的发展，目前 AFM 及其联用技术已经作为一种重要的表征手段逐渐应用到材料科学、生物医学、环境科学、农业科学、物理等多个领域。开展 AFM 以及 AFMIR 课程，系统介绍 AFM 及 AFMIR 的原理、结构、实验方法及前沿应用，对于推动原子力显微镜相关技术的深入发展，拓宽该技术的应用范围，提高我国纳米科学表征水平，支撑大科学问题的解决具有重要的意义和价值。

二、基本原理

1. AFM 的基本原理

AFM 是基于探针与样品之间的相互作用力原理来成像的(图 13-1)。探针与样品之间的相互作用主要基于兰纳-琼斯势(Lennard-Jones potential，L-J 势)。当探针接近样品时会受到斥力与引力的作用，并且随着距离的接近，斥力与引力的大小是不断变化的。探针和样品刚开始接触时，引力大于斥力，随着探针逐渐靠近样品，斥力增加得要比引力增加得快，最终斥力超过引力。

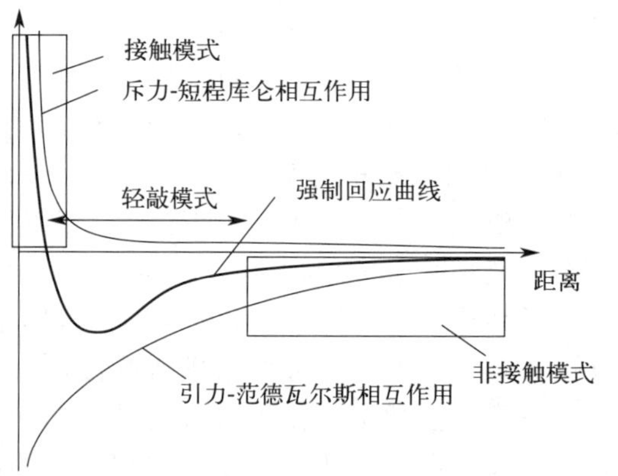

图 13-1　兰纳-琼斯势示意图

获取样品的形貌信息是原子力显微镜最基本和最普遍的应用。下面我们介绍几种成像的工作模式，分别是接触模式、轻敲模式和非接触模式，不同的模式对应于不同的 L-J 势区域中。接触模式(contact mode)是 AFM 发展最早的模式，在测量过程中，针尖始终保持与样品之间的接触。如图 13-1 所示，接触模式主要是位于斥力区域，因此测量过程中需要的力比较大。在下针到探针接近样品表面几个微米以后，Z 反馈系统会关闭，此时激光束处于检测的中心位置，当探针继续接近样品表面并与表面接触时，悬臂会发生弯曲，激光束的位置会从检测中心的位置发生偏移，检测系统会记录偏移的数值，反映探针与样品间作用力，这个作用力随着探针移动过程与样品间的距离发生实时变化，配合反馈回路与控制系统，调节探针升降，从而得到样片表面的成像图，如图 13-2 所示。接触模式的优势在于相比于其他扫描模式，接触模式的扫描速度更快，但接触模式存在侧向剪切力，会损毁较软的样品，从而导致扫描图像的偏差。

轻敲模式(tapping mode)是目前 AFM 最常用的扫描模式。在轻敲模式中，相对较大的振幅导致针尖处于排斥力和吸引力的共同区域内。在扫描过程中，探针以其共振频率振动，随着振动周期性地接触样品。当针尖接近样品表面时，由于针尖和样品之间存在相互作用，这种相互作用会使针尖振动减弱，从而导致振幅、相位和频率的变化，并通过力传感器进行检测，如图 13-2 所示。同时，扫描头也会反馈回路控制针尖在样品表面的高度保持不变。轻敲模式相较于接触模式，有更高的纵向分辨率，同时减小了侧向剪切力，这能够大大降低针尖对样品的损伤，更适用于一些较软的样品。但由于轻敲模式是一种动态扫描模式，因此这种模式在液相环境中对于样品的扫描存在较大的困难[4]。

非接触模式(non-contact mode)指在扫描过程中针尖在样品表面大约 1～5 nm 的高度以较小的振幅在其共振频率下振荡。当针尖逼近样品时，针尖—表面之间的相互作用力梯度发生变化，引起悬臂共振频率的偏移。此时，针尖与样品的作用力处在吸引力区间内，同样通过监测针尖振幅、相位等参数的变化对样品进行成像[5]。本模式由于作用力较弱，通常在超高真空环境中使用。此外，在测试过程中针尖不接触样品，样品不会因为扫描发生变化，同时也避免了针尖的损坏[6]。

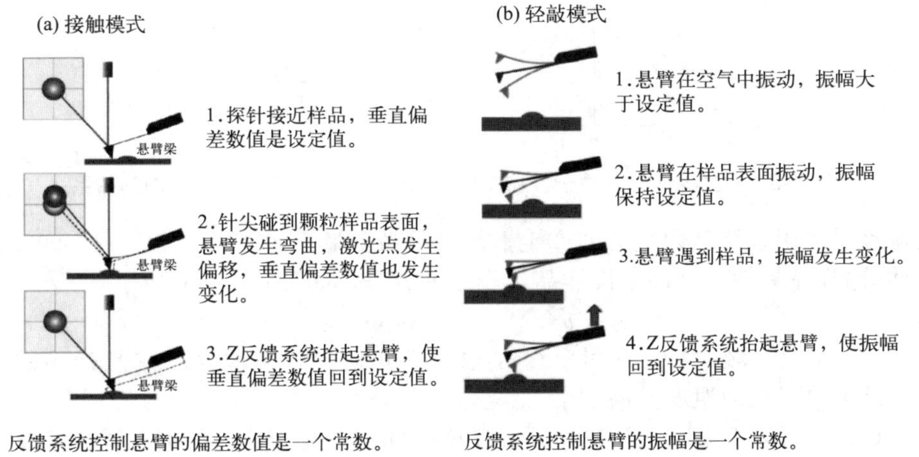

图 13-2　接触（a）及轻敲（b）模式示意图

2. AFMIR 的基本原理

分子红外光的吸收与分子的振动模式相关，分子键在不同频率下具有不同的振动模式。当分子的某个基团的振动频率与照射的红外光的频率相同时，一部分红外光激发分子振动，分子由基态能级跃迁至较高的能级，当分子返回自身基态时，部分振动能转化成热量耗散。AFMIR 检测的就是导致样品热膨胀的耗散热[7]。

为了描述样品中的温度变化，我们可以使用傅里叶热方程，其中加热源直接等于吸收的能量：

$$\rho C_p \frac{\partial T}{\partial t} = \frac{\pi(t_p) P_{abs}}{V} + k_{th} \nabla T \tag{13-1}$$

式中，ρ 是样品的密度；C_p 是热容；k_{th} 是热导率；t_p 是激光脉冲的持续时间；P_{abs} 为吸收的能量；∇ 代表拉普拉斯算子；π 是时间 t_p 的矩形函数。

当激光脉冲时间短于样品的热扩散时间时，激光脉冲期间样品温度呈线性上升，随后样品温度呈现指数衰减，其中衰减速度取决于样品和样品衬底的热性质，如图 13-3 所示。样品内部温度的变化可以用式(13-2)～式(13-5)表示[8]：

$$\Delta T(t) = T_{max} \frac{t}{t_p} \quad 0 \leqslant t \leqslant t_p \tag{13-2}$$

$$\Delta T(t)=T_{\max}\exp\left(\frac{t-t_{\mathrm{p}}}{\tau_{\mathrm{relax}}}\right)\quad t\geqslant t_{\mathrm{p}} \tag{13-3}$$

$$T_{\max}=\frac{P_{\mathrm{abs}}t_{\mathrm{p}}}{V\rho C_{p}} \tag{13-4}$$

$$\tau_{\mathrm{relax}}=\frac{\rho C_{p}}{k_{\mathrm{eff}}}a^{2} \tag{13-5}$$

式中，τ_{relax} 为弛豫时间；k_{eff} 是与样品环境相关的外部热导率；a 是样品的尺寸。

根据上述方程可以得出，样品最大温升与样品吸收的能量成正比，而样品吸收的能量又与样品的光学吸收率成正比。

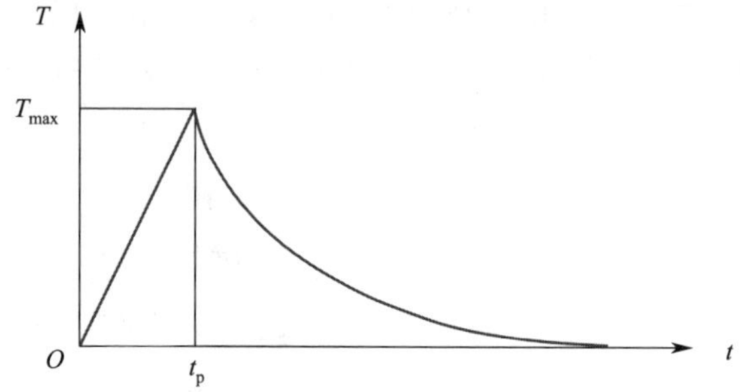

图 13-3　激光脉冲时间短于样品热扩散时间时样品温度与激光脉冲的关系

样品温度升高引发样品内应力的产生，从而导致热膨胀的产生。以一个简单的形状（球体、立方体等）样品为例，可以给出样品热膨胀的方程，如公式(13-6)所示：

$$u(t)=aG\alpha_{t}\Delta T(t) \tag{13-6}$$

式中，a 是加热区域的特征尺寸；G 是取决于几何形状的常数；α_t 是样品的热膨胀系数；$\Delta T(t)$是加热区域的温度升高。

由公式(13-6)可以发现，热膨胀遵循温度随时间的变化规律。根据上述理论推导，我们可以总结一个简单的线性依赖关系：热膨胀与样品温升呈线性比例(u-ΔT)，样品温升与样品的吸收能量呈线性比例(ΔT-P_{abs})，样品的吸收能量与光学吸收系数乘以 σ 成正比[P_{abs}-$\sigma k(\sigma)$]，由此可以推断样品热膨胀信号与光学吸收系数乘以 σ 成正比[u-$\sigma k(\sigma)$]。因此，根据样品在红外光照射下的热膨胀与红外光波数的函数，可以创建样品的红外吸收光谱，这是 AFMIR 测试原理的基础。

在原子力显微镜中将一束可调谐脉冲激光照射到 AFM 探针尖端下方样品的检测区域，样品分子吸收红外光后发生快速振动产生热量并导致样品发生局部热膨胀，样品的热膨胀会引起与检测区域接触的 AFM 微悬臂产生振荡共振，该振荡共振表现为悬臂的铃流信号，系统对铃流曲线进行傅里叶变换，获得探针振动的振幅和频率，记录每个红外激发波长下探针的振幅信号，即可获得检测区域在这一光谱范围内的红外吸收光谱。AFMIR 与传统傅里叶变换红外光谱的原理完全不同，并非直接采集红外激光与样品相互作用后的光学信号，而是通过 AFM 探针采集样品检测区域吸收红外光后产生的热膨胀信号，因此 AFM 能将信号的采集范围限制在样品与探针针尖接触的局部区域，在获得红外光谱的同时保持原子力显微镜的空间分辨率，最终实现了突破光学衍射极限的纳米级红外光谱采集。其工作原理示意图如图 13-4 所示。

三、仪器结构及工作原理

1. AFM 仪器构造

原子力显微镜的基本构造包括三大部分，即：扫描系统、检测系统和控制系统（图 13-5）。

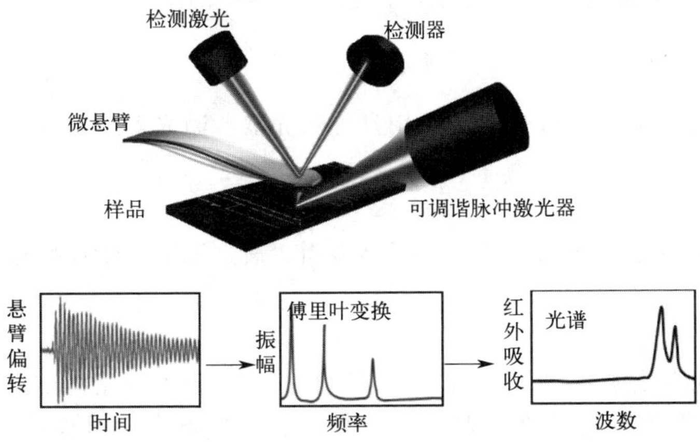

图 13-4　AFMIR 原理示意图

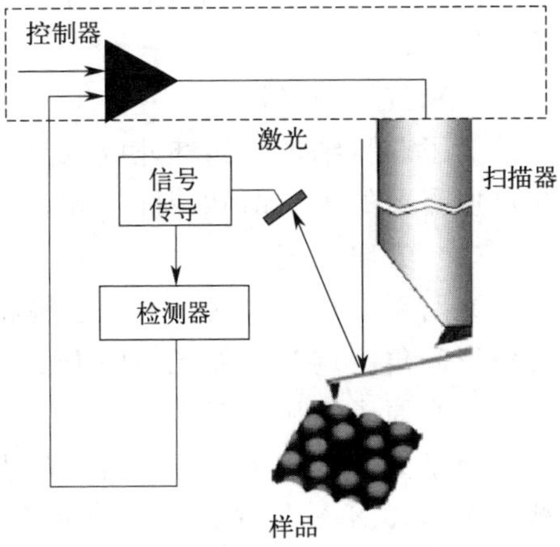

图 13-5　AFM 基本结构示意图

（1）扫描系统

扫描系统包括扫描器、样品台以及探针夹等。扫描器是用压电陶瓷材料制成，当加上电压后，压电陶瓷就会发生形变，形变的大小通过施加电压大小控制。样品台主要是承载样品，可以通过电脑控制来进行测量样品的区域性选择。扫描系统的另一重要组成部分是探针夹，主要作用是夹紧探针，提供驱动探针悬臂振动的压电陶瓷片，以及给探针加电压。

（2）检测系统

检测系统主要是检测扫描器传来的探测信号。检测器由光敏材料制成，扫描器内探针固定后，光束打到探针悬臂上经过反射打到检测器上产生电压信号。扫描器控制探针在样品上方精确地按照预设光栅轨迹运动。当探针遇到样品表面形貌变化时，探针与样品之间的距离会发生变化，引起探测信号产生变化，检测系统会将探测信号与阈值进行比较，两者之差即为误差信号，并以此作为样品表面形貌计算成图的原始数据[9]。

（3）控制系统

控制系统可以通过控制 Z 来保证探针对于样品表面起伏变化的连续追踪。若检测信号检测到误差信号，控制器需要在扫描管上施加一定的电压来改变探针与样品之间的距离，使误差信号归零，对应于不同扫描模式中保持作用力或者振幅恒定。

2. AFMIR 仪器构造

AFMIR 系统由电源、控制器、红外激光器、光路系统、原子力显微镜和计算机组成。如图 13-6 所示。

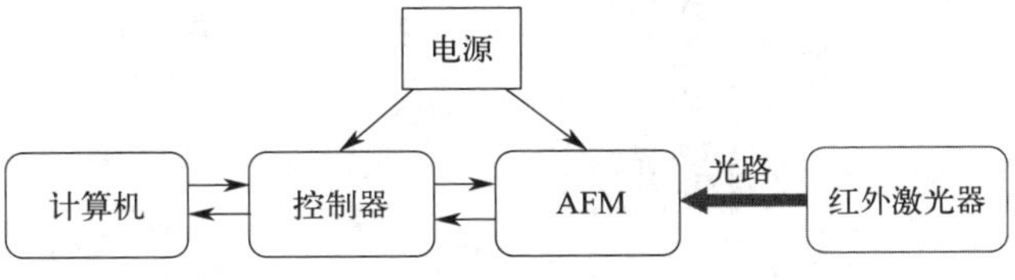

图 13-6　AFMIR 的结构示意图

（1）电源

电源主要负责为控制器和原子力显微镜提供直流电压。

（2）控制器

控制器包括数字信号处理器(DSP)、可编程逻辑器件(FPGA)、存储器、通信接口、A/

D 转换器、D/A 转换器等，控制器主要负责与计算机通信，设置压电晶体的电压值，读取信号等。

（3）红外激光器

为了获得纳米级的红外成像空间分辨率，红外光源需采用红外激光器。激光器负责提供测试所需要的可调谐脉冲红外光。

（4）光路系统

光路系统通过多级光学反射镜将脉冲红外光引导至测试样品表面，通过调节光学反射镜的位置和角度调节红外光的照射位置。

（5）原子力显微镜

原子力显微镜主要负责对样品表面进行扫描，获得样品表面形貌图像。原子力显微镜搭载一个闭环 X-Y 扫描台，可以准确地把探针定位在样品上。此外，通常配备光学显微镜，用来识别探针和样品表面的位置、观察样品情况。

（6）计算机

计算机主要负责各种测试数据的显示、处理和操作指令的发出。

3. 工作原理

基于 AFM 的基本结构，我们可以看出，AFM 探针的悬臂就像是一个线性弹簧，工作原理遵循 Hooke's 定律：$F=-k\Delta z$。F 表示针尖与样品之间的相互作用力；k 是悬臂的弹性系数；Δz 是悬臂的弯曲量。

当 AFM 对样片表面进行扫描时，压电系统控制探针在样品表面进行移动，二极管激光器发射的光束聚焦在悬臂上，通过悬臂反射到检测器上，产生光电信号，探针按照预设的作用力或振幅阈值对样品进行扫描，当探针遇到样品表面高度起伏变化时，具有一定弹性的悬臂就会发生弯曲度变化，打在探针悬臂上的激光点就会发生偏移。为了表征激光点的变化，定义四个象限，分别为 A、B、C、D，激光点在四个象限的总和为 SUM 值。当激光点在垂直方向进行移动时，vertical deflection（垂直偏转量）数值会发生变化，通过图 13-7 中的计算公式，可以表示激光点在垂直方向发生偏移的方向；另外，AFM 用 lateral deflection（横向偏转量）来表征激光点在水平方向的偏移。通过 SUM、vertical deflection 和 lateral deflection 三个数值可以准确地表征出激光点的表面。当检测器检测到激光点位置的变化后，再反馈给控制系统，控制系统控制探针上升或下降以保持作用力或振幅不变，通过这样的反馈过程，得到样品的三维形貌图。

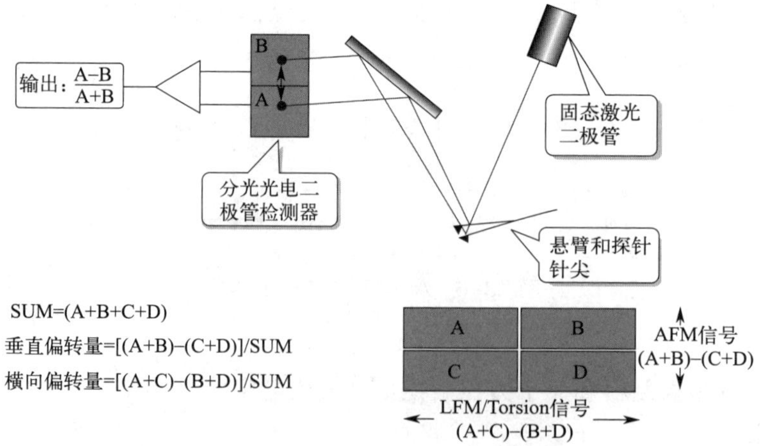

图 13-7　AFM 工作原理示意图

AFMIR 以原子力显微镜为基本平台，基于光热诱导效应，采用 AFM 探针扫描样品，一方面获得样品表面形貌图像，另一方面获得样品在红外光照射下的热膨胀信号，从而获得样品表面纳米级空间分辨率的红外吸收光谱。AFMIR 基于原子力显微镜获得样品表面微区的红外光谱，因此样品需满足 AFM 样品的基本要求。但由于 AFMIR 的检测信号是样品表面的热膨胀信号，因此样品厚度存在一个最优区间，当样品厚度过薄时，样品的热膨胀不明显，AFM 探针很难检测到信号，信噪比差；当样品厚度太厚时，样品的热扩散慢，空间分辨率将受到影响。通常样品的最优厚度与样品的红外吸收和自身性质相关。一般来讲，当样品厚度小于 100nm 时开始出现样品热膨胀不明显，检测信号过小的情况，当样品厚度大于 500nm 时开始出现样品热扩散不及时，空间分辨率下降的问题。检测模式主要分为接触模式红外(contact-IR)和轻敲模式红外(tapping-IR)。接触模式红外可以提供红外吸收成像和红外光谱分析；轻敲模式红外只能提供红外吸收成像分析，其空间分辨率高于接触模式红外。

四、主要功能及代表性应用

1. 功能

① 测量样品在气相或者液相中的形貌：当 AFM 对样品表面进行扫描时，由于在 Z 轴方向上的分辨率可以达到 0.1 nm，得到样品表面信息的同时还可以得到样品在 Z 轴方向上的高度变化。AFM 不仅可以测量气相环境中的样品还可以测量在液相环境中的样品，拓宽了测量样品的范围。

② 测量样品的力学性质：由于 AFM 是基于探针与样品表面之间的相互作用力来进行成像的，因此在 AFM 扫描过程中，会得到很多条探针-样品相互作用力曲线。根据力曲线，可以得到样品的力学性质。

当 AFM 的探针压到样品表面时，有的样品会发生一个弹性形变，有的样品会发生塑性形变。发生弹性形变的样品，遵循 Hooke's 定律：$F=-k\Delta z$。通过对测量过程中得到的力曲线进行后期处理，能得到测量过程中样品的力曲线。其中，k 就是样品的刚度(stiffness)，这是表征样品力学性质的一个重要参数。当样品发生弹性形变时，压缩长度的变化与样品本身的长度也有关系，为了更多地体现样品本身的性质，我们将 Δz 变为 $\Delta l/l$ 来表示，同时施加的力与接触面积也有关，因此 Hooke's 定律可以变形为：$F=EA\Delta l/l$。对于同一种材料，E 是一个常数，表示的仅仅是材料的性质，通常被称为杨氏模量(Young's modulus)[10]。

③ 测量样品的电学性质：使用接触模式时，在样品上施加电压，通过针尖接触构成一个完整的回路，可以高灵敏度地测量电流，从而获得样品的局部导电信息。

④ 测量样品的压电响应性能：压电力显微镜是 AFM 的一种工作模式，是基于接触模式下表征压电材料、铁电材料等的压电响应的测试，主要是探测样品在外加激励电压作用下的电致形变量及形变方向。

⑤ 测量单分子力谱：AFM 还可以测量一些分子内及分子间的一些相互作用力，例如蛋白的拉伸，蛋白、细胞表面受体与配体的识别等。

⑥ 纳米材料成分分析：AFMIR 可以直接对一维纳米材料和二维纳米材料进行红外光谱分析，通过分子指纹特征获得样品的成分信息。AFMIR 技术不需要对测试样品研磨和压片，可在原子力显微镜下直接找到一维/二维纳米材料，原位测试纳米材料的红外光谱，避免了材料制样过程中的物相结构的破坏。

⑦ 涂层化学成分的分析：AFMIR 可以分析聚合物、金属、陶瓷等基底上超薄涂层的化学成分。采用传统红外光谱技术对涂层进行化学成分分析时，信号往往受到基底的影响产生

基底杂峰，或者信号强度较弱无法进行分析。而 AFMIR 可以通过调整激光能量等参数获得聚合物、金属、陶瓷等基底上纳米涂层的纯净红外光谱，不混杂基底的红外吸收峰，且采用共振增强技术的 AFMIR 的信号强度较高，信噪比较好。

⑧ 纳米微区成分分析：在多相体系中，AFMIR 可以通过样品表面形貌图、相位图和模量图等表面信息获得多相体系的各相分布情况，再将探针直接移动到待分析的微区上进行原位红外光谱分析，从而得到材料纳米微区的成分信息。此外，AFMIR 还可以采用特征波长的红外光对样品表面进行扫描，直接获得某一成分在样品表面的分布情况。

⑨ 微区相分离分析：AFMIR 可以采用固定波长的红外光对样品表面进行扫描，获得样品在扫描区域对特定波长红外光的吸收差异，将探针的振幅信息绘制成红外吸收图，根据红外吸收的差异获得复合材料相分散、微区相分离情况。

2. 应用

（1）材料性质研究应用

材料的微观结构以及在 X、Y、Z 轴上的特征，都可以通过 AFM 的扫描呈现出来。例如，一些手性结构的材料逐渐被开发出来，通过 AFM 可以直观地表征手性材料的左旋或者右旋结构。通过 AFM 的形貌扫描，还可以表征二维薄膜材料表面的粗糙度。对薄膜材料进行切割处理后，通过 Z 轴上的高度统计可以计算薄膜的厚度。对于不同的薄膜材料，它的力学性能也具有很大差异。与三维的凝胶等材料不同，二维薄膜材料不能利用流变仪、压缩-拉伸机等测量其力学性质，而 AFM 的力学测量模块就可以实现二维薄膜材料力学性质的表征[11]。此外，当样品在微纳尺度的区域上有软硬差异时，通过 AFM 可进行微区的力学性质表征，这是区别于宏观力学表征手段的优势。

（2）生物医学研究应用

AFM 能够对样品进行原位测量，这是其在生物学和医学中迅速被广泛采用的主要原因。细胞是一个时刻处于液体环境中的系统，生命系统中的很多反应都是需要以液体环境为介质才能发生。由于 AFM 可以在近生理条件下观察样品，因此可以通过 AFM 实时记录活细胞中分子、细胞器和其他结构的动态过程。由于 AFM 可以测量样品材料的分子间力、电荷和其他物理化学特性，因此功能化探针可用于识别特定分子或相互作用力，例如配体-受体相互作用等[12]。基于原位测量的优势特点，AFM 在生物医学和临床医学（如癌症的诊断和治疗等）方面具有良好的应用前景[13]。

当外界环境发生改变时，细胞力学会被刺激，相关信号通路会导致细胞骨架的变化，宏观表现为细胞的力学性质发生变化。例如，在癌细胞的侵袭和转移过程中，细胞之间的黏附性降低，细胞的形状和硬度根据周围环境而变化以满足癌细胞自身的生理活动。因此，研究人员可以通过硬度、黏附力和杨氏模量等物理性质来确定细胞是否癌变，癌细胞是侵袭性还是转移性，以及药物对癌细胞的影响等[14]。目前已有研究者利用 AFM 测量细胞的力学性能来研究肿瘤发展的过程等[15]。因此，AFM 在生物医学应用研究中具有广阔的前景。

（3）聚合物共混物/复合材料应用

AFMIR 可以分析不同聚合物组分的分布、相分离状态以及界面性质。将激光调谐到任何特定的吸收带，然后将红外吸收的强度映射为样品表面上位置的函数，从而获得样品不同相的分散状态。有研究者采用 AFMIR 技术对丙烯腈-丁二烯-苯乙烯（ABS）热塑性聚合物与不同浓度聚碳酸酯（PC）的共混物进行了分析，发现 ABS 会相分离为富含聚丁二烯（PB）的区域和富含聚苯乙烯（PS）的区域。

高抗冲聚丙烯（HIPP）是一种应用广泛的多相多组分聚合物合金，在其聚丙烯基体中分散着由各种乙丙共聚物形成的、具有核壳结构的橡胶粒子。AFMIR 的高空间分辨率技术可以直接研究 HIPP 不同相区中的化学组成，利用 AFMIR 和傅里叶变换红外光谱(FTIR)谱图的高度一致性，研究人员首次发现聚丙烯是一些 HIPP 体系中橡胶粒子的硬核的主要成分。

(4) 多层膜的应用

多层膜在食品、药品、电子产品等领域有着广泛的应用。多层薄膜通常由很多层组成，每一层膜都具有不同的性质，且厚度逐渐向亚微米甚至纳米尺度发展，单层膜的厚度已经低于常规红外显微光谱的检测极限。AFMIR 可以发挥其高空间分辨率的优势，在多层膜领域通过红外吸收成分成像，测量膜的厚度和均匀性，表征层与层之间的界面。

(5) 纳米纤维成分、结构及取向

AFMIR 可以用来分析纳米纤维的成分、结构和分子取向。纳米静电纺丝纤维已经在药物传输、组织工程、功能材料等领域有了广泛的应用。纤维的成分分布和分子取向对其性能影响显著。受空间分辨率的限制，传统的分析方法很难获得纳米纤维内部的成分结构信息，AFMIR 在纳米纤维成分结构表征上表现出了极大的优势。近年来，有研究者采用 AFMIR 技术证明了纳米静电纺丝 PHBHx 纤维存在无定形相和结晶相，而且两相在空间上分离成核壳结构[16]。

(6) 新能源领域

钙钛矿太阳能电池是近年来研究的热点。钙钛矿是一种分子通式为 ABX_3 的晶体材料，通过在钙钛矿前驱液中引入外来分子(小分子或聚合物)添加剂，可以调控钙钛矿薄膜的结晶，提高钙钛矿太阳能电池的性能。利用 AFMIR 以特定波长(添加剂的吸收峰位)的红外光对钙钛矿膜进行扫描，可以精确定位添加剂在钙钛矿薄膜中的特定分布。空穴传输层(HTLs)对反式钙钛矿太阳能电池性能具有重大影响，因其显著影响太阳光透过、钙钛矿结晶以及界面电荷提取、输运、复合等性能，几个纳米至十几个纳米厚度的超薄空穴传输层在减少寄生吸收、降低电荷传输损失和材料成本等方面具有明显优势。AFMIR 技术可以用来研究在 ITO(氧化铟锡)上沉积的各种 HTLs 的均匀性。钙钛矿太阳能电池的另一关键问题是其随时间的稳定性。钙钛矿薄膜中甲胺阳离子(MA^+ 或 FA^+)在外界刺激(如光、热、电压)下，会发生迁移或者挥发，导致离子重新分布或者含量降低。通过 Nano-IR 可以检测稳定性测试前后 MA^+ 或 FA^+ 阳离子的含量与分布，从而表征薄膜的光/热/电压稳定性。此外，AFMIR 还可以表征钙钛矿薄膜结晶后 MA^+ 或 FA^+ 的分布的均匀性，从而反映薄膜结晶的均匀性。AFMIR 还可以进行锂电池脱锂相变研究，可以十分快速且方便地表征不同的化学相。

(7) 光刻材料领域

随着半导体制程线宽的不断缩小，目前先进制程可达 10 nm 以下，其中先进光刻材料的开发必不可少。因而，对光刻胶工艺和材料的计量需求变得越来越迫切，以揭示控制图案化线条的结构线宽、化学信息变化和线边缘粗糙度(LER)随机效应。因此，AFMIR 能够以纳米级空间分辨率监测细微化学变化，是理解光化学和最终光刻胶结构之间关系的理想工具。

AFMIR 可用于化学放大光刻胶曝光分析、极紫外(EUV)光刻胶不同曝光剂量的研究、电子束光刻胶对比度研究、导向自组装(directed self-assembly，DSA)光刻材料组分分析以及 DSA 光刻材料线边缘粗糙度研究等。DSA 是一种极具潜力的图形化工艺，通过分子自组装实现高分辨图案化，可打破传统光刻的衍射极限，有望在下一代光刻技术中得到应用。该技术的原理是：嵌段共聚物(BCPs)由于热力学不相容而发生微相分离，在一条件下进行可控自组装，进而得到定向排列的 BCPs 薄膜。与其他技术相比，DSA 无需光源和掩模版，具有低成本、高分辨率和高产率的优势。有研究者研究了 DSA(导向自组装)PS-*b*-P2VP 通过 EUV-IL(极紫外干涉光刻技术)的制造过程，使用 AFMIR 在不同的波段分别对 PS 和 P2VP 进行选择性成像，并和同时得出的形貌图像进行对比，此外，还可同时在 AFMIR 图像中发现外来污染物的存在。

聚苯乙烯-*b*-聚甲基丙烯酸甲酯(PS-*b*-PMMA)是用于 DSA 的标准材料，易于组装，而且开发使用 PS-*b*-PMMA 的 DSA 工艺已经取得了重大进展。然而 PS-*b*-PMMA 由于其较小的 Flory-Huggins 相互作用参数(χ)，不能用于 10 纳米以下的特征图案。因此，需要有一种材料能够实现更小特征尺寸图案化，并解决突出的问题，如缺陷密度和线边缘粗糙度。已经有研究者通过 AFMIR 技术发现添加离子液体可以增加蚀刻比和 χ，可以有效地降低 LER。

(8) 生命科学的应用

生命科学中充斥着亚微米、纳米尺度的复杂材料排列，空间分辨率达到纳米级的 AFMIR 技术可以将红外光谱的能力扩展到生命科学中的许多新问题中。AFMIR 技术已经开始应用于亚细胞成像和光谱分析、细菌和哺乳动物细胞的测量等领域。

传统的红外显微光谱法应用于细胞生物学的研究近年来得到广泛关注，其中部分原因是同步加速器红外光源与红外显微光谱的集成使红外光谱的分辨率得到了提升，红外光谱可以检测细胞或特定细胞器的细胞类型、生理状态、病理状态和环境反应等。但许多生物学现象，如内质网中蛋白质的产生、细胞核中染色质的转化或溶酶体中的降解，都发生在远低于传统红外显微光谱分辨率极限的尺度上，AFMIR 可以轻松将红外光谱的分析方法引入亚微米甚至纳米尺度的细胞生物学研究中[17]。如 Clede 等人提出了一种通过红外光谱检测细胞器的方法，该方法可以避免染色等复杂工艺，但却受到了传统红外显微光谱空间分辨率的限制，而 AFMIR 则可以轻松获取细胞器的精细红外图谱和高分辨率光谱。AFMIR 还可用于各种组织样本(包括骨骼、皮肤和头发)，采用纳米级光谱技术揭示脂质、蛋白质、矿物质和化学添加剂的分布情况。

(9) 药物学中的应用

在药物科学中，药物成分、混溶性、分散性、相分离和结晶度等特性都会影响药物的功效和稳定性。红外光谱法已经在药物科学中得到了广泛的应用，而近年来原子力显微镜也开始逐步应用到药物科学中。AFMIR 结合了红外光谱技术和原子力显微镜技术，已被用于研究各种药物配方，为药物制备中关键问题的解决提供了新思路。

第二节　仪器分析实验

实验 13-1　原子力显微镜表征薄膜的形貌和厚度

Characterization of Morphology and Thickness of Films by Atomic Force Microscopy

【实验目的】

1. 了解原子力显微镜(AFM)的原理，包括硬件结构、不同的工作模式等。
2. 学习使用 AFM 仪器在气相环境中进行薄膜材料厚度和形貌测试的基本操作。
3. 学习处理 AFM 数据，分析薄膜的厚度和表面形貌。

【仪器与试剂】

AFM (如 Bruker BioScope Resolve)。

厚度 10～300 nm 的薄膜。

【实验步骤】

1. 实验准备工作

① 确保实验室安全，并遵循相关安全操作规程，佩戴适当的个人防护装备。

② 确保 AFM 仪器激光点正常并保持稳定。

2. 准备样品

① 用手术刀小心地在薄膜表面划几道笔直的划痕，用氮气将薄膜表面吹净。

② 将带有划痕的薄膜用双面胶粘在铁片上固定。

3. AFM 测量

① 将粘有样品的铁片放在样品台中央的磁性样品盘上，然后小心缓慢地放上扫描器。

② 选择实验具体模式：ScanAsyst；选择实验环境：Air。

③ 选择使用的探针类型。

④ 进入实验界面，调整检测器光点接收信号，并将扫描头靠近样品表面以看清样品，移动至有划痕的位置扫描。

⑤ 点击“Check Parameters”图标，进入实验参数设置。设定以下扫描参数：“Scan size”设为小于 1 μm，“X offset”和“Y offset”设为 0，“Scan angle”设为 0，“ScanAsyst Auto Control”设为 ON。

⑥ 点击“Engage”进针。

⑦ 进针结束开始扫图。将“Scan size”设置成要扫描的范围，调整参数使扫描图像清晰，扫描结束保存数据。

⑧ 点击“Withdraw”，退针。再点击“Navigate”界面，向上移动扫描管，使探针远离样品表面。

【结果分析】

用 AFM 后处理软件打开保存的数据，先使用“Flatten”或“Plane fit”工具进行基底拉平操作。使用“Section”工具在薄膜划痕处拉出一道直线，通过划痕处的高度差即可得到薄膜的厚度。使用“Roughness”工具即可得到薄膜的平均粗糙度(Ra)、均方根粗糙度(Rq)等信息。

综上所述，本实验通过 AFM 仪器的应用，测量了薄膜厚度，分析了薄膜表面粗糙度。通过本实验，学习了 AFM 仪器在气相环境中测试薄膜样品的步骤和数据分析方法，加深了对 AFM 原理和技术的理解，为进一步研究其他各种薄膜材料打下了基础。

【注意事项】

1. 二极管激光器发出的激光束需要聚焦在微悬臂背面。在样品扫描时，由于样品表面与微悬臂探针尖端的原子间的相互作用力，微悬臂将随样品表面形貌而发生弯曲变化，反射光束也将随之偏移。因而，通过光电二极管检测光斑位置的变化，就能获得被测样品表面形貌的信息。

2. 将扫描头靠近样品表面时，要控制好扫描头与样品之间的距离，不能使探针接触到样品。

3. 样品测试过程中，参数设置中的“Setpoint”数值不能过大，避免针尖压力过大磨损严重。

4. 遵循实验室的废弃物处理规程，将废液和废料正确处理。

【思考题】

1. 测量薄膜厚度时，为什么要先在薄膜上制造划痕？

2. AFM 工作模式中的轻敲模式有什么优势和缺点？

实验 13-2　原子力显微镜表征纳米颗粒在液相环境中的力学性质 Characterization of Mechanical Properties of Nanoparticles in Solutions by Atomic Force Microscopy

【实验目的】

1. 学习聚合物纳米颗粒在液相环境中的样品制备。
2. 学习使用 AFM 仪器在液相环境中对聚合物纳米颗粒力学性质进行测量。
3. 学习处理 AFM 数据，得到样品的刚度(stiffness)以及杨氏模量(Young's modulus)。

【仪器与试剂】

AFM（如 Bruker BioScope Resolve)。

PBS 溶液，氨丙基三乙氧基硅烷(APTES)。

【实验步骤】

1. 实验准备工作

① 确保实验室安全，并遵循相关安全操作规程，佩戴适当的个人防护装备。

② 确保 AFM 仪器激光点正常并保持稳定。

2. 准备样品

① 在云母片上滴加 20 μL APTES，静置 10 min 左右，等溶液稍微出现浑浊，用 PBS 溶液清洗云母片 2～3 次。

② 立即滴加 20 μL 聚合物纳米颗粒的胶体分散液，静置 10 min，然后再用 PBS 溶液清洗云母片 2～3 次。

③ 在云母片上滴加 30 μL PBS 溶液，完成样品制备工作。

3. AFM 测量

① 首先选择适合样品的探针。由于待测聚合物纳米颗粒，其杨氏模量在 kPa 级别，同时为了更好地保护样品，因此选用 PFQNM-LC-A-CAL 型号的球形探针测量样品，并将探针安装在探针夹上。

② 选择力学测量的工作模块。

③ 针对该样品，采用绝对法进行测量。由于杨氏模量的计算需要使用适合的模型进行拟合，所以需要校正参数。

④ 调整好激光点后，需要在针尖表面挂上 PBS 液滴，使整个针尖浸泡在液体的环境中，然后将扫描器放置在样片台上，微调激光点，开始扫描。

⑤ 点击“Engage”进针，然后在视野中找到一个干净的基底，紧接着在这个区域压一条力曲线，来校正探针的“Deflection”。由于 PFQNM-LC-A-CAL 型号的球形探针的弹性系数(k)已经校正好，因此只需按照探针盒后面的标注输入探针的 k 值、半径(r)以及泊松比(v)。至此，需要校正的参数就完成了。

⑥ 进针开始扫描，扫描过程中通过调节“Setpoint”数值来调节针尖对聚合物纳米颗粒的扫描，测量过程中要注意探针对聚合物纳米颗粒的压入深度不要超过样品尺寸的 20％，扫描结束后保存数据。

⑦ 点击“Withdraw”，退针。再点击“Navigate”界面，向上移动扫描管，使探针远离样品表面。

【结果分析】

首先将力曲线的基线拉平，然后找到压入样品的接触点，对压入深度进行校正，此时通过计算力曲线中压入部分的斜率就可得到样品的刚度(stiffness)。进一步采用 Hertz Model 对样品进行杨氏模量的拟合，就可以得到样品杨氏模量的具体数值。

通过本次实验，我们可以了解到关于样品的力学性质，并且对于样品的力学性质可以得到一个定量的结果。通过实验，加深了对 AFM 原理和技术的理解，为进一步拓宽 AFM 的应用打下了坚实的基础。

【注意事项】

1. 在样品的制备过程中需要注意，APTES 的水解时间不能过长，如果水解时间过长，会在云母片表面形成一层二氧化硅纳米颗粒，影响聚合物纳米颗粒的固定及力学性质的测量。

2. 对于力学测量来说，探针以及测量方式的选择十分重要。对于不同刚度的样品，选择的针尖的 k 值不同，软的样品适合用软的探针测量，硬的样品则用硬的探针测量。

3. 如果需要测量的是一系列样品，则在测量过程中需要保持基本参数以及压入深度的一致性，这样一系列样品之间才有比较的意义。

4. 想要得到样品准确的力学性质，数据的后期处理特别重要。需根据样品测量所符合的力学模型去进行拟合，从而得到力学数据。

【思考题】

1. 测量聚合物纳米颗粒的力学性能时，为什么软的样品选择用软的探针测量，而硬的样品选择用硬的探针测量?

2. 为什么测量聚合物纳米颗粒的力学性能之前，要进行相关参数的校正?

实验 13-3 原子力显微镜表征细胞在液相环境中的形貌 Characterization of Cell Morphologies in Liquid Environment by Atomic Force Microscopy

【实验目的】

1. 学习细胞在液相环境中的样品制备。
2. 学习使用 AFM 仪器在液相环境中进行形貌测试的基本操作。
3. 学习处理 AFM 数据，得到样品的表面形貌图。

【仪器与试剂】

AFM（如 Bruker BioScope Resolve）。

PBS 溶液，1640 培养基，4T1 肿瘤细胞。

【实验步骤】

1. 实验准备工作

① 确保实验室安全，并遵循相关安全操作规程，佩戴适当的个人防护装备。

② 确保 AFM 仪器激光点正常并保持稳定。

2. 准备样品

① 将 4T1 肿瘤细胞铺在共聚焦小皿中，用 1640 培养基(含 10% FBS 以及 1%青链霉素混合液)进行培养，使细胞贴壁。

② 在进行 AFM 测量之前，去掉 1640 培养基，用 PBS 溶液轻轻将细胞洗两遍，不要让细胞飘起来。

③ 将处理好的细胞放置在样品台上，通过温度控制器控制小皿温度为 37 ℃，并将 5% 的二氧化碳通入其中。

3. AFM 测量

① 首先选择样品合适的探针。选择 PFQNM-LC-A-CAL 型号的探针测量细胞表面，并将探针安装在探针夹上。

② 选择“peak forcing tapping in fluid”的工作模式测量。

③ 实验开始之前，首先需要调整激光点，在探针上滴加一滴 PBS 溶液，使得整个针尖都处在一个液相环境当中，然后将扫描器放置在样片台上，微调激光点，开始扫描。

④ 点击“Check Parameters”图标，进入实验参数设置。设定以下扫描参数：“Scan size”设为小于 1 μm，“X offset”和“Y offset”设为 0，“Scan angle”设为 0，“ScanAsyst Auto Control”设为 ON，下针的阈值作用力 Engage setpoint 要设置小一些，如 0.05 V。

⑤ 点击“Engage”进针。

⑥ 进针结束开始扫图。扫描过程中通过调节“Setpoint”数值来调节针尖对 4T1 肿瘤细胞表面的追踪，同时对于 Z 轴方向上比较高的 4T1 肿瘤细胞来说，需要将“Peak Force Amplitude”和“Lift height”调大，扫描结束后保存数据。

⑦ 点击“Withdraw”，退针。再点击“Navigate”界面，向上移动扫描管，使探针远离样品表面。

【结果分析】

将保存得到的“Height sensor”通道的图放置在后处理软件中进行处理，以得到更清晰的 4T1 肿瘤细胞表面形貌图。首先需要对基地进行一个拉平，然后可以对图片中存在的跳线等问题进行处理就可以得到一个比较清晰的 4T1 肿瘤细胞表面形貌图。

通过本次实验，我们对 4T1 肿瘤细胞表面的形貌进行了测量，了解了液相环境中样品如何制备。同时学习了 AFM 仪器在液相环境中测量的方法以及注意点，加深了对 AFM 原理和技术的理解。

【注意事项】

1. 首先对于细胞液相环境中的测量来说，样品的制备非常关键。4T1 肿瘤细胞需用 1640 培养基至少过夜处理，使细胞完全贴壁。当去掉培养基，用 PBS 对样品进行冲洗时，需要轻轻地，不要将细胞吹起来，但同时需要对样品多冲洗几次，避免残留的培养基中的蛋白吸附到探针的表面上，影响实验结果。

2. 由于液相环境中更多因素的干扰，激光点容易不稳定，需要提前将 PBS 预热到 37 ℃，并且可以等激光点稍微稳定后再进行测量。

3. 由于细胞是一个非常软的样品，因此在测量过程中需要将“Setpoint”数值设置尽可能减小，降低对细胞表面的损伤。

4. 细胞一般体积比较大，因此在测量过程中，需要将“Lift height”数值调大，这样才能在 Z 轴上扫描出细胞本身的形貌。

【思考题】

1. 测量细胞液相形貌时，应该选择接触模式还是轻敲模式？两种模式的优缺点是什么？

2. 思考为什么要在 PBS 的环境中测量样品？

实验 13-4 原子力红外光谱检测复合材料形态结构

Determination of the Morphological Structure of Composite Materials by Atomic Force Microscopy-based Infrared Spectroscopy

原子力显微镜红外光谱（AFMIR）是在原子力显微镜扫描样品的同时，采用红外光照射探针尖端下方的样品检测区域，因此原子力显微镜红外光谱是纳米级空间分辨率的红外光谱分析方法。聚合物复合材料中存在多种材料成分，而每种成分的尺寸往往在亚微米甚至纳米尺度上，传统的红外光谱很难对纳米尺寸的相分布进行直接的测量分析。而原子力红外光谱凭借其极高的空间分辨率优势，可以直接对复合材料进行红外吸收衬度成像，通过红外吸收衬度图，获得待测样品的相分布。基于上述原理，本实验旨在介绍原子力红外光谱的基本实验方法和在聚合物复合材料中的应用。以环氧树脂/聚甲基丙烯酸甲酯为例，通过原子力红外光谱技术，分析聚甲基丙烯酸甲酯的相形态及分散情况，描述样品的制备、固定方法及原子力显微镜红外光谱的测试流程，同时介绍实验过程中需要注意的安全事项。

【实验目的】

1. 了解原子力显微镜红外光谱（AFMIR）的原理，包括光热诱导效应、共振增强技术等。

2. 学习使用 AFMIR 进行实验的基本操作流程。

3. 学习 AFMIR 的数据采集方法，并分析 AFMIR 红外吸收衬度图，判断聚甲基丙烯酸甲酯的形态结构及分布情况。

【仪器与试剂】

原子力显微镜红外光谱仪，包括 QCL 激光器和 OPO 激光器。

AFM 基底、镊子、胶带、探针、环氧树脂/聚甲基丙烯酸甲酯。

【实验步骤】

1. 实验准备工作

① 确保实验室安全，并遵循相关安全操作规程，穿实验服，佩戴适当的个人防护装备。

② 确保激光器、控制器、电源系统和控制电脑打开，打开高压气瓶，确保气浮平台正常工作，选择 QCL 激光器，并与之建立正确连接。

2. 待测样品制备

采用冷冻超薄切片机对环氧树脂/聚甲基丙烯酸甲酯进行超薄冷冻切片，切片厚度为 200 nm，切好的样品薄片平铺在硅片基底上，随后采用环氧树脂或胶带将其粘在铁片上待用。

3. AFMIR 检测

① 安装适用于 AFMIR 检测的探针，并调整检测激光的位置到悬臂梁的前端。

② 将样品台从机台中取出，并将粘贴在铁片上的样品直接放置在样品台上，二者可以利用磁力牢固吸附，然后将该样品台重新放置回机台中。

③ 调节扫描速率、扫描范围、积分增益、比例增益和“Setpoint”等参数，扫描样品获得样品表面形貌图。

④ 采集激光器背景。

⑤ 将探针位置调整到待测样品上，调节激光能量、激光位置、激光频率和探针的接触共振频率，采集样品表面的红外光谱。

⑥ 固定红外光波长为 C＝O 的特征吸收峰，采用固定波长的红外激光扫描样品表面，得到聚甲基丙烯酸甲酯在环氧树脂中的形态和分布情况，将探针固定在聚甲基丙烯酸甲酯

上，原位分析聚甲基丙烯酸甲酯的红外光谱。

【结果分析】

根据采集到的红外吸收衬度图，分析聚甲基丙烯酸甲酯在环氧树脂中的形态和分布情况。

综上所述，本实验通过 AFMIR 技术的应用，原位检测了聚甲基丙烯酸甲酯在环氧树脂中的形态和分布情况，以及微相的化学成分，为复合材料相分布及原位光谱分析提供了直接研究手段。

【注意事项】

1. 复合材料厚度是影响 AFMIR 检测空间分辨率的一个重要因素，因此要获得高空间分辨率的红外吸收衬度成像，在保证信号强度的前提下应尽量减小复合材料切片厚度。为避免样品漂移，样品一般采用环氧树脂胶固定在铁片基底上，并稳定 2 小时以上再测试。

2. 在操作 AFMIR 仪器时，注意避免激光对眼睛及身体其他部位的影响。遵循实验室的废弃物处理规程，将废液和废料正确处理。

【思考题】

1. 影响 AFMIR 红外光谱吸收峰强度的因素有哪些？

2. 在 AFMIR 测试过程中红外激光能量选择的依据是什么？

【参考文献】

[1] Binnig G，Rohrer H. Scanning tunneling microscopy：From birth to adolescence [J]. Reviews of Modern Physics，1987，59 (3)：615-625.

[2] Moreno Flores S，Toca-Herrera J L . The new future of scanning probe microscopy：Combining atomic force microscopy with other surface-sensitive techniques，optical microscopy and fluorescence techniques [J]. Nanoscale，2009，1 (1)：40-49.

[3] Kurouski D，Dazzi A，Zenobi R，et al. Infrared and Raman chemical imaging and spectroscopy at the nanoscale [J]. Chemical Society Reviews，2020，49 (11)：3315-3347.

[4] Hong Y，Zhang D L，Gao Z L，et al. Constructing two-dimensional interfacial ice-like water at room temperature for nanotribology [J]. Nano Research，2023，16 (7)：9977-9982.

[5] 洪月．基于原子力显微镜技术对界面水的动态行为及性质研究 [D]．济南：山东大学，2020.

[6] Yuan B K，Chen P C，Zhang J，et al. Research progress in atomic resolution microscopy [J]. Acta Physico-Chimica Sinica，2013，29 (7)：1370-1384.

[7] Dazzi A，Prater C B. AFM-IR：Technology and applications in nanoscale infrared spectroscopy and chemical imaging [J]. Chemical Reviews，2017，117 (7)：5146-5173.

[8] Dazzi A，Glotin F，Carminati R. Theory of infrared nanospectroscopy by photothermal induced resonance [J]. Journal of Applied Physics，2010，107 (12)：124519.

[9] 王盼．第二代高温涂层导体用金属基带织构和表面光洁度的研究 [D]．北京：北京工业大学，2016.

[10] Magazzù A，Marcuello C. Investigation of soft matter nanomechanics by atomic force microscopy and optical tweezers：A comprehensive review [J]. Nanomaterials，2023，13 (6)：963.

[11] Qi Y B. Investigation of organic films by atomic force microscopy：Structural，nanotribological and electrical properties [J]. Surface Science Reports，2011，66 (11/12)：379-393.

[12] 石艾斯．不同硬度基底肿瘤细胞力学特性的原子力显微测量 [D]．福州：福建师范大学，2019.

[13] Dufrêne Y F，Ando T，Garcia R，et al. Imaging modes of atomic force microscopy for application in molecular and cell biology [J]. Nature Nanotechnology，2017，12 (4)：295-307.

[14] Deng X Y，Xiong F，Li X Y，et al. Application of atomic force microscopy in cancer research [J]. Journal of Nanobiotechnology，2018，16 (1)：102.

[15] Krieg M，Fläschner G，Alsteens D，et al. Atomic force microscopy-based mechanobiology [J]. Nature Reviews Physics，2019，1 (1)：41-57.

[16] Gong L，Chase D B，Noda I，et al. Discovery of β-form crystal structure in electrospun poly [(*R*) -3-hydroxybutyrate-*co*-(*R*) -3-hydroxyhexanoate] (PHBHx) nanofibers：From fiber mats to single fibers [J]. Macromolecules，2015，48 (17)：6197-6205.

[17] 李春晖．高抗冲聚丙烯中共聚物在核壳粒子中的分布 [D]．合肥：中国科学技术大学，2020.

第十四章　激光扫描共聚焦显微镜
Laser Scanning Confocal Microscope

第一节　仪器结构与原理

一、技术概述及发展历程

激光扫描共聚焦显微镜(laser scanning confocal microscope，LSCM)，简称激光共聚焦显微镜，是利用激光以及计算机图像技术获得样品三维形貌信息的显微分析仪器。该仪器的共聚焦光路设计使得它可以滤除焦平面以外的杂散光和衍射信号，比传统的宽场荧光显微镜具有更好的成像分辨率和灵敏度。目前已在生物学、化学、医学、药学、材料等许多领域得到广泛应用[1-2]。

1957 年，美国科学家马文・明斯基(Marvin Minsky)提出了共聚焦显微镜技术的基本原理[3]。1967 年艾格(Egger)和彼得兰(Petrán)成功利用共聚焦显微镜得到了一个光学横断切面。在共聚焦成像系统中，采用点光源照明样品并进行逐点扫描，携带样品信息的光被探测器收集，缩小探测光斑有利于提高成像分辨率。在共聚焦技术问世初期，由于没有找到适合的光源，采集图像的质量并未达到理想状态，激光的引入极大地提升了显微镜的成像能力，例如利用激光的相干性可以制备出全息显微镜，而利用激光的单色性作为荧光激励则可以制备出激光荧光显微镜。以激光为光源的激光共聚焦显微镜在 1978 年被研制出来，1984 年第一台具有高分辨率的激光共聚焦显微镜实用产品问世，1987 年激光共聚焦显微镜的商业化产品开始出现[4]。

由于衍射极限的限制，常规的共聚焦成像分辨率难以低于 200 nm，而许多生物大分子、细胞器、亚细胞结构以及细胞膜内部的生理活动通常发生在几纳米到几百纳米的尺度上。为解决这个问题，超高分辨成像技术逐渐发展起来。目前的超高分辨显微技术主要有以下几类[5-9]：一是通过调制照明光斑以缩小系统点扩散函数(point spread function，PSF)的技术，主要代表是受激发射损耗技术(stimulated emission depletion，STED)；二是基于单分子定位的技术，包括光激活定位显微技术(photoactivated localization microscopy，PALM)、随机光学重建显微技术(stochastic optical reconstruction microscopy，STORM)以及荧光活化定位显微技术(fluorescence photoactivated localization microscopy，FPALM)；三是基于结构照明原理的结构光照明显微技术(structured illumination microscopy，SIM)。

对比这几种超分辨成像技术[10]，STED 技术是在共聚焦显微术的基础上发展而来，无需后期进行算法重构，降低了产生假象的可能性，同时在光学层析能力、成像深度和速度方面也有一定优势，应用更加广泛，2014 年斯特凡・赫尔(Stefan Hell)，埃里克・本茨格(Eric Betzig)和威廉・默尔纳(William Moerner)三位科学家也因此荣获当年的诺贝尔化学奖，但该技术激发光功率较大，容易导致光漂白现象的发生。PALM 和 STORM 技术在原理上都是基于荧光分子的光转化和单分子定位，成像的空间分辨率很高，可实现单分子分析；但是这类技术的超高分辨图像是经过计算处理得到的，产生假象的可能性较大。SIM

技术借助结构光配合图像重构算法得到超高分辨图像，并非完全意义上的超高分辨率技术，同样存在产生假象的可能性，但其优势在于对荧光探针的要求较低，时间分辨率高，荧光光子利用率高，相对 STED、PALM 等技术，SIM 技术使用的激光功率较弱。

二、基本原理

常规的光学显微镜光源为场光源。由于光散射，视野内样品上的每个点都同时被照射并成像。由于样品具有一定厚度，入射光照到样品上时，位于焦平面外的反射光也通过物镜面成像，导致图像的信噪比降低，影响成像的清晰度和分辨率。此外，传统的光学显微镜只能对样品做局部平面成像。而激光扫描共聚焦显微镜脱离了这种模式，它以激光作为光源，将激光聚焦到样品焦平面上进行逐点扫描，焦点所发射的荧光经探测针孔后被光电倍增管探测器所采集，再由计算机转化成为荧光图像。逐点扫描的方式和共聚焦针孔对非焦平面及焦平面非焦点荧光信息的阻隔，有效地提高了图像的分辨率。由于仪器在光源前有一个光源针孔，而在探测器前有一个探测针孔，两针孔的位置相对于物镜焦平面是共轭的，即光点通过透镜系统能同时聚焦于光源针孔和探测针孔，因此称之为“共聚焦”[11]。除了逐点扫描外，扫描系统还可以沿样品的 Z 轴上下移动，由此得到样品不同层面的连续光切图像，形成三维图像。

STED 显微技术基本原理是采用两束同轴光路激光同时照射样品，其中一束激光用来激发荧光分子，使物镜焦点艾里斑范围内的荧光分子处于激发态；同时，用另外一束中心光强为零的环形损耗激光与之叠加，使物镜焦点艾里斑边沿区域处于激发态的荧光分子通过受激辐射损耗过程返回基态而不自发辐射荧光，因此只有中心区域的荧光分子可自发辐射荧光，从而获得超衍射极限的荧光发光点(如图 14-1 所示)，横向成像分辨率可达 50 nm。从理论上来讲，由于 STED 损耗光为环状光束且其中心强度为零，因此环状损耗光越强，则由第一束激发光激发的荧光分子所占的区域就越小，其横向分辨率就越高，横向分辨率 d 用公式(14-1)可表示为：

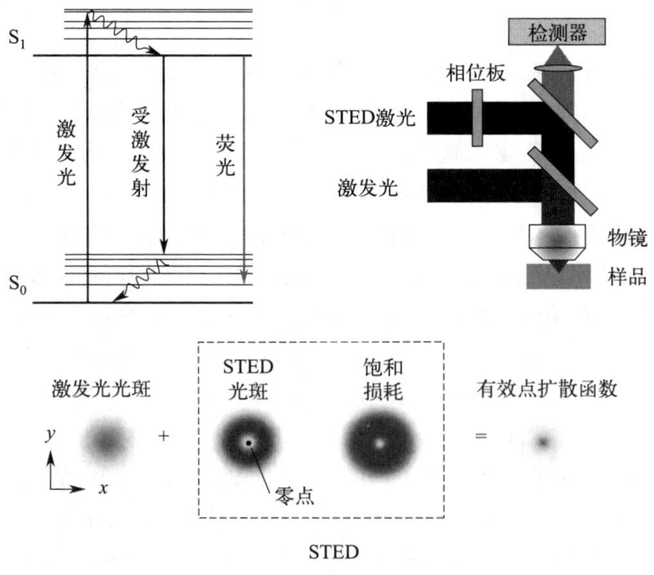

图 14-1　STED 技术原理示意图

$$d=\frac{\lambda}{2n\sin\theta\sqrt{1+I/I_s}} \tag{14-1}$$

式中，λ 为激发光波长；I_s 为饱和受激辐射光强度；I 为 STED 光强度。

三、仪器结构及工作原理

1. 仪器构造

激光扫描共聚焦显微镜结构以光学显微镜为基础，使用激光作为光源，采用灵敏的光电倍增管(photomultiplier tube，PMT)作为探测器。通过计算机控制扫描振镜扫描样品，图像的采集和显示简洁高效。图像通过计算机进行存储，并可借助多种软件进行分析处理。

图 14-2 为 LSCM 结构示意图。光源为激光点光源，该点通过物镜聚焦在样品上。扫描装置控制光点进行逐行扫描。来自样品的发射光首先被针孔后的 PMT 检测，而后将图像输出到计算机。

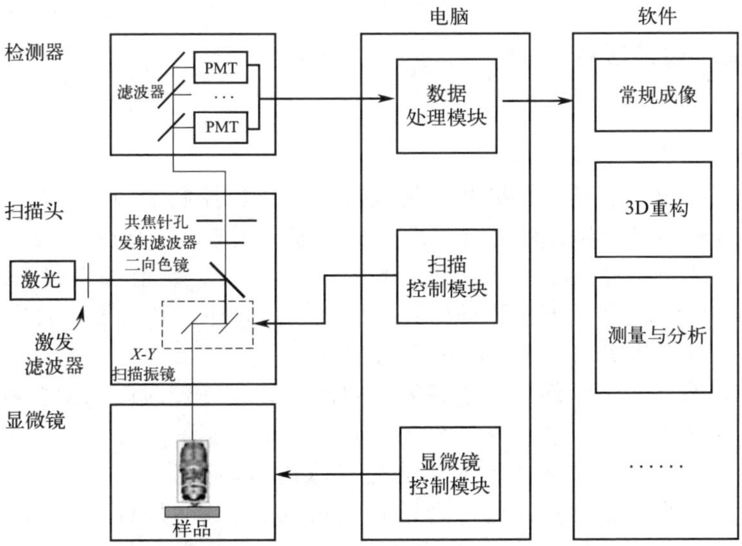

图 14-2 激光扫描共聚焦显微镜（LSCM）结构示意图

2. 工作原理

图 14-3 为激光扫描共聚焦显微镜光路示意图，激光束经照明针孔，经由二向色镜反射至物镜，并聚焦于样品上，对样品内焦平面上每一点进行扫描。扫描模块可以提供三个维度的相对位移，以此获取完整的图像。然后，激发出的荧光经原来的入射光路直接反射回到二向色镜，通过探测针孔时先聚焦，聚焦后的光被 PMT 探测收集，并将信号输送到计算机，在彩色显示器上显示图像。光路中，只有在焦平面上的光才能穿过探测针孔，焦平面以外区域的光线不能通过针孔。因此，非观察点的背景呈黑色，反差增加，成像清晰。移动样品和物镜的相对位置，就能够以无损方式得到一系列沿高度方向上的成像图片，通过三维重建可以把一系列的二维图像重组成完整的三维图像[12]。通过分析水平图像上单个像素位置在高度上的亮度变化曲线，可以得到当前像素位置的物体高度值。

3. 基本参数

(1) 采样分辨率

采样分辨率通常与物镜的数值孔径(NA)和检测波长有关。在放大倍数固定的情况下，扫描密度越高，采样点越多，图像分辨率越高，但相应的扫描速度也会越慢，样品荧光淬灭的概率也会增加。与高倍物镜相比，低倍物镜需要更高的扫描分辨率。

（2）图像亮度(信号强度)

a. 与物镜数值孔径和针孔大小有关。NA 值相同时，倍率越高，亮度越低。共焦针孔越大，图像越亮，但分辨率会下降。

b. 与激发光强度有关。激发光强度越高，图像越亮，但样品也更容易淬灭。

c. 与发射光接收范围有关。在荧光发射光谱范围内，增大采集范围，图像越亮。

d. 与检测器有关。通过增加 PMT 检测器的增益值，可提高信号强度，但噪声也会同步增强。因此在保证图像质量的前提下，增益值越小越好。

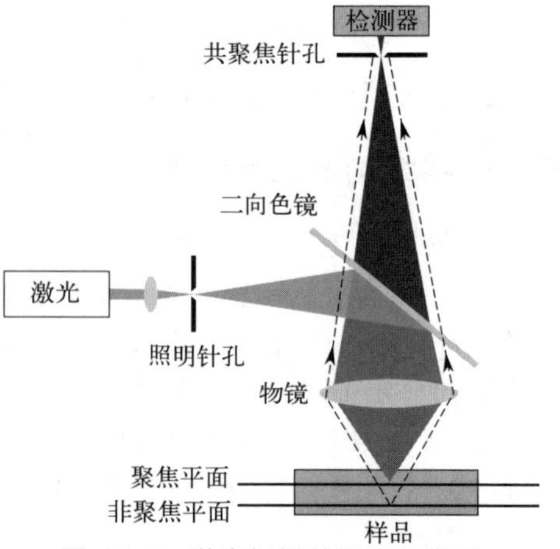

图 14-3 激光扫描共聚焦显微镜（LSCM）光路示意图

四、主要功能及代表性应用

1. 功能

① 单荧光及多荧光标记成像。

② Z 扫描和三维重构：激光扫描共聚焦显微镜可通过控制物镜对样品不同层进行成像，对样品进行分层观察并对扫描区域进行三维重构。配合相应的图像分析软件，可得到样品表面粗糙度、沟痕深度、凸起高度、台阶高度等定量数据[12-13]。也可以用于研究各种具有靶向或特异性物质在亚细胞器不同焦平面和部位的分布。此外，激光扫描共聚焦显微镜特有的图像拼接功能还可以快速实现大区域的观察与测量。

③ 时间序列成像：通过软件设置拍照的时间间隔，在一定时间内对样品进行连续成像。此功能多用于活细胞成像，通过时间序列成像研究生理学过程。

④ 光谱扫描：光谱扫描最常被用于对荧光成像进行串色分离。多数植物类样品或老龄化细胞会有比较严重的自发荧光；通过光谱扫描可确定合适的成像激发波长和接收波长范围，可以很好地降低荧光干扰。此外，也可以用于自主研发荧光染料的光谱采集。

2. 应用

激光扫描共聚焦显微镜在材料科学、生命科学、环境科学等诸多领域具有广泛的应用。

（1）细胞生物学应用

a. 组织和细胞的荧光成像　激光扫描共聚焦显微镜应用照明针孔与检测针孔共轭成像，有效抑制了焦外模糊成像。仪器可以对荧光染色的标本以单波长、双波长或多波长模式，对单标记或多标记的细胞及组织标本进行定位、定性、定量及实时分析。

此外，激光扫描共聚焦显微镜通过对同一样品不同层面的实时扫描成像，对活细胞或组织进行无损伤“光学切片”，这种功能也被形象地称为“显微 CT”。进行图像叠加可构成样品的三维结构图像，用于对样品的立体结构进行分析，直观地进行形态学观察，并揭示亚细胞结构的空间关系，显示荧光信号在形态结构上的精确定位，使细胞结构和功能方面的研究达到分子水平。

b. 细胞间通信的研究　动物和植物细胞中缝隙连接介导的胞间通信在细胞增殖和分化中起着重要作用。激光扫描共聚焦显微镜可通过观察细胞缝隙连接分子的转移来测量传递细胞调控信息的一些离子、小分子物质。该技术可以用于研究胚胎发生、生殖发育、神经生物学、肿瘤发生等过程中缝隙连接通信的基本机制和作用，也可用于鉴别对缝隙连接作用有潜在毒性的化学物质。

c. 荧光漂白恢复技术　一个细胞内的荧光分子被激光漂白或淬灭，失去发光能力，而邻近未被漂白细胞中的荧光分子可通过缝隙连接扩散到已被漂白的细胞中，荧光可逐渐恢复。可通过观察已发生荧光漂白细胞荧光恢复过程的变化量来分析细胞内蛋白质运输、受体在细胞膜上的流动和大分子组装等细胞生物学过程。

d. 超高分辨成像　借助超高分辨成像技术优异的空间分辨率，可以实现观察蛋白质的定位、细胞器活动及核酸分子成像等。比尔卡（Birka）等人对活细胞内质网（endoplasmic reticulum，ER）的单个结构单元进行成像，获得了小于 50 nm 分辨率的图像，同时记录了 ER 随时间的形态变化[14]。还可以利用 STED 技术揭示线粒体的融合、裂变过程[15] 和溶酶体动态行为[16]，研究 DNA 的 3D 折叠与完整细胞核中核心组蛋白的组织关系[17] 等。

（2）在肿瘤和抗癌药物筛选研究中的应用

普通显微镜及电子显微镜，仅能对肿瘤相关抗原进行定性分析，而 LSCM 则可对单标记或者多标记细胞、组织标本及活细胞进行重复性极佳的荧光定量分析，从而对肿瘤细胞的抗原表达、细胞结构特征，抗肿瘤药物的作用及机制等方面定量化。

（3）联用技术

通过将激光扫描共聚焦显微镜和电子显微镜联用，结合 LSCM 的荧光成像能力和电子显微镜的高分辨率，可实现样品同一位置的荧光信号和高分辨形貌图像的叠加，从而发现超微结构信息，检测过程可重复且具有灵活性。如利用光学显微镜观察某些特定蛋白质在大视场中的位置或运动的同时利用电子显微镜分析完全相同的目标蛋白质的结构及其邻近细胞/细胞器的成分。

（4）材料表征

在材料生产领域中，如需要分析材料/部件粗糙度的时候，不管是使用原子力显微镜还是台阶仪，都无法同时兼顾分辨率、扫描区域以及扫描速度。而基于共聚焦显微测量技术的激光扫描共聚焦显微镜可以在保证分辨率的同时满足测量速度的需求，扫描测量速度比接触式测量快数百倍，同时可以实现对亚微米范围的 3D 结构的高精度测量。此外，激光扫描共聚焦显微镜可以在反射光下表征金相样品，在透射光下表征聚合物薄片样品，并且能够以非破坏性方式确定涂层和薄膜的厚度。在研究材料的摩擦学、腐蚀等表面工程时，激光扫描共聚焦显微镜可以用于测量表面粗糙度、磨痕体积、腐蚀坑深度等，并且可以观察磨损、腐蚀以及亚微米表面工程后的表面形貌。结合高温台，可以对材料进行高温原位观察研究，能够直接观察材料在从低温到高温过程中的多种相变过程[18]。

第二节　实验项目

实验 14-1　激光扫描共聚焦显微镜在材料分析测试中的应用
The Application of Laser Scanning Confocal Microscopy in Materials Analysis and Testing

材料研究用激光共聚焦显微镜同时具有光学显微镜的观察模式以及高精度的共聚焦三维成像模式，采用非接触式方式来表征样品的表面形貌和三维微观结构，并且能够进行精确的三维分析，在材料研究领域具有广泛的应用。本实验旨在让学生掌握材料研究用激光共聚焦显微镜的成像原理、基本实验操作步骤及数据处理方法，锻炼动手实践能力，初步建立分析和解决材料科学基本问题的能力。

【实验目的】

1. 了解激光共聚焦显微镜的仪器结构和基本工作原理。

2. 掌握激光共聚焦显微镜的基本操作，能够对普通的平整材料进行成像。

3. 学会通过图像处理软件(Confomap)对所得图像进行处理。

【仪器与试剂】

激光共聚焦显微镜；45 号钢、氧化铝陶瓷片、聚合物薄片。

【实验步骤】

1. 接通总电源，首先打开电脑主机，其次打开载物台控制器电源及显微镜电源，最后打开激光器电源和激光器钥匙。

2. 打开桌面仪器控制软件(Zen Blue 软件)。

3. 在载物台上放置待测样品(45 号钢、氧化铝陶瓷片、聚合物薄片)。

4. 通过显微镜的目镜观察样品，先在低倍(5 倍或者 10 倍)物镜下预览样品并进行区域性选择，进而调整到适当的放大倍数，在所需的放大倍数下找到样品表面并进行焦距调整，以获取清晰的图像。

5. 拉出显微镜的推拉杆，切换光路，从光学观察模式转化到共聚焦观察模式。

6. 根据样品的不同优化拍摄参数(通道、主增益和数字偏移)。

7. 确定扫描图像的范围，开始扫描图像。

8. 扫描结束后，导入图像处理软件，进行数据分析。

9. 保存图像及相关数据。

10. 依次关闭软件、激光器钥匙、电脑、显微镜主机及控制器电源、载物台控制器电源，并待激光器冷却一定时间后，再关闭激光器电源，以及总电源。

【结果分析】

将数据导入图像处理软件(Confomap)，进行结果分析，主要的操作过程包括水平校准、滤波功能和测量功能。

结果分析时首先要进行水平校准。水平校准可以对因样品放置倾斜或者载物台有微小倾斜带来的轮廓的倾斜进行校平。这一步骤在结果分析中是必须的。

滤波功能用于平滑处理以及粗糙度的提取，主要分为标准滤波和空间滤波。标准滤波是通过傅里叶变换来进行滤波，主要是提取粗糙度和波纹度。空间滤波是用矩阵来实现滤波，与傅里叶变换实现的时/频域滤波不同，它是空间上的滤波。

Confomap 软件还具有强大的测量功能，主要包括距离测量、步距高度测量、粗糙度测量、体积测量和轮廓截面积测量等。

【注意事项】

1. 使用仪器前要监测环境温度和湿度，温度和湿度不达标时要及时开启空调或除湿机，待符合开机要求后再开启仪器。

2. 激光共聚焦显微镜的激光光源会对肉眼造成不可逆的伤害，在实验过程中要避免激光直射入眼睛。如果有激光在实验过程中射入眼睛，一定要及时就诊。

3. 激光共聚焦显微镜在使用过程中要防止震动，以免对成像造成不良影响。

4. 仪器使用结束后，要用擦镜纸蘸取无水乙醇将载物台、物镜、目镜等擦拭干净。

5. 实验过程中，注意维护环境卫生，实验结束后，使用者要将实验产生的垃圾清理干净并带走。

【思考题】

1. 激光共聚焦显微镜的基本工作原理是什么？
2. 激光共聚焦显微镜在材料分析测试中具有什么特色？
3. 如何用激光共聚焦显微镜对材料磨损试验后的磨痕进行表征？

实验 14-2 激光扫描共聚焦显微镜观察植物切片样品 Observation of Plant Section Samples by Laser Scanning Confocal Microscope

激光共聚焦显微镜多用于观察荧光标记样品。通过选择合适的激发波长对样品进行成像观察。通过选择不同的荧光染料，可以标记样品的不同部位，从而得到十分直观的样品形貌信息和目标物质在样品中的分布信息。因此，该仪器在化学、材料科学和生物医学等领域有着广泛的应用。基于上述原理，本实验旨在介绍激光共聚焦显微镜的基本操作。以荧光标记的植物切片为例，通过不同荧光通道激发实现样品的多荧光标记成像。同时，实验还介绍了其他的仪器常用功能，如图像拼接和光谱扫描。

【实验目的】

1. 了解激光共聚焦显微镜的原理，包括激发波长、发射波长、数值孔径等。
2. 学习使用激光共聚焦显微镜的基本操作。
3. 实现荧光标记样品的成像。

【仪器与试剂】

激光共聚焦显微镜；荧光染色植物切片。

【实验步骤】

1. 实验准备工作

（1）确保实验室安全，并遵循相关安全操作规程。

（2）按照操作规程完成仪器的正确开机和参数设置。

2. 样品观察

(1)将荧光染色植物切片放置在显微镜样品台上，选择不同倍数物镜(由低到高)，聚焦样品。

(2)在仪器软件中，选择检测器以及设置合适的激发波长和荧光接收范围。

(3)点击预览优化图像，进行明场及不同荧光通道图像的拍摄。

(4)利用软件对图像进行处理和分析，包括多通道图像叠加、图像拼接、荧光强度分析等。

(5)利用软件扫描样品的激发和发射光谱。

【结果分析】

1. 观察和分析拍摄得到的图像，了解拍摄条件对拍摄结果的影响。
2. 分析光谱扫描结果，了解样品激发波长及接收范围设置方法。

综上所述，本实验通过激光共聚焦显微镜，实现对荧光染色样品的观察。通过实验，加深了对激光共聚焦显微镜原理和技术的理解，熟悉仪器操作方法。

【注意事项】

1. 样品为玻璃切片，上样过程中应小心轻放，聚焦过程中应注意镜头与样品间的距离，防止损坏样品及镜头。

2. 激光光源功率较强，未知样品，应选取低功率激光光源，以免样品荧光猝灭或荧光过强损坏检测器。

3. 使用水镜和油镜后应用无水乙醇擦拭镜头，沿一个方向转圈轻轻擦拭。

【思考题】

1. 多荧光标记样品应注意哪些问题？

2. 未知样品如何确定激发波长和接收范围？

实验 14-3　激光扫描共聚焦显微镜超高分辨成像 Ultra High Resolution Imaging by Laser Scanning Confocal Microscope

受激发射损耗(stimulated emission depletion，STED)技术，利用两束激光，一束用于激发荧光分子发光，另一束则用于猝灭大部分荧光，最终将激光光斑扫描区域的尺寸缩小至纳米尺度，从而突破了传统荧光显微镜的光学极限(200 nm)，实现超高分辨率成像。斯特凡·赫尔(Stefan Hell)，埃里克·本茨格(Eric Betzig)和威廉·默尔纳(William Moerner)三位科学家因此荣获当年的诺贝尔化学奖。该技术在亚细胞结构和细胞器成像中应用广泛。基于上述原理，本实验旨在介绍激光共聚焦显微镜超高分辨率成像的原理和基本操作。以荧光标记的植物细胞切片为例，利用激光共聚焦显微镜实现样品的超高分辨成像，并与常规共聚焦成像进行对比。

【实验目的】

1. 了解激光共聚焦显微镜受激发射损耗成像的原理。

2. 学习受激发射损耗成像的基本操作。

3. 实现荧光标记样品的高分辨成像。

【仪器与试剂】

激光共聚焦显微镜；荧光染色植物切片。

【实验步骤】

1. 实验准备工作

(1) 确保实验室安全，并遵循相关安全操作规程。

(2) 按照操作规程完成仪器的正确开机和参数设置并对显微镜 STED 激光进行校准。

2. 样品观察

(1)将荧光染色植物切片放置在显微镜样品台上，选择 100 倍物镜，聚焦样品。

(2)在仪器软件中，选择检测器以及设置合适的拍摄参数。

(3)点击预览优化图像，进行共聚焦图像及 STED 高分辨图像的拍摄。

【结果分析】

1. 观察和分析拍摄到的图像，了解 STED 波长及功率的选择对拍摄结果的影响。

2. 了解高分辨成像对样品制备及荧光标记的要求。

【注意事项】

1. 样品为玻璃切片，上样过程中应小心轻放，聚焦过程中应注意镜头与样品间的距离，防止损坏样品及镜头。

2. 成像物镜为100倍油镜，使用后应及时清理镜油，防止污染样品及其他物镜。清理时应用无水乙醇擦拭镜头，沿一个方向转圈轻轻擦拭。

3. 激光光源功率较强，未知样品，应选取低功率激光光源，以免样品荧光猝灭或荧光过强损坏检测器。

【思考题】

1. 受激发射损耗成像的原理是什么?

2. 损耗激光波长选择依据是什么?

【参考文献】

[1] 王春梅，黄晓峰，杨家骥，等．激光扫描共聚焦显微镜技术 [M]．西安：第四军医大学出版社，2004.

[2] White J G, Amos W B. Confocal microscopy comes of age [J]. Nature, 1987, 328 (6126): 183-184.

[3] Minsky M. Memoir on inventing the confocal scanning microscope [J]. Scanning, 1988, 10 (4): 128-138.

[4] Paddock S W. Confocal laser scanning microscopy [J]. BioTechniques, 1999, 27 (5): 992-1004.

[5] Huang B, Bates M, Zhuang X W. Super-resolution fluorescence microscopy [J]. Annual Review of Biochemistry, 2009, 78: 993-1016.

[6] Shcherbakova D M, Sengupta P, Lippincott-Schwartz J, et al. Photocontrollable fluorescent proteins for superresolution imaging [J]. Annual Review of Biophysics, 2014, 43 (1): 303-329.

[7] Willig K I, Harke B, Medda R, et al. STED microscopy with continuous wave beams [J]. Nature Methods, 2007, 4 (11): 915-918.

[8] 李帅，匡翠方，丁志华，等．受激发射损耗显微术（STED）的机理及进展研究 [J]. 激光生物学报，2013，22 (2): 103-113.

[9] Patterson G, Davidson M, Manley S, et al. Superresolutionimaging using single-molecule localization [J]. Annual Review of Physical Chemistry, 2010, 61 (1): 345-367.

[10] 狄伶．Leica SP8 STED 3X 激光扫描共聚焦显微镜的使用研究 [J]. 中国医疗设备，2017，32 (2): 9-15.

[11] 魏通达．共聚焦激光扫描光学显微成像关键技术研究 [D]．北京：中国科学院大学，2014.

[12] 崔建军，杜华，朱小平，等．3D 激光扫描共聚焦显微镜计量特性分析及测试 [J]. 红外与激光工程，2018，47 (8): 280-287.

[13] 许佳玲，罗剑文，龙钊，等．ZEISS LSM 780 激光扫描共聚焦显微镜的三维成像及分析 [J]. 电子显微学报，2018，37 (1): 71-76.

[14] Birka H, Katrin I W, Stefan W H. Stimulated emission depletion (STED) nanoscopy of a fluorescent protein-labeled organelle inside a living cell [J]. Proceedings of the National Academy of Sciences of the United States of America, 2008, 105 (38): 14271-14276.

[15] Yang X S, Yang Z G, Wu Z Y, et al. Mitochondrial dynamics quantitatively revealed by STED nanoscopy with an enhanced squaraine variant probe [J]. Nature Communications, 2020, 11 (1): 3699.

[16] Fan M T, An H Y, Wang C F, et al. STED imaging the dynamics of lysosomes by dually fluorogenic Si-rhodamine [J]. Chemistry-A European Journal, 2021, 27 (37): 9620-9626.

[17] Lukinavičius G, Blaukopf C, Pershagen E, et al. SiR-Hoechst is a far-red DNA stain for live-cell nanoscopy [J]. Nature Communications, 2015 (6): 8497.

[18] 王昌，王辉，张超，等．高温激光共聚焦显微镜在钢铁材料中研究进展 [J]. 物理测试，2019，37 (6): 15-26.

第三部分 ◦ 物质的物理性质测量

第十五章　紫外-可见-近红外显微分光光谱

UV-Visible-NIR Microspectrophotometer

第一节　仪器结构与原理

一、技术概述及发展历程

光谱学是研究光谱理论和理解科学的重要分支。紫外-可见-近红外显微分光光度计可用于获取材料来自紫外（UV）区域（190～400 nm）、可见光区域（400～800 nm）和近红外光（NIR）电磁波谱区域（800～2500 nm）的颜色信息[1]。准确确定和比较颜色的能力是科学家的一项重要技能。分析人员必须依靠推定测试中材料的颜色变化来开展研究。然而，通过目视检查来确定颜色存在许多缺点。首先，每个人对颜色的感知不同。其次，如果没有通用的颜色语言，颜色可能很难描述。最后，观察到的颜色取决于照明源，而在进行目视检查时通常不会考虑这一点。使用仪器获取色谱可以避免这些问题，并为人眼看到的光谱区域之外的区域提供附加信息。除了可见光谱范围内的颜色测量之外，显微分光光度计还提供紫外和近红外范围内的测量（图 15-1）。在紫外区域，只能发生两种类型的电子跃迁。因此，只有含有 π 电子的化合物才会在该区域产生峰。这将提供有关样品中是否存在双键和共轭的信息。从显微分光光度计获得的光谱提供了有关样品与来自各个区域的光相互作用的信息：紫外区域（190～400 nm）、可见光区域（400～800 nm）和近红外区域（800～2500 nm）。显微分光光度计可以获得多种类型的光谱：透射率、吸光度和反射率。一些显微分光光度计还配备了荧光模式。

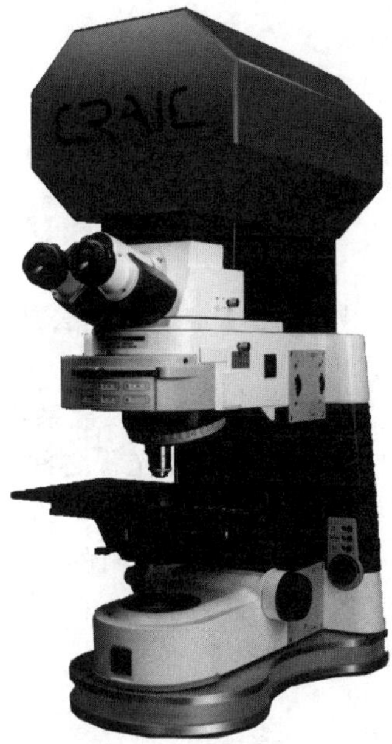

图 15-1　紫外-可见-近红外显微分光光谱仪[1]

二、基本原理

透射光谱可以通过测量每个波长下穿过样品的光量来获得（图 15-2）。透射光 T 由公式（15-1）确定：

$$T=\frac{I}{I_0} \tag{15-1}$$

式中，I_0 是照射样品的辐射能强度；I 是从样品发出的辐射能强度。

更常见的光谱是吸收光谱，它是通过测量每个波长的吸光度 A 来获得的。A 由公式（15-2）测量：

$$A=-\log T=\log\frac{I_0}{I} \tag{15-2}$$

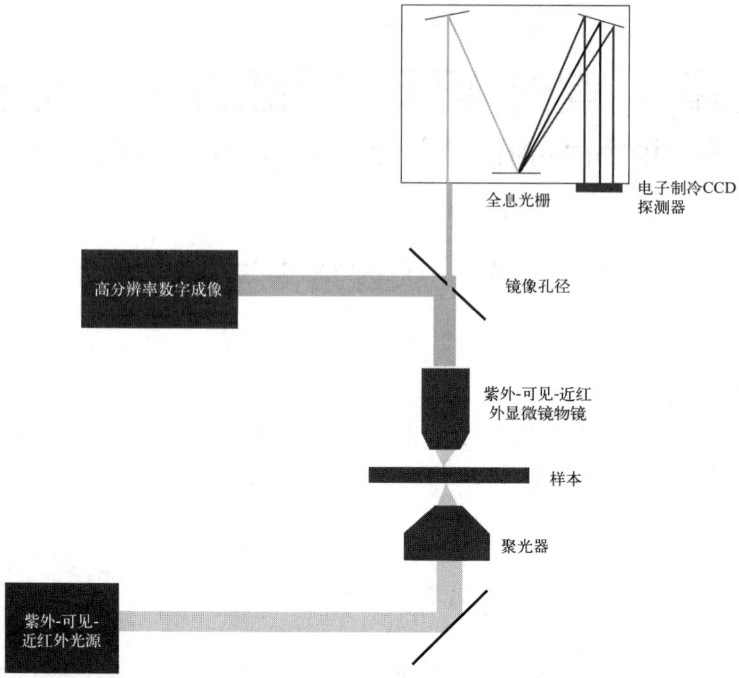

图 15-2　透射测量原理

朗伯-比尔定律根据公式(15-3)将透射率、样品厚度和浓度联系起来：

$$A=\varepsilon bc \tag{15-3}$$

式中，ε 是摩尔吸光系数；b 是光程长度；c 是吸收物质的浓度。

由于吸光度和光程之间的关系，有时需要用金属滚筒将样品压平。这减小了光程长度 b 和吸光度 A，从而获得一致的光谱。

如果样品是不透明的，例如许多油漆样品，则无法测量可以穿过样品的光量[2]。为了确定这些材料的可见光谱，需要测量样品反射的光的波长，获得其相对反射率。用公式(15-4)确定相对反射率 R：

$$R=\frac{I}{I_0} \tag{15-4}$$

式中，I_0 是从参考样本反射的能量强度；I 是从样本反射的能量强度。与参考材料相比，可以校正光源强度和检测器灵敏度随波长的变化。然而，有时无法获得合适的参考位置。在这种情况下，可以测量绝对反射光谱(图 15-3)，其中样品的最终光谱独立于参考材料[2]。绝对反射率 C 的计算公式为：

$$C=\frac{S-D}{R-D} \tag{15-5}$$

式中，D 是背景噪声扫描；S 是样品扫描；R 是参考背景扫描。

最后，一些样品含有发色团，当受到特定波长的光激发时会发出荧光。

荧光是分子返回基态结构时发出的光(图 15-4)，根据公式(15-5)进行测量：

$$C=S-D \tag{15-6}$$

式中，D 是背景噪声扫描；S 是样品扫描。

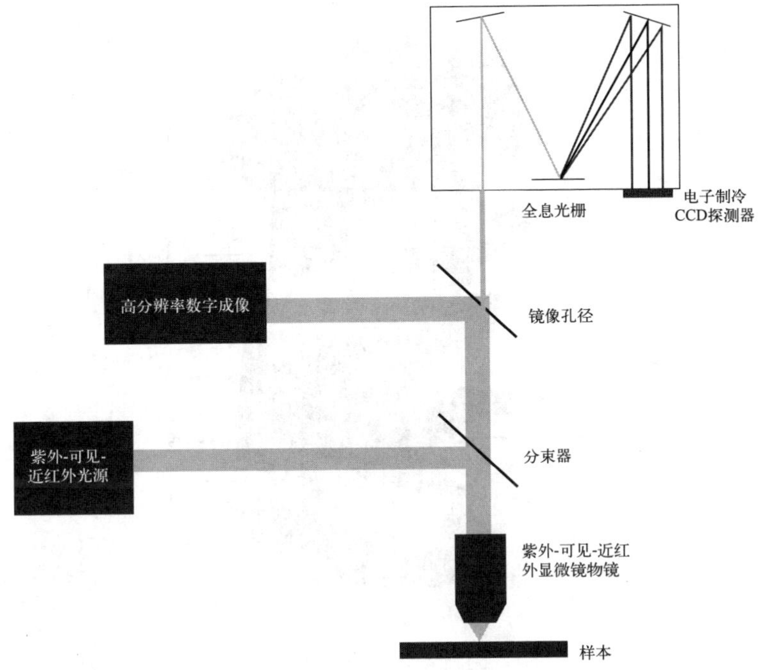

图 15-3　反射测量原理

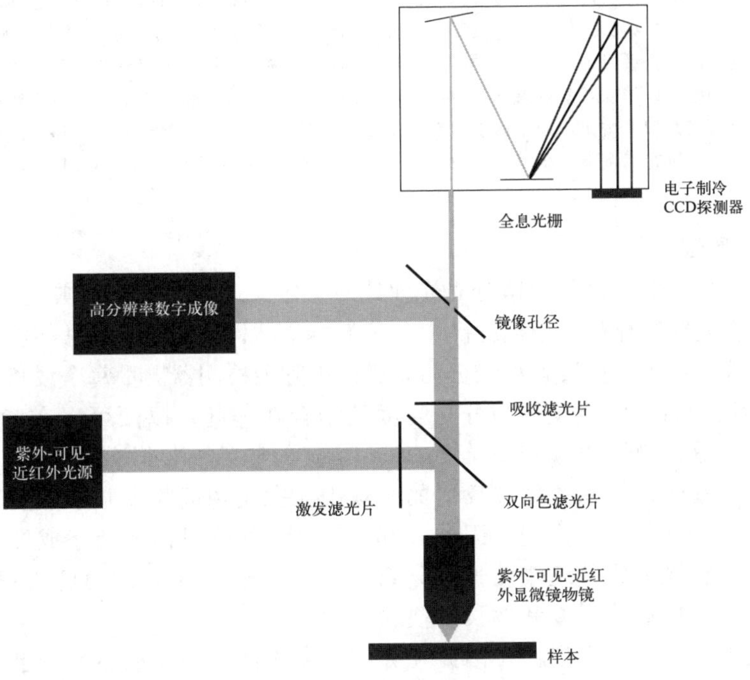

图 15-4　荧光测量原理

三、仪器结构及工作原理

1. 仪器结构

仪器结构示意图见图 15-5。

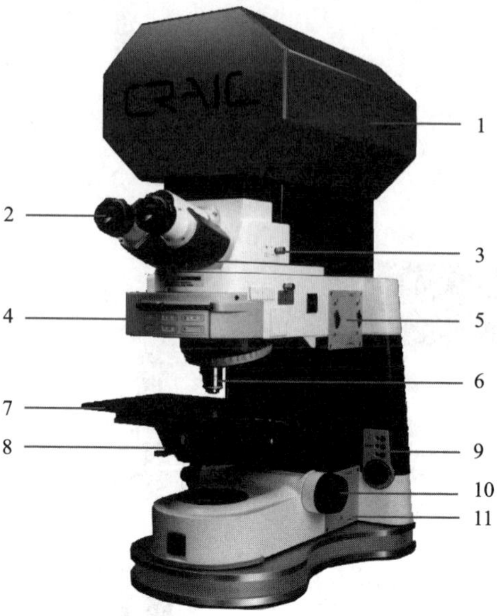

图 15-5 仪器结构

1—显微光谱头部单元，用于样品成像及紫外-可见-近红外区域的光谱探测；2—目镜，用于眼睛观察样品；3—目镜观察切换杆，用于切换目镜观察模式和相机观察模式；4—滤光单元转台，用于切换显微镜光路中不同的滤光单元，以实现反射、透射及荧光测试；5—反射光路视场光阑及孔径光阑，位于反射光路上的视场光阑及孔径光阑；6—物镜，将样本进行放大，形成倒立、放大的实像；7—显微镜载物台，放置被观察的样品，并允许通过机械装置进行精确的位置调整，以保证观察效果；8—聚光镜，将光线聚焦于被检测样品上，从而达到最佳测量效果；9—透射/反射光路切换按钮，用于切换透射光源或者反射光源；10—调焦旋钮，用来对显微镜焦距进行粗调节或微调节；11—位于透射光路上的视场光阑及孔径光阑

2. 仪器工作原理

图 15-6 是紫外-可见-近红外显微分光光度计的工作原理示意图。在典型的分光光度计中，包含所有波长的白光穿过样品。根据样品中分子的电子结构，样品吸收某些波长的光。未被吸收的光进入单色仪，单色仪按波长把光分离，进而由阵列检测器测量每个波长的光强。

显微分光光度计将光学显微镜与分光光度计结合在一起，以便可以在紫外-可见-近红外范围内检查样品。这样就可以检查小至 $1\,\mu m \times 1\,\mu m$ 的样品。显微分光光度计与典型分光光度计的不同之处仅在于，样品透射或反射的光量由显微镜物镜收集并聚焦到所附分光光度计的镜面孔径上。由于孔径是镜像的，因此大部分光被反射到目镜或数字成像系统中。分光光度计使用全息光栅将光分成其组成波长。分离的光线在电荷耦合器件(CCD)探测器阵列上成像，并测量其强度。然后将强度和波长转换为光谱。

显微分光光度计是单光束仪器，因此在分析样品之前需要获取标准光谱或背景光谱。通过比较样品反射(透射、发荧光)的光与参考标准反射(透射、发荧光)的光来获得所得样品数据。这通过在 X 轴上绘制波长的光谱来可视化，而 Y 轴可以是透射率、吸光度、反射率或荧光强度。由于可以获得许多不同类型的光谱，因此科学家在解释光谱时，特别注意 Y 轴的类型(即反射率、透射率、荧光强度)是非常重要的。与任何光谱解释一样，峰的位置及其强度与样品中分子的电子结构相关。

显微分光光度计是一种灵敏的仪器，可以检测人眼无法检测到的波长和光强度变化的微

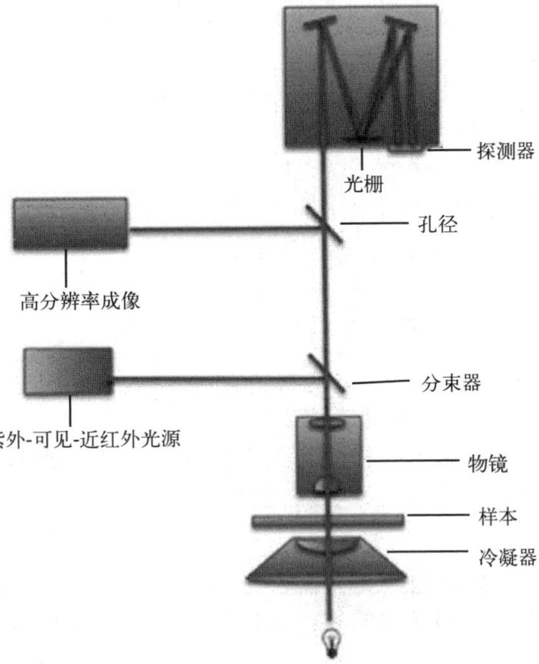

图 15-6　紫外-可见-近红外显微分光光度计的工作原理

小变化。它还能够区分同色异谱差异。同色异谱差异是指两个样品在一组照明条件下可能呈现相同的颜色，但在暴露于另一组不同的照明条件下时表现出不同的颜色。

四、主要功能及代表性应用

1. 紫外-可见-近红外显微分光光谱仪的主要功能

紫外-可见-近红外显微分光光谱仪在全光谱范围内可以与多种不同的附件(如积分球等)进行搭配，可以完成对液体、固体粉末、薄膜等样品进行透射、反射、吸收、荧光、偏振、拉曼光谱测量、PL（光致发光)，或者 5D Mapping（五维图谱分析）等分析测试，还可以进行化学反应动力学的测试和化学反应监控温度控制的测试。

2. 紫外-可见-近红外显微分光光谱仪的代表性应用

紫外-可见-近红外显微分光光谱仪可用于材料、化学、化工、医药等领域，具体可以应用于与标准物或标准图谱对照，比较最大吸收波长吸收系数的一致性；纯度检验；推测化合物的分子结构；氢键强度的测定；配合物组成及稳定常数的测定和反应动力学研究；测量半导体薄膜厚度等[3-5]。

第二节　仪器分析实验

实验 15-1　紫外-可见-近红外显微分光光谱仪的应用与原理 Applications and Principles of UV-Visible-NIR Microspectrophotometer

【实验目的】

本实验旨在让学生了解紫外-可见-近红外显微分光光谱仪的基本原理和操作方法，掌握显微光谱仪的使用技巧，学习显微级别下样品的光谱分析，从中获得样品的化学成分和结构信息，并进行结果分析和讨论。

完成本次实践练习后，学生将对以下内容有基本的了解：

1. 显微光谱学的一般原理。
2. 用显微分光光度计进行分析的样品制备。
3. 使用显微分光光度计测量微米级液晶的反射光谱。
4. 使用显微分光光度计测量银纳米线的吸收光谱。
5. 使用显微分光光度计测量红宝石的微区荧光光谱。
6. 使用显微分光光度计测量罗丹明B的变温荧光光谱。

【仪器与试剂】

仪器：紫外-可见-近红外显微分光光谱仪。

标准样品：液晶样品、银纳米线样品、红宝石样品和罗丹明B。

实验耗材：石英显微镜载玻片、石英盖玻片。

【实验步骤】

1. 熟悉紫外-可见-近红外显微分光光谱仪

由于每台仪器的操作方式和使用的软件可能不同，请参阅仪器的操作手册，以熟悉仪器的操作。

2. 使用显微分光光度计测量微米级液晶的反射光谱

（1）获取微米级液晶样品。

（2）将其放在干净的硬表面(例如显微镜载玻片)上。使用石英显微镜载玻片和盖玻片以及非荧光安装介质安装样品。

（3）使用显微分光光度计获得反射光谱。

（4）测量在不同电压下微米级液晶反射光谱，并获得液晶光学图像随电压变化情况。

（5）比较不同电压下反射光和光学图像的结果。

3. 使用显微分光光度计测量银纳米线的吸收光谱

（1）获取负载在石英片上的银纳米线样品。

（2）使用石英显微镜载玻片和盖玻片以及非荧光安装介质安装样品。

（3）选取不同的微区，使用显微分光光度计获得其吸收光谱。

（4）比较不同微区下银纳米线吸收光谱的结果。

4. 使用显微分光光度计测量红宝石的微区荧光光谱

（1）获取红宝石样品。

（2）将其放在干净的硬表面(例如显微镜载玻片)上。使用石英显微镜载玻片和盖玻片以及非荧光安装介质安装样品。

（3）使用显微分光光度计获得荧光光谱。

（4）测量在不同微区下的荧光光谱。

（5）比较不同微区下红宝石荧光光谱的结果。

5. 使用显微分光光度计测量罗丹明B的变温荧光光谱

（1）获取罗丹明B样品。

（2）将其放在干净的硬表面(例如显微镜载玻片)上。使用石英显微镜载玻片和盖玻片以及非荧光安装介质安装样品。

（3）使用显微分光光度计获得荧光光谱。

（4）测量在不同温度下的荧光光谱，温度范围80～400K，以40K为一个升温间隔。

(5) 比较不同温度下罗丹明 B 荧光光谱的结果，对比强度的差别。

【结果分析】

使用显微光谱仪的软件进行数据处理和分析，绘制反射光谱、吸收光谱图和荧光光谱，并标记峰的位置和强度。

【注意事项】

1. 操作仪器时要小心谨慎，避免损坏光学元件和样品架。
2. 使用透明的显微样品架来容纳样品，以确保光线透过样品时的稳定性。
3. 测量前确保样品架和显微镜的洁净，避免杂质对测量结果的影响。
4. 选择合适的放大倍数和光谱范围，确保测量的准确性和可靠性。

【思考题】

1. 定义透射率、吸光度、反射率和荧光。
2. 解释显微分光光度计的工作原理。
3. 举出一个具有不同紫外-可见-近红外光谱但颜色相似的两个样品的示例，并给出解释。
4. 说出将在反射模式下使用显微分光光度计的三个样品。
5. 给出两个使用显微分光光度计荧光模式的证据示例。

实验 15-2 紫外-可见-近红外显微分光光谱仪测定二维异质结材料的微区紫外吸收光谱和荧光发射光谱

Measurement of Micro Area UV-Visible Absorption Spectra and Fluorescence Emission Spectra of Two-Dimensional Heterojunction Materials by UV-Visible-NIR Microspectrophotometer

紫外-可见-近红外显微分光光谱仪是一种先进的分析设备，它融合了显微镜技术和分光光谱分析，覆盖了从紫外到近红外波段的广泛光谱范围。通过显微镜技术，可以在微观尺度上观察样品，分析材料的局部光学特性，如发光强度和波长分布，为样品的化学和结构特性提供详细信息。该设备采用非接触式和非破坏性的检测方式，适合对珍贵或脆弱样品进行检测，广泛应用于化学、物理、生物医学、材料科学等领域，用于分析复杂样品的组成，探测生物标志物，研究材料的光电性能等。

基于该设备的原理，本实验旨在介绍紫外-可见-近红外显微分光光谱仪的基本操作和测定二维异质结材料的微区紫外吸收光谱和荧光光谱。以二维荧光异质结材料为例，我们能观测到二维荧光异质结材料不同分子的分布以及微观区域的荧光光谱和紫外-可见吸收光谱，该实验详细描述了紫外-可见-近红外显微分光光谱仪的测量和分析步骤。同时，还介绍了实验过程中需要注意的安全事项。

【实验目的】

1. 了解紫外-可见-近红外显微分光光谱仪的原理，包括光路、微区测定光谱的原理等。
2. 学习使用紫外-可见-近红外显微分光光谱仪的基本操作。
3. 分析并解释二维荧光异质结微区光谱的特征信号，推断样品中不同分子的含量和分布。

【仪器与试剂】

仪器：紫外-可见-近红外显微分光光谱仪。

材料：荧光标准分子 1(0.5 mg/mL)，荧光标准分子 2(0.5 mg/mL)。

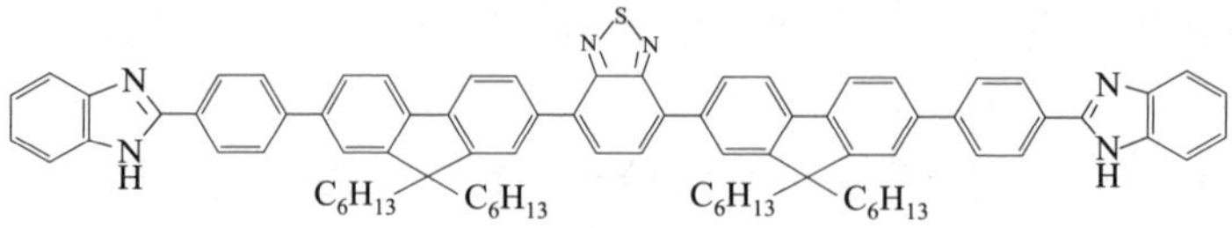

荧光标准分子1

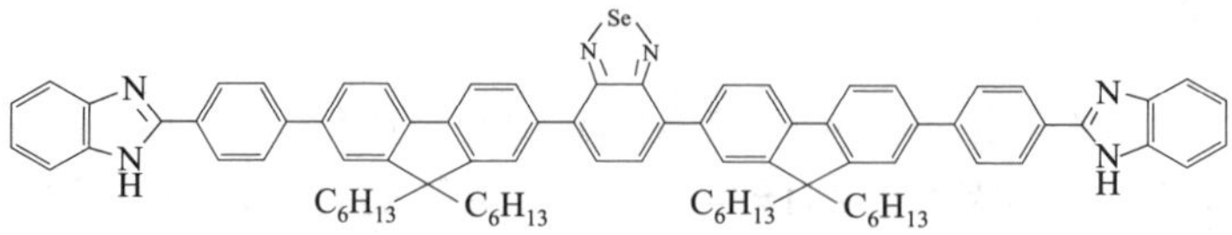

荧光标准分子2

实验耗材：石英 2 cm×5 cm 显微镜载玻片。

溶剂：正丙醇、氯仿和正己烷。

【实验步骤】

1. 实验准备工作

（1）确保实验室安全，并遵循相关安全操作规程，佩戴适当的个人防护装备。

（2）确保紫外-可见-近红外显微分光光谱仪已经正确连接和校准，检查光源、检测器和光谱仪等参数是否合适。

2. 二维荧光异质结待测样品的准备

（1）首先将 0.1 mL 荧光标准分子 1(0.5 mg/mL)的正丙醇/氯仿(体积比，3∶1)混合溶液注射到含有 2 mL 正己烷的小瓶中，在 25 ℃下陈化 4 小时。然后再加入 0.1 mL 荧光标准分子 2(0.5 mg/mL)的正丙醇/氯仿(体积比，3∶1)混合溶液，静置 2 小时，得到二维荧光异质结的悬浮液。

（2）将二维荧光异质结的正己烷悬浮液(0.5 mg/mL)，通过旋涂仪制备到载玻片上，自然晾干。

3. 二维荧光异质结荧光照片和微区光谱的测量

（1）将制备好的具有二维荧光异质结材料的载玻片在荧光显微镜上固定好，确保样品在物镜的正下方。

（2）选择合适的物镜和激发光源，调节显微镜的焦距，找到二维片，拍摄材料的明场和荧光场的照片。

（3）利用微区荧光光谱仪，测定同一个样品不同区域的紫外-可见吸收光谱和荧光光谱，确认异质结材料中不同分子的分布和比例。

【结果分析】

观察和分析二维荧光异质结材料的荧光照片，分析不同区域紫外-吸收光谱和荧光光谱，确定分子 1 和分子 2 在二维异质材料中的分布和比例。

【注意事项】

紫外-可见-近红外显微分光光谱仪是一种高度专业的仪器，用于测量微小样品的光谱特性。在使用这种设备时，需要注意以下几个方面。

1. 样品准备：保证样品的纯净和代表性。任何杂质都可能影响光谱数据的准确性。样品尺寸要与仪器的分辨能力相匹配，过大或过小的样品都可能导致数据失真。

2. 仪器校准：校准仪器以确保测量的准确性。这包括波长校准、光强校准等。保持光学部件的清洁，避免灰尘和污染；检查并维护检测器和光源，确保其正常运行。

3. 环境控制：保持实验环境的稳定性，如温度、湿度等。因为环境变化可能影响光谱测量。避免振动和强光干扰，这些因素可能对设备的性能造成负面影响。

4. 数据处理和分析：采用适当的数据处理方法来分析测量结果，如基线校正、峰值识别等。理解和正确应用光谱分析中的相关理论和原理，如吸收光谱、反射光谱等。

【思考题】

1. 如何选择和准备适合测量的微小样品？特别考虑样品尺寸对光谱分辨率的影响，以及如何通过仪器的调整来适应不同尺寸的样品。进一步探讨，如果测量的样品比光斑尺寸小，将如何影响光谱数据的解释。

2. 外部环境因素(如室内光线、温度、湿度)是否会影响光谱数据的准确性？探讨如何控制这些环境因素的影响，并描述在实验计划中应考虑哪些控制措施来确保数据的可靠性。

实验 15-3 紫外-可见-近红外显微分光光谱仪测定材料的偏振紫外-可见吸收光谱和荧光发射光谱

Measurement of Polarized UV-Visible Absorption and Fluorescence Emission Spectra of Materials by UV-Visible-NIR Microspectrophotometer

【实验目的】

本实验旨在让学生了解紫外-可见-近红外显微分光光谱仪的偏振模块的位置及偏振光谱的测试方法，通过改变入射光的偏振方向，实现偏振光谱测试[6]。通过偏振光谱，分析二维材料是否具有光学二向色性质。

完成本次实践练习后，学生将对以下内容有基本的了解：

1. 偏振光的原理。
2. 显微分光光度计中偏振模块的装载。
3. 使用显微分光光度计对低维样品进行偏振光谱(偏振吸收光谱和偏振荧光光谱)测试。

【仪器与试剂】

仪器：紫外-可见-近红外显微分光光谱仪(包含偏振模块)。

材料：荧光标准分子 1(0.5 mg/mL)。

实验耗材：石英 2 cm×5 cm 显微镜载玻片。

溶剂：正丙醇、氯仿和正己烷。

【实验步骤】

1. 实验准备工作

按照紫外-可见-近红外显微分光光谱仪使用说明书，正确连接和校准仪器，检查光源、检测器和光谱仪等参数是否合适。

2. 二维荧光材料的准备

(1) 样品 1：首先将 0.1 mL 荧光标准分子 1(0.5 mg/mL)的正丙醇/氯仿(体积比 3∶1)混合溶液注射到含有 2 mL 正己烷的小瓶中，然后在 25 ℃下陈化 4 小时得到二维荧光材料的悬浮液，将二维荧光异质结的正己烷悬浮液(0.5 mg/mL)，通过旋涂仪制备到载玻片上，自然晾干。

(2) 样品 2：将 0.1 mL 荧光标准分子 1(0.5 mg/mL)的正丙醇/氯仿(体积比 3∶1)的溶液滴加到载玻片上，通过旋涂仪，将载玻片高速旋转使其铺展到基片上形成薄层。

3. 偏振-紫外可见吸收光谱的测试

(1) 将样品 1 或样品 2 固定在样品台上，调整确保样品在物镜的正下方并对样品聚焦。

（2）打开位置控制软件，标定采集样品微区的坐标点。

（3）空白地方优化后，采集空白信号，然后定位需要采集样品信号的区域。

（4）采集样品的显微-紫外可见光谱。

（5）加载偏光器件(注意：偏光片使用时间为 5 min)，调整偏振光的角度为 0°，对该条件下的空白和样品进行紫外可见光谱的采集。

（6）改变偏振光的角度分别为 45°、90°、135°、180°，进行测试。

（7）根据得到的光谱数据，对不同偏振光条件下最大吸收波长的吸光度进行极坐标图的绘制。

4. 偏振-荧光发射谱的测试

（1）将样品 1 或样品 2 固定在样品台上，调整确保样品在物镜的正下方。

（2）根据步骤 3(4)得到的样品的紫外可见吸收谱图，确定合适的激发光波长。

（3）采集样品微区的发射光谱。

（4）加载偏光器件(注意：偏光片使用时间为 5 min)，调整偏振光的角度为 0°，采集暗信号和样品的荧光发射谱。

（5）改变偏振光的角度分别为 45°、90°、135°、180°，进行测试。

（6）根据得到的光谱数据，对不同偏振光条件下最大发射波长的吸光度进行极坐标图的绘制。

【结果分析】

1. 使用显微光谱仪的软件和 Origin 软件对数据处理和分析，根据不同偏振光条件下得到的吸收光谱图和荧光发射光谱图，绘制极坐标图。

2. 通过对比样品 1 和样品 2 的极坐标图，分析样品是否具有光学各向异性。

【注意事项】

1. 操作仪器时要小心谨慎，避免损坏光学元件和样品架，特别是偏振器件，单次持续使用时间不能超过 5 min。

2. 测量前确保样品架和显微镜的洁净，避免杂质对测量结果的影响。

3. 选择合适的放大倍数和光谱范围，确保测量的准确性和可靠性。

【思考题】

1. 简述偏振光的定义、偏振光的获取方式及偏振器件放置的位置。

2. 为什么测试偏振-紫外可见吸收光谱时需标定采集样品微区的坐标点？

3. 同一个荧光分子的两种制备方法，为什么光学性质不同？

【参考文献】

[1] Martin P C. Breakthrough instruments and products：Ultraviolet-visible-NIR absorbance，reflectance，fluorescence，and Raman spectroscopy of microscopic samples [J]．Review of Scientific Instruments，2020，91 (12)：129502.

[2] Liszewski E A，Lewis S W，Siegel J A，et al. Characterization of automotive paint clear coats by ultraviolet absorption microspectrophotometry with subsequent chemometric analysis [J]．Applied Spectroscopy，2010，64 (10)：1122-1125.

[3] Qin L，Gu W，Wei J，et al. Piecewise phototuning of self-organized helical superstructures [J]．Advanced Materials，2018，30 (8)：1704941.

[4] Li W，Valentine J. Metamaterial perfect absorber based hot electron photodetection [J]．Nano Letters，2014，14 (6)：3510-3514.

[5] Yang Z M，Chen Y Q，Zhou Y M，et al. Microscopic interference full-color printing using grayscale-patterned fabry-perot resonance cavities [J]．Advanced Optical Materials，2017，5 (10)：1700029.

[6] Wang J，Jiang C Z，Li W Q，et al. Anisotropic low-dimensional materials for polarization-sensitive photodetectors：From materials to devices [J]．Advanced Optical Materials，2022，10 (6)：2102436.

第十六章　圆偏振荧光光谱
Circularly Polarized Luminescence Spectroscopy

第一节　仪器结构与原理

一、技术概述及发展历程

光照射到某些原子时，光的能量使原子核周围的一些电子由原来的轨道跃迁到了能量更高的轨道，即从基态跃迁到第一激发单线态或第二激发单线态等。第一激发单线态或第二激发单线态等是不稳定的，所以会恢复基态，当电子由第一激发单线态恢复到基态时，能量会以光的形式释放，既光致发光。如图 16-1 所示，基态(S_0)的电子受到光照激发，来到激发单线态，然后通过不同非辐射跃迁的形式降至最低能级的最低激发单线态(S_1)，此时电子有三条途径：①回到基态(S_0)发射荧光；②以非辐射跃迁的形式回到基态(S_0)，此时不发光；③以系间跨越(ISC)的形式跃迁到激发三线态，此时发射磷光。

根据 Maxwell 电磁波理论和实验，光波是横波，因此光除了有干涉和衍射现象外还有偏振现象。当手性分子或手性结构被激发时，所产生的荧光的振动方向随时间旋转，而振动大小不变，振动矢量端点的运动轨迹为圆，这样的光我们称之为圆偏振荧光(CPL)。通过光传播的方向观察，若光矢量沿着逆时针方向旋转，则为左旋圆偏振光，反之则为右旋圆偏振光(图 16-2)。

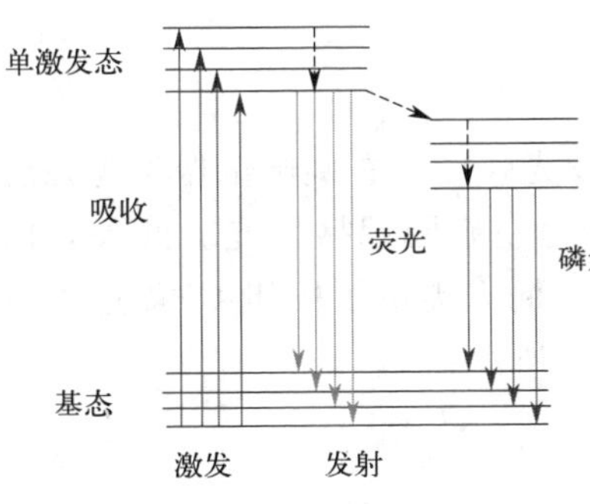

图 16-1　雅布朗斯基图

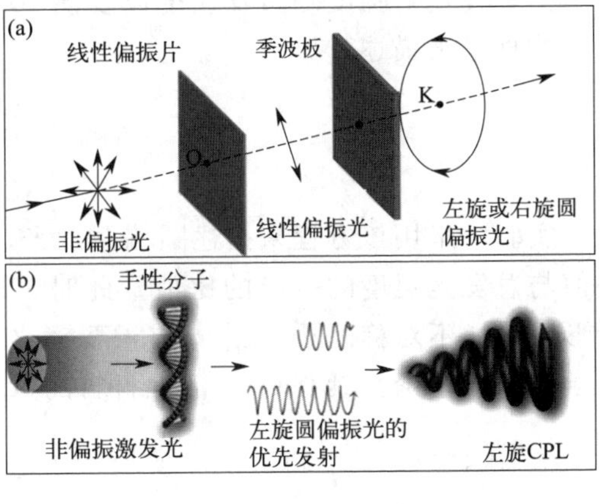

图 16-2　圆偏振发光示意图

随着光物理理论的研究以及光电检测设备的发展，于 1948 年，Samoilov 等人在液氦中的手性醋酸铀酰钠晶体中发现了材料的光致发光现象具有圆偏振荧光的性质。1960 年 Oosterhoff 和荷兰学派进一步地研究这一手性发光现象，其中关于 CPL 技术的基本理论是由 Emeis 和 Oosterhoff 建立的，荷兰的 Meskers 和 Dekkers 不断地改进了该技术。几年后，在 Weizmann 科学研究所，Steinberg 和 Gafni 也开发了他们自己的仪器，并研究了一些生物学的特定分子。值得一提的是，1980 年 Wynberg 等人发现并报道了一种有趣的生物发光现象(图 16-3)，在两种萤火虫(*Photuris lucicrescens* 和 *Photuris versicolor*)的左右两个灯笼中，能够发出具有不同手性方向的圆偏振光，即使使得它们发光的组成分子具有相同的手性，这可能是由镜像的宏观介观结构所导致的。此后，美国和日本科学家在 CPL 技术上也取得了一定成果。

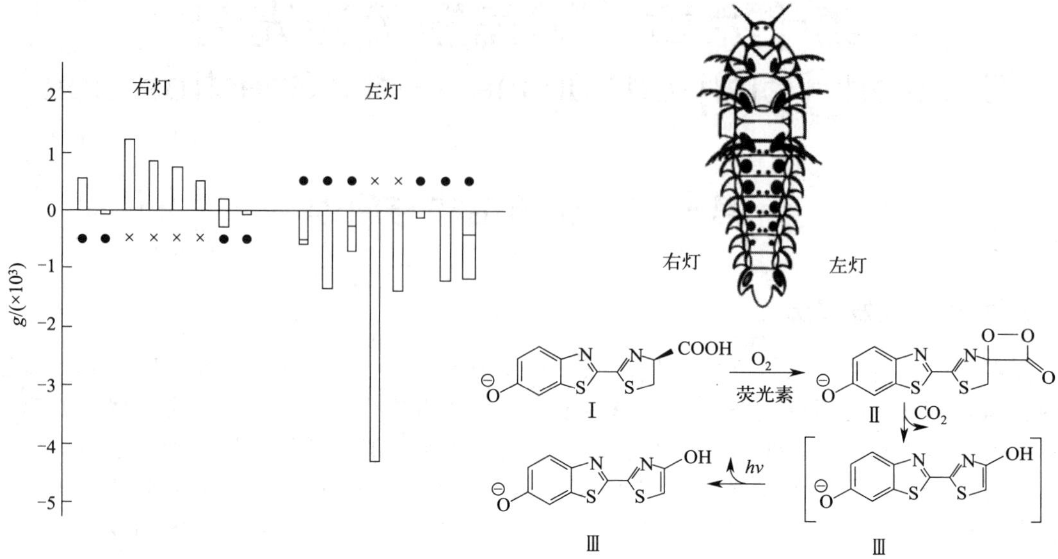

图 16-3　生物发圆偏振光

二、基本原理

CPL 的强度反映的是物质所发射的荧光中，左旋圆偏振光和右旋圆偏振光的发射强度差值。

$$\Delta I = I_L - I_R \tag{16-1}$$

由于其发射强度随激发强度以及测试条件的改变而变化，一般用荧光不对称因子 g_{lum} 这一物理量来描述。

$$g_{\text{lum}} = \frac{\Delta I}{\frac{I}{2}} = \frac{I_L - I_R}{\frac{1}{2}(I_L + I_R)} \tag{16-2}$$

实验中采用该方程来描述圆偏振发光，即左旋圆偏振发光强度与右旋圆偏振发光强度的差值与总发光强度的一半的比值。此时，g_{lum} 值为正值时为左旋圆偏振发光。此外，以量子形式描述不对称因子 g_{lum} 具有重要意义。Riehl 和 Richardson 提出了关于 CPL 量子电动力学的一般理论。具有 CPL 活性材料的量子公式如式(16-3)所示：

$$\begin{aligned} g_{\text{lum}}(g \leftarrow n) &= \frac{\Delta I}{\frac{I}{2}} \\ &= \frac{4if_{\text{CPL}}(\omega)}{f_{\text{TL}}(\omega)} \\ &\times \frac{\left(\frac{2}{3} - \frac{F}{90D\tau + 15}\right)(\mu_x^{gn} m_x^{gn} + \mu_y^{gn} m_y^{gn}) + \left(\frac{2}{3} + \frac{2F}{90D\tau + 15}\right)(\mu_z^{gn} \mu_z^{gn}) - i\frac{F}{30D\tau + 15}k_l(\mu_x^{gn} Q_{yz}^{gn} - \mu_y^{gn} Q_{xz}^{gn})}{\left(\frac{2}{3} - \frac{F}{90D\tau + 15}\right)(|\mu_x^{gn}|^2 + |\mu_y^{gn}|^2) + \left(\frac{2}{3} - \frac{2F}{90D\tau + 15}\right)|\mu_z^{gn}|^2} \end{aligned} \tag{16-3}$$

该式中使用原子单位，其中 g_{lum} 由总荧光强度(total luminescence，TL)函数、CPL 带形函数、一系列的分子参数(D，τ，μ，m)，以及取向相关的参数 F 决定。F 是一个与方向相关的因子，包含激发极化和激发发射的几何信息。$f_{\text{CPL}}(\omega)$和 $f_{\text{TL}}(\omega)$为 CPL 和 TL 的归一化线形函数。τ 为激发和发射之间的时间间隔。D 是材料的扩散常数。μ 和 m 分别表示电偶极矩和磁偶极矩。

$$F=1-3\sin^2\alpha\sin^2\beta \tag{16-4}$$

式中，α 和 β 为线偏振入射光束的几何参数。α 表示入射光束方向与探测器之间的夹角。β 是入射光束的电矢量与实验系统的法向之间的夹角。

$$\frac{1}{\tau}=\frac{1}{\tau_{\text{rad}}}+\frac{1}{\tau_{\text{q}}} \tag{16-5}$$

τ_{rad} 和 τ_{q} 为辐射和非辐射衰变过程的速率常数。

$$D=\frac{kT}{6V\eta} \tag{16-6}$$

式中，η 是黏度系数；k 是玻尔兹曼常数；T 是温度；V 是体积。

如果分子寿命短或扩散常数小，$D\tau\ll 1$，此时不对称因子可简化为下式：

$$g_{\text{lum}}(g\leftarrow n)=\frac{4if_{\text{CPL}}(\omega)}{f_{\text{TL}}(\omega)}\times\frac{\begin{array}{c}(10-F)(\mu_x^{gn}m_x^{gn}+\mu_y^{gn}m_y^{gn})+(10+2F)(\mu_z^{gn}\mu_z^{gn})\\-iFk_l(\mu_x^{gn}Q_{yz}^{gn}-\mu_y^{gn}Q_{xz}^{gn})\end{array}}{(10-F)(|\mu_x^{gn}|^2+|\mu_y^{gn}|^2)+(10-2F)|\mu_z^{gn}|^2} \tag{16-7}$$

这种情况适用于处于刚性环境中的发射材料，如玻璃样、冷冻样品或溶解在黏性溶剂中的荧光大分子。这些材料的观察强度(I 和 ΔI)包含直接的分子信息，包括发射和吸收矢量的大小和方向。发射光谱的这一特性可以用来测量线偏振荧光的吸收和发射过渡向量之间的角度。

如果分子寿命长或扩散常数较大，$D\tau\gg 1$，此时，不对称因子可以简化为：

$$g_{\text{lum}}(g\leftarrow n)=\frac{4if_{\text{CPL}}(\omega)}{f_{\text{TL}}(\omega)}\times\frac{(\mu_x^{gn}m_x^{gn}+\mu_y^{gn}m_y^{gn})+(\mu_z^{gn}\mu_z^{gn})}{(|\mu_x^{gn}|^2+|\mu_y^{gn}|^2)+|\mu_z^{gn}|^2} \tag{16-8}$$

几何因子 F 的贡献很小以及涉及电四极矩 Q 的项也忽略了。这种情况对应于系统的各向同性情况。如果吸收和发射跃迁方向是平行的，($\mu_x^{gn}=\mu_y^{gn}=0$)，偶极子强度和旋转强度的几何因子 F 是相同的，可以抵消。包含旋转强度 R^{gn} 和偶极子强度 D^{gn} 的不对称因子的表示如下：

$$g_{\text{lum}}(g\leftarrow n)\cong\frac{4R^{gn}}{D^{gn}}\cong\frac{4lm(\mu^{gn}+m^{gn})}{|\mu^{gn}|^2}\cong 4\left|\frac{m}{\mu}\right|\cos\theta_{\mu,m} \tag{16-9}$$

为了进一步评估 CPL 的整体优点，最近 Di Bari 及其同事提出了类似于发光亮度(B)的 CPL 亮度(B_{CPL})的概念，即在应用中，除了具有较高的不对称发光因子外同时具有较高的量子产率。

$$B_{\text{CPL}}=\varepsilon\lambda\times\Phi\times\frac{|g_{\text{lum}}|}{2}=B\times\frac{|g_{\text{lum}}|}{2} \tag{16-10}$$

三、仪器结构及工作原理

光是一种电磁波，可用振动的电场和与之垂直的磁场来描述。若光波在其传播途径中，振动方向随传播方向有规律地偏转一定角度，但振幅不变，其电场矢量末端的运动轨迹为螺旋状，螺旋的横截面为圆形，这种偏振光为圆偏振光。圆偏振荧光的左、右旋圆偏振光的强度不同，此时以左、右旋圆偏振荧光的强度差 CPL($\text{CPL}=\Delta I=I_{\text{L}}-\text{I}_R$)作为圆偏振荧光的量度。

1972 年以色列 Weizmann 科技学院 Steinberg 和 Gafni 提出圆偏振荧光调制测量方法。

该系统基本组成部分为：激发源、单色器、样品、光学弹性调制器、偏光片、发射单色器、光电倍增管、锁相放大器及记录仪。该方法将调制后的光电信号和光学弹性调制器(PEM)信号输入给锁相放大器，通过二者频率与相位锁相从荧光中提取圆偏振荧光(图 16-4)。

1982 年荷兰莱顿大学的 Schippers、van den Beukle 和 Dekkers 提出了圆偏振荧光的测量方法。该方法利用光子计数取代锁相放大器，解决了锁相放大器的输出不稳定问题。其后复杂蛋白结构测量主要采用的是该方法，但是对于弱的圆偏振荧光测量还是速度很慢。

1992—1995 年期间，随着时间数字转换器(TDC)等电子技术的发展，美国密西根大学的 Schauerte、Steel 和 Gafni 进一步提出了所示的圆偏振荧光直接相减测量方法。该方法采用延迟选通脉冲发生器(DGG)，分别测量 $\Delta F = F_L - F_R$公式中的 F_L左旋圆偏振荧光强度和 F_R 右旋圆偏振荧光强度，两者相减直接得到真正的圆偏振荧光 ΔF，利用公式 $g_{lum} = 2(F_L - F_R)/(F_L + F_R)$求得不对称因子。该法同时解决了以上两种方法中锁相环输出不稳定与测量速度慢的问题，使用该方法商业化生产的圆偏振荧光光谱仪主要是美国 Olis 公司圆偏振荧光光谱仪。

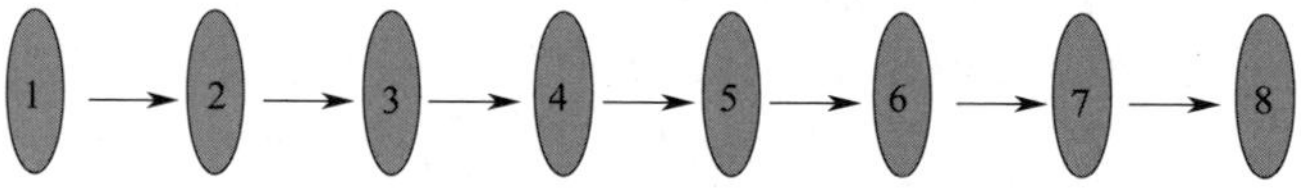

图 16-4 圆偏振荧光光谱仪工作原理

1—激发源；2—单色器；3—样品；4—光学弹性调制器；5—发射单色器；6—光电倍增管；7—锁相放大器；8—记录仪

四、主要功能及代表性应用

将两个垂直振动频率相同的线偏振光叠加在一起，就会产生圆偏振光，圆偏振光的矢量有规律地变化。光波沿螺旋轨迹沿顺时针或逆时针方向传播，分别称为左旋圆偏振光(LCP)和右旋圆偏振光(RCP)。CPL 在光通信、量子计算、层析扫描、信息存储等领域有着广泛的应用。利用偏振片和四分之一波片可以在实验室中很容易地产生 CPL。此外，在太空和地球的海面上也发现了 CPL，这是由于自然光通过手性介质和独特的折射传播而产生的。磁白矮星和白矮星双星中的超高圆偏振紫外光提示，恒星形成时期的 CPL 可能导致手性生物小分子对映体的偏倚。圆偏振光作为一种将手性引入多功能材料的潜在光源，CPL 在合理操纵光强的情况下是绿色和非侵入性的，具有波长和功率可调的特点。圆二色光谱(CD)可以表示物质的圆二色性，其波长范围从紫外到近红外(NIR)区域(180 nm 至约 1000 nm)，即 LCP 或 RCP 的微分吸收建立在 CPL-物质相互作用的基础上。CPL 光照在特定波长的圆二色性材料上，产生不同的光吸收，从而产生激发态，输出偏置。输出可以是光电流信号、有机化合物的对映体过量(%ee)、手性信号和形态，可用于光检测、传感、不对称合成，并在多个层面上对手性进行合理控制，涵盖无机、有机、聚合物、液晶和自组装等广泛的材料范围(图 16-5)。

通过配体辅助生长或表面修饰，可以使具有强等离子体耦合效应的等离子体纳米粒子具有手性。等离子体纳米粒子具有光电转化的能力，当等离子体自身具有手性后，CPL 吸收的不同会使得光电转化发生变化。Nam 等人利用等离子体金手性纳米颗粒和高迁移率的 InGaZnO 设计了一种晶体管，由于手性等离子体纳米颗粒阵列和 InGaZnO 半导体晶体管之间产生热电子，实现了 CPL 检测[1]。在金等离子体的纳米粒子上修饰多层 L-苯丙氨酸，使其具有较强的科顿效应，随后将其转移到阳极氧化铝或其他基底上，用于电化学或光学测量(图 16-6)。

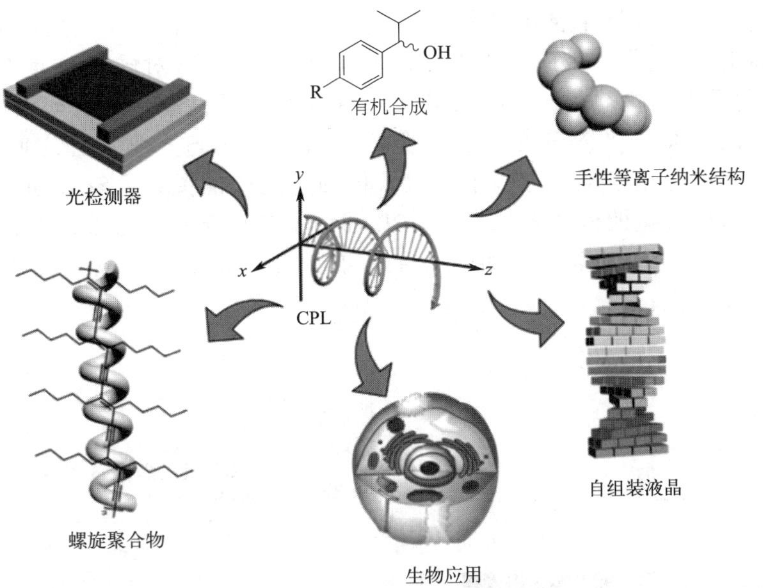

图 16-5　CPL 在不同领域的应用

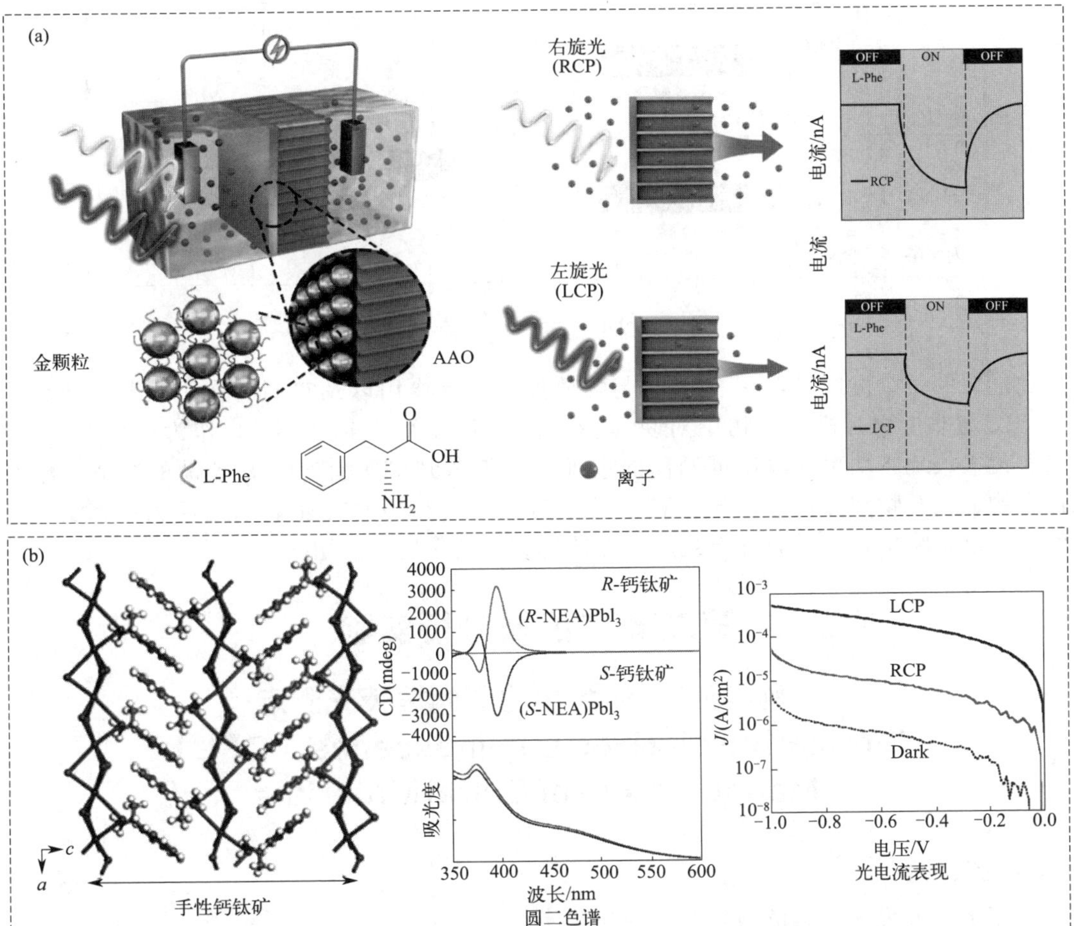

图 16-6　L-苯丙氨酸包覆的等离子体金纳米颗粒来区分 CPL 的方向（a）和（NEA）PbI_3 有效 CPL 光电探测器的晶体结构、CD 响应及圆偏振光电流产生（b）

不对称催化依赖于设计手性配体与金属配合形成活性中心，或使用小分子有机催化剂(L-脯氨酸)，催化均相或多相的不对称反应，具有可观的高对映体纯度(或对映体过量，ee)。而与传统的手性催化剂相比，CPL 作为一种绿色的手性源，具有非侵入性的特点。20 世纪 30 年代，Kuhn 提出了部分光破坏中吸收不对称因子与光学活性之间的关系。Kagan 在 20 世纪 70 年代推导出了不对称因子和对映体纯度之间的关系。Soai 通过 CPL 直接光照得到了具有高对映体过量的催化效果[2]。CPL 辅助不对称合成方法被许多科学家不断丰富，并取得了不错的结果(图 16-7)。然而，它在高效不对称催化或合成方面的潜力尚未开发，其机理也待进一步研究。

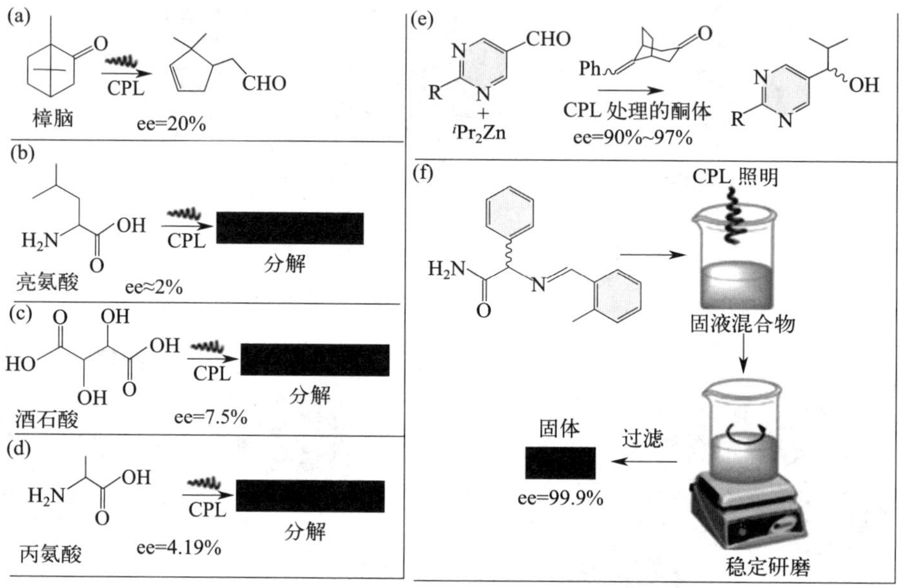

图 16-7 CPL 在不对称催化领域的应用

在过去的一个世纪里，关于 CPL 与物质如何相互作用以及它们的作用机制是研究的重点。CPL 与非生物有机化合物中对映体产生的起源有关。同时，CPL 作为一种手性光源，可以非侵入式地将功率和波长可调性的手性信息传递到材料上。CPL 辅助的合成化学在有机化合物、聚合物和无机等离子体粒子的不对称合成和拆分方面显示出巨大的潜力。CPL 的引入可以影响构筑基元的自组装，从而使得其不同手性灵活切换。

第二节 仪器分析实验

实验 16-1 化合物的圆偏振荧光测定 Circularly Polarized Luminescence (CPL) Measurement of Chiral Materials

【实验目的】

1. 了解手性发光材料的激发和发射过程。
2. 掌握用圆偏振荧光分光光度计测量手性发光材料发射光谱的测量方法。

【仪器与试剂】

Applied Photophysics Chirascan V100 CPL 圆偏振发光检测附件。

R/S 手性发光材料，10 mm 比色皿，移液枪，二甲基亚砜，无水乙醇。

【实验步骤】

1. 制备样品溶液：当 R/S 手性发光材料的荧光强度 I 在 0.3～0.7 时适合用来测 CPL，荧光太弱测试时间长，强度弱[3-5]。使用 10 mm 比色皿，配制样品总体积 2 mL 左右。

检查气瓶减压阀是否为关闭状态不能继续逆时针旋转，此时阀门最松。打开总阀，为逆时针旋转约 1.5 圈，之后打开减压阀，调节压力值约为 0.4 MPa，打开气瓶上方的支路气阀，旋转阀门使之与气路平行，打开位于仪器右上角的支路气阀。

若需要控温测试，打开水循环以及控温装置。

2. 接通仪器电源，开启仪器电源，打开仪器的 Lamp 和 System 开关。

打开电脑中 APL 软件，点击 N_2 On Only，吹扫氮气 20 min 后，氮气吹扫圆偏振荧光光度计 30 min，除去样品仓中空气。点击“Lamp Immediate Start”，点亮氙灯。

取适量合适浓度的 R/S 手性发光材料加入比色皿中，然后用吸水纸把比色皿表面的溶液吸干，放入样品仓中盖上[6-7]。打开 Chirascan 软件，弹出主界面，同时弹出 Pro Data。新建文件夹并将其设置为当前工作目录：点击“Pro Data Viewer”界面中图标新建一个文件夹，然后将该文件夹设置为当前工作目录。

选择测试模式 CPL，设置测量参数，选择光谱的测量范围及步进，点击“Set”确认。若需控温测试，打开控温附件，点击“View”，选择“device”，在新弹出的窗口中双击“Circulator”，选择“Quantum Northwest Peltier”，设置温度范围，点击“connect”，点击“assign”。回到主界面，设置温度，点击“setting”，输入温度值，点击“set”。等待温度计温度到达预期温度时，再将温度设置为预期温度，等待几分钟，使温度稳定下来后再进行测试。设置重复扫描 2～3 次，点击“acquire”采集数据。清洗比色皿，并用待测样品润洗 2～3 次，加入样品继续采集数据。

3. 关闭软件，打开之前的 APL 软件窗口，点击“turn off Lamp only”，关闭光源，等待 5min 左右使光源冷却，点击“turn off Lamp and N_2”，但不要关闭 APL 软件，关闭电脑，关闭仪器的“System:”和“Lamp”按钮，关闭插排电源，拔出插排插头。关闭控温装置和水循环。关闭操作台右上角的支路气阀，关闭总阀，打开操作台右上角的另一个末端气阀，放空气路里的氮气，然后将其关闭，关闭气瓶上方的支路气阀和减压阀。

【结果分析】

1. 圆偏振荧光光谱图的绘制。

2. g_{lum} 的分析对比。

【注意事项】

1. 实验过程中要保持谨慎、实事求是的态度，配制溶液时应严格按照实验操作要求来进行以减小实验误差，尊重实验结果，认真分析误差。使用氮气时注意安全。

2. 当 R/S 手性发光材料的 ΔI 未呈现良好的对应时，需调节合适的狭缝使荧光强度相对适宜，还应注意比色皿中原有手性材料的残留影响。

3. 由于环境因素的影响，圆偏振荧光发射的波长常会略有变动，因此应定期对所用的仪器进行全面校正。此外，由于光化学反应的影响，不同的手性发光材料可能存在一定轻微误差。

【思考题】

1. 如何区分圆偏振荧光、圆偏振磷光、圆偏振瑞利光和圆偏振拉曼光?

2. 哪些因素会影响圆偏振荧光的荧光波长和强度?

3. 有机小分子产生圆偏振荧光的方法有哪些?

实验 16-2　圆二色光谱在蛋白质热变性研究中的应用
The Application of Circular Dichroism Spectroscopy in the Research of Protein Thermal Denaturation

圆二色光谱法(circular dichroism spectroscopy, CD)是一种基于光学活性物质对左、右旋圆偏振光吸收差异的分析技术。该技术具有用样量少、背景干扰小、操作简单快速等优势，是研究手性物质的重要手段[8-10]。

圆二色光谱(CD光谱)能够对液相、固相、气相、薄膜、凝胶、浊液、液晶等材料进行直接测试，是最常用的手性识别光谱之一。圆二色光谱在对有着不同层次手性的化合物进行检测时，具有直接简单、快速定性、准确定量、样品可回收等优势。物质的吸收光谱就是物质吸收了入射光中某些特定波长的光能量，相应地发生了分子振动能级跃迁和电子能级跃迁的结果。由于手性对映异构体具有不同的空间立体结构，对左旋和右旋的手性光的吸收也会产生区别。手性物质对左旋和右旋光吸收的差值 $\Delta\varepsilon=\varepsilon_L-\varepsilon_R$。由于圆二色性的存在，一束通过该物质传播的平面偏振光变为了椭圆偏振光，且仅在具有吸收的波长处才能观察到。圆二色光谱曲线是不同波长下的 $\Delta\varepsilon$ 值与波长之间的关系曲线。在此光谱曲线中，如果所测定的物质没有特征吸收，则得不到特征的圆二色信号。在该波长下，当 $\Delta\varepsilon>0$ 时，圆二色光谱曲线信号为正，如果 $\Delta\varepsilon<0$，圆二色光谱则为负。

圆二色光谱对蛋白质构象变化十分敏感，且对蛋白质样品的性状要求不高，因而广泛应用于稀溶液中蛋白质二级结构估算、蛋白质构象变化检测以及蛋白质在折叠、失活过程中的热力学和动力学研究中[10-12]。

蛋白质会发生热变性。其实质是加热能够破坏维持蛋白质分子空间结构的弱键，使其空间结构逐渐变松散(解折叠)并相应导致蛋白质活性逐步丧失、物理化学性质发生异变。当蛋白质分子发生50%解折叠时，对应的温度称为蛋白质热变性温度(T_m)。T_m 与蛋白质的三维结构密切相关，是衡量蛋白质热稳定性的重要指标[13-14]。

本实验将通过测量、分析牛血清白蛋白(bovine serum albumin, BSA)溶液的变温圆二色光谱获得 BSA 的 T_m 值及 BSA 二级结构随温度变化的情况。通过本实验，学生将掌握圆二色光谱仪的操作方法并了解圆二色光谱在蛋白质二级结构估算及热力学研究方面的应用。

【实验目的】

1. 了解圆二色光谱仪的原理及其在研究蛋白质结构和构象变化中的应用。

2. 学习使用圆二色光谱仪对 BSA 溶液进行变温测试的基本操作。

3. 学习使用软件拟合 BSA 溶液的 T_m 及其在不同温度下的二级结构，总结在热变性过程中随温度升高 BSA 空间构象的变化特点。

【仪器与试剂】

Chirascan V100 型号的圆二色光谱仪。

pH7.4 浓度为 0.02 mol/L 磷酸缓冲溶液(NaH_2PO_4-Na_2HPO_4)，光程分别为 0.5 mm、1 mm、10 mm 的比色皿，1×10^{-4} mol/L 的 BSA 母液，实验用水为高纯水。

【实验步骤】

1. 实验准备工作

（1）佩戴好个人防护装备，按指导开机预热。

（2）用 pH 为 7.4、浓度为 0.02 mol/L 的磷酸缓冲溶液将 BSA 母液稀释成浓度区间为 2×10^{-6} mol/L、5×10^{-6} mol/L、1×10^{-5} mol/L、2×10^{-5} mol/L 的系列稀溶液。

2. BSA 溶液的 CD 谱测试

（1）分别用光程为 0.5 mm、1 mm、10 mm 的比色皿在 180～260 nm 区间对磷酸缓冲溶液进行测量，比较用不同光程比色皿测得的吸收曲线及最大吸光度值(溶剂的吸光度值越低越好，当最大吸收值>1.0 时最好选择光程更小的比色皿或浓度更小的缓冲液)。

（2）选用 0.5 mm 比色皿在 180～260 nm 区间，分别测量浓度为 2×10^{-6} mol/L、5×10^{-6} mol/L、1×10^{-5} mol/L、2×10^{-5} mol/L 的 BSA 溶液的 CD 图谱，观察其 CD 信号值及最大吸光度值(最大吸光度值最好介于 0.1～2.0 AU)。

（3）用 0.5 mm 比色皿及合适浓度的 BSA 稀溶液，在变温速率为 1 ℃/min 条件下于 20～95 ℃的温度区间内进行变温测试。测试结束后，降温至 20 ℃，并测量 CD 图谱。

【结果分析】

1. 用 Global 3 分析软件对测试结果进行分析，得到 T_m 值。

2. 在 20～95 ℃的温度区间内，选取若干温度对应的 CD 图谱，用 CDNN 分析软件拟合 BSA 二级结构。比较 BSA 二级结构随温度的变化。

3. 对比降温至 20 ℃后和升温前 20 ℃时所测得的 CD 图谱及二级结构，考察热变性后 BSA 二级结构的恢复情况(蛋白质的复性)。

【注意事项】

1. 圆二色谱仪在使用期间需全程氮气保护。

2. 测量样品的 CD 图谱时，吸光度值最好介于 0.1～2.0 AU。

【思考题】

1. 测量圆二色光谱如何选择溶剂、样品浓度及比色皿光程[12,15]？

2. 如何采用单波长或几个波长进行变温测量？你会选择哪个或哪几个波长[15]？

【参考文献】

[1] Namgung S D, Kim R M, Lim Y C, et al. Circularly polarized light-sensitive, hot electron transistor with chiral plasmonic nanoparticles [J]. Nature Communications, 2022, 13: 5081.

[2] Kawasaki T, Sato M, Ishiguro S, et al. Enantioselective synthesis of near enantiopure compound by asymmetric autocatalysis triggered by asymmetric photolysis with circularly polarized light [J]. Journal of the American Chemical Society, 2005, 127 (10): 3274-3275.

[3] 李猛，林伟彬，房蕾，等. 手性有机小分子圆偏振发光的研究进展 [J]. 化学学报，2017，75 (12): 1150-1163.

[4] 李庆祥，梁鸿宇，陆学民，等. 诱导手性圆偏振发光材料的研究进展 [J]. 功能高分子学报，2019，32 (6): 671-682.

[5] Liu Y P, Xing P Y. Circularly polarized light responsive materials: Design strategies and applications [J]. Advanced Materials, 2023, 35 (49): 2300968.

[6] Zhao J J, Xing P Y. Regulation of circularly polarized luminescence in multicomponent supramolecular coassemblies [J]. ChemPhotoChem, 2022, 6 (1): e202100124.

[7] Song F Y, Zhao Z, Liu Z Y, et al. Circularly polarized luminescence from AIEgens [J]. Journal of Materials Chemistry C, 2020, 8 (10): 3284-3301.

[8] 张志英，盛毅，徐少毅. 圆二色技术及应用 [J]. 现代物理知识，2000，12 (5): 23-24.

[9] 丁晓岚，高红旗．圆二色光谱技术应用和实验方法［J］．实验技术与管理，2008，25（10）：48-52.

[10] 王克让，李小六．圆二色谱的原理及其应用［M］．北京：科学出版社，2017.

[11] 沈星灿，梁宏，何锡文，等．圆二色光谱分析蛋白质构象的方法及研究进展［J］．分析化学，2004，32（3）：388-394.

[12] 吴明和．圆二色光谱在蛋白质结构研究中的应用［J］．氨基酸和生物资源，2010，32（4）：77-80.

[13] 周翠燕，俞敏达，李文奇．三种测定蛋白质热稳定性方法的比较［J］．分析测试技术与仪器，2021，27（4）：252-259.

[14] 萨楚尔夫，罗辽复．蛋白质热变性现象的研究［J］．内蒙古师范大学学报（自然科学汉文版），2002，31（4）：337-342.

[15] 陈中．圆二色光谱仪应用—蛋白热变性测试及分析［EB/OL］．［2019-12-24］．圆二色光谱仪应用—蛋白热变性测试及分析 Application of circular dichroism spectrometer—Determination and analysis of protein thermal denaturation-分子科学公共实验平台．

第十七章　瞬态荧光光谱
Transient Fluorescence Spectroscopy

第一节　仪器结构与原理

一、技术概述及发展历程

在人类文明历史的发展过程中，各种科学技术不断涌现，推动了社会的进步。在众多科学技术领域中，光谱学是一门研究光与物质相互作用的科学，它通过分析物质对光的吸收和发射来探讨这一现象。根据研究光谱方法的不同，通常光谱学类型可分为：吸收光谱学、发射光谱学和散射光谱学。其中，典型的发射光谱主要包括荧光光谱和磷光光谱；这些光谱可以从多个角度揭示物质的不同性质[1]。瞬态荧光光谱(transient fluorescence spectroscopy，TFS)是一种研究分子在激发后其荧光发射特性以及动态行为的光谱技术，在物理、化学、材料科学及生物医学等领域具有广泛的应用。利用瞬态荧光技术能够精确测量荧光寿命，进而推断出分子内的环境信息和动力学过程。同时，该技术还可以用来研究荧光分子从激发态返回基态的速率和机制，解析不同时间尺度上的能量转移和猝灭过程。进一步，通过瞬态荧光光谱能够实现探测分子之间的相互作用，例如分子聚集、构象变化以及电子转移等现象。瞬态荧光光谱技术凭借其高灵敏度和分辨率，已经成为现代科学研究中的一项重要工具，为我们理解微观世界提供了有力的手段，并推动了多个学科的进步与发展。

内科医生和植物学家尼古拉斯·莫纳德斯(Nicolás Monardes)第一次记录到了荧光现象。他在1565年提到含有一种称为“Lignum Nephriticum”的木头切片的水溶液会呈现出美丽的天蓝色。罗伯特·波义耳(Robert Boyle)和艾萨克·牛顿(Isaac Newton)等著名科学家在17世纪再次观察到荧光现象。此后，荧光逐渐引发了众多科学家的研究热情，荧光分析方法也越来越广泛地应用于生物和化学分析领域。显然，荧光分析方法的发展与仪器应用的进步密切相关。

自问世以来，荧光光谱仪经历了三个阶段的发展过程：手动式、自动扫描和微机化。在19世纪之前，荧光的观察完全依赖肉眼。直到1928年，哲蒂(Jette)和维斯特(West)才成功研制出了第一台光电荧光计。在20世纪30年代，科学研究领域积累了丰厚的光谱分析资料，这一时期开始将实验室的经验应用于工业部门及地质勘探。实验室中的光谱仪器逐步从结构复杂、分辨率高、型号各异的设备，向结构较为简单、可移动且适用于工业批量生产的光谱仪器转型。能够在实验室、工厂及野外条件下进行光谱定量分析的批量生产设备的出现，标志着光谱仪器制造工业进入了第二发展阶段。为了推动工业分析，首先出现的是发射光谱分析仪器，这对机械制造和冶金工业的发展至关重要；随后，电子振动和精细振动的光谱吸收分析仪器也应运而生，以支持化学及相关行业的进步。然而，在化学工业中，光谱学的应用一直受到限制，主要是由于分子光谱理论的发展较为滞后，从而影响了相关仪器的制造进程。自从1936年兹沃雷金(Zworykin)发明光电倍增管以来，光谱分析进入了一个重要的发展阶段。这一阶段不仅提升了灵敏度，还允许使用具有更高分辨率的单色器。1943年，达顿(Dutton)和贝利(Bailey)提出了一种手动校正荧光光谱的方法。随后在1948年，斯图特(Studer)推出了首台自动光谱校正设备，而商业化的校正光谱仪器则是在1952年问世的。

当前，光谱仪器制造工业已进入了新的第三阶段，其显著特点是测量的自动化和高精度。仪器的各个组件，从照明系统到自动记录装置，都需设计得以与预定的技术指标完美匹配，同时能够根据采集到的信息进行光谱特性的计算。随着技术的持续提升，稳态瞬态荧光光谱技术在科学研究各个领域中的应用日益广泛。这些技术不仅为我们提供了对物质微观特性和动态行为的深入理解，也使科学家能够以非破坏性的方式探索不同材料和系统的性质。与此同时，其在材料、化学、生物、医学和环境等领域的应用也在持续扩展和完善，为人类生活质量和健康水平的提升做出了显著的贡献。这些技术的未来发展将继续拓展其应用范围，为多个领域带来更多创新的解决方案和改进。

我国在瞬态荧光光谱技术及其应用研究领域起步较晚，急需在持续的发展与研究过程中培养具有先进荧光光谱分析技术和能力的专业研究工作者。因此，通过介绍瞬态荧光光谱的基本原理、实验技术、实验方法及其在交叉学科中的应用来培养瞬态荧光光谱技术人才十分必要。

二、基本原理

1. 光致发光原理

当物质吸收紫外线和可见光时，其分子会经历激发跃迁，进入激发电子态。大多数分子会通过与周围其他分子的碰撞以热能的形式释放这部分能量；而少部分分子则会以光的形式发射出这部分能量，这个发射的光波长与所吸收的辐射波长不同，这一现象被称为光致发光[2]。

光致发光可以根据其发光持续时间的不同，分为荧光和磷光两类。荧光是指物质在受到激发后，立即(通常在纳秒至微秒级别)发射出光线的过程，而磷光则发光持续时间较长，通常可以维持几毫秒到几秒。基于化合物的荧光测量而建立的分析方法称为分子荧光光谱法。它通过测量物质在特定波长下的荧光强度和发射谱，来研究其发光特性和行为。不同种类的物质由于其内部结构、电子态及能级的差异，展现出独特的发光特性。这种多样性使得荧光光谱成为一种有效的分析工具，通过荧光光谱的特征峰、强度以及波长等信息，研究人员可以对多种类型的荧光物质进行定性和定量分析。

稳态/瞬态荧光光谱仪(如图17-1)是一种基于荧光光谱法原理的先进分析仪器，广泛用于测定材料的发光性能。该仪器能够实现多种重要参数的测量，包括激发光谱、发射光谱、量子产率以及荧光寿命等。这使其在研究和应用中具有极高的价值与灵活性。该荧光光谱仪的设计兼具多种功能，是一种综合型仪器，能够有效满足不同研究需求。在稳态光谱测量方面，它能够覆盖200～1700 nm波段的紫外-可见-近红外光。在瞬态光谱测量模式下，设备能够对样品的荧光发射进行时间分辨观察，揭示其发光过程的动态特性。

2. 时间相关单光子计数(TCSPC)原理

瞬态荧光光谱仪是一种用于测量荧光寿命的重要工具，其核心工作原理是时间相关单光子计数(time-correlated single photon counting，TCSPC)。这一技术的诞生可以追溯到20世纪60年代，当时由布林格(Bollinger)、班尼特(Bennett)和凯什兰(Koechlin)三位科学家共同开发，最初的目的是检测被射线激发的闪烁体所发出的光。这一方法的提出不仅为闪烁体的研究提供了重要的技术支持，也为后来的荧光寿命测量开辟了新的方向。

光子计数技术，也称为光电子计数，是一种精确计量光子脉冲离散性质的数字技术。在该技术中，探测器用于测量光电流的强度，这种强度远低于光电检测器在室温下的热噪声水平(约为 10^{-14} W)，而传统的直流检测方法不能把这种湮没在噪声中的信号提取出来。光子计数方法利用光子探测器在弱光照射下产生的电信号自然离散的特性，通过脉冲甄别技术和数字计数技术把非常微弱的信号进行识别和提取，并将其转化为数字信号进行处理[3]。这种方法允许科学家们在高噪声环境中精确地测量和计数光子，从而在各种应用中获得高度可靠的结果，如量子计算、光通信和光谱分析等领域。

以光电倍增管(photomultiplier tube，PMT)为例，通常情况下，当入射到 PMT 上的光较强时，PMT 的输出信号呈现出有涨落幅度的直流特性，如图 17-2(a)所示。然而，当可见光的光子速率限制在 10^9/s 以下时，光电倍增管的光电阴极上产生的光电流不再连续，而是离散的，如图 17-2(b)所示。当光子速率非常低时，根据光电倍增管的工作原理，每个光子信号击中光电阴极时，都会引发生成一定数量的光电子。这些光电子会经过一系列的打拿极倍增过程，在 PMT 的输出端产生相应的电脉冲信号，此时电脉冲也是离散的脉冲信号，如图 17-2(c)所示[3]。这种离散性反映了 PMT 在低光子速率下的工作方式，其中每个光子都会产生一个离散的电脉冲，因此可以对光子进行精确计数。

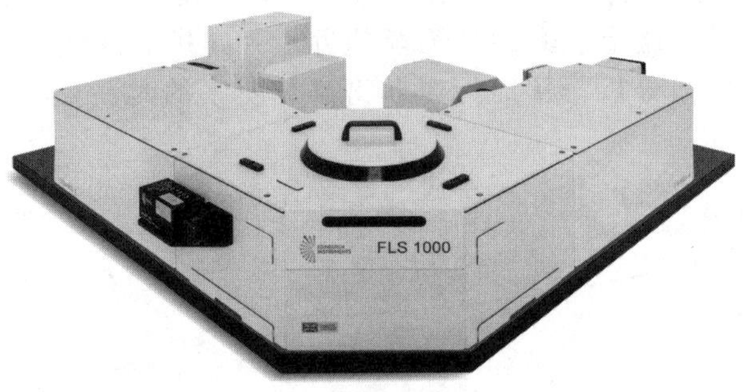

图 17-1　稳态/瞬态荧光光谱仪

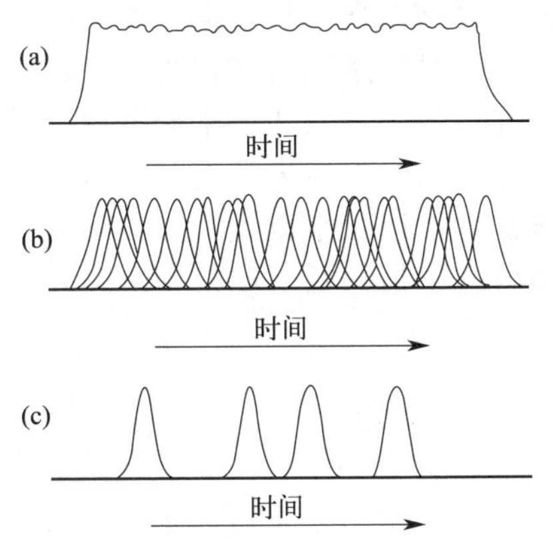

图 17-2　PMT（光电倍增管）在不同光输入时的输出

(a)输入光强时，(b)输入光较弱时和(c)输入光极弱时

光子计数状态是指当入射到 PMT 的光子速率小于 10^9/s(相当于 1 nW)时的工作状态。在这种状态下，可以观察到输出端电脉冲的数量与入射光子数成正比，因此通过计数这些电脉冲可以准确地确定光子的数量。目前，光子计数技术在荧光测量、磷光测量、漫射光测量等领域得到广泛应用。需要注意的是，在强光条件下，光子计数技术并不适用，因为如果两个脉冲同时到达 PMT 或时间相距较近，它们可能会被当作一个脉冲，这被称为脉冲叠加，从而导致计数不准确。同时，为了获得一定的信号幅度，单光子计数方法通常需要比模拟测量方式更长的测量时间[3]。因此，光子计数技术特别适用于需要极高灵敏度和准确计数的实验和测量，但在强光条件下需要谨慎使用，以避免脉冲叠加等问题。

一般的稳态单光子计数器通常由以下主要组件构成：光电探测器、前置放大器、脉冲幅度甄别器、整形器和脉冲计数器。这些组件的示意图如图 17-3 所示。为了抑制探测器的热发射和随机噪声，通常需要设定一个特定的门限，这一工作由脉冲幅度甄别器来完成[3]。根据不同的计数方法与应用场景，研究人员发展出了多种单光子计数技术。其中包括：动态取样计数器、门控光子计数器、多通道光子技术分析仪以及时间相关单光子计数(TCSPC)。这些不同类型的单光子计数技术适用于不同的研究领域和实验目的，允许研究人员精确地测量光子信号并获取相关信息。

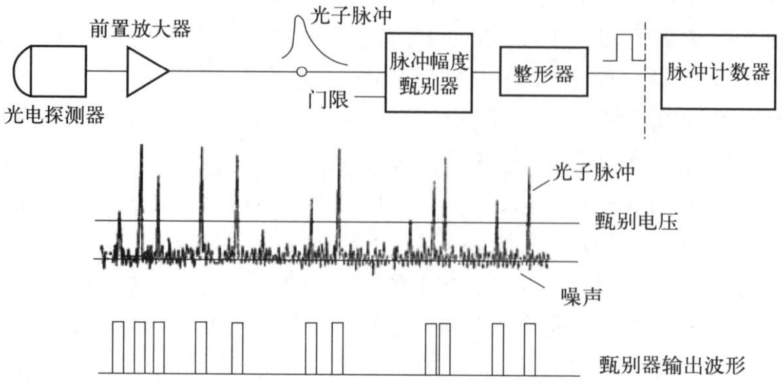

图 17-3 单光子计数器组成的示意图[3]

TCSPC 作为应用最为广泛的单光子计数技术之一，其基本原理如图 17-4 所示，时间扩展曲线可以被视为光子在不同时间出现的概率分布，其中光子更有可能在时间扩展曲线峰值处对应的时刻出现。每个电脉冲相对于预定零点的时间延迟取决于光子到达检测器的时间，然后将这个时间按比例转化为相应的时间通道。接下来，将每个电脉冲分配到相应的时间通道中，并对每个时间通道中的电脉冲数量进行累积计数，这样就获得了与原始波形信息相符的直方图。当时间通道的宽度趋近于无限窄时，这个直方图将逐渐趋近于时间扩展曲线[3]。这种方法允许以数字方式对时间分布进行采样和分析，从而可以获得高分辨率的时间信息，用于研究光子运动的时间行为。

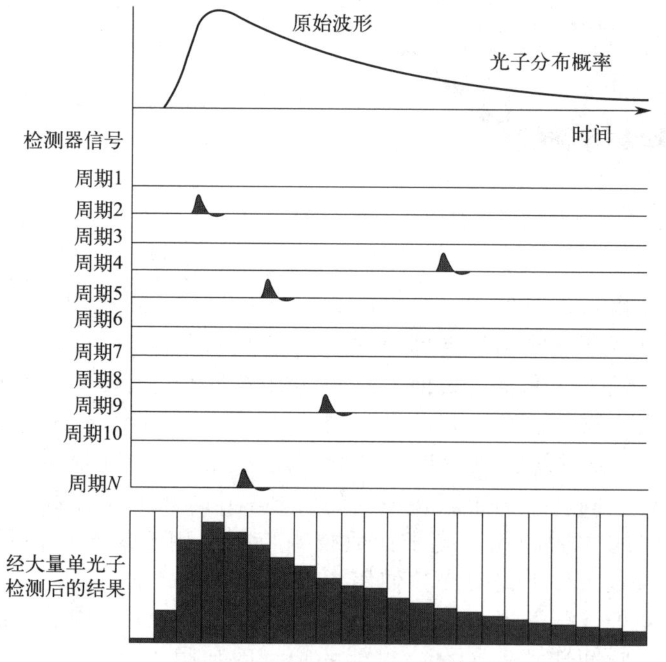

图 17-4 TCSPC 原理图[4]

TCSPC 主要检测单光子及单光子相比于光源的同步信号到达检测器的时间。分子中的基态电子吸收高能光子后会被激发跃迁到高能态，使分子处于电子激发态，这个过程被称为光致激发。处于激发态的电子会通过光辐射的形式释放出能量，从第一激发单重态返回到基态，该过程被称为荧光过程。荧光寿命是指被激发电子停留在激发态的平均时间，可以反映分子轨道的组成和复合机理。荧光寿命一般在皮秒(ps)到微秒(μs)级别。然而，由于这个过程时间非常短，现有的电子和检测手段无法准确获取皮秒级别的数据。因此，基于统计学的时间相关单光子计数成为目前为止最准确、最成熟且灵敏度最高的荧光寿命测试方法。

在 TCSPC 测试过程中，荧光衰减过程通过时间通道进行记录，采集到光子的概率与其荧光强度成正比。每次脉冲光源开始工作时，获取计时的“Start”信号，并设定检测器在一次脉冲时所采集一个光子的概率为 5%，将获得光子的时间(start to stop)记录为电压，并记录在相应的时间通道中。通过多次脉冲，多通道时间记录器就可以获取实际的荧光衰减曲线。同时，采用相同的方式获取光源的脉宽曲线。通过将荧光衰减曲线和光源脉宽曲线输入专门的拟合软件中，就可以得到准确的荧光寿命数值、组成和相关系数。

荧光寿命的测定不仅与分子结构有关，还与其所处周围微环境的极性、黏度等条件有关，这样可以通过荧光寿命测定直接观察到体系发生的变化。荧光现象通常发生在纳秒级别，正好与分子运动发生的时间尺度相符。因此，利用时间分辨荧光技术可以获得许多复杂的分子间或分子内相互作用的动态信息。如超分子体系中的分子簇集、固液界面上的吸附态高分子构象重排、蛋白质-蛋白质相互作用、蛋白质与核酸的结合等。此外，荧光寿命测定对于非辐射能量转移、时间分辨荧光各向异性等主要荧光技术也是必不可少的。

时间分辨荧光各向异性研究在分子领域具有非常重要的意义。例如，时间分辨荧光各向异性研究可以提供供体和受体之间能量转移的动力学行为信息。通过测量荧光寿命和各向异性时间等参数，可以揭示供体和受体之间的能量转移速率和效率，进而推测能量转移机制。此外，还能进一步揭示受体在供体周围的分布形式和相互作用方式。

荧光寿命测定还可用于研究荧光猝灭的机制。荧光猝灭是荧光分析中的一个重要现象，是指荧光分子在激发态中，由于非辐射性过程而失去能量，从而减弱或消失荧光信号。这种现象严重干扰了荧光信号的定量分析和解释。荧光寿命测定可以通过分析荧光分子在激发态中的寿命变化，揭示荧光猝灭的原因和机制。通过测定荧光寿命，可以了解荧光分子在不同环境条件下的猝灭速率，从而进一步了解荧光分子与其他分子之间的相互作用。荧光猝灭的研究对于很多领域具有重要意义。在材料科学中，荧光猝灭机制的研究可以帮助人们设计和合成更高效的荧光标记物。在生物医学领域，荧光猝灭的研究可以帮助了解荧光探针与生物分子的相互作用，从而用于疾病诊断和药物筛选。在环境污染监测领域，荧光猝灭的研究可以用于监测和分析环境中的有害物质。

三、仪器结构及工作原理

1. 仪器构造

根据图 17-5 所示的稳态/瞬态荧光光谱仪，简要介绍该仪器的结构组成。

仪器的设计结构由多个关键组件构成，这些组件共同协作以实现高效的数据采集与分析。具体而言，它主要包括以下几大部分：光源、激发光波长单色器、样品仓、发射光波长单色器、光电检测器、输出装置、仪器控制系统，以及数据获取和分析计算机。高亮度复色光源和多波长单色光源作为核心部分，提供了强大的激发光源，确保能够覆盖不同波长的需求。这对于荧光信号的探测至关重要，因为不同的样品可能在不同波长下产生最强的荧光反应。采用高灵敏度单光子探测器，则进一步提高了对微弱信号的探测能力，保证了在复杂背景下也能准确识别目标信号。同时，仪器内的光路设计经过精心优化，确保激发与发射光路的最佳配置，从而有效提升了荧光信号的探测灵敏度。这一系列高水平的设计与组件使得该仪器在科学研究中具备广泛的应用潜力。

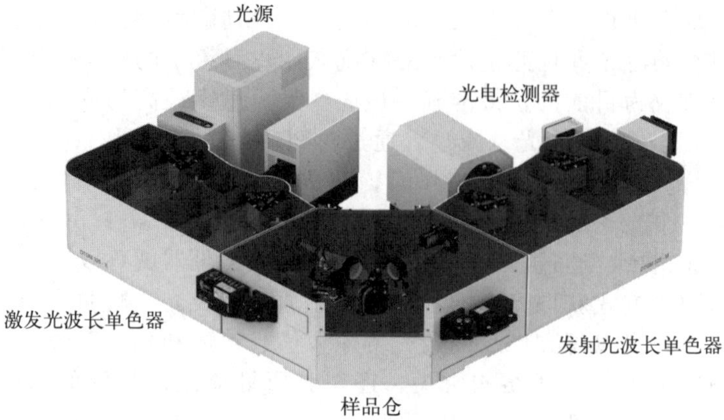

图 17-5 仪器主要部分结构图

2. 工作原理

利用稳态/瞬态荧光光谱仪测定荧光光谱的工作原理图如图 17-6 所示。

在荧光光谱仪的工作过程中，被测荧光材料在激发光的照射下发出的荧光，经过单色器转换为单色光后，再照射到光电倍增管(PMT)上。PMT 由于具备卓越的光灵敏度，并能够支持稳态及时间分辨光谱的分析，因而成为高性能荧光光谱仪的理想探测器。PMT 是一种真空管，内部结构包括光阴极、二次电子倍增电极(Dynode，打拿极)和阳极。在高压作用下，电子从光阴极被驱动至阳极(图 17-7)。

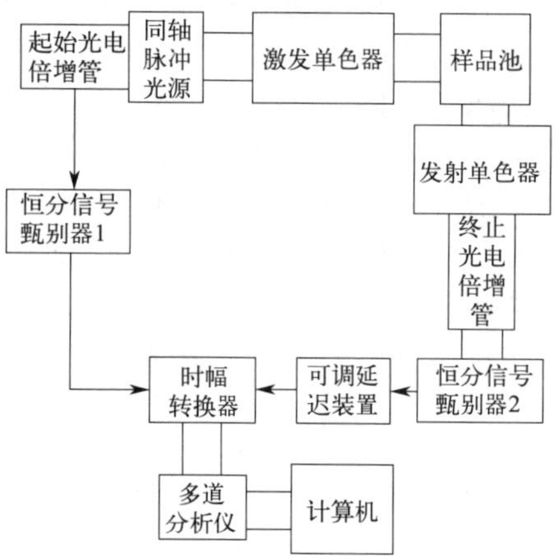

图 17-6 稳态/瞬态荧光光谱仪工作原理示意图[5]

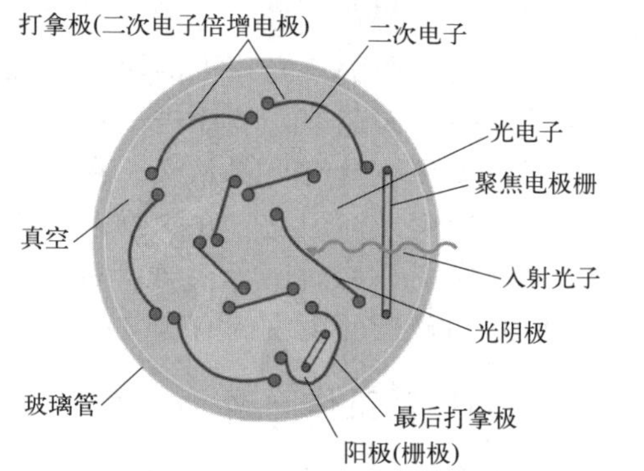

图 17-7 环形排列的 9 倍增极侧窗 PMT 俯视图[6]

当光子撞击光电阴极时，该光子的能量会使光电阴极上的电子获得足够的能量，从而被激发并发射到真空中形成光电子。这些光电子在施加的高电压场的作用下，迅速加速并朝着下一个电极移动，进入第一个倍增电极(即打拿极)。一旦光电子撞击到该电极，就会引发二次电子的发射，使得原来的电子数量成倍增加。这一电子倍增的过程不仅在第一个打拿极上出现，在随后的每个相邻的打拿极中都会反复进行，导致电子数量在短时间内迅速增加，形成一种级联效应。每次有光电子撞击打拿极时，都会产生新的二次电子，这使得电子倍增的增益极为显著，通常可以轻松达到 1×10^{7}。由此可见，单个入射的光子可以产生一个显著的电流脉冲，这一脉冲的强度可以很容易被后续电路检测出，从而实现极高灵敏度的荧光检测。放大后的电流信号会输送到记录仪进行数据的记录和分析。通过采用双单色器系统，荧光光谱仪可以分别测量激发光谱和荧光光谱。这一系统允许研究者在实验中灵活调节激发波长和测量波长，从而获得更加全面和精准的光谱信息。

（1）荧光光谱测试原理

荧光光谱仪测量物质后，结果以光谱图的形式展示。通常，这些荧光光谱可分为激发光谱和发射光谱两种类型(图 17-8)。

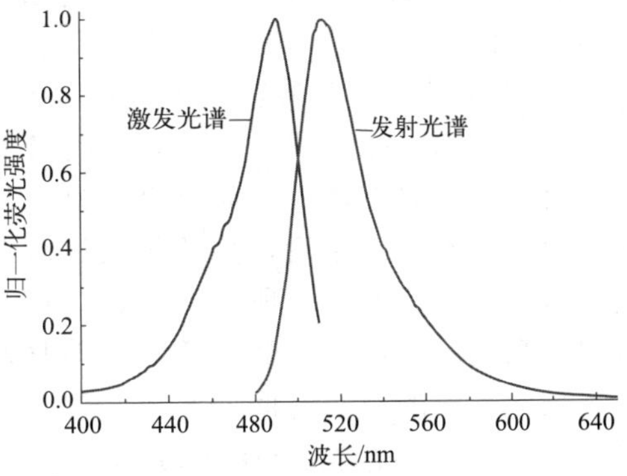

图 17-8 荧光素的荧光光谱图[7]

① 激发光谱是指荧光物质在不同波长的激发光照射下，在特定波长处测得的荧光强度变化。这反映了各个激发波长对荧光产生的相对效率。通过研究分子的激发光谱能够深入了解分子的电子结构和能级跃迁。在具体的实验过程中，通常会保持激发光的强度恒定，然后逐步调谐激发光源的波长，观察在特定波长条件下，分子发射的荧光强度是如何变化的。通过这种连续的调节，能够识别出在某一特定波长位置下发射荧光的强度变化。将激发光的波长锁定在观察到的发射强度的峰值处，这时记录下来的激发光谱强度会达到最大值。

分子的激发光谱的形状往往与其吸收光谱具有相似的特征。吸收光谱描述了分子在特定波长的光照射下，电子从基态跃迁到激发态所需的能量，而激发光谱通常是指分子在已经被激发后的光发射过程中，电子从激发态返回到基态时所释放的光谱。由于这些跃迁涉及的电子能级是相同的，因此吸收和激发的光谱特征往往相似。二者之间的对应关系使得激发光谱不仅成为分子性质的重要表征工具，也为理解分子在光与物质相互作用中的行为提供了关键的信息。

② 发射光谱是描述在某一固定波长的激发光源作用下，荧光物质发出的光强度在不同波长处的分布情况。发射光谱展示了荧光中各个不同波长光成分的相对强度，换句话说，它揭示了荧光信号的色彩组成与强度分布。在测量发射光谱的过程中，首先需要确保激发光的波长和强度保持稳定，以保障测量结果的可靠性和一致性。接下来，利用发射单色仪进行波长的扫描，通过逐步改变观察的波长，可以记录下在各个波长上对应的荧光强度数据。最终，这些数据的集合便形成了完整的发射光谱。

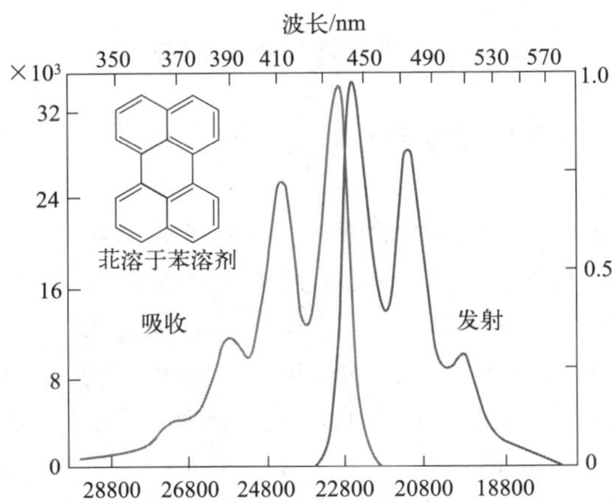

图 17-9 苝的吸收光谱和荧光发射光谱[8]

分子的发射光谱轮廓与第一电子激发态能级的吸收光谱呈现出镜像对称的关系，这种关系源于第一电子激发态与基态之间的相似振动能级分布特征。具体来说，从基态的最低振动能级跃迁到第一电子激发态的各个振动能级的概率，与从第一电子激发态的最低振动能级跃迁回基态的各个振动能级的概率是相近的。这种对称关系可以使研究者能够通过分析分子的发射光谱来推断其吸收光谱，从而更加深入地理解物质的光学特性和能级结构。

荧光光谱具有以下三个重要特征：①斯托克斯位移(Stokes shift)：是指激发峰位与发射峰位之间的能量差，从谱图中可以明显观察到发射光谱的波长比激发光谱的波长更长；②发射光谱的形状不受激发光波长的影响；③荧光发射光谱与其吸收光谱之间存在一种独特的镜像对称关系，即镜像规则(图 17-9)。

从所获得的荧光光谱中，可以提取出以下主要的谱图参数[1]：

a. 激发光谱和发射光谱：激发光谱与吸收光谱非常相似，二者呈现正相关性；而吸收光谱与发射光谱则呈现镜像对称的关系。

b. 荧光寿命：在激发光源的照射下，荧光物质会向四面八方发出荧光，当光源停止照射后，荧光不会立刻消失，而是会逐渐减弱直到完全消失。激发停止后，物质的荧光强度降至激发时最大强度的 1/e 所需的时间，即为该物质的荧光寿命。荧光寿命实质上是对样品在特定波长下发射的衰减时间曲线进行测试，所测得的谱图称作时间分辨衰减谱(图 17-10)。荧光寿命测试需要选用合适的脉冲光源，并调节适当的脉冲频率。采用特定波长的脉冲光来激发样品，随后记录在不同时间通道累积的光子数。这些光子数表示了在特定波长下的发射强度。具体而言，纵坐标表示荧光强度(光子计数)，而横坐标代表时间(t)，从而描绘出某一特定波长荧光强度随时间变化的情况。

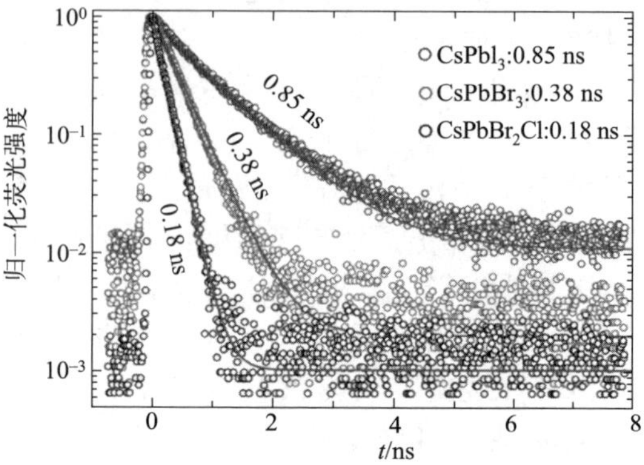

图 17-10 钙钛矿量子点的荧光寿命图[9]

c. 量子产率(φ)：是一个重要的物理化学参数，它反映了某种物质在吸收光子后发射荧光的能力。荧光量子产率定义为发射的荧光光子数与吸收的光子总数之比。这个值不仅表征了物质的发光特性，还能够反映物质的分子结构、环境因素以及激发态的稳定性等多方面的信息。

d. 荧光强度(F)：是指发射荧光的光强度。荧光强度 F 与荧光物质浓度 c 以及激发光强度 I_0 的关系可用公式(17-1)表示：

$$F=K\varphi I_0(1-e^{-\varepsilon bc}) \tag{17-1}$$

式中，F 为荧光强度；K 为仪器常数；φ 为荧光量子产率；I_0 为激发光的强度；ε为摩尔吸光系数；b 为液池厚度；c 为荧光物质的浓度。

(2) 稳态/瞬态荧光光谱分析的原理与特点

① 原理　稳态/瞬态荧光光谱分析是一种光学分析方法，利用物质的光致发光现象，通过荧光的特性和强度对样品进行定性和定量分析。

a. 定性分析：通过比较样品与已知标准物质的激发和发射光谱的形状、峰位、峰强度和荧光寿命等参数，对样品进行定性分析。

b. 定量分析：在低浓度范围内，荧光强度(F)与荧光物质的浓度(c)之间的关系被描述为线性关系，即 $F=Kc$，其中 K 为比例系数。这种线性关系为荧光光谱法在实际应用中的定量分析提供了重要的理论依据，使得通过测量荧光强度即可推算出待测物质的浓度。然而，这一关系的适用性是有限制的，尤其是在荧光物质浓度较高的情况下。当荧光物质的浓度过高时，通常会出现自吸收或内滤效应，导致荧光强度反而降低，从而破坏了线性关系。这是因为在高浓度条件下，荧光分子之间的相互作用可能导致荧光信号的淬灭。为了确保荧光分析的准确性，通常需要对样品的浓度进行控制，一般将荧光物质的溶液浓度保持在一个相对较低的范围，通常情况下会要求荧光物质溶液吸收光谱的最大吸收峰的吸光度小于 0.05。

② 特点　稳态/瞬态荧光光谱分析分别具有以下特点[10]：

a. 稳态荧光光谱分析的特点：操作相对简单，设备较为普及，适合常规应用；能够实时获取样品的荧光信息，便于数据的快速分析；对荧光信号非常敏感，可以检测微量分析；可以用来分析多种不同的化合物，适用范围广泛；不同发射波长的信号可能重叠，导致分析困难；温度、pH 等外部条件可能影响荧光强度，需控制实验条件。

b. 瞬态荧光光谱分析的特点：可以提供关于荧光寿命的信息，能够揭示分子间的相互作用和动力学过程；能够区分不同荧光源，即使它们在稳态条件下信号重叠；可以利用荧光寿命的差异来提高对特定物质的选择性；数据分析过程较为复杂，需要更专业的知识和软件支持。

（3）光谱仪主要性能指标

① 激发/发射光谱及量子产率的测量范围：200～3100 nm。

② 光源：450 W 氙灯（工作范围：200～1000 nm）、皮秒脉冲激光器（输出波长：375 nm、420 nm、485 nm、510 nm 和 635 nm）、脉宽可调型激光器（输出波长：375 nm 和 405 nm；脉宽调节范围：纳秒至毫秒）和磷光寿命激发光源（高能量脉冲 60 W 氙灯，工作范围：200～1000 nm；光谱脉宽：1～2 μs）。

③ 荧光寿命测量范围：5 ps～1 h（200～900 nm），80 ps～1 h（900～1700 nm），500 ns～1 h（1700～3100 nm）；最小时间分辨率：≤305 fs。

④ 信噪比：35000∶1（水峰 Raman）。

⑤ 变温稳瞬态测试温度范围：3～300 K。

⑥ 正置显微镜耦合系统（包含真彩 CCD，荧光寿命成像模块）：可完成微区单点光谱、寿命测试及荧光寿命成像实验，空间分辨率≤2 μm。

四、主要功能及代表性应用

1. 主要功能

稳态/瞬态荧光光谱仪具备对多种类型样品的全面分析能力，可测试液体和固体样品。其激发光谱和发射光谱覆盖宽广的波长范围，从 200 nm 到 3100 nm，能够满足不同研究需求；可以进行三维稳态和瞬态光谱的采集；支持动力学扫描，能够实时监测样品的动态变化过程；提供精准的绝对荧光量子效率测量；在温度控制方面，支持 3 K 至 300 K 的变温稳态/瞬态光谱测量，适合于研究低温下材料的光学特性；对于上转换材料，也具备稳态和瞬态光谱的测量功能；配备了紫外可见波段微区光谱技术，能够在微米级别上进行精确表征；时间分辨荧光寿命成像功能进一步拓宽了研究的深度，能够实现对样品的荧光寿命进行高时效的成像分析，提供更为丰富的信息用于材料设计和性能优化。

2. 代表性应用

① 光物理学和光化学：激发态分子动力学、电子与能量转移、激基缔合物及激基复合物、高分子结构和动力学、溶剂-溶质相互作用、超分子体系、荧光探针、有机物定性定量分析及电致发光等[10]。

② 材料科学：半导体量子点、高分子、聚集诱导发光（AIE）材料、太阳能电池、钙钛矿、发光二极管（LED）、稀土材料、有机染料、晶体材料及纳米材料等[11]。

③ 分析化学：测量浓度极低的样品，单分子的鉴别和检测，分析复杂的荧光物质混合体系[12]。

④ 生物化学和药物学：光动力治疗中的药物监控，蛋白质结构和折叠研究，蛋白质给体—受体之间距离的确定及蛋白质—抗体相互作用的研究，DNA 序列研究，荧光探针物质与细胞作用机理等[13-14]。

⑤ 环境科学：有机污染物光降解反应机理和有机污染物快速检测。

⑥ 海洋科学和植物保护科学：海洋污染物检测和植物光合作用机理。

第二节　实验项目

实验 17-1　瞬态荧光光谱仪测定钙钛矿量子点荧光寿命
Measurement of Fluorescence Lifetime of Perovskite Quantum Dots by Transient Fluorescence Spectrometer

瞬态荧光光谱(transient fluorescence spectroscopy，TFS)是一种研究分子在激发后其荧光发射特性以及动态行为的光谱技术，在物理、化学、材料科学及生物医学等领域具有广泛的应用。瞬态荧光光谱仪是一种用于测量荧光寿命的重要工具，其核心工作原理是时间相关单光子计数(time-correlated single photon counting，TCSPC)。这一技术诞生的最初目的是检测被射线激发的闪烁体所发出的光，后来为荧光寿命测量开辟了新的方向。基于统计学的TCSPC成为目前为止最准确、最成熟且灵敏度最高的荧光寿命测试方法。本实验旨在介绍瞬态荧光光谱仪的基本操作与其在钙钛矿量子点荧光寿命测量中的应用。以 $CsPbBr_3$ 钙钛矿量子点为例，通过 TFS 以及 TCSPC 技术测量其光学性能。同时，还介绍了实验过程中需要注意的安全事项。

【实验目的】

1. 了解稳态荧光和瞬态荧光的基本概念和原理。
2. 学习荧光光谱仪的使用方法与量子点制备流程。
3. 研究钙钛矿量子点荧光特性。

【仪器与试剂】

荧光光谱仪，包括高亮度复色光源(氙灯)、多波长单色光源(脉冲激光器)、高灵敏度单光子探测器和大容量样品室。

溴化铅($PbBr_2$)、碳酸铯(Cs_2CO_3)、1-十八烯(ODE)、油酸(OA)和油胺(OLA)。

【实验步骤】

1. 实验准备工作

(1)确保实验室安全，并遵循相关安全操作流程，佩戴适当的个人防护装备。

(2)确保 TFS 仪器已经正确连接，检查光源、探测器与制冷装置是否能正常工作，以及相关激光参数是否合适。

2. 准备样品

$CsPbBr_3$ 钙钛矿量子点样品的制备：

(1)前驱体油酸铯溶液的合成：将 Cs_2CO_3(0.407 g)、OA(1.5 mL)和 ODE(20 mL)加入 50 mL 双口烧瓶中，在 120 ℃下真空干燥 1 h；然后，将混合物在 N_2 下加热至 150 ℃，直到获得澄清的油酸铯(0.125 mol/L)溶液。

(2)$CsPbBr_3$ 量子点的合成：将 $PbBr_2$(0.276 g)和 20 mL ODE 加入 100 mL 三口烧瓶中，在 120 ℃下真空干燥 1 h。在此温度下，将干燥的 OLA(2 mL)和干燥的 OA(2 mL)注入烧瓶中；溶液澄清后，升温至 180 ℃，快速注入 1.6 mL 油酸铯溶液，5 s 后利用冰水浴将反应混合物冷却至室温，得到 $CsPbBr_3$ 量子点粗溶液。

(3)$CsPbBr_3$ 量子点的纯化：将粗溶液以 10000 r/min 的转速离心 3min，离心后，去除上清液；然后，在沉淀物中加入 5 mL 正己烷(或甲苯)，通过振荡和超声处理分散量子点，将悬浮液以10000 r/min的转速离心3 min后取上清液，即为$CsPbBr_3$量子点溶液。

3. 钙钛矿量子点荧光寿命的测量

(1)样品稳态光谱的测量

① 打开电源，连接仪器，初始化仪器，设置相应的激发狭缝和发射狭缝大小(均可设置为0.01 nm)。

② 打开样品室的盖子，放入待测样品，然后盖好并确保样品放置在中央且能够被激光照射。

③ 逐渐增大激发狭缝与发射狭缝，获得合适的信号强度(不能超过1000000 cps)，调整激发、发射波长扫描参数，得到激发光谱与发射光谱，也可加载校正文件，便可得到校正过的激发光谱和发射光谱。

(2)样品荧光寿命的测量

① 打开电源，连接仪器，初始化仪器，设置相应的激发狭缝和发射狭缝大小(均可设置为0.01 nm)。

② 打开样品室的盖子，放入待测样品，然后盖好并确保样品放置在中央且能够被激光照射。

③ 设置好合适的激发和发射波长与探测器参数，利用荧光光谱仪测定激发束界面上样品发光时间，测量其强度及荧光衰减曲线，记录数据并进行分析。

【结果分析】

观察和分析TFS谱的特征信号，包括荧光强度(光子计数)、时间(t)以及谱线的形状；根据仪器测试出的具体参数，如拟合的寿命τ_1(或者τ_2，τ_3)以及对应的占比，将其代入具体公式计算出钙钛矿量子点的平均寿命τ_{ave}。

综上所述，本实验通过TFS技术的应用，成功实现了对$CsPbBr_3$量子点的荧光特性的测试，并对其荧光寿命曲线进行了拟合与分析，得到了钙钛矿量子点的荧光寿命，以便准确判断量子点的光学性能。通过测试加深了对TFS原理和技术的理解，为进一步研究钙钛矿量子点的光学性质奠定了基础。

【注意事项】

1. 在切换光源、调整设置或放置样品前，务必把狭缝($\Delta\lambda$)调至最小值(0.01 nm)，否则会损伤光电倍增管。

2. 在测量样品的瞬态荧光光谱之前，应先利用荧光光谱仪对样品的稳态荧光性质进行表征，以了解样品的激发光谱、发射光谱以及最佳的激发波长和发射波长。

3. 在使用PMT进行检测时，需确保稳压电源CO1的温度降至−17 ℃以下后，方可开始数据采集。

4. 狭缝的范围应设为0.01～18 nm，在调节时务必确保不要超过上限。

5. 在使用TFS仪器时，注意防止外部光源对测试结果造成干扰，以及含铅钙钛矿量子点对身体的影响；确保在通风良好的实验室中进行操作；样品溶液应尽量避免与空气接触，以减少氧化的风险，缩短暴露时间；遵循实验室的废弃物处理规范，妥善处理废液和废料。

6. 如实记录仪器的使用情况，并妥善维护设备。

【思考题】

1. 相同体系的样品为什么会出现不同的荧光寿命？

2. 如果测量$CsPbBr_xI_{3-x}$的体系，还需要再重新确定样品的激发光谱和发射光谱吗？为什么？

实验 17-2 瞬态荧光光谱仪测定钙钛矿薄膜的荧光寿命成像 Measurement of Fluorescence Lifetime Imaging of Perovskite Thin Films by Transient Fluorescence Spectrometer

瞬态荧光光谱(transient fluorescence spectroscopy，TFS)是一种研究分子在激发后其荧光发射特性以及动态行为的光谱技术，在物理、化学、材料科学及生物医学等领域具有广泛的应用。瞬态荧光光谱仪是一种用于测量荧光寿命的重要工具，其核心工作原理是时间相关单光子计数(time-correlated single photon counting，TCSPC)。这一技术诞生的最初目的是检测被射线激发的闪烁体所发出的光，后来为荧光寿命测量开辟了新的方向。基于统计学的 TCSPC 成为目前为止最准确、最成熟且灵敏度最高的荧光寿命测试方法。基于上述原理，本实验旨在介绍瞬态荧光光谱仪的基本操作，同时利用荧光寿命成像显微镜(fluorescence lifetime imaging microscopy，FLIM)采集钙钛矿薄膜中所有点的荧光寿命，进而应用到缺陷检测。以甲脒(FA)基钙钛矿薄膜为例，通过使用 TFS 仪器、FLIM 与 TCSPC 技术，分析与研究薄膜样品中所有点的荧光寿命与存在缺陷，并详细阐述 TFS 谱的测量和分析步骤。同时，还介绍了实验过程中需要注意的安全事项。

【实验目的】

1. 了解稳态荧光和瞬态荧光的基本概念和原理。
2. 学习荧光光谱仪、荧光寿命成像显微镜的使用方法，以及钙钛矿薄膜的制备流程。
3. 分析并解释钙钛矿薄膜的荧光寿命成像，通过光学特性判断样品中是否存在缺陷。

【仪器与试剂】

荧光光谱仪，包括高亮度复色光源、多波长单色光源、高灵敏度单光子探测器和大容量样品室，并配备荧光寿命成像显微镜。

碘化铯(CsI)、碘化铅(PbI_2)、碘化甲脒(FAI)、乙酸乙酯(EA)、*N*,*N*-二甲基甲酰胺(DMF)和二甲基亚砜(DMSO)。

【实验步骤】

1. 实验准备工作

(1)确保实验室安全，并遵循相关安全操作规程，佩戴适当的个人防护装备。

(2)确保 TFS 仪器已经正确连接，检查光源、探测器、荧光寿命成像系统、制冷装置是否能正常工作，以及相关激光参数是否合适。

2. 准备样品

$FA_{0.9}Cs_{0.1}PbI_3$ 钙钛矿薄膜的制备：

(1)将 0.23g FAI、0.65g PbI_2 和 0.04g CsI 混合在 1 mL DMSO 和 DMF 混合溶剂(4∶1，体积比)中，制备浓度为 1.35 mol/L 的 $FA_{0.9}Cs_{0.1}PbI_3$ 钙钛矿前体溶液，然后将其放入搅拌器中，在 50 ℃下搅拌 8 小时，直到其完全溶解。

(2)将钙钛矿前体溶液滴到透明导电玻璃衬底上[如 ITO(氧化铟锡)]，并以 5000 r/s 的速度旋涂 40 s。在旋涂过程中，于旋涂进行 10 s 后逐滴添加 250 μL EA，作为抗溶剂。然后，将钙钛矿膜在 N_2 气氛中退火 10 min，热板温度为 140 ℃。

3. 钙钛矿薄膜荧光寿命成像的测量

(1)样品稳态光谱的测量

① 打开电源，连接仪器，初始化仪器，设置相应的激发狭缝和发射狭缝的大小(均可设

置为 0.01 nm)。

② 打开样品室的盖子，放入待测样品，然后盖好并确保样品放置在中央且能够被激光照射。

③ 逐渐增大激发狭缝与发射狭缝的大小，获得合适的信号速率后，调整激发、发射波长扫描参数，得到激发光谱与发射光谱。

(2)样品荧光寿命成像的测量

① 打开电源，连接仪器，初始化仪器，设置相应的激发狭缝和发射狭缝大小(均可设置为 0.01 nm)。

② 放置样品至荧光寿命成像显微镜的载物台，确保样品放置在中央并能够被激光照射。

③ 设置好合适的发射波长与探测器参数，并在荧光寿命成像显微镜下观察薄膜发光状态是否与稳态发光光谱的测量结果相匹配，然后利用荧光光谱仪与荧光寿命成像显微镜通过扫描方式采集所有点的时间分辨荧光衰减曲线，记录数据并进行分析。

【结果分析】

观察和分析 TFS、FLIM 得到的谱图，包括扫描区域内荧光寿命分布、寿命长短和均一性；通过仪器测试出的具体数据得到钙钛矿薄膜任意点处的荧光寿命值，并根据成像分析钙钛矿薄膜中缺陷存在的位置，判断薄膜的质量优劣，进而准确分析钙钛矿薄膜的光学性能与薄膜质量之间的内在关系。

综上所述，本实验通过 TFS、FLIM 技术的应用，成功实现了 FA 基钙钛矿薄膜的检测，并利用超快脉冲激光激发样品荧光，通过扫描方式采集所有点的时间分辨荧光衰减曲线，得到钙钛矿微米级别的荧光寿命映射，以便准确判断钙钛矿薄膜的光学性能与薄膜质量。通过测试加深了对 TFS、FLIM 原理和技术的理解，为进一步研究钙钛矿薄膜的光学性质奠定了基础。

【注意事项】

1. 在切换光源、调整设置或放置样品前，务必把狭缝($\Delta\lambda$)调至最小值(0.01 nm)，否则会损伤光电倍增管。

2. 在测量样品的瞬态荧光光谱之前，应先利用荧光光谱仪对样品的稳态荧光性质进行表征，以了解样品的激发光谱、发射光谱以及最佳的激发波长和发射波长。

3. 在使用 PMT 进行检测时，需确保稳压电源 CO1 的温度降至 −17 ℃以下后，方可开始数据采集。

4. 狭缝的范围应设为 0.01～18 nm，在调节时务必确保不要超过上限。

5. 在使用 TFS 仪器时，注意防止外部光源对测试结果造成干扰，以及含铅钙钛矿薄膜对身体的影响；使用有机溶剂时，避免接触皮肤和吸入蒸气，确保在通风良好的实验室中进行操作；遵循实验室的废弃物处理规范，妥善处理废液和废料。

6. 在荧光寿命成像显微镜中观察薄膜发光情况时需要与稳态发光光谱的测量结果相匹配；荧光寿命采集的扫描时间尽量设置在 20 min 以上，扫描范围为 5～20 μm。

7. 如实记录仪器的使用情况，并妥善维护设备。

【思考题】

1. 钙钛矿薄膜在一定区域内荧光寿命成像分布不均一能够反映出什么?

2. 荧光寿命成像技术可以与哪种成像技术相结合?

实验 17-3　瞬态荧光光谱仪测定荧光分子荧光寿命
Measurement of Fluorescence Lifetime of Fluorescent Molecules by Transient Fluorescence Spectrometer

瞬态荧光光谱(transient fluorescence spectroscopy，TFS)是一种研究分子在激发后其荧光发射特性以及动态行为的光谱技术，在物理、化学、材料科学及生物医学等领域具有广泛的应用。瞬态荧光光谱仪是一种用于测量荧光寿命的重要工具，其核心工作原理是时间相关单光子计数(time-correlated single photon counting，TCSPC)，可以测量寿命的范围为 5 ps～50 μs。对于长寿命测试可以采用多通道扫描技术(multi-channel scaling，MCS)，这也是一种单光子计数技术，可以用来记录在μs～s 时间范围内发光衰减过程。本实验旨在介绍瞬态荧光光谱仪的基本操作与其在不同种类荧光分子荧光寿命测量中的应用。以三种具有不同时间尺度荧光寿命的荧光分子为例，通过 TCSPC 和 MCS 技术测量其荧光寿命，并对其发光机制进行系统分析。同时，还介绍了实验过程中需要注意的安全事项。

【实验目的】

1. 了解稳态荧光和瞬态荧光的基本概念和原理。
2. 学习使用瞬态荧光光谱进行荧光分子荧光寿命测量的基本操作。
3. 解析荧光寿命谱并研究不同类型荧光分子的发光机制。

【仪器与试剂】

荧光光谱仪，包括高亮度复色光源(氙灯)、多波长单色光源(脉冲激光器)、微秒闪光灯、高灵敏度单光子探测器和大容量样品室。

荧光黄 CH 二锂盐(CAS：67769-47-5)、三(2,2′-联吡啶)钌(Ⅱ)六氟磷酸盐(CAS：60804-74-2)和三(二苯甲酰基甲烷)单(菲罗啉)铕(Ⅲ)(CAS：17904-83-5)。

超纯水和四氢呋喃。

【实验步骤】

1. 实验准备工作

(1)确保实验室安全，并遵循相关安全操作流程，佩戴适当的个人防护装备。

(2)确保 TFS 仪器已经正确连接，检查光源、探测器与制冷装置是否能正常工作，以及相关激光参数是否合适。

2. 准备样品

荧光分子溶液样品的制备：

(1)分别配制荧光黄 CH 二锂盐和三(2,2′-联吡啶)钌(Ⅱ)六氟磷酸盐的水溶液，浓度为 0.5 mg/mL。

(2)配置三(二苯甲酰基甲烷)单(菲罗啉)铕(Ⅲ)的四氢呋喃溶液，浓度为 0.5 mg/mL。

3. 荧光寿命的测量

(1)样品稳态光谱的测量

① 打开电源，连接仪器，初始化仪器，设置相应的激发狭缝和发射狭缝大小(均可设置为 0.01 nm)。

② 打开样品室的盖子，放入待测样品，然后盖好并确保样品放置在中央且能够被激光照射。

③ 逐渐增大激发狭缝与发射狭缝，获得合适的信号强度(不能超过 1000000 cps)，调整

激发、发射波长扫描参数，得到激发光谱与发射光谱，也可加载校正文件，便可得到校正过的激发光谱和发射光谱。

(2)样品荧光寿命的测量

① 打开电源，连接仪器，初始化仪器，设置相应的激发狭缝和发射狭缝大小(均可设置为 0.01 nm)。

② 打开样品室的盖子，放入待测样品，然后盖好并确保样品放置在中央且能够被激光照射。

③ 设置好合适的激发和发射波长与探测器参数，利用荧光光谱仪测定激发束界面上样品发光时间，测量其强度及荧光衰减曲线，记录数据并进行分析。

【结果分析】

观察和分析 TFS 谱的特征信号，包括荧光强度(光子计数)、时间(t)以及谱线的形状；根据仪器测试出的具体参数，如拟合的寿命 τ_1(或者 τ_2，τ_3)以及对应的占比，将其代入具体公式计算出平均寿命 τ_{ave}，从而得到这三种荧光分子的荧光寿命。

综上所述，本实验通过 TFS 技术的应用，成功实现了对荧光分子的荧光特性的测试，并对其荧光寿命曲线进行了拟合与分析，得到了荧光分子的荧光寿命，以便准确判断荧光分子的发光机制。通过测试加深了对 TFS 原理和技术的理解，为进一步研究荧光分子的光学性质奠定了基础。

【注意事项】

1. 在切换光源、调整设置或放置样品前，务必把狭缝($\Delta\lambda$)调至最小值(0.01 nm)，否则会损伤光电倍增管。

2. 在测量样品的瞬态荧光光谱之前，应先利用荧光光谱仪对样品的稳态荧光性质进行表征，以了解样品的激发光谱、发射光谱以及最佳的激发波长和发射波长。

3. 在使用 PMT 进行检测时，需确保稳压电源 CO1 的温度降至−17 ℃以下后，方可开始数据采集。

4. 狭缝的范围应设为 0.01～18 nm，在调节时务必确保不要超过上限。

5. 在使用 TFS 仪器时，注意防止外部光源对测试结果造成干扰；在测量有机溶液样品时，应选择配有聚四氟乙烯盖子的密封式比色皿，以防止有机溶剂的挥发；遵循实验室的废弃物处理规范，妥善处理废液和废料。

6. 如实记录仪器的使用情况，并妥善维护设备。

【思考题】

1. TCSPC 与 MCS 技术原理的主要区别是什么？

2. 荧光分子溶液的浓度对其荧光寿命的时间长短是否有影响？原因是什么？

实验 17-4　瞬态荧光光谱仪测定 CdTe 量子点荧光寿命
Measurement of Fluorescence Lifetime of CdTe Quantum Dots by Transient Fluorescence Spectrometer

瞬态荧光光谱(transient fluorescence spectroscopy，TFS)是一种研究分子在激发后其荧光发射特性以及动态行为的光谱技术，在物理、化学、材料科学及生物医学等领域具有广泛的应用。瞬态荧光光谱仪是一种用于测量荧光寿命的重要工具，其核心工作原理是时间相关单光子计数(time-correlated single photon counting，TCSPC)。这一技术诞生的最初目的是检测被射线激发的闪烁体所发出的光，后来为荧光寿命测量开辟了新的方向。基于统计学的TCSPC成为目前为止最准确、最成熟且灵敏度最高的荧光寿命测试方法。本实验旨在介绍瞬态荧光光谱仪的基本操作与其在CdTe量子点荧光寿命测量中的应用。以水溶性CdTe量子点为例，通过TFS以及TCSPC技术测量其光学性能。同时，还介绍了实验过程中需要注意的安全事项。

【实验目的】

1. 了解稳态荧光和瞬态荧光的基本概念和原理。
2. 学习荧光光谱仪的使用方法与水溶性CdTe量子点制备流程。
3. 研究CdTe量子点荧光特性。

【仪器与试剂】

荧光光谱仪，包括高亮度复色光源(氙灯)、多波长单色光源(脉冲激光器)、高灵敏度单光子探测器和大容量样品室。

巯基乙酸(TGA)、乙酸镉二水合物、硼氢化钠、亚碲酸钾、氢氧化钠溶液。

超纯水。

【实验步骤】

1. 实验准备工作

(1)确保实验室安全，并遵循相关安全操作流程，佩戴适当的个人防护装备。

(2)确保TFS仪器已经正确连接，检查光源、探测器与制冷装置是否能正常工作，以及相关激光参数是否合适。

2. 准备样品

CdTe量子点样品的制备：

(1)将0.2 mmol $Cd(CH_3COO)_2 \cdot 2H_2O$ 搅拌溶解在50 mL超纯水中，然后在上述溶液中加入18 μL TGA并用1 mol/L NaOH溶液将溶液pH值调至10.5～11.0，搅拌5 min得到Cd-TGA溶液。

(2)将0.04 mmol K_2TeO_3 搅拌溶解在50 mL超纯水中，然后将其加入Cd-TGA溶液中，搅拌10 min，得到CdTe量子点的前驱体溶液。

(3)将80 mg $NaBH_4$ 加入上述前驱体溶液中，搅拌反应5 min后，在空气气氛和100 ℃下，加热回流进行反应。

(4)通过控制反应时间，可以获得不同发光颜色的CdTe量子点。

3. CdTe量子点荧光寿命的测量

(1)样品稳态光谱的测量

① 打开电源，连接仪器，初始化仪器，设置相应的激发狭缝和发射狭缝大小(均可设置为0.01 nm)。

② 打开样品室的盖子，放入待测样品，然后盖好并确保样品放置在中央且能够被激光照射。

③ 逐渐增大激发狭缝与发射狭缝，获得合适的信号强度(不能超过1000000 cps)，调整激发、发射波长扫描参数，得到激发光谱与发射光谱，也可加载校正文件，便可得到校正过的激发光谱和发射光谱。

(2)样品荧光寿命的测量

① 打开电源，连接仪器，初始化仪器，设置相应的激发狭缝和发射狭缝大小(均可设置

为 0.01 nm）。

② 打开样品室的盖子，放入待测样品，然后盖好并确保样品放置在中央且能够被激光照射。

③ 设置好合适的激发和发射波长与探测器参数，利用荧光光谱仪测定激发束界面上样品发光时间，测量其强度及荧光衰减曲线，记录数据并进行分析。

【结果分析】

观察和分析 TFS 谱的特征信号，包括荧光强度（光子计数）、时间（t）以及谱线的形状；根据仪器测试出的具体参数，如拟合的寿命 τ_1（或者 τ_2，τ_3）以及对应的占比，将其代入具体公式计算出平均寿命 τ_{ave}，从而得到 CdTe 量子点的荧光寿命。

综上所述，本实验通过 TFS 技术的应用，成功实现了对 CdTe 量子点的荧光特性的测试，并对其荧光寿命曲线进行了拟合与分析，得到了 CdTe 量子点的荧光寿命，以便准确判断 CdTe 量子点的光学性能。通过测试加深了对 TFS 原理和技术的理解，为进一步研究 CdTe 量子点的光学性质奠定了基础。

【注意事项】

1. 在切换光源、调整设置或放置样品前，务必把狭缝（$\Delta\lambda$）调至最小值（0.01 nm），否则会损伤光电倍增管。

2. 在测量样品的瞬态荧光光谱之前，应先利用荧光光谱仪对样品的稳态荧光性质进行表征，以了解样品的激发光谱、发射光谱以及最佳的激发波长和发射波长。

3. 在使用 PMT 进行检测时，需确保稳压电源 CO1 的温度降至 −17 ℃以下后，方可开始数据采集。

4. 狭缝的范围应设为 0.01～18 nm，在调节时务必确保不要超过上限。

5. 在使用 TFS 仪器时，注意防止外部光源对测试结果造成干扰；在测试时，注意不要直接接触 CdTe 量子点，避免重金属 Cd 对身体的伤害；遵循实验室的废弃物处理规范，妥善处理废液和废料。

6. 如实记录仪器的使用情况，并妥善维护设备。

【思考题】

1. 不同发光颜色的 CdTe 量子点样品为什么具有不同的荧光寿命？

2. 为什么同一 CdTe 量子点的溶液和粉末具有不同的荧光寿命？

实验 17-5 稳态/瞬态荧光光谱仪在荧光猝灭研究中的应用 The Application of Steady-State and Transient Fluorescence Spectrometer in the Study of Fluorescence Quenching

荧光猝灭从广义上来说指一切能使荧光强度变弱的作用，狭义来讲指荧光物质分子与溶剂或溶质分子之间发生的导致荧光强度降低的物理或化学作用过程。能够与荧光物质分子发生作用使荧光强度降低的物质称为荧光猝灭剂[15]。

荧光猝灭可源于猝灭剂与激发态荧光物质分子的相互作用，如：猝灭剂与激发态荧光物质分子碰撞时发生了能量转移或电荷转移，使激发能更多地以无辐射跃迁的形式失去，从而导致激发态寿命缩短、荧光强度降低。这类猝灭被称为动态猝灭。动态猝灭过程可以用 Stern-Volmer 方程式描述：

$$F_0/F=\tau_0/\tau=1+k_q\tau_0[Q]=1+K_{sv}[Q]$$

式中，F_0 为猝灭剂不存在时的荧光强度；F 为猝灭剂存在时的荧光强度；k_q 为荧光猝灭速率常数；τ_0 为不含猝灭剂时测得的荧光寿命；τ 为含猝灭剂时测得的荧光寿命；$[Q]$ 为猝灭剂的平衡浓度；K_{sv} 为 Stern-Volmer 猝灭常数。

荧光猝灭也可产生于猝灭剂与基态荧光物质分子之间的相互作用。例如猝灭剂与基态荧光物质分子生成了不发荧光的基态配合物等。这类猝灭被称为静态猝灭。在静态猝灭过程中，猝灭剂加入前后的荧光强度与猝灭剂浓度的关系可用下式表示：

$$F_0/F=1+K[Q]$$

式中，K 为基态配合物的形成常数。

由于静态猝灭没有发生与激发态发光竞争的过程，因而其荧光寿命不变，即 $\tau_0/\tau=1$。

利用荧光猝灭现象，我们可以建立灵敏测定猝灭剂浓度的分析方法，揭示猝灭反应机理，研究猝灭剂扩散规律，推测蛋白质分子结构以及小分子在蛋白质分子上的结合位置等[16]。

本实验将通过测量和分析稳态/瞬态荧光光谱对两组荧光猝灭现象进行初步探讨，旨在学习和了解稳态/瞬态荧光光谱仪的操作和应用，加深学生对稳态荧光/瞬态荧光及荧光猝灭概念和理论的理解，提高学生利用仪器解决科研问题的能力。

【实验目的】

1. 了解稳态荧光和瞬态荧光的基本概念。
2. 了解荧光猝灭基本概念和相关理论。
3. 学习稳态/瞬态荧光的测量方法并了解仪器的应用。
4. 通过分析实验结果，提高学生解决问题的能力。

【仪器与试剂】

稳态/瞬态荧光光谱仪。

碘化钾(KI)、荧光素、氢氧化钠(NaOH)、十六烷基三甲基溴化铵(CTAB)、超纯水。

【实验步骤】

1. 实验准备

配制 50 mmol/L NaOH 水溶液、5 mol/L KI 水溶液、0.25 mmol/L 荧光素水溶液、2.0 mmol/L CTAB 溶液。

2. 样品准备

取 5 支 25 mL 容量瓶，分别加入 5 mol/L KI 水溶液 0 mL、0.5 mL、1 mL、2 mL 和 3 mL，再分别向各容量瓶中加入 0.25 mmol/L 荧光素水溶液 2000 μL 和 50 mmol/L NaOH 水溶液 500 μL，加超纯水至刻度。摇匀并放置 5 min 后备用。

另取 5 支 25 mL 容量瓶，分别加入 0.25 mmol/L 荧光素水溶液 250 μL，2.0 mmol/L CTAB 溶液 0 μL、100 μL、200 μL、500 μL 和 800 μL，50 mmol/L NaOH 水溶液 500 μL，用超纯水稀释至刻度。摇匀并放置 5 min 后备用。

3. 测量荧光激发/发射光谱和荧光寿命。

【结果分析】

分析、比较两组样品的荧光激发/发射光谱及荧光寿命的变化规律，判断这两组荧光猝灭现象属于动态猝灭还是静态猝灭，并对猝灭机理进行解释[15-18]。

【注意事项】

1. 请务必按照仪器使用说明操作，荧光信号不得超过允许的上限，以保护检测器(PMT)。

2. 在进行瞬态荧光测试时，请注意激光器使用安全。

3. 测试结束，请如实填写仪器使用记录。

【思考题】

1. 还可以用什么实验方法进一步证明荧光猝灭究竟是动态还是静态猝灭？

2. 荧光猝灭可能同时包含静态和动态两种猝灭形式吗？如何判断？

【参考文献】

[1] 周颖．超支化聚芴衍生物的稳态/瞬态荧光光谱特性［D］．西安：西安电子科技大学，2008.

[2] 稳态/瞬态荧光光谱仪简介［J］．渤海大学学报（自然科学版），2019，40（4）：389.

[3] 王静怡．多通道时间相关单光子计数 DOT/FMT 系统集成和操作平台开发［D］．天津：天津大学，2009.

[4] Becker W，Bergmann A，Biscotti G L，et al. Advanced time-correlated single photon counting techniques for spectroscopy and imaging in biomedical systems［J］．Commercial and Biomedical Applications of Ultrafast Lasers IV，2004，5340：104-112.

[5] 房喻，王辉．荧光寿命测定的现代方法与应用［J］．化学通报，2001，64（10）：631-636.

[6] Hamamatsu Photonics K. K. Photomultiplier tubes：Basics and application［M］．3rd ed. Hamamatsu City：Hamamatsu Photonics K. K.，2007.

[7] Bennet M A. Multi-parameter quantitative mapping of microfluidic devices［D］．Edinburgh：The University of Edinburgh，2011.

[8] Lakowicz J R. Principles of Fluorescence Spectroscopy［M］．Boston，MA：Springer US，2006.

[9] Becker M A，Vaxenburg R，Nedelcu G，et al. Bright triplet excitons in caesium lead halide perovskites［J］．Nature，2018，553（7687）：189-193.

[10] Wang J C，Hill S P，Dilbeck T，et al. Multimolecular assemblies on high surface area metal oxides and their role in interfacial energy and electron transfer［J］．Chemical Society Reviews，2018，47（1）：104-148.

[11] Peng W，Mao K T，Cai F C，et al. Reducing nonradiative recombination in perovskite solar cells with a porous insulator contact［J］．Science，2023，379（6633）：683-690.

[12] Peveler W J，Roldan A，Hollingsworth N，et al. Multichannel detection and differentiation of explosives with a quantum dot array［J］．ACS Nano，2016，10（1）：1139-1146.

[13] Rizzo M A，Springer G H，Granada B，et al. An improved cyan fluorescent protein variant useful for FRET［J］．Nature Biotechnology，2004，22（4）：445-449.

[14] Wilner O I，Weizmann Y，Gill R，et al. Enzyme cascades activated on topologically programmed DNA scaffolds［J］．Nature Nanotechnology，2009，4（4）：249-254.

[15] 许金钩，王尊本．荧光分析法［M］．3 版．北京：科学出版社，2006.

[16] 晋卫军．分子发射光谱分析［M］．北京：化学工业出版社，2018.

[17] 潘海峰，丁晶新，梁荣荣，等．基于猝灭荧光素的一种 TCSPC 仪器响应函数测量方法［J］．光谱学与光谱分析，2014，34(8)：2284-2288.

[18] 陈鸿琪．阴离子染料荧光素生物探针测定蛋白质［J］．西北师范大学学报(自然科学版)，2000，36(4)：61-64.

第十八章　气体吸脱附法比表面积及孔径分析
Analysis of Gas Adsorption-Desorption Specific Surface Area and Pore Size

第一节　仪器结构与原理

一、技术概述及发展历程

比表面积是指每克物质中所有颗粒总外表面积之和，国际单位是 m^2/g。比表面积是衡量物质特性的重要参数，其大小与颗粒的粒径、形状、表面缺陷及孔结构密切相关；同时，比表面积大小对物质其他的许多物理及化学性质会产生很大影响，特别是随着颗粒粒径变小，其表面能和吸附能力会增加，孔隙率会增加。比表面积成为衡量物质性能的一项非常重要的参数，如目前广泛应用的纳米材料，准确测试其比表面积就显得十分重要。气体吸脱附测试法是一种仪器分析法，最常用的是依据著名的 BET 方程在 77.2 K 等温吸附平衡的多层物理吸附。与流动法、Langmuir 溶液吸附法、电子显微镜法、气相色谱法相比较，气体(最常用的是氮气)吸脱附测试法不受温度、浓度、单层吸附理论的限制，可以宏观地测量样品的比表面积，与实际情况更接近。该方法是现在行业中应用最广泛、测试结果可靠性最高的方法。

早在 1918 年由欧文·朗缪尔(Irving Langmuir)提出了用于比表面测定的单层气体分子吸附模型，而它更接近于化学吸附。1938 年斯蒂芬·布鲁诺尔(Stephen Brunauer)、保罗·休·艾米特(Paul Hugh Emmett)和爱德华·泰勒(Edward Teller)三位科学家提出了更符合实际情况的多层气体分子物理吸附模型及 BET 方程，为氮气吸脱附法测定比表面积奠定了理论基础[1]。

固体表面的原子所处的环境与体相原子不同，它受到的是不平衡的力的作用。因此，当气体与清洁固体表面接触时，将与固体表面发生相互作用，气体在固体表面上出现累积，其浓度高于气相，这种现象称为吸附现象。吸附气体的固体物质称为吸附剂。被吸附的气体称为吸附质。吸附质在表面吸附以后的状态称为吸附态。吸附可分为物理吸附和化学吸附。

化学吸附：被吸附的气体分子与固体之间以化学键力结合，并对它们的性质有一定影响的强吸附。特点：吸附热较大，需要活化吸附速率较慢，发生温度高于气体液化点，对吸附气体有选择性，单层吸附，通常不可逆，样品不可回收再利用，多用于测定催化剂酸碱活性位、活性金属表面积、金属分散度等。

物理吸附：被吸附的气体分子与固体之间以较弱的范德华力结合，而不影响它们各自特性的弱吸附。特点：吸附热较小，不需要活化吸附速率较快，发生温度接近气体液化点，对吸附气体无选择性，任何气体可在吸附剂上吸附，多层吸附，可逆，样品不会发生变化，可回收再利用，用于测定比表面积、平均孔径和孔径分布等[2]。

气体吸脱附法(以下主要介绍物理吸附)的基本思想：固体表面的结构非常复杂，一般不会是非常光滑的表面，而是存在各种类型和尺寸的孔结构，加上有的固体粉末极其微小，因此，其表面特性不能够用直接的方法去测量，只能借助气体吸附的方法，以气体分子作为量具，去度量固体材料的表面特性。大多数情况下，会选择氮气作为探针分子(吸附气体)，有些情况也会选择氦气、二氧化碳等其他气体。无论选择何种气体，气体分子都不会与固体形成化学键，不发生化学反应，表征结束后，固体仍可回收用作其他用途。

二、基本原理

1. 孔的定义

有孔的物质叫作多孔体（porous material)，没有孔的物质是非孔体（nonporous material)。多孔体具有各种各样的孔直径（pore diameter)、孔径分布（pore size distribution）和孔容积（pore volume)。根据 IUPAC 定义的孔大小(孔宽)分为：微孔(micropore)＜2 nm；介孔(mesopore)2～50 nm；大孔(macropore)50～7500 nm；巨孔(megapore)＞7 500 nm(大气压下水银可进入)。此外，把微粉末填充到孔里面，粒子（粉末）间的空隙也构成孔。虽然在粒径小、填充密度大时形成小孔，但一般都是形成大孔。分子能从外部进入的孔叫作开孔(open pore)，分子不能从外部进入的孔叫作闭孔(closed pore)。孔容又称孔体积。单位质量多孔固体所具有的细孔总容积，称为孔容或比孔容 V_g；孔隙率是指材料中孔隙体积与材料在自然状态下总体积的百分比。材料孔隙率包括真孔隙率、闭孔隙率和开孔隙率。

2. 等温吸附平衡与吸附等温线

固体表面上的气体浓度由于吸附而增加时，称吸附过程(adsorption)；反之，当气体在固体表面上的浓度减少时，则为脱附过程(desorption)。吸附速率与脱附速率相等时，表面上吸附的气体量维持不变，这种状态即为吸附平衡。吸附平衡与压力、温度、吸附剂的性质、吸附质的性质等因素有关。在恒定温度下，对应一定的吸附质压力，固体表面上只能存在一定量的气体吸附。通过测定一系列相对压力下相应的吸附量，可得到吸附等温线。吸附等温线是对吸附现象以及固体的表面与孔进行研究的基本数据，可从中研究表面与孔的性质，计算出比表面积与孔径分布。

六种典型的吸附等温线如图 18-1 所示，横坐标为相对压力，纵坐标为单位质量材料的比吸附量。通过物理吸附测试所得到的比表面积、平均孔径和孔径分布等数据都是以这样的吸附等温线为基础，按照不同的理论方程计算得出。

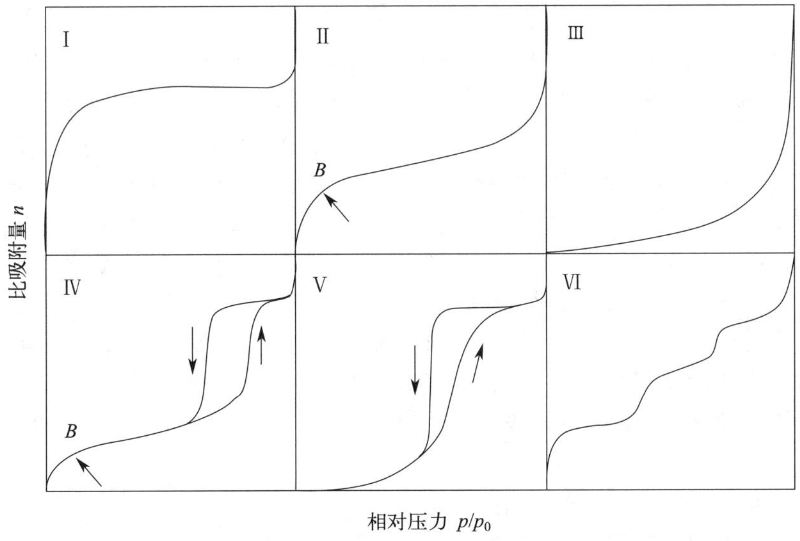

图 18-1　吸附等温线的基本类型

（1） Ⅰ型等温线：Langmuir 等温线

在较低的相对压力下吸附量迅速上升，达到一定相对压力后吸附出现饱和值。该类型等温线往往反映的是微孔吸附剂（如分子筛、微孔活性炭）上的微孔填充现象，饱和吸附值等于微孔的填充体积。样品的外表面积比孔内表面积小很多，吸附容量受孔体积控制。平台转折点对应吸附剂的小孔完全被凝聚液充满。如微孔硅胶、沸石、炭分子筛等，出现这类等温线。这类等温线在接近饱和蒸气压时，由于微粒之间存在缝隙，会发生类似于大孔的吸附，等温线会迅速上升。

（2） Ⅱ型等温线：S形等温线

相应于发生在非多孔性固体表面或大孔固体上自由的单一多层可逆吸附过程。由于吸附质与表面存在较强的相互作用，在较低的相对压力下吸附量迅速上升，曲线上凸。等温线拐点通常出现于单层吸附附近，随着相对压力的继续增加，多层吸附逐步形成，当达到饱和蒸气压时，吸附层无穷多。在低 p/p_0 处有拐点 B，是等温线的第一个陡峭部，它指示单分子层的饱和吸附量，相当于单分子层吸附的完成。随着相对压力的增加，开始形成第二层，在饱和蒸气压时，吸附层数无限大。这种类型的等温线，在吸附剂孔径大于 20 nm 时常遇到。它的固体孔径尺寸无上限。在低 p/p_0 区，曲线凸向上或凸向下，反映了吸附质与吸附剂相互作用的强或弱。

（3） Ⅲ型等温线：在整个压力范围内凸向下，曲线没有拐点 B

吸附气体量随组分分压增加而上升。曲线下凹是因为吸附质分子间的相互作用比吸附质与吸附剂之间的强，第一层的吸附热比吸附质的液化热小，致使吸附初期吸附质较难于吸附，随吸附过程的进行，吸附出现自加速现象，吸附层数也不受限制。当憎液性表面发生多分子层，或固体和吸附质的吸附相互作用小于吸附质之间的相互作用时，呈现这种类型。例如水蒸气在石墨表面上吸附或在进行过憎水处理的非多孔性金属氧化物上的吸附。在低压区的吸附量少，且不出现 B 点，表明吸附剂和吸附质之间的作用力相当弱。相对压力越高，吸附量越多，表现出有孔充填。有一些物系（例如氮在各种聚合物上的吸附）出现逐渐弯曲的等温线，没有可识别的 B 点。

（4） Ⅳ型等温线：介孔（孔宽在 2～50 nm 之间）毛细凝聚

低 p/p_0 区曲线凸向上，与Ⅱ型等温线类似。在较高 p/p_0 区，吸附质发生毛细管凝聚，等温线迅速上升。当所有孔均发生凝聚后，吸附只在远小于内表面积的外表面上发生，曲线平坦。在 p/p_0 接近相对压力 1 时，在大孔上吸附，曲线上升。由于发生毛细管凝聚，在这个区内可观察到滞后现象，即在脱附时得到的等温线与吸附时得到的等温线不重合，脱附等温线在吸附等温线的上方，产生吸附滞后（adsorption hysteresis），呈现滞后环（回滞环）。这种吸附滞后现象与孔的形状及其大小有关，因此通过分析吸脱附等温线能知道孔的大小及其分布。Ⅳ型等温线是介孔固体最普遍出现的吸附行为，多数工业催化剂都呈Ⅳ型等温线。滞后环与毛细凝聚的二次过程有关。Ⅳ型吸附等温线各段所对应的物理吸附机制：先形成单层吸附，拐点 B 指示单分子层饱和吸附量；拐点 B 之后开始多层吸附；滞后环的始点表示最小毛细孔开始凝聚；滞后环的终点表示最大的孔被凝聚液充满；滞后环以后出现平台，表示整个体系被凝聚液充满，吸附量不再增加，这也意味着体系中的孔是有一定上限的。

（5） Ⅴ型等温线：较少见，成因复杂

虽然反映了吸附剂与吸附质之间作用微弱的Ⅲ型等温线特点，但在高压区又表现出有孔充填。达到饱和蒸气压时吸附层数有限，吸附量趋于一极限值。同时由于毛细凝聚的发生，在中等相对压力时等温线上升较快。有时在较高 p/p_0 区也存在毛细管凝聚和滞后环。

（6）Ⅵ型等温线：阶梯形等温线

一种特殊类型的等温线，反映的是无孔均匀固体表面上多层吸附的结果（如在某些洁净的金属或石墨表面上的吸附）。实际上固体的表面，尤其是催化剂表面，大都是不均匀的，因此很难遇到此情况。

3. 微孔填充与毛细凝聚

微孔填充：由于吸附势的增强，微孔中会存在明显的吸附增强，对低相对压力下的吸附质分子就会具有相当强的捕捉能力。这种由微孔内相对孔壁吸附势的重叠而引起的很低相对压力下的促进吸附机制称为微孔填充。

毛细凝聚：在多孔性吸附剂中，若能在吸附初期形成凹液面，根据 Kelvin 公式，凹液面上的蒸气压总要小于平液面上的饱和蒸气压，所以在小于饱和蒸气压时，凹液面上已达饱和而发生蒸气的凝结，发生这种蒸气凝结的作用总是从小孔向大孔，随着气体压力的增加，发生气体凝结的毛细孔越来越大；而脱附时，由于发生毛细凝聚后的液面曲率半径总是小于毛细凝聚前，故在相同吸附量时脱附压力总小于吸附压力。

微孔填充与毛细凝聚在孔被填满的现象上相似，但在本质上是不同的。微孔填充取决于吸附分子与表面之间增强的势能作用的微观现象，发生在微孔内、相对压力很低的情况下；而毛细凝聚则取决于吸附液体弯液面特性的宏观现象，毛细凝聚的必要条件为孔内能至少容纳下两层粒子，发生在介孔内，和中间相对压力下。以氮为吸附质，一般半径至少约 1.6 nm。

4. 回滞环的类型

回滞环指吸附量随平衡压力增加时测得的吸附分支和压力减小时所测得的脱附分支，在一定的相对压力范围不重合，分离形成环状。在相同的相对压力时脱附分支的吸附量大于吸附分支的吸附量。根据 IUPAC 的分类，有六种，如图 18-2 所示。

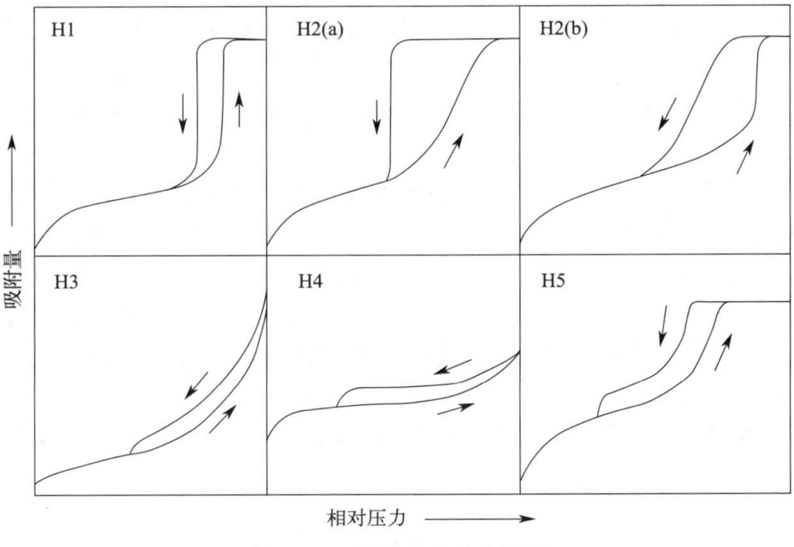

图 18-2 回滞环的基本类型

H1 和 H2 型回滞环吸附等温线上有饱和吸附平台，反映孔径分布较均匀。H1 型反映的是两端开口的管径分布均匀的圆筒状孔，H1 型迟滞回线可在孔径分布相对较窄的介孔材料和尺寸较均匀的球形颗粒聚集体中观察到（比如 MCM-41，MCM-48，SBA-15 等）。而 H2

型反映的孔结构复杂，可能包括典型的“墨水瓶”孔、孔径分布不均的管形孔和密堆积球形颗粒间隙孔等。其介孔径分布和孔形状可能不好确定，孔径分布比 H1 型回滞环更宽。H2(a)型中脱附支很陡峭，主要是由于窄孔颈处的孔堵塞/渗透(pore-blocking/percolation in a narrow range of pore necks)或者空穴效应引发的挥发(cavitation-induced evaporation)，H2(a)型回滞环常见于硅凝胶以及一些有序三维介孔材料(比如 SBA-16，KIT-5)。H2(b)型相对于 H2(a)型来说，孔颈宽度(neck width)的尺寸分布要宽得多，常见于介孔泡沫硅(MCFs)和一些经过水热处理后的有序介孔硅材料(比如 FDU-12 等)。

H3 和 H4 型回滞环等温线没有明显的饱和吸附平台，表明孔结构很不规整。H3 型回滞环的吸附支和Ⅱ型吸附等温线类似，脱附支下限一般位于空穴效应引发的 p/p_0。H3 型反映的孔包括平板狭缝结构、裂缝和楔形结构等。H3 型迟滞回线由片状颗粒材料(如黏土)或裂隙孔材料给出，在较高相对压力区域没有表现出吸附饱和。H4 型回滞环相当于是Ⅰ型和Ⅱ型吸附等温线的复合。H4 型出现在微孔和介孔混合的吸附剂上和含有狭窄的裂隙孔的固体中，如活性炭、分子筛中有见到。

H5 型回滞环较为少见，一般同时包含两端开口的和一端堵塞的孔，例如 PHTS (plugged hexagonal templated silicas)。

5. 比表面积的测定与计算

(1) Langmuir 吸附等温方程——Langmuir 比表面(适用于含纯微孔的物质或者化学吸附)

Langmuir 理论模型的假设：吸附剂的表面是均匀的，各吸附中心的能量相同；吸附粒子间的相互作用可以忽略；吸附粒子与空的吸附中心碰撞才有可能被吸附，一个吸附粒子只占据一个吸附中心，吸附是单层的、定位的；在一定条件下，吸附速率与脱附速率相等，达到吸附平衡。等温方程如式(18-1)所示。

$$p/V = p/V_m + 1/BV_m \tag{18-1}$$

式中，p 为吸附质蒸气吸附平衡时的压力；V_m 为单分子层饱和吸附容量，mol/g；B 与吸附剂表面被气体分子覆盖的分数有关。以 p/V-p 作图，为一直线，根据斜率和截距，可以求出 B 和 V_m 值(斜率的倒数为 V_m)，因此吸附剂具有的比表面积如式(18-2)所示。

$$S_{\text{Langmuir}} = V_m A \sigma_m \tag{18-2}$$

式中，A 为 Avogadro 常数 ($6.023\times10^{23}\ \text{mol}^{-1}$)；$\sigma_m$ 为一个吸附质分子截面积 (N_2 为 $16.2\times10^{-20}\ \text{m}^2$，即每个氮气分子在吸附剂表面上所占面积)。

(2) BET 吸附等温方程——BET 比表面(目前公认为测量固体比表面的标准方法)

BET 法测定的是吸附剂总表面积，许多高比表面积的吸附剂是孔状的，由外表面(external surface)和内表面(internal surface)组成。外表面包括所有突出物以及那些宽度大于深度的裂缝的表面。内表面为所有深度大于宽度的裂缝、孔、洞的壁。BET 理论的吸附模型是建立在 Langmuir 吸附模型基础上的，同时认为物理吸附可分多层方式进行，且不等表面第一层吸满，在第一层之上发生第二层吸附，第二层上发生第三层吸附，……，吸附平衡时，各层均达到各自的吸附平衡。BET 等温方程又称 BET 二常数公式，实验目的是要求出 C 和 V_m，如式(18-3)所示。

$$\frac{p}{V(p_0-p)} = \frac{1}{CV_m} + \frac{C-1}{CV_m}\times\frac{p}{p_0} \tag{18-3}$$

式中，p 为吸附质蒸气吸附平衡时的压力；V_m 为单分子层饱和吸附容量，mol/g；p_0 为外部环境大气压；C 为常数；V 为吸附量。将 $p/[V(p_0-p)]$ 对 p/p_0 作图，为一直线，截距为 $1/(V_mC)$，斜率为 $(C-1)/(V_mC)$，可以进一步得出 $V_m=1/$(截距+斜率)。由式(18-4)可计算吸附剂的 BET 比表面积。

$$S_{BET}=V_m A\sigma_m \tag{18-4}$$

式中，A 为 Avogadro 常数（$6.023\times10^{23}\,mol^{-1}$）；$\sigma_m$ 为一个吸附质分子截面积(77 K，氮气为 $16.2\times10^{-20}\,m^2$)。BET 二常数公式适合的 p/p_0 范围：0.05～0.3。最常用的吸附质是氮气，吸附温度在氮气的液化点 77.2 K 附近。低温可以避免化学吸附的发生。当相对压力低于 0.05 时，不易建立多层吸附平衡；高于 0.3 时，容易发生毛细管凝聚作用。

6. 孔径分布

孔分布分析，除了和研究表面积一样要测定吸附等温线外，主要是以热力学的气液平衡理论研究吸附等温线的特征，采用不同的适宜孔形模型进行孔分布计算。模型有很多种，实际情况也很复杂，简单介绍一下介孔孔径分布的 BJH(Barrett-Joyner-Halenda)法。

孔体积或吸附量在不同孔径范围内(或孔组)的分布，称为孔分布。如果设 r_i 为不同压力下的孔半径，$V(r)_i$ 为孔体积第 i 孔组的分布函数，则由吸脱附量通过一定的计算方程求得 ΔV_i 就是孔分布计算的内容。首先须将复杂孔形结构的多孔体假定为规则的等效几何孔形，常用的有圆柱孔形、平行板形、球腔形等，由于圆柱孔形介于后两种孔形之间，所以孔分布计算大都选用这种孔形模型。其次，一般采用脱附法测量实验吸附量。在多孔体所有孔都被吸附质充满并发生凝聚的饱和蒸气下($p/p_0=1$)开始，逐步降低蒸气压力，蒸发-解凝现象随之由大孔向小孔逐级发展，相应压力从 p_1 降到 p_2，必然有 $-\Delta V$ 的蒸气脱附量从凯尔文半径大于 r_{k2} 的全部孔中排出，可计算出脱附的凝聚液体积。按照不同的孔分布计算方法计算各孔组的 ΔV_P。以作图法或表格法作 $\Delta V_P/\Delta r_P$-r_P 的关系图。BJH 公式如式(18-5)所示。

$$\Delta V_P=Q(\Delta V_T-0.85\Delta t\Sigma\Delta S_P) \tag{18-5}$$

式中，ΔV_P 为第 i 步脱附出的孔体积；Q 为第 i 步将孔芯体积 ΔV_k 换算成孔体积的系数；ΔV_T 为第 i 步脱附出来的吸附量(液体体积)；Δt 为第 i 步相对压力降低时的吸附层厚减薄；$\Sigma\Delta S_P$ 为第 i 步之前各步脱附而露出的面积之和；0.85 是弯曲液面校正值。计算起点 p/p_0 约为 0.98，由此点压力下降至下一点时相应地可计算其 ΔV_T、r_P、Q 值、Δt，由于此时 $\Delta S_P=0$，故可算出 ΔV_P，并算出此步露出的面积 ΔS_P，以备下一步应用。如此逐步计算到 r_P 为 11～13 Å；中途如有 $\Sigma\Delta S_P$ 大于 S_{BET} 或 BJH 公式的括号中为负值即可停止。

随着现代仪器智能芯片技术的发展，实际测试和数据分析中的比表面积和孔径分布都可以通过软件计算获得。除了适用于介孔孔径分布的 BJH 法，对于含有微孔的样品，近年来，非定域密度函数理论(NLDFT)已发展成为孔结构分析的标准方法，其可在分子水平上描述孔内吸附质的非均匀流体行为，并关联吸附质的分子性质与不同尺寸孔内的吸附性能，因而适用于微孔和介孔的全范围分析。上述这些模型都是基于平行孔假设，因而对于氮气吸脱附过程中的堵孔效应仍有不足[3]。

三、仪器结构及工作原理

1. 仪器构造与配置

气体吸脱附比表面积及孔径分析仪由分析站、脱气站、真空系统、数据处理和控制系统组成。

（1）分析站

每个分析站都可以进行各种非腐蚀性气体吸附，进行微孔或者介孔分析。分析站配有独立的真空系统，具有独立的不锈钢 p_0 管，以及独立的杜瓦瓶和杜瓦升降电梯，以容积 2.5 L 的杜瓦瓶为例，加满液氮后可连续工作 60 h 以上。具有液氮液位伺服控制系统，使用等温夹套技术，适用于液氮、液氩等任何冷浴系统，对以上冷浴系统的液位控制精度优于 0.1 mm。配有微型压力传感器，使用 1000 Torr、10 Torr 和 1 Torr（1 Torr＝133.32 Pa）三级压力传感器，实现高精度真空伺服控制。

（2）脱气站

以 6 位脱气单元为例，可同时处理 6 个样品，配有独立的真空泵。加热温度范围：室温至 400 ℃。温度控制精度：±1%。

（3）真空系统

油泵和分子涡轮泵联用保证高真空体系，以达到测试要求的真空度。

（4）数据处理和控制系统

仪器内置智能芯片，外置数据处理站系统软件可实现：比表面积分析（BET 比表面积，Langmuir 比表面积）；孔结构与容积分析（BJH 孔径分布；总孔体积；通过 t-曲线法计算微孔表面积、中孔表面积及微孔体积）；微孔孔径分布计算（基于 HK，DFT/NLDFT，2DNLDFT 等模型分析）。

2. 工作原理与测试流程

气体吸脱附比表面积及孔径分析仪基于静态容量法的基本原理，测试流程如图 18-3 所示。基本的分析指标如下：比表面积 0.0005 m^2/g～无上限；孔径分析范围 3.5～5000 Å；孔体积最小检测 0.0001 cc/g（1 cc/g＝1 cm^3/g）。

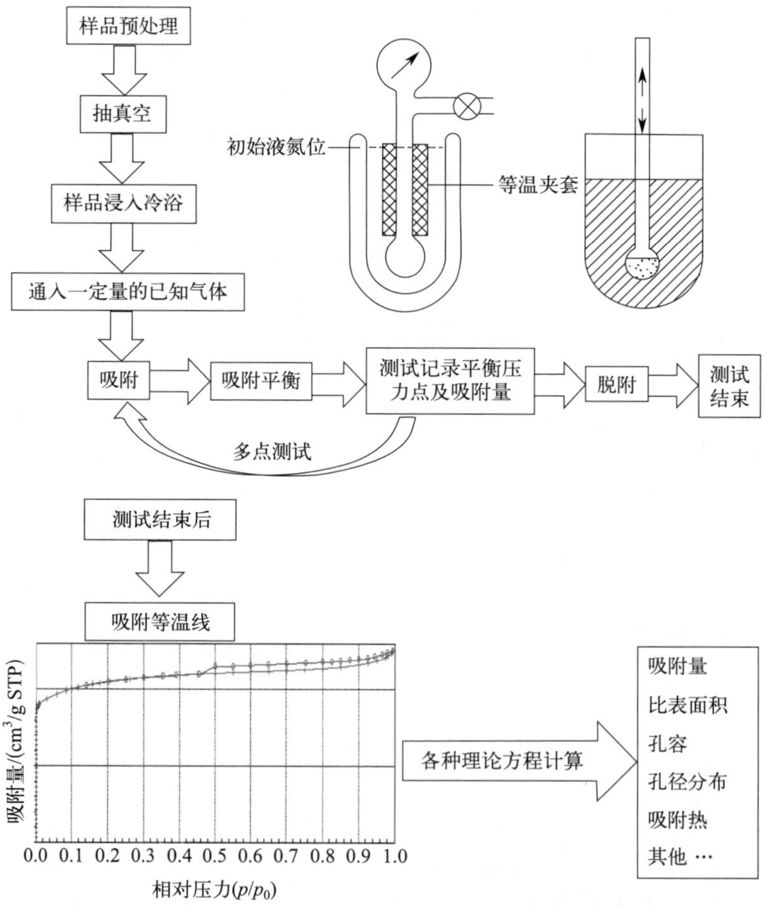

图 18-3 静态容量法测试流程

四、主要功能及代表性应用

1. 功能

物理吸附主要用于表征材料的表面积、孔容、孔径分布等材料表面特性。可以应用到多个学科研究领域，能提供粉体材料重要的分析数据，例如能源催化材料科学研究的测试分析等。经过几十年的发展，现有仪器种类及功能各有特色，总的来说，有以下测试功能：BET比表面积，Langmuir比表面积；BJH孔径分布，Dubinin-Radushkevich微孔表面积；总孔体积(由用户选取可选的 p/p_0)；平均孔径(半径、直径)；统计壁厚(t-曲线法)(基于 de Boer、Halsey或炭黑模型)；微孔表面积、中孔表面积、微孔体积及相关系数(t-曲线法)；微孔孔径分布(基于MP、HK、SF、DA、DFT/NLDFT/2DNLDFT模型等)。

2. 应用

(1) 催化剂

催化剂的比表面积和孔结构显著影响到催化反应速度和效果。对选择特殊用途催化剂、鉴定催化剂生产商品品质以及测试催化剂的有效性以便确定何时更换催化剂等方面都非常有价值。

(2) 活性炭

活性炭的比表面积及孔隙率必须优化在很窄的范围内方可实现汽车中的油气分离、油漆工艺中的溶剂分离及在废水处理中的污染物控制。

(3) 制药业

药物材料的比表面积及孔隙率在药品的净化、加工、混合、制片和包装能力中扮演着重要角色。药品的保质期及溶解速率(控制药品在人体中发挥药效的速度）受材料的表面积及孔隙率的影响。

(4) 制陶业

材料的比表面积及孔隙率信息有助于决定烧制黏合工序，保证足够密度以及生产具有设计强度、纹理、外观及密度的最终产品。

(5) 炭黑

轮胎制造业发现炭黑的比表面积可影响轮胎的使用寿命、摩擦力及轮胎的性能。轮胎的种类或轮胎将用于何种交通工具对所需炭黑比表面积的高低提出不同要求。

(6) 油漆及涂料

颜料或填料的比表面积影响油漆和涂料的光泽度、纹理、颜色、颜色饱和度、亮度、固含量及成膜附着力。孔隙度能控制油漆和涂料的应用性能，例如流动性、干燥性或凝固时间及膜厚。

(7) 推进燃料

军用产品中燃料的比表面积直接影响燃烧速率。太高的燃烧速率非常危险，而太低的燃烧速率会导致故障和失误。

(8) 化妆品

在使用粒径分析仪测试易于结块颗粒粒径比较困难时，比表面积通常被用来预测化妆品材料的粒径。

(9) 医用植入体

植入材料的比表面积和孔隙度将影响到其与骨骼或其他组织的粘连性。

除了上述应用，比表面积及孔隙表征技术在工农业生产、国防军事、基础研究等众多领域中也已被广泛应用[4-5]。

第二节 仪器分析实验

实验 18-1 氮气吸脱附法表征多孔氧化锌的比表面积及孔径分布 Characterization of the Specific Surface Area and Pore Size of Porous ZnO by N_2 Adsorption and Desorption

氮气吸脱附法可以用来表征介孔材料的比表面积以及孔径分布。通过表征，可以了解材料表面孔分布以及表面积性能，而且在测量过程中不破坏样品的物质结构。因此，在化学、材料科学、物理、药学和环境等领域有着广泛的应用。本实验旨在介绍气体吸脱附比表面积及孔径分析仪的基本操作和在氮气吸脱附测试中的应用。以溶剂热法合成的多孔氧化锌纳米片材料为例，测试分析样品的 BET 比表面积、BJH 介孔孔径分布、总孔容积等信息。本实验详细描述了氮气吸脱附法的测量和分析步骤，同时，还介绍了实验过程中需要注意的安全事项。

【实验目的】

1. 了解氮气吸脱附法的原理，包括 BET 方程、BJH 分析等。
2. 学习使用气体吸脱附比表面积及孔径分析仪进行介孔材料表征的基本操作。
3. 分析并解释数据信息。

【仪器与试剂】

气体吸脱附比表面积及孔径分析仪，包括分析站、脱气站、真空系统、数据处理和控制系统等。

多孔氧化锌纳米片[见文献 Adv. Mater.，2008，20(23)：4547-4551. DOI：10.1002/adma.200800243]，高纯氮气，液氮。

【实验步骤】

1. 实验准备工作

(1)注意实验室安全，并遵循相关安全操作规程，佩戴适当的个人防护装备。

(2)检查气体吸脱附比表面积及孔径分析仪是否已经正确连接和打开，检查仪器真空度、氮气钢瓶减压阀压力等参数是否合适。

2. 装填样品脱气

(1)称量空样品管的质量 m_1(空管＋填充棒＋塞子)。

(2)用称量纸称量样品质量(样品量根据样品材料比表面积的预期值不同而定。比表面越大，样品量越少。多孔氧化锌纳米片样品的参考值：0.1 g 左右)。

(3)将所称量样品装入已称重的空样品管中(粉末样品用漏斗送到样品管底部，以免样品粘在管壁上)。

(4)将样品管装在脱气站脱气。

3. 样品的测试

(1)样品在脱气站脱气结束后，称重 m_2(样品＋空管＋填充棒＋塞子)，m_2 减去 m_1 即为样品脱气后真实质量；将样品管塞上球阀塞子并套上等温夹套安装在分析口，将 p_0 管旋转到样品管靠近位置，最后将泡沫盖子夹在样品管上。

(2)新建程序文件，根据样品测试要求选择合适的模板文件，双击进行替换，将样品质量(m_2-m_1)填入并保存。

(3)杜瓦瓶内装入合适高度的液氮(液面接近或者高于十字架低端，但绝对不能超过十字架小孔处位置)，将杜瓦瓶小心放在升降电梯上，通过软件点击“开始分析”。

【结果分析】

测试结束后，可以直接从软件导出保存数据，查看氮气等温吸脱附曲线的形状、BET比表面积和总孔容积、BJH曲线(吸附和脱附)的形状，根据数据和曲线对样品进行分析。

综上所述，本实验通过氮气吸脱附法，成功实现了多孔氧化锌纳米片介孔材料表面的表征分析，并对其曲线进行了分析和解释。通过实验，加深了对气体吸脱附比表面积及孔径分析法原理和技术的理解，为进一步研究纳米材料的表面性能奠定了基础。

【注意事项】

仪器测量时，不能关闭操作软件和电脑，该电脑不能兼做他用；测试阶段，冷阱杜瓦瓶必须有液氮；加液氮须做好防护，避免液氮烧伤；往空杜瓦瓶加入液氮，当液面高度加至接近瓶高五分之一时，稍等10 s，再继续加液氮至指定液位高度；实验结束，一般不需要关闭吸附仪主机电源，保持其处于抽真空状态即可。

本仪器设备适用于微/介孔固体样品的气体物理吸脱附分析，装填样品脱气之前必须预先烘干或焙烧，真空下脱气的温度须不会导致样品分解或者形貌结构变化。

【思考题】

1. 根据BET方程及原理，分析所得BET比表面积数据需要注意什么?
2. 结合等温吸脱附曲线的不同类型，分析多孔氧化锌纳米片的吸脱附曲线类型。

实验18-2　氮气吸脱附法表征活性炭的比表面积及孔径分布

Characterization of the Specific Surface Area and Pore Size of Activated Carbon by N_2 Adsorption and Desorption

氮气吸脱附法可以用来表征微孔材料(含有≤2 nm孔径的微孔)的比表面积以及孔径分布。通过表征，可以了解材料表面孔分布以及表面积性能，而且在测量过程中不破坏样品的物质结构。因此，在化学、材料科学、物理、药学和环境等领域有着广泛的应用。本实验旨在介绍气体吸脱附比表面积及孔径分析仪的基本操作和在氮气吸脱附测试中的应用。以活性炭材料为例，我们能够测试分析样品的BET比表面积、BJH介孔孔径分布、HK微孔孔径分布、DFT孔径分布、总孔容积等信息。本实验详细描述了氮气吸脱附法的测量和分析步骤，同时，还介绍了实验过程中需要注意的安全事项。

【实验目的】

1. 了解氮气吸脱附法的原理，包括BET方程、DFT分析等。
2. 学习使用气体吸脱附比表面积及孔径分析仪进行微孔材料表征的基本操作。
3. 分析并解释数据信息。

【仪器与试剂】

气体吸脱附比表面积及孔径分析仪，包括分析站、脱气站、真空系统、数据处理和控制系统等。

活性炭，高纯氮气，高纯氦气，液氮。

【实验步骤】

1. 实验准备工作

(1)确保实验室安全，并遵循相关安全操作规程，佩戴适当的个人防护装备。

(2)确保气体吸脱附比表面积及孔径分析仪已经正确连接和打开，检查仪器真空度、钢瓶减压阀压力等参数是否合适。

2. 装填样品脱气

(1)称量空样品管的质量 m_1(空管+塞子)。

(2)用称量纸称量样品质量(样品量根据样品材料比表面积的预期值不同而定。比表面越大，样品量越少。活性炭样品的参考值：0.03 g 左右)。

(3)将所称量样品装入已称重的空样品管中(粉末样品用漏斗送到样品管底部，以免样品粘在管壁上)。

(4)将样品管装在脱气站脱气。

3. 样品的测试

(1)样品在脱气站脱气结束后，称重 m_2(样品+空管+塞子)，m_2 减去 m_1 即为样品脱气后真实质量；将样品管塞上球阀塞子并套上等温夹套安装在分析口，将 p_0 管旋转到样品管靠近位置，最后将泡沫盖子夹在样品管上。

(2)新建程序文件，根据样品测试要求选择合适的模板文件，双击进行替换，将样品质量(m_2-m_1)填入并保存。

(3)杜瓦瓶内装入合适高度的液氮(液面接近或者高于十字架低端，但绝对不能超过十字架小孔处位置)，将杜瓦瓶小心放在升降电梯上，通过软件点击“开始分析”。

4. 回测自由体积

新建测试自由体积的程序文件，不动上一步测完的样品管，检查杜瓦瓶内液氮高度，通过软件点击“开始分析”，将测出的冷/热自由体积输入上一步测完的程序文件中。

【结果分析】

测试结束后，可以直接从软件导出保存数据，查看氮气等温吸脱附曲线的形状、BET 比表面积和总孔容积、DFT 曲线(吸附和脱附)的形状，根据数据和曲线对样品进行分析。

综上所述，本实验通过氮气吸脱附法，成功实现了活性炭微孔材料表面的表征分析，并对其曲线进行了分析和解释。通过实验，加深了对气体吸脱附比表面积及孔径分析法原理和技术的理解，为进一步研究纳米材料的表面性能提供了数据参考。

【注意事项】

仪器测量时，不能关闭操作软件和电脑，该电脑不能兼做他用；测试阶段，冷阱杜瓦瓶必须有液氮；加液氮须做好防护，避免液氮烧伤；往空杜瓦瓶加入液氮，当液面高度加至接近瓶高五分之一时，等候 10 s，再继续加液氮至指定液位高度；实验结束，一般不需要关闭吸附仪主机电源，保持其处于抽真空状态即可。

本仪器设备适用于微/介孔固体样品的气体物理吸脱附分析，装填样品脱气之前必须预先烘干或焙烧，真空下脱气的温度须不会导致样品分解或者形貌结构变化。

【思考题】

1. 与介孔材料测试相比，微孔材料的测试有什么不同？
2. 结合数据结果，对比 BJH、HK、DFT 孔径分布曲线的不同，理解其应用的意义。

【参考文献】

[1] 近藤精一，石川达雄，安部郁夫．吸附科学［M］．李国希，译．北京：化学工业出版社，2006.

[2] Gregg S J，Sing K S W. 吸附、比表面与孔隙率［M］．高敬琮，译．北京：化学工业出版社，1989.

[3] 孟金琳，汪宇，张群锋，等．介孔材料低温氮气吸脱附的孔道网络模型［J］．化工学报，2023，74（2）：893-903.

[4] Osterrieth J W M，Rampersad J，Madden D，et al. How reproducible are surface areas calculated from the BET equation?［J］．Advanced Materials，2022，34（27）：2270205.

[5] Chen Z J，Li P H，Anderson R，et al. Balancing volumetric and gravimetric uptake in highly porous materials for clean energy［J］．Science，2020，368（6488）：297-303.

第十九章　Zeta 电位分析
Zeta Potential Analysis

第一节　仪器结构与原理

一、技术概述及发展历程

1903 年，Smoluchowski 首次提出模型计算 Zeta 电位。1931 年，Henry 通过公式证明了颗粒电泳迁移率与 Zeta 电位有关。电泳迁移率为单位电场强度下带电粒子的泳动速率，计算公式如下：

$$\frac{U}{E}=\frac{2\varepsilon\zeta F(\kappa\alpha)}{3\eta}$$

式中，U 是粒子泳动速率，m/s；E 是电场强度，V/m；U/E 是电泳迁移率，$m^2/(s\cdot V)$；ζ 是 Zeta 电位，V；ε 为溶剂介电常数，$kg\cdot m/(V^2\cdot s^2)$；η 为黏度，kg/(m·s)；$F(\kappa\alpha)$ 是亨利常数，无量纲。$F(\kappa\alpha)$通常用两个值近似，即 1.5 或 1.0。在水性介质和中等电解质浓度下测定 Zeta 电位的电泳时，$F(\kappa\alpha)$通常为 1.5，即 Smoluchowski 近似。Smoluchowski 近似通常用于弯曲式毛细管和通用插入式样品池的水相样品，适合此模型的体系为大于 0.2 μm 的粒子分散于含大于 10^{-3} mol 盐的电解质溶液，可直接由迁移率计算 Zeta 电位。非水相测量通常使用 Huckel 近似，$F(\kappa\alpha)$为 1.0，也适用于较低介电常数介质中的小粒子[1-2]。

目前测定 Zeta 电位的方法包括电泳法、电渗法、流动电位法和超声波法等，其中电泳法应用范围最广，包含显微镜电泳和激光多普勒电泳法。电泳是在外电场作用下，胶体粒子相对于静止介质做定向移动的电动现象。20 世纪 90 年代以前，测试仪器主要是显微镜电泳仪，即将样品置于显微镜下的电泳池内，电泳池两端置入电极，在直流电场作用下，直接观察单个胶粒的泳动速度，前提是在显微镜可见范围内能够观察到胶体粒子形状和大小。本方法优点是造价低，缺点是人为误差较大，实验重复性差，受显微镜放大倍数的限制，不适合浓度较大的胶体悬浮液。

近年来发展的技术是基于多普勒电泳光散射的 Zeta 电位仪。电泳光散射是通过分析散射光中的多普勒效应引起的光的频率或相位的变化来快速间接测定 Zeta 电位，同时结合电泳技术和激光光散射技术的优点，具有测量快速、准确、无损的特点。1842 年，奥地利物理学家发现多普勒效应，当观测者与波源相对静止时，观察到的频率与波源振动频率相等。当观测者与波源相对运动时，观察到的波频率会产生变化。当波源向着静止的观察者运动时，观测者接收到的波频率高于波源频率。激光多普勒测速法(laser Doppler velocimetry)是非常成熟的技术，从喷气式发动机中涡轮叶的超声流动速度测量到树液从植物茎干中升起的速度测量等很多方面均有应用。该法操作简便，可在线实时测量，能够探测显微电泳测量法不能测得的纳米颗粒。在电泳实验中，激光多普勒测速法用于测量运动的带电粒子速度。纳米粒子在溶液中做无规则的布朗运动，在外加电场作用下，粒子定向移动。当光照射样品时，光束的频率或相位会发生变化，颗粒运动的速度大小与光的频率或相位变化有关，接收光学器件用来传递样品池中粒子的散射光，可以间接获得粒子的电泳速率，通过测量电泳运动速度或电泳迁移率即可求得颗粒表面的 Zeta 电位。

二、基本原理

图 19-1 为 Stern 双电层模型[1,3]，固体粒子表面带电时，因整个体系是电中性的，在液相中存在与表面电荷数量相等的反离子。粒子表面的电荷与周围介质中的反离子构成双电层。反离子一方面受静电吸引作用向胶粒表面靠近，另一方面，因热扩散作用趋向于在整个液体中均匀分布。两种作用使反离子在带电粒子表面区域平衡分布，越靠近界面，浓度越高，远离界面至某一距离时，正反离子浓度相等。在固体表面因静电引力和范德华力而特定吸附的一层反离子，紧贴固体表面形成一个固定的吸附层，称为 Stern 层。Stern 层外为扩散层，反离子呈扩散态分布。外加电场发生电动现象时，在粒子表面有一定数量的溶剂分子与其紧密结合，溶剂分子及其内部的反离子与粒子整体运动，固体和滑动面内部的液体与滑动面外的液体发生相对移动，滑动面的位置不确定，为假想面，但可以合理地认为它在 Stern 层以外，滑动面上的电位即为 Zeta 电位。

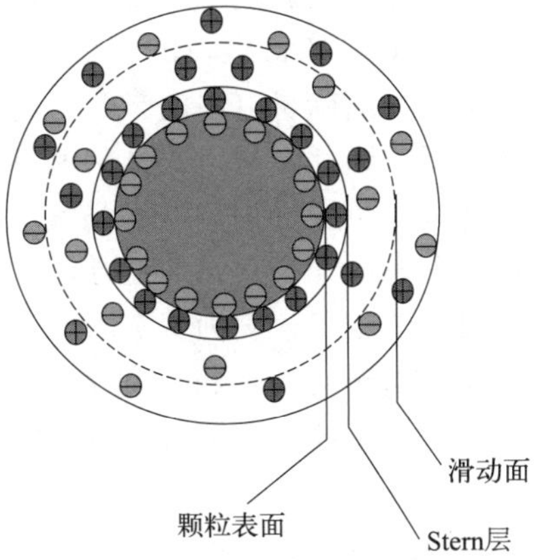

图 19-1　带负电颗粒的 Zeta 电位[1, 3]

三、仪器结构及工作原理

Zeta 电位仪主要由激光器、衰减器、样品室、检测器、数字信号处理器和计算机组成，其工作原理如图 19-2 所示[3]。首先，He-Ne 激光器激发出波长为 632.8 nm 的激光束，电子束分裂器将激光束分为基准和入射光束，基准光为多普勒效应提供参考光束，入射光经过衰减器进入样品室，当光束照射到运动的颗粒时，会产生光束频率及相位的变化，检测器将信号传送至数字信号处理器和相关器，通过计算机软件计算得到电泳迁移率和 Zeta 电位。

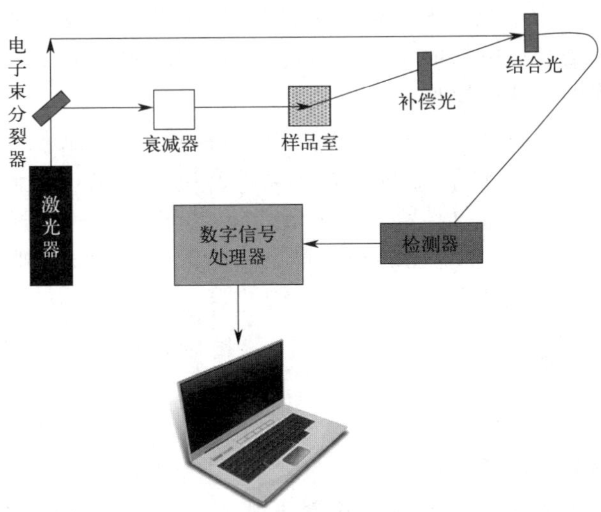

图 19-2　多普勒电泳光散射技术 Zeta 电位仪工作原理

本实验使用的仪器基于 Zetasizer Nano 电位分析新技术[4]：

1. 折叠式毛细管样品池技术

外加电场时，分散介质会通过多孔膜或极细(半径为 1～10 nm)的毛细管移动，这种固相不动液相移动的现象为电渗。电渗是影响 Zeta 电位测量精度的重要因素，因为它与电泳运动方向相反，极大地影响电泳速率测量的准确性。因此，测量时须考虑剔除电渗所引起的误差。

目前测定 Zeta 电位的样品池分为插入式和毛细管式。其中，插入式样品池电极采用内置平板形式，消除了电渗的影响，但两电极之间距离太短，外加电场强度不能太大，否则会引起局部升温。因此，插入式样品池灵敏度受限。毛细管样品池分为封闭式和流动式，两电极之间距离变大，可通过提高电场强度来提高测量的分辨率和灵敏度。封闭毛细样品池中存在一个点，是两种激光束交叉的地方，此时电渗速率为零，即测量时在“稳定层”上进行，理论上此点所测量的粒子速度为真实的电泳速率，所测量的 Zeta 电位有效地排除了电渗所造成的误差。Zetasizer Nano 电位分析仪利用了流动式样品池新技术，即使用折叠式毛细管样品池，多次使用后可以更换新池，内置可抛弃金电极，避免了样品间的交叉污染。

2. PALS 技术

PALS(phase analysis light scattering)为相位分析光散射，是一项高分辨跟踪测定技术。电泳速率和频移之间的关系可通过下式表示：

$$\Delta v = 2U_{\mathrm{E}} \frac{\sin\dfrac{\theta}{2}}{\lambda}$$

式中，v 为电泳速率；U_{E} 为电泳迁移率；λ 为激光波长；θ 为散射角[2]。其灵敏度比频谱漂移分析技术的灵敏度提高了近千倍。利用 PALS 检测相移极大地提高了测量的分辨率，无需靠提高电场强度来增大电泳速率，避免了温度局部漂移，即使在盐浓度高达 3 mol/L、电场强度仅有 1～2 V/cm 时，仪器也能得到正确结果。

3. M3 技术

M3 技术为慢速电场变换(slow field reversal，SFR)和快速电场变换(fast field reversal，FFR)的混合模式测量方法。其中，FFR 通过快速变换电场实现，在电渗不显著时，迅速完成电泳速率测试，此阶段所测试的迁移率由电泳引起，测量的平均值相对准确，但分辨率较低，分布范围较宽；SFR 下电场每秒反转一次，主要用于降低电极的极化，测试分辨率较高，分布范围窄，但无法避免电渗的影响。因此，将 FFR 和 SFR 数据结合分析，可以得到分辨率高、平均值准确的电泳速率值。

Nano ZS 电位分析仪利用 M3、PALS 和折叠式毛细管样品池等专利技术，较好地解决了电渗、布朗运动对 Zeta 电位峰展宽的影响和交叉污染等问题，明显提高了测试的分辨率和准确性，实验快速，结果可重复性高，并可测定高离子强度和低迁移率的体系。Zeta 电位测定的样品电导率范围为 0～200 mS/cm，最大样品浓度为 40%(质量浓度)，最大粒径范围为 4.5～100000 nm。

四、主要功能及代表性应用

1. 主要功能

(1) 调控絮凝，调节悬浮液的稳定性

Zeta 电位是评价悬浮体系稳定性的一个重要指标，如浆料颗粒需要维持较高的电位以保证陶瓷颗粒的致密堆积，废水中依据此参数可获得最佳絮凝条件并随后过滤去除等。

(2) 材料修饰表征

Zeta 电位可以用来表征材料表面修饰后的电性，通过电位的正负和大小控制聚合物的合成或材料自组装，验证功能修饰是否成功，调控合成步骤。

（3）帮助获取细胞穿透性、生物相容性等信息

Zeta 电位是目前表征带电颗粒表面性质的最简单直接的方法，纳米颗粒在给药过程中会克服多重生物屏障，靶向释放药物分子，Zeta 电位的测定有利于了解颗粒与血液循环系统中蛋白质非特异性结合性质。另外，颗粒的带电性还能为研究其与细胞表面磷脂、蛋白质、聚糖的静电相互作用提供指导。

（4）生物传感器检测分子的筛选

Zeta 电位可作为生物分子检测传感器输出信号的量度，如颗粒表面修饰多肽底物，当目标分子浓度增大时，会引起 Zeta 电位的变化。

2. 应用

Zeta 电位因在胶体体系中的应用已经被研究了两个多世纪，通过与其他检测手段（如吸附等温线测定、X 射线散射和傅里叶变换红外光谱）结合，可以更好地阐释体系分散和聚集行为，研究颗粒表面电荷分布和表面电位大小，预测和控制胶体悬浮液的稳定性，如在乳液和悬浮体系中可用于改善配方，延长产品保质期等。Zeta 电位在制药、水处理、食品、电子、陶瓷等众多领域都有广泛的应用（图 19-3），其代表性应用如下。

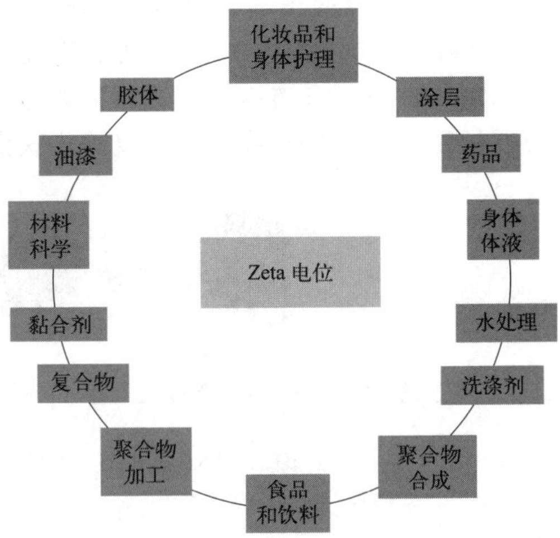

图 19-3　Zeta 电位在不同领域的应用[5]

（1）矿物加工中的应用

矿物浮选是一种重要的矿物分离技术，浮选过程中通常会将 Zeta 电位与其他检测手段同时使用，用来解释浮选响应并评价矿物表面化学试剂的吸附方式，以便选择合适的试剂和最优条件。通过 Zeta 电位测试获取的最重要的信息是等电点，能够用来预测并控制选择何种捕收剂/抑制剂。因矿物表面性质受球磨影响，Liao 等人[6]利用 Zeta 电位测试研究了两种不同的球磨介质（钢球和纳米陶瓷球）对浮选两种硫化物矿物（黄铜矿和黄铁矿）的影响，发现陶瓷球降低了矿物的等电点，提升了其疏水性和浮选回收率。

（2）乳液应用

乳液是一类含两种或多种不混溶液体的胶体分散体系，在医疗、食品和化妆品领域都有广泛的应用。与悬浮液不同，乳液中的颗粒垂直或平行于表面，因连续相的不同，乳液分为油包水型和水包油型乳液。由于油和水不混溶，在界面上通常会引入表面活性剂。Zeta 电位主要用于研究和预测乳液的稳定性，如柯扬船课题组[7]利用 Zeta 电位研究了水包油纳米乳液稳定机制并用于提高石油采收率。

（3）电泳沉积应用

Zeta 电位在电泳沉积中起着关键作用，其可以控制电泳迁移率和电泳沉积速率。相邻颗粒之间的排斥作用决定了悬浮液的稳定性，为避免沉降，必须有高的表面电荷。如果溶液中电解质浓度过高，Zeta 电位会降低，引起絮凝。利用酸、碱或聚合物添加物可调控 Zeta 电位大小，如在水中，聚合物的羧基基团维持高排斥力，体系具有高的稳定性，加入酸中和颗粒的负电荷，会使 Zeta 电位和稳定性降低，加入碱会提高 Zeta 电位，进而提高体系的稳定性。Suárez 等人[8]报道了一种光学氧传感器薄膜，通过控制 pH 调控 Zeta 电位，获得了厚度（几百纳米）较小、响应时间（小于 0.4 s）较短的薄膜材料。

（4）污水处理中的应用

Maldonado 等人利用混凝和絮凝处理含金属的废水溶液，测定聚电解质和废水分散液的 Zeta 电位，根据测量数据确定污染物和混凝-絮凝剂的静电相互作用，进而得出所需的混凝剂剂量[9]。

（5）生物抑菌中的作用

赵宇亮等人[10] 于 2016 年合成了聚乙二醇（PEG）-MoS_2 纳米花，测得 MoS_2 的 Zeta 电位为 −58.1 mV，PEG 改性可减少 MoS_2 的负电荷，Zeta 电位明显降低至 −35.16 mV，佐证了 PEG-MoS_2 复合物的成功合成。所合成 PEG-MoS_2 能够有效清除大肠杆菌和芽孢杆菌，如图 19-4 所示，细菌首先在低浓度 H_2O_2 中接触并捕获 PEG-MoS_2，PEG-MoS_2 催化 H_2O_2 分解，产生·OH，·OH 与细菌接触，破坏细胞壁，且可通过 808 nm 激光照射，加速谷胱甘肽氧化，进一步破坏细菌的保护屏障，从而构建一种过氧化物酶催化和光热治疗相结合的协同抑菌模式，具有快速、高效的皮肤伤口抑菌效果。

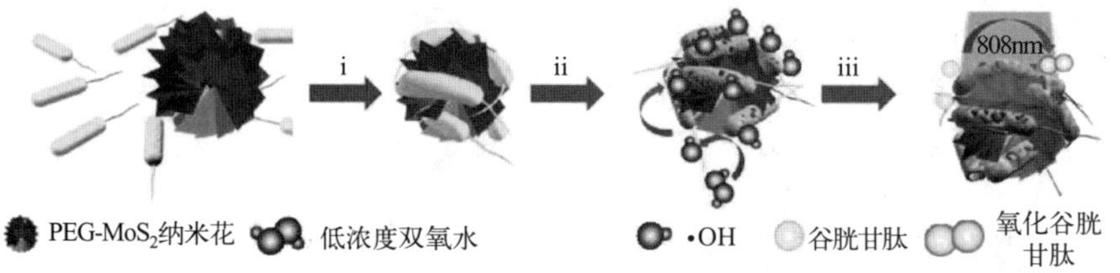

图 19-4　PEG-MoS_2 作为过氧化物酶催化剂光热协同杀菌示意图

(i) PEG-MoS_2 被细菌捕获；(ii) PEG-MoS_2 催化分解低浓度 H_2O_2，产生·OH，破坏细胞壁；(iii) 808 nm 激光照射加速谷胱甘肽氧化

张晓梅等人[11] 报道了一种通过 Yamamoto 交叉偶联反应合成的卟啉基多孔有机聚合物（$FePPOP_{Hydantoin}$），该正电（Zeta 电位为 +26 mV）纳米酶拥有较高的催化活性，能有效地与带负电细菌细胞膜发生静电相互作用，复合颗粒的 Zeta 电位低至 +6 mV，从而有效提高了细菌的捕获效率。当聚合物浓度为 200 μg/mL 时，$FePPOP_{Hydantoin}$ 对金黄色葡萄球菌的抑菌效率达到 41.6%。如图 19-5 所示，$FePPOP_{Hydantoin}$ 可将 H_2O_2 分解为·OH，破坏细菌的细胞壁，使细菌表面敏化，在 808 nm 激光照射下对金黄色葡萄球菌的抗菌效率超过 99.99%。

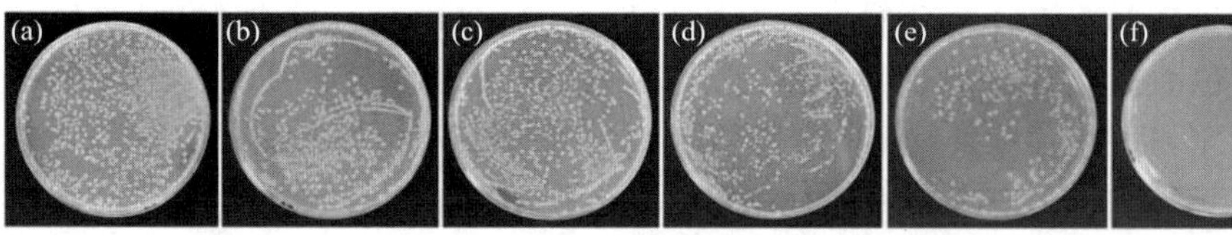

图 19-5　平板计数法统计细菌存活率照片

金黄色葡萄球菌分别经以下处理：(a) PBS、(b) H_2O_2、(c) $FePPOP_{Hydantoin}$、(d) $FePPOP_{Hydantoin}$/近红外光照射、(e) $FePPOP_{Hydantoin}$/H_2O_2 和(f) $FePPOP_{Hydantoin}$/H_2O_2/近红外光照射

王建龙等人[12] 采用静电自组装法制备了新型氮化碳基自活化膜。测得壳聚糖（CS）的 Zeta 电位为 56.85 mV，氮化碳的 Zeta 电位为 −3.44 mV，通过剥离氮化碳，制备了电性更负的改性氮化碳（NCN），测得 Zeta 电位为 −55.95 mV。图 19-6 展示了带正电的 CS 与带负电的 NCN 通过静电相互作用形成的生物纳米复合膜结构。体外抑菌实验表明，CS 与 NCN 复合膜对两种不同类型的革兰氏细菌具有强抑制能力。另外，所制备的纳米复合膜成本低，

易于大量制备，可用于食品包装，延缓食品变质。

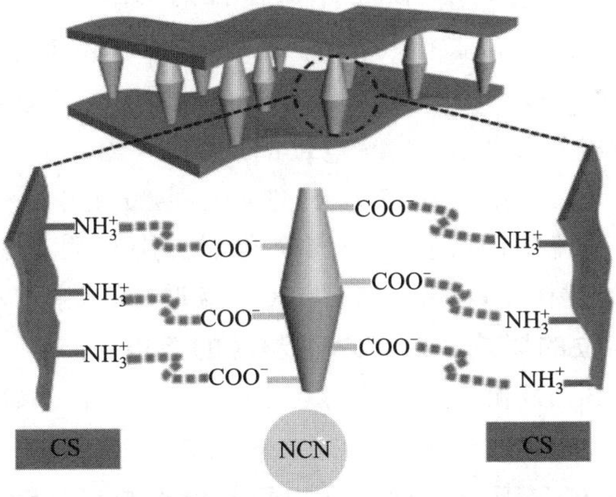

图 19-6　壳聚糖（CS）与改性氮化碳（NCN）之间的静电相互作用示意图

第二节　仪器分析实验

实验 19-1　SiO_2 颗粒的 Zeta 电位测定及其悬浮液稳定性研究

Determination of Zeta Potential of SiO_2 Particles and Study on the Stability of their Suspension

二氧化硅(SiO_2)颗粒具有尺寸、形貌和微结构可调，以及表面易功能化等特性，在涂料、吸附分离材料、药物载体、精密陶瓷、催化剂负载、造纸填料、颜料等众多领域具有广阔的应用前景。SiO_2 颗粒表面电荷密度较低，胶体粒子在悬浮液中易发生凝聚，因此，探讨 SiO_2 悬浮液体系的稳定性是研究的热点。SiO_2 的合成方法包括溶胶-凝胶法、乳液法、沉淀法及化学气相沉积法等，其中，溶胶-凝胶法制备的产品品质高，为实验室常用合成方法。1968 年，Fink 和 Bohn 等人以正硅酸四乙酯为硅源、氨水为催化剂，在醇/水溶剂中制备了粒径在 50～500 nm 间可调的单分散 SiO_2 颗粒，该方法称为 StÖber 法，包括水解和缩合两步反应[13]。

【实验目的】

1. 用电泳光散射法测量 Zeta 电位，正确理解 Zeta 电位的定义。比较电解质、表面活性剂类型与浓度对 Zeta 电位的影响。

2. 研究 pH 对 Zeta 电位的影响，确定样品的等电点。

3. 了解 Zeta 电位对悬浮液稳定性的影响。

【仪器与试剂】

纳米粒度电位仪，扫描电子显微镜，X 射线粉末衍射仪，pH 计，超声波清洗机，鼓风干燥箱，Zeta 电位池，1 mL 注射器。

超纯水，不同浓度氯化钠溶液、氯化镁溶液和氯化铝溶液，氢氧化钠溶液(0.1 mol/L)，盐酸溶液(0.1 mol/L)，十二烷基三甲基溴化铵(阳离子)、十二烷基硫酸钠(阴离子)、十二烷基甜菜碱(两性表面活性剂)溶液，正硅酸乙酯，氨水，乙醇。

【实验步骤】

1. 单分散 SiO_2 的制备及简单表征

以正硅酸乙酯和氨水为原料，采用 StÖber 法制备单分散的 SiO_2 纳米颗粒，利用 X 射线粉末衍射和扫描电子显微镜确定单分散样品的成功合成。

2. 研究电解质种类和浓度对 SiO_2 颗粒 Zeta 电位的影响

配制浓度均为 0 mol/L、10^{-5} mol/L、10^{-2} mol/L 和 10^{-1} mol/L 的氯化钠溶液、氯化镁溶液和氯化铝溶液，加入定量 SiO_2 粉末，室温搅拌 15 min，制得 SiO_2 悬浮液，测定 Zeta 电位。

3. 研究表面活性剂种类和浓度对 Zeta 电位的影响

配制浓度均为 0 g/L、0.25 g/L、0.5 g/L、1 g/L、2 g/L、4 g/L 的十二烷基三甲基溴化铵(阳离子)溶液、十二烷基硫酸钠(阴离子)溶液和十二烷基甜菜碱(两性表面活性剂)溶液，加入定量 SiO_2 粉末，室温搅拌 15 min，制得 SiO_2 悬浮液，测定 Zeta 电位。

4. 研究 pH 对 Zeta 电位的影响，测定两种颗粒的等电点

用 NaOH 溶液(0.1 mol/L)和 HCl 溶液(0.1 mol/L)调节 SiO_2 悬浮液的 pH 依次为 2、3、4、5、6、7、8、9、10，测定 Zeta 电位，分析样品的等电点。

5. 配制一定浓度的 SiO_2 悬浮液，观察并记录等电点前后悬浮液的稳定性。

6. 样品 Zeta 电位的测定

图 19-7 为测试流程示意图，测试步骤如下：

(1)用超纯水和乙醇清洗样品池，用氮气吹扫除掉溶剂。

(2)将样品按要求稀释后用注射器在样品池的一端缓缓注入样品，直至液面处于 U 形管中 MAX 刻线，塞紧盖子，溢出的样品用无毛纸擦干，保证样品池中无气泡。

(3)开机预热 30 min，打开软件，仪器按钮变为绿色，按下按钮，盖子弹起，将样品池图标面向测试者插入槽中，关上盖子，按路径保存文件夹和“.dts”文件。

(4)选择“measure”—“manual”，在设置窗口中点击“measurement type”，选择“Zeta”。输入样品名称，选择样品参数、分散剂和样品池类型，设定平衡时间及测量次数，测量次数为 3～5 次。点击“ok”，在测量窗口中点击绿色图标开始测试，结果自动保存。

(5)测试下个样品时，用去离子水清洗 Zeta 电位池，在测试窗口中点击“setting”，输入样品名称和相关测试条件，测试窗口关闭后可按需编辑结果。

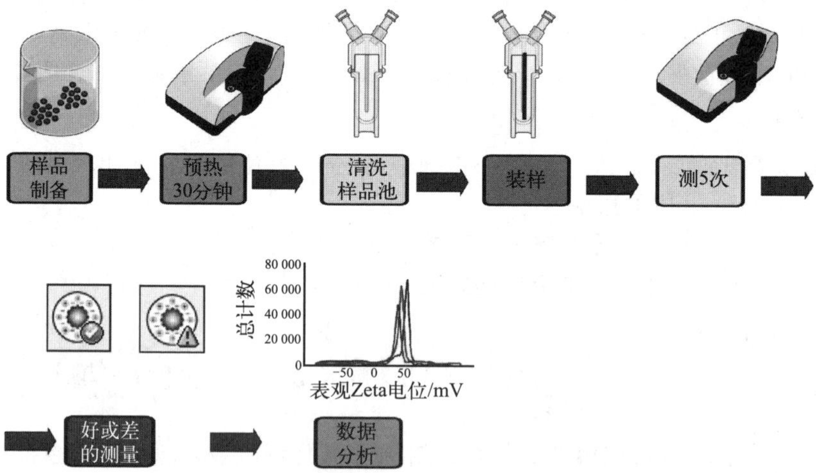

图 19-7　Zeta 电位测量装置及测试操作流程示意图[1]

【结果分析】

1. 判断测试结果的可靠性

(1)电位测试采用相分析光散射，原始信号为相图，正常测试结果的相图如图 19-8 所示，有以下特性：高频区域斜率清晰，可明显观察到电压转换引起的相位转换，低频区域斜率也清晰，呈现出一定的线性关系。

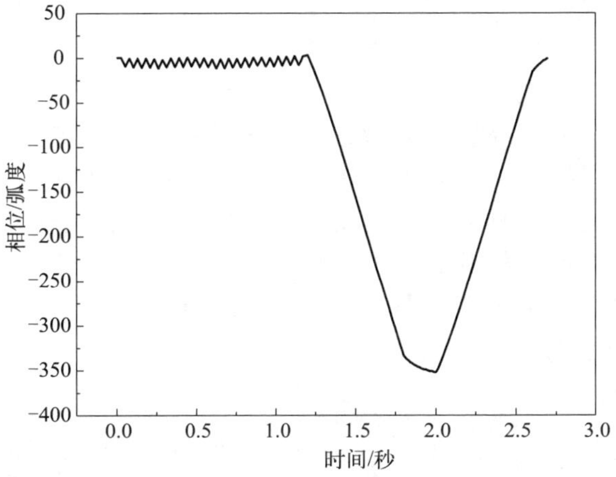

图 19-8　正常数据的相位图

(2) 多次测试结果有重复性

如果是单分散样品，Zeta 电位的数值是平均值，代表样品中单个组分的 Zeta 电位。如果是多分散样品，样品的 Zeta 电位分布会含多峰，代表不同的组分，此时需进行超声分散等前处理并结合重复性结果分析数据。

2. 利用 origin 软件绘制 Zeta 电位图

如图 19-9 所示。

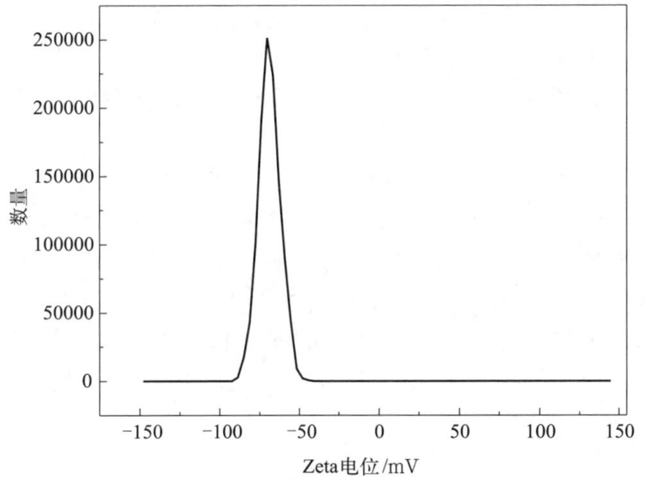

图 19-9　Zeta 电位图

3. 分析体系的稳定性及添加物对 Zeta 电位的影响

如果悬浮液中粒子 Zeta 电位的绝对值较大，溶液中粒子倾向于相互排斥，较少絮凝。对于 Zeta 电位绝对值大于 30 mV 的粒子，通常认为其悬浮液是稳定的。影响 Zeta 电位的最重要因素是 pH。没有提供 pH 值的 Zeta 电位值本身没有意义。

假设悬浮液中一个粒子的 Zeta 电位为负值。若悬浮液中加入强碱，则粒子倾向于得到更多负电荷。如果在悬浮液中加入酸，则达到某一点时，负电荷被中和。继续加入酸，则导致粒子表面产生正电荷。因此，依照 Zeta 电位-pH 曲线，在低 pH 时，粒子是带正电的，而在高 pH 时，粒子电位降低或转变为负电。曲线 Zeta 电位为零的点，称为等电点(isoelectric point)，此数值在实际应用中非常重要，它通常是胶体体系最不稳定的点。

【注意事项】

1. 测试时必须擦干电位池的外壁。

2. Zeta 电位对体系的离子环境十分敏感，测试过程中应避免交叉污染，否则会对测试结果有较大影响。样品池和电极须清洗干净，否则其表面残留电荷易吸附样品。

3. 应戴手套操作避免接触样品池的测试窗和电极，引起油污污染。

4. Zeta 电位大小取决于多种因素，如温度、pH、溶液电导率(离子强度)、添加剂和溶剂黏度等。这些参数的微小变化可能会引起 Zeta 电位值显著改变，因此须准确记录实验参数，否则测得的 Zeta 电位数值无意义。

【思考题】

1. 哪些因素会影响颗粒的 Zeta 电位？离子强度增加，颗粒的 Zeta 电位如何变化？

2. 如何测得样品的等电点？举例说明等电点的实际应用。

实验 19-2 纳米乳液的 Zeta 电位及稳定性
Zeta Potential and Stability of Nanoemulsion

纳米乳液是指分散相液滴粒径在纳米尺度范围内的乳液，其制备方法包括高能法和低能法。高能法包括高压均质法和超声分散法，其制备的纳米乳液所需乳化剂浓度低，但对设备要求较高，能量利用率低。低能法包括相转变组分法(PIC 法)和相转变温度法(PIT 法)，低能法首先形成油包水乳液，随着组成或温度的变化转化为水包油乳液。PIC 法是在制得的油包水乳液中逐渐加水，稀释过程中出现相转变点，转变点附近油水界面张力非常低，而后转变为水包油乳液，形成粒径较小的纳米乳液。PIT 法是在高于体系相转变温度下，将油包水乳液冷却形成水包油纳米乳液。

纳米乳液的稳定性是基础和应用研究中的重要性质，Zeta 电位是分散体系的重要参数，可用来表征纳米乳液的稳定性。在利用相转变组分法制备纳米乳液过程中，非离子表面活性剂具有关键作用，但单独使用时，相转变温度通常较低，在升温或电解质溶液中易破乳[7]。因此，本实验中引入常用的阳离子或阴离子表面活性剂，形成复合乳化剂，使液滴表面带电，增加液滴之间的静电排斥作用，减少液滴的聚并和奥氏熟化，增强乳液的稳定性。通过对乳液的液滴尺寸、Zeta 电位、长期稳定性及热稳定性等性能进行分析，研究添加剂对纳米乳液稳定性的影响。

【实验目的】

1. 熟知 Zeta 电位对纳米乳液稳定性的影响。

2. 了解电导率对乳液类型的界定和乳液相转变机理。

3. 了解纳米乳液的应用。

【仪器与试剂】

纳米粒度电位仪，倒置荧光显微镜，傅里叶红外光谱仪，数显恒温油浴磁力搅拌，Zeta 电位池，1 mL 注射器。

十二烷基聚氧四乙烯醚(Brij30)，十二烷基硫酸钠(SDS)，十六烷基三甲基溴化铵

(CTAB)，锂皂石，超纯水，液体石蜡。

【实验步骤】[7]

1. 锂皂石的改性

在 100 mL 超纯水中加入 1 g 锂皂石，搅拌 30 min，得到透明分散液，然后在 80℃下搅拌，将 0.41 g CTAB 溶解于 25 mL 超纯水中，并加入锂皂石分散液中，搅拌 8 小时，抽滤，洗涤，60℃烘箱中烘干，研磨，过筛，得改性锂皂石，利用红外光谱表征改性锂皂石。

2. 利用相转变组分法制备负电纳米乳液

(1)取总质量为 2 g 的 Brij30 和 SDS，质量比分别为 10∶0、9∶1、4∶1、7∶3 和 3∶2，加入 2 g 液体石蜡中，在 70℃油浴中搅拌分散，然后在搅拌下滴加 40 mL 超纯水，冷却至室温，得负电纳米乳液。测定乳液的 Zeta 电位、电导率、平均粒径和多分散指数(PDI)，结合乳液外观变化，分析阴离子表面活性剂的加入对乳液类型和稳定性的影响。

(2)在 70 ℃油浴中，将改性锂皂石(0 mg/L、500 mg/L、1000 mg/L、1500 mg/L、2000 mg/L)、SDS 与 Brij30 分散在 2 g 石蜡油中，逐滴加入 40 mL 超纯水，冷却得含改性锂皂石的负电纳米乳液。测定乳液 Zeta 电位、电导率、平均粒径和多分散指数(PDI)，分析改性锂皂石的加入对乳液类型和稳定性的影响。

(3)测定样品的相转变温度，结合电导率、粒径、外观图判断乳液稳定性变化，分析 SDS 和改性锂皂石对相转变温度的影响。

3. 正电纳米乳液的制备

(1)取总质量为 2 g 的 Brij30 和 CTAB，质量比分别为 10∶0、9∶1、4∶1、7∶3 和 3∶2，加入 2 g 液体石蜡中，在 70℃油浴中搅拌分散，然后在搅拌下滴加 40 mL 超纯水，冷却至室温，得正电纳米乳液。测定乳液液滴尺寸、Zeta 电位和电导率，分析阳离子表面活性剂的加入对乳液类型和稳定性的影响。

(2)在 70℃油浴中，将改性锂皂石(0 mg/L、500 mg/L、1000 mg/L、1500 mg/L 或 2000 mg/L)、CTAB 和 Brij30 分散于石蜡油中，滴加 40 mL 超纯水，冷却得含改性锂皂石的正电纳米乳液。测定乳液液滴尺寸、Zeta 电位和电导率，分析改性锂皂石的加入对乳液类型和稳定性的影响。

(3)测定样品的相转变温度，结合电导率、粒径和外观，判断乳液稳定性变化，分析 CTAB 和改性锂皂石对相转变温度的影响。

【结果分析】

1. 仅含 Brij 30 的纳米乳液带负电，是由于其聚氧乙烯链基团与水可形成氢键，游离的 OH^- 在油水界面选择性吸附，添加 SDS 后，界面电荷密度增加，Zeta 电位增加，液滴间静电斥力增加，对抗液滴间碰撞引起的聚并，有利于纳米乳液的稳定。SDS 会明显提高纳米乳液的相转变温度和热稳定性。

2. 正电纳米乳液的粒径随 CTAB 含量的提高先减小后增大。纳米乳液的 Zeta 电位随 CTAB 含量的增加，由负变为正，且电位绝对值逐渐增大。制备的正电纳米乳液具有较好的稳定性，CTAB 含量较高的正电纳米乳液的相转变温度较高。

3. 通常水包油型乳液的电导率较高，油包水型乳液的较低，通过电导率可以表征乳液的类型，温度提高，水包油乳液可能会发生相转变，电导率明显下降，出现乳液分层现象。

4. 锂皂石可提高纳米复合乳液的 Zeta 电位，有利于纳米乳液稳定性的增强。

【注意事项】

1. 利用动态光散射测定粒子水动力学半径和 Zeta 电位时，需要戴手套，不可用手直接接触样品池下半部分，避免污染。

2. 改性锂皂石需分散在油相中而非水相。

【思考题】

1. 温度接近 90℃时，非离子表面活性剂溶液变浑浊的原因是什么？

2. 改性锂皂石提高乳液稳定性的原理是怎样的？

实验 19-3 改性聚合氮化碳 Zeta 电位的测定及其在抑菌中的应用 Determination of Zeta Potential of Modified Polymerized Carbon Nitride and Its Application in Antibacterial

聚合氮化碳(简称氮化碳，常表示为 g-C_3N_4)作为一种新型的有机光催化剂，以其无毒、成本低、能带结构适宜、生理稳定性和生物相容性良好而受到研究者的广泛关注。目前制备氮化碳的方法主要包括热聚合法、模板法、溶剂热法、固相反应法和电化学沉积法等。现已制备出多种形貌，包括量子点、纳米棒、纳米片、纳米球等。它们被广泛应用于光催化水分解、CO_2 还原、污染物降解、抑菌等多个领域。例如，霍宇凝课题组[14] 以不同粒径的二氧化硅球为硬模板，合成了氮化碳纳米网(图 19-10)，网孔大小各异，可有效吸附并捕获细菌。通过 Zeta 电位测试辅证材料的吸附作用是否由静电作用引起。新制备氮化碳的水相 Zeta 电位为负值，可通过盐酸溶液处理，使氮化碳质子化，Zeta 电位变为正值[15]。氮化碳杀菌过程中可能产生的活性氧物种包括羟基自由基(·OH)、超氧自由基(·O_2^-)和单线态氧($^1O_2$)。

【实验目的】

1. 通过 Zeta 电位测试确定两种氮化碳的等电点。

2. 了解 Zeta 电位对材料抑菌应用的影响。

【仪器与试剂】

纳米粒度电位仪，紫外分光光度计，扫描电子显微镜，马弗炉，pH 计，超声波清洗机，恒温培养摇床，电热恒温培养箱，离心机，鼓风干燥箱，Zeta 电位池，1 mL 注射器，氙灯光源(300 W)。

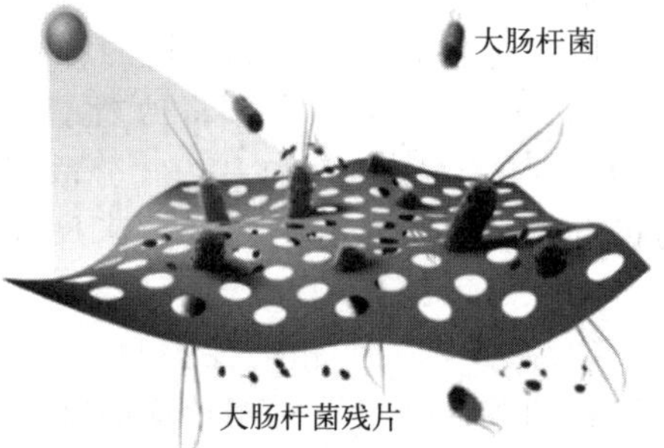

图 19-10 氮化碳纳米网光催化抗菌过程示意图[14]

尿素，盐酸溶液(1.5 mol/L)，对苯二甲酸(TA)，1,3-二苯基异苯并呋喃(DPBF)，氯化硝基四氮唑蓝(NBT)，正丁醇(40 mmol/L)，色氨酸(10 mmol/L)，苯醌(0.2 mmol/L)，氯化钠，氯化钾，胰蛋白胨，酵母提取物，磷酸二氢钾，磷酸氢二钠，不同浓度氯化钠溶液(10^{-5} mol/L、10^{-2} mol/L 和 10^{-1} mol/L)，氯化镁溶液(0.1 mol/L)，氯化铝溶液(0.1 mol/L)，氢氧化钠溶液(0.1 mol/L)，盐酸溶液(0.1 mol/L)，超纯水。

【实验步骤】[11]

1. 氮化碳的制备

将 20 g 尿素加入带盖刚玉坩埚中，在 500 ℃马弗炉中煅烧 2 小时，升温速率为 5℃/min，自然冷却至室温后，得黄色固体，即为氮化碳。

2. 质子化氮化碳的制备

将 0.5 g 氮化碳加入 100 mL 1.5 mol/L 盐酸溶液中，超声 5 min，搅拌 6 小时，过滤，洗涤，60 ℃干燥 12 小时，得质子化氮化碳。

3. 无机盐浓度和 pH 对 Zeta 电位的影响

在 10 mL 配制好的不同浓度氯化钠溶液中各加入 2 mg 氮化碳粉末，测定各样品的 Zeta 电位，考察无机盐浓度对 Zeta 电位的影响。配制 10 mL 含 2 mg 氮化碳的一系列溶液，共 8 份，利用盐酸和氢氧化钠溶液调节 pH 值分别为 3～10，考察 pH 对 Zeta 电位的影响。

4. 细菌悬浮液制备(选做实验，细菌溶液的制备可由指导教师完成)

对实验用品先进行灭菌处理，选取大肠杆菌为受试菌，用胰蛋白胨(5 g)、酵母提取物(2.5 g)和氯化钠(5 g)配制 500 mL 液态 Luria-Bertani(LB)培养基，用氯化钠(4 g)、氯化钾(0.1 g)、磷酸二氢钾(0.12 g)和磷酸氢二钠(0.72 g)配制 500 mL(0.01 mol/L PH＝7.4)磷酸盐缓冲液(PBS)并灭菌，配制受试菌液(菌体浓度为 0.8～10^6 CFU/mL)。

5. 活性氧物种的定性测定

(1)对苯二甲酸(TA)与·OH 结合生成具有荧光性质的邻羟基对苯二甲酸，在 426 nm 处有荧光信号，故使用 TA 检测·OH。配制不同浓度的氮化碳和质子化氮化碳的水悬浮液，TA 浓度为 0.1 mmol/L，光照不同时间，过滤，利用荧光分光光度计测定滤液在激发波长为 365 nm、发射波长为 426 nm 处的荧光强度。

(2)1,3-二苯基异苯并呋喃(DPBF)在 410 nm 有强吸收峰，$^1O_2$ 存在时，DPBF 吸收峰会降低，故可使用 DPBF 检测$^1O_2$。配制不同浓度的氮化碳和质子化氮化碳的水悬浮液，DPBF 浓度为 50 ppm，光照不同时间，过滤，利用紫外分光光度计测定滤液在 410 nm 处的吸光度。

(3)氯化硝基四氮唑蓝(NBT)与·O_2^- 结合生成的单甲臜在 600 nm 处有吸收峰，故可使用 NBT 检测·O_2^-。配制不同浓度的氮化碳和质子化氮化碳的水悬浮液，NBT 浓度为 0.2 mmol/L，光照不同时间，过滤，利用紫外分光光度计测定滤液在 600 nm 处的吸光度。

6. 活性氧物种猝灭实验(选做)

针对活性氧物种·OH、$^1O_2$ 和·O_2^-，分别使用正丁醇(40 mmol/L)、色氨酸(10 mmol/L)和苯醌(0.2 mmol/L)作为淬灭剂，进一步验证发挥主要作用的活性氧物种的种类。

7. 细菌观察实验(选做)

将催化剂浓度控制在 200 mg/L，菌体浓度控制在 10^6 CFU/mL，利用扫描电子显微镜观察光照前后细菌和催化剂的形貌变化。

【结果分析】

1. 测试溶液中引入光化学探针，可能会影响液相活性粒子的化学反应体系，影响活性粒子的准确定量，一般仅用于定性分析。

2. 目前利用分光光度计检测活性粒子都属于离线检测，实现在线检测困难，可考虑使用大型仪器电子顺磁共振波谱仪。

【注意事项】

实验中产生部分废物，需用高温高压灭菌装置处理。

【思考题】

1. 催化剂在抑菌过程中产生的活性物种是如何达到抑菌效果的？何种电性的颗粒抑菌效果更好？

2. 电子顺磁共振波谱仪检测活性氧物种的机理是什么？

【参考文献】

[1] Lunardi C N，Gomes A J，Rocha F S，et al. Experimental methods in chemical engineering：Zeta potential [J]. The Canadian Journal of Chemical Engineering，2021，99 (3)：627-639.

[2] Walters M, Al Aani S, Esteban P P, et al. Laser Doppler electrophoresis and electro-osmotic flow mapping for the zeta potential measurement of positively charged membrane surfaces [J]. Chemical Engineering Research and Design, 2020, 159: 468-476.

[3] Bhattacharjee S. DLS and zeta potential - What they are and what they are not? [J]. Journal of Controlled Release, 2016, 235: 337-351.

[4] 翁优灵，沙爱民．多普勒电泳光散射 Zeta 电位分析新技术 [J]. 中国测试技术，2005 (4)：20-23.

[5] Kamble S, Agrawal S, Cherumukkil S, et al. Revisiting Zeta potential, the key feature of interfacial phenomena, with applications and recent advancements [J]. ChemistrySelect, 2022, 7: e202103084.

[6] Liao N N, Wu C B, Xu J D, et al. Effect of grinding media on grinding-flotation behavior of chalcopyrite and pyrite [J]. Frontiers in Materials, 2020, 7: 176.

[7] Zhao Y, Peng F F, Ke Y C. Design and characterization of oil-in-water nanoemulsion for enhanced oil recovery stabilized by amphiphilic copolymer, nonionic surfactant, and LAPONITE® RD [J]. RSC Advances, 2021, 11 (4): 1952-1959.

[8] Marín-Suárez M, Medina-Rodríguez S, Ergeneman O, et al. Electrophoretic deposition as a new approach to produce optical sensing films adaptable to microdevices [J]. Nanoscale, 2014, 6 (1): 263-271.

[9] López-Maldonado E A, Oropeza-Guzman M T, Jurado-Baizaval J L, et al. Coagulation-flocculation mechanisms in wastewater treatment plants through zeta potential measurements [J]. Journal of Hazardous. Materials, 2014, 279: 1-10.

[10] Yin W Y, Yu J, Lv F T, et al. Functionalized nano-MoS_2 with peroxidase catalytic and near-infrared photothermal activities for safe and synergetic wound antibacterial applications [J]. ACS Nano, 2016, 10 (12): 11000-11011.

[11] Li Y H, Wang Q B, Qu X Y, et al. A metalloporphyrin and hydantoin functionalized nanozyme with synergistically enhanced bacterial inhibition [J]. Biomaterials. Science, 2023, 11 (5): 1785-1796.

[12] Ni Y S, Shi S, Li M, et al. Visible light responsive, self-activated bionanocomposite films with sustained antimicrobial activity for food packaging [J]. Food Chemistry, 2021, 362: 130201.

[13] StöBer W, Fink A, Bohn E. Controlled growth of monodisperse silica spheres in the micron size range [J]. Journal of Colloid and Interface Science, 1968, 26 (1): 62-69.

[14] Li H F, Ding M N, Luo L L, et al. Nanomesh-structured graphitic carbon nitride polymer for effective capture and photocatalytic elimination of bacteria [J]. ChemCatChem, 2020, 12 (5): 1334-1340.

[15] Yu F, Deng Q H, Li H P, et al. A general strategy to synthesize single-atom metal-oxygen doped polymeric carbon nitride with highly enhanced photocatalytic water splitting activity [J]. Applied. Catalysis B: Environmental, 2023, 323: 122180.

第二十章　纳米压痕测试

Nanoindentation Test

第一节　仪器结构与原理

一、技术概述及发展历程

通过力学实验确定材料的力学性能参量，对照材料的成分、组织结构等进行综合分析，是材料研究的常用方法。力学性能测试是提取和显示材料变形和破坏特性的过程，是保证和提高产品质量的有效手段，也是研究和发展新材料以及与其密切相关的新技术、新工艺、新产品的基础技术。传统力学实验仪器主要包含两类：一类是材料试验机，常采用拉伸、压缩、扭转、剪切等简单应力加载方式进行实验；另一类是硬度计，加载方式以压入或者划擦加载方式为主，测试过程包括了弹性变形、塑性变形、破坏等，属于复杂应力状态试验。

近年来，力学测试的新需求强劲，形式多样，推动着传统测试技术的持续完善和新型测试技术的不断涌现，随着表面改性材料、薄膜材料、复合多相材料、MEMS（微电子机械系统）材料、纳米材料等领域的快速发展，针对表面、界面、过渡层、二次相等微小尺度材料力学性能的可靠测量需求非常迫切，传统力学性能测试手段已无法满足上述材料的要求，仪器化压入技术应运而生。仪器化压入技术借助高精度的力、位移控制系统，将特定形状的坚硬压头压入材料表面，通过加载—保载—卸载等测试流程对材料进行测试，并实时记录全过程的力、位移数据，通过力学分析识别出材料的硬度和力学性能参量。2015 年，最新版的国际标准 ISO 14577-1《金属材料硬度和材料参数的仪器化压痕试验　第 1 部分：试验方法》中，按施加的载荷 F 和压入的深度 h，将测量范围划分为：纳米范围、显微范围和宏观范围。先进材料测试与制造平台采购的纳米力学测试系统 TI980 主要涉及纳米范围，本文中将仪器化压入技术统一简称为纳米压痕技术。

纳米压痕技术经历了长期的发展改进，1961 年史迪威（Stillwell）和泰伯（Tabor）提出了利用压头压入后抬起时的弹性恢复来推算材料力学性能的方法；1975 年布雷切夫（Bulychev）提出了接近现在应用的处理方法，即通过载荷-深度曲线的卸载部分，计算测量接触面积的处理方法；1992 年奥利弗（Oliver）和法尔（Pharr）在前人研究的基础上，改进卸载曲线上半部的拟合方法，奠定了现代纳米压痕技术的基础。最早将 Oliver&Pharr 理论进行成熟化商业应用的是美国的海思创（Hysitron）公司［现隶属于布鲁克（Bruker）公司］和 Nano Indenter 公司［现隶属于科磊（KLA）公司］，如图 20-1 所示，是目前两公司最先进的两款主流型号纳米压痕设备，两款

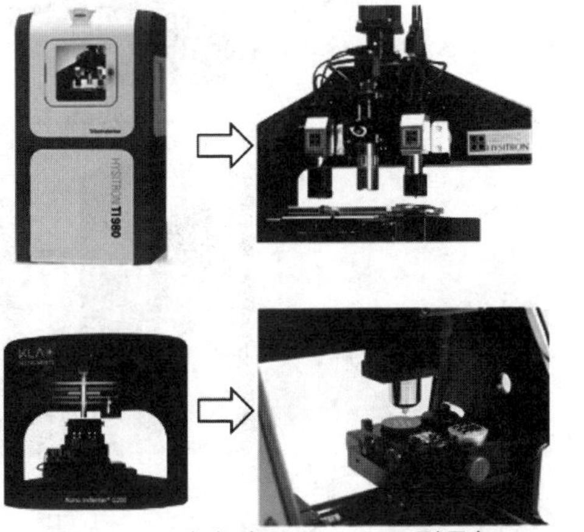

图 20-1　布鲁克公司 TI980 型号与科磊公司 G200 型号

机型基础配置的测试条件均是室温、干燥、大气环境。

纳米压痕技术可直接测得多相混合物中各相的独立力学性能，是分析材料宏观性能与微观成分、组织结构关联的重要纽带，在 3D 打印、表面工程、非晶合金及高熵合金等热门领域均有广泛应用。对于传统测试手段难以处理的微小样品、不规则形状样品及薄膜样品等，纳米压痕技术可有效评估其力学性能。在高精密制造、航空航天、芯片研制及生物医学等领域，以纳米压痕为代表的精密力学性能测试技术具有不可或缺的作用。纳米压痕设备对金属材料、陶瓷材料、聚合物材料、无机非金属材料、膜材料及复合材料的常规性能测试均具有稳定可靠的表现(如图 20-2)。

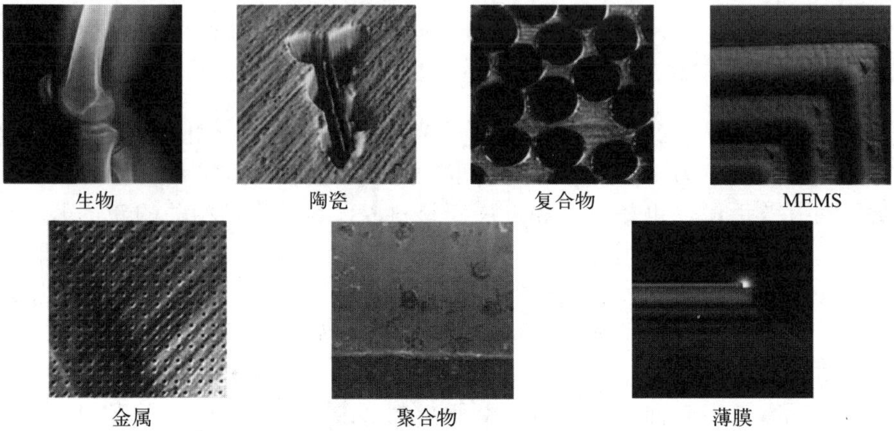

图 20-2　纳米压痕应用领域举例

随着纳米压痕技术日益成熟，其应用领域逐步扩展，特殊环境下的测试需求愈发迫切。设备厂商针对主流机型开发了配套测试环境模块(如图 20-3)，包括高温模块、低温模块、液体-电化学模块及气氛环境模块等。特殊环境下的纳米压痕测试可使测试条件更贴近实际工况，测试结果能更真实地反映材料在实际应用中的性能表现，这对关键核心领域的新材料研发具有重要指导意义，同时也大幅拓宽了该技术的应用范围。

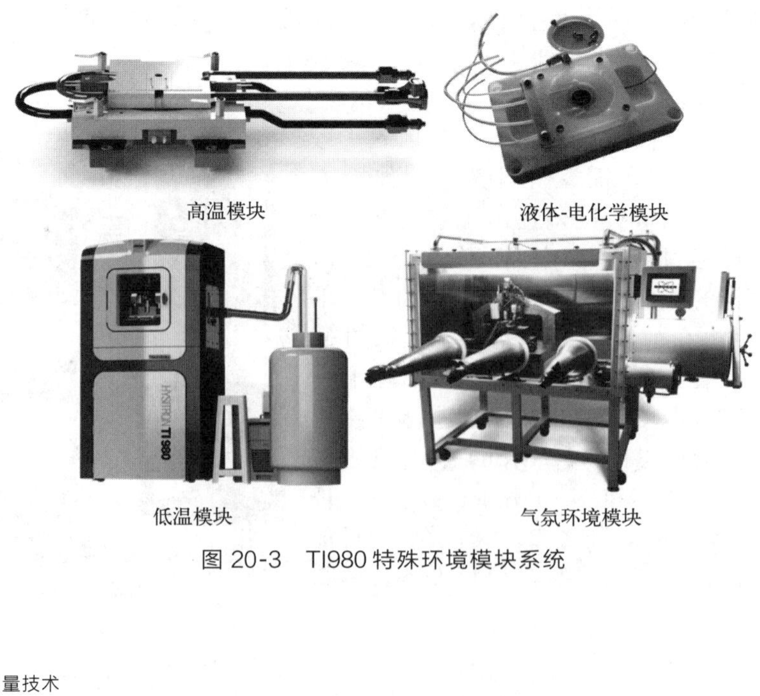

图 20-3　TI980 特殊环境模块系统

二、基本原理[1]

纳米压痕测试的核心技术是通过高精度的力传感器和位移传感器，对样品实现精准可控的压入操作，精准记录全过程的压入载荷 P、压入深度 h，并绘制载荷-深度曲线。通过对载荷-深度曲线进行拟合并计算，可以得到材料的接触刚度 S，对曲线进行面积积分，可以得到压入总功 W_t、卸载功 W_u。在力学建模时，需要计算压头的接触投影面积，将实际使用的棱锥压头等效为圆锥压头，既使用上述部分测量参量作为直接分析参量，还引入间接分析参量，例如，压入接触深度 h_c 和接触面积 $A(h_c)$。h_c 和 $A(h_c)$ 为非直接测量参量，需通过力学模型与压入深度 h 建立关系。本文主要介绍比较常用的 Oliver&Pharr 方法。

1992 年，奥利弗和法尔[2] 在前人工作的基础上，改进卸载曲线的拟合计算方法，优化接触刚度计算方法，完善了硬度和弹性模量的分析计算方法，并以此理论为依托，推动了纳米压痕仪器的研制和应用，为纳米压痕技术的广泛应用奠定了基础。目前，该方法已成为纳米压痕技术的核心理论，并在长期实践中持续完善，近年来新的纳米压痕测试技术，如连续刚度测量技术，也有其独到的应用优势，相应的技术理论也在不断完善。下面主要介绍该 Oliver&Pharr 分析方法的核心原理。

该方法默认压头与试样符合弹性接触理论[3]，即满足以下基本假设：试样为各向同性的、成分属性均匀的材料，忽略结构取向、成分波动与尺度效应的影响；试样几何尺寸远大于压入深度，忽略边界效应的影响；试样表面为几何平面，忽略表面粗糙度与摩擦的影响；接触深度总是小于压入深度，仅适用于压入凹陷的变形模式；试样无蠕变和松弛，忽略时间因素的影响。

测试包括加载和卸载两段，对其中的卸载段曲线采用幂函数关系进行拟合：

$$P=A(h-h_f)^m \tag{20-1}$$

式中，A、m 和 h_f 为采用最小二乘法拟合获得的参数。拟合范围通常选为卸载曲线中上部，观察拟合曲线和卸载曲线的逼近效果，调整拟合范围，直到确定出最佳的拟合参数。

对式(20-1)求导，并在 h_{max} 处取值，可获得接触刚度 S 为

$$S=\frac{dP}{dh}\Big|_{h=h_{max}}=Am(h_{max}-h_f)^{m-1} \tag{20-2}$$

确定接触深度 h_c 为

$$h_c=h_{max}-\varepsilon\frac{P_{max}}{S} \tag{20-3}$$

式中，$\varepsilon P_{max}/S$ 为试样的压入变形量，由于要求 $h_c>0$，该式仅适用于压入凹陷的变形模式；ε 为与压头形状有关的常数，对于玻氏压头、维氏压头和球压头，$\varepsilon=0.75$，对于圆锥压头，$\varepsilon=0.72$。

对于特定的压头，接触深度 h_c 与接触面积之间存在一定的函数计算关系，即面积函数 $A(h_c)$。受限于加工精度和使用过程中的累积磨损，压头实际形状与理论的三棱锥形或者圆锥形存在偏差，因此需要定期对压头的实际面积函数进行修正。接触深度 h_c 和面积函数 $A(h_c)$ 符合下述多项式关系：

$$A(h_c)=\sum_{i=0}^{5}C_i h_c^{\frac{1}{2^{i-1}}} \tag{20-4}$$

式中，C_i 为拟合系数。使用已知性能的标准熔融石英样品对压头面积函数进行校正，即可得到多项式中 C_i 的数值，将最大载荷处的 h_c 代入式(20-4)，即可得到最大载荷处的投影面积 A_c。

将最大载荷处的接触刚度 S、投影面积 A_c 代入下述公式(20-5)，即可计算得到样品折合模量(reduced modulus)E_r。

$$E_r=\frac{\sqrt{\pi}}{2\beta}\times\frac{S}{\sqrt{A_c}} \tag{20-5}$$

式中，β 为与压头几何形状有关的常数[有些厂家软件已经将几何形状计算在面积函数内，即已经将 β 纳入面积函数 $A(h_c)$ 中，此时式(20-5)中 $\beta=1$]，球形压头 $\beta=1.000$，玻氏压头 $\beta=1.034$，维氏压头 $\beta=1.012$。

试样材料的折合模量(reduced modulus)E_r 可进一步通过下述公式(20-6)进行校正。

$$\frac{1}{E_r}=\frac{1-v_i^2}{E_i}=\frac{1-v^2}{E_{IT}} \tag{20-6}$$

式中，E_i 和 v_i 是压头材料的弹性模量和泊松比，金刚石取 1140GPa 和 0.07；E_{IT} 和 v 是试样材料的压入弹性模量和泊松比。在确定 E_{IT} 时，如果不知道 v，可以参照公开发表的数据。常见材料的 v 为 0.15～0.35。如果 $v=0.25\pm0.1$，由此导致的 E_{IT} 的偏差为 5.3%。

压入硬度(H_{IT})定义为最大压入载荷除以此时压头与试样接触的投影接触面积。

$$H_{IT}=\frac{F_m}{A(h_c)} \tag{20-7}$$

需要注意，压入硬度(H_{IT})是压头作用于试样材料上的平均接触压力，其在物理内涵上等同于 Meyer 硬度。

该方法的分析流程如下：①利用式(20-1)的幂函数关系拟合卸载曲线；②根据式(20-2)计算接触刚度 S；③根据式(20-3)计算接触深度 h_c；④基于校准后的面积函数 $A(h_c)$，利用式(20-4)计算最大载荷处的投影接触面积 A_c；⑤结合 S 和 A_c，利用式(20-5)计算折合模量 E_r；⑥利用式(20-6)校正得到试样的压入弹性模量 E_{IT}；⑦利用式(20-7)计算压入硬度 H_{IT}。

三、仪器结构及工作原理

目前，纳米压痕仪的加载方式主要为电磁驱动或静电驱动。电磁驱动类仪器典型结构示意图参见图 20-4(a)[4]。其中，1 代表试样、载物台及平移台，主要是支撑并固定样品，通过平移台的精准移动控制压入在指定位置；2 代表压杆及压头，是活动部件，在压痕试验过程中沿轴向进行一维运动；3 代表机架，主要是承载各个部件，目前主流机架多选用龙门式花岗岩机架，刚性大，稳定性好，机架一般配置有减震系统，以有效抑制环境扰动的影响；4 代表平板电容传感器，通过检测平板电容的微小变化，精确测量压头的位移量；5 代表柔性支撑弹簧，为活动部件(压杆/压头)提供悬浮支撑力，并允许其进行轴向运动；6 代表电磁驱动线圈，为活动部件提供轴向运动的驱动力。电磁驱动线圈的结构原理如图 20-4(b)[4]所示。线圈悬浮于磁轭之间的环形气隙中，当线圈在准均匀磁场中运动时，根据洛伦兹力定律，其产生的轴向驱动力 $F_e(t)$ 正比于磁感应强度 B 和线圈导线中的电流强度 $I(t)$，即 $F_e(t)=BlI(t)\propto I(t)$，$l$ 为线圈导线长度。静电驱动类仪器原理与电磁驱动类不同，以布鲁克的纳米压痕仪 HYSITRON TI980 为例，其核心采用三板式电容结构(通常包含驱动电极和传感电极)。驱动电极施加电压产生可控的静电力[$F_e(t)\propto V^2(t)$]，作用于活动部件提供驱动力。同时，通过精确测量三板间电容的变化来检测位移；压电陶瓷元件通常集成在系统中，用于提供快速、小范围的闭环位移控制或振动补偿，除驱动/位移传感部分外，仪器的其他主要结构(如机架、载物台、压头等)通常与电磁驱动式类似。

四、主要功能及代表性应用[1]

近年来，纳米压痕相关的测试技术发展迅速，在传统的压痕基础上，划痕测试、断裂韧性

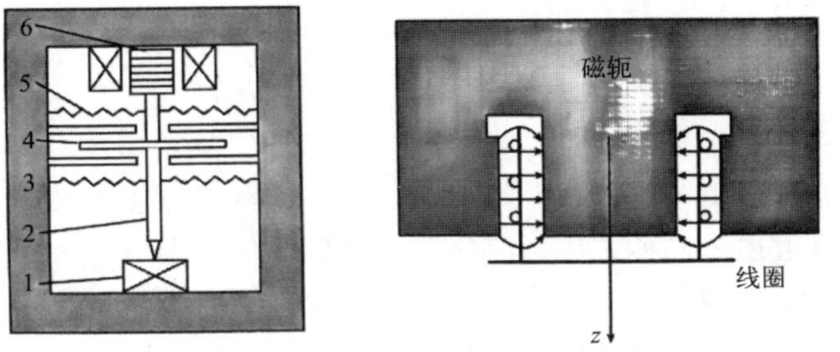

(a)　　　　(b)

图 20-4　纳米压痕仪的基本结构

（a）纳米压痕仪的结构示意图；（b）电磁驱动线圈的结构原理示意图

测试、nanoDMA 测试、摩擦磨损测试、微柱压缩、悬臂梁压弯等衍生技术应用日益成熟，可高通量获取硬度及多维度力学参数，包括弹性模量、塑性应变硬化指数、断裂韧性、黏弹性松弛时间等，还可表征微尺度材料的相变行为、疲劳裂纹扩展及界面黏附力等动态响应。

1. 块体材料的硬度和模量

可使用两种测量方法：①单一刚度测量方法测定最大压入深度处的硬度和模量；②连续刚度测量方法测定随深度变化的硬度和模量。对于均一的块体材料，选择恰当的测试参数，两种测试方法在最大载荷处的结果差异很小。

2. 薄膜材料的硬度和模量

对于薄膜材料，除压头尖端钝化外，薄膜厚度、膜材和基材性质等也成为重要影响因素。如果按膜材和基材的硬度划分，薄膜分软膜硬基和硬膜软基两类。对于薄膜材料也可以采用单一刚度测量方法和连续刚度测量方法两种方式测量。采用单一刚度测量方法时，需要注意控制压入深度，当压入深度 h 小于膜厚 t 的 10%时，基底对测试结果的干扰影响小于 2%，基底影响可以忽略不计，这就是薄膜测试的 1/10 厚度原则。该原则是相对保守的，实际测试软膜硬基的样品时发现，当压入深度大于 10%时，基底的影响往往也很小。连续刚度测量适合薄膜测试，连续刚度测量方法可以获取薄膜硬度和模量随深度变化的情况，结合 1/10 厚度原则，可对测试结果进行节选分析。

3. 断裂参数

简要列举三种典型断裂韧度的测试方法。

(1) 劳恩(Lawn)和埃文斯(Evans)等提出基于维氏硬度技术的方法

根据断裂力学分析，劳恩和埃文斯等提出压入断裂韧度的表达式[5]

$$K_{\mathrm{IC}}=\delta\left(\frac{E}{H}\right)^{1/2}\frac{F_{\mathrm{m}}}{c^{3/2}} \tag{20-8}$$

式中，采用维氏硬度计，施加作用在压头上的载荷为 F_{m}；测量硬度为 H；弹性模量 E 通过其他方式测定或查手册确定；显微镜测量径向裂纹长度为 c；$\delta=0.016\pm0.004$，为与压头形状相关的经验系数。

(2) 奥利弗和法尔等提出基于纳米压入技术的方法

基于压入断裂韧度表达式(20-8)，法尔等发展采用纳米压痕仪为测量手段的测试技术。首先，采用玻氏压头测定试样材料的压入硬度和模量；其次，如果采用玻氏压头产生裂纹，$\delta=0.016$[6]，如果采用立方角压头产生裂纹，$\delta=0.036$[7]。

(3) 张泰华和冯义辉等提出基于仪器化压入技术的能量方法

基于自相似压头的压入能量标度关系，张泰华和冯义辉[8-10]提出一种压入能量方法，即使用棱锥形压头测量W_u/W_t和产生裂纹，压入断裂韧度的表达式为

$$K_{IC}=\lambda\left(\frac{W_u}{W_t}\right)^{-1/2}\frac{F_m}{c^{3/2}} \tag{20-9}$$

式中，对于立方角压头[8]、玻氏压头[9]和维氏压头[10]，λ 分别为 0.0695、0.0550 和 0.0498。本方法相对上述第二种方法，简化了测试步骤。

4. 高聚物的黏弹性参数

高聚物材料作为典型的黏弹性材料，在室温下表现出显著的时间依赖特性，其黏弹性能包括静态性能和动态性能。对于静态性能，主要研究蠕变或松弛行为；对于动态性能，主要研究损耗行为。

第二节　仪器分析实验

实验 20-1　维氏硬度及纳米压痕实验
Vickers Hardness Test and Nanoindentation Test

【实验目的】

1. 了解显微维氏硬度计的原理，了解实验样品制备方法及测试方法。
2. 了解纳米力学测试系统设备的原理，了解实验样品要求、制备方法及测试方法。
3. 对比分析宏观维氏硬度与微观纳米压痕硬度的差异，探究尺度效应与测试原理的关联性。

【仪器与试剂】

仪器：显微维氏硬度计，纳米压痕仪，金相试样抛光机(含金刚石抛光剂)，超声清洗机。

试验用样品：不同材料的金属块若干。

【实验步骤】

1. 维氏硬度

(1)制备符合维氏硬度计测试要求的样品，要求样品表面光滑平整，样品测试面与底面平行，样品高度不超过 30 mm。

(2)将试样放置在测试台上，使用显微镜辅助观察，调节获取清晰观察界面。

(3)移动测试台的 XY 轴，调节获取清晰的样品表面视野，选定需要测试的目标位置。

(4)设置适当的实验参数，开始实验。

(5)实验结束，保存实验结果，拍摄压痕照片，记录样品该处的维氏硬度值 HV。

2. 纳米压痕硬度

(1)制备符合纳米测试要求的样品，要求样品表面光滑平整，样品测试面与底面平行，样品高度不超过 35 mm。

(2)将试样使用 502 一类的胶水固定在载玻片上，等待胶水完全固化后，将样品和载玻片一起放置在测试台上，使用样品台自带的负压吸附功能固定好。

(3)移动测试台的 XYZ 轴，调节获取待测样品的清晰视野，定义好样品测试区域，使用压头测量样品表面高度。

(4)选择适合的测试方法，设置恰当的实验参数，开始实验。

(5)实验结束，保存测试结果，拍摄压痕照片。

【结果分析】

1. 对比不同材料测试的维氏硬度结果，看是否与认知的硬度大小一致。

2. 对比分析不同材料通过纳米压痕试验获得的弹性模量和硬度大小，对照维氏硬度结果，分析样品维氏硬度和纳米压痕硬度大小顺序是否一致；对照查询得到的材料宏观力学实验测得的弹性模量，分析是否与宏观测试结果一致。

3. 根据纳米压痕试验原理，理解结果中各种参量，并尝试根据公式自行推演计算结果。

【注意事项】

1. 实验样品测试表明需要抛光处理，表面状态对测试结果影响较大，如果表面有污渍或者太粗糙，会影响测试结果。

2. 设备属于精密测试仪器，所有操作务必按照操作规范进行，出现意外情况，需要及时停止设备以免造成设备损坏。

【思考题】

1. 简述纳米压痕实验结果中给出的各种参量的含义。

2. 如何使用结果中的参量计算得到弹性模量和硬度？

实验 20-2　测试材料中不同相的力学性能
Testing the Mechanical Properties of Different Phases in Materials

【实验目的】

1. 了解纳米压痕用于表征材料中不同相的方法和结果分析。

2. 了解精细测试的纳米压痕样品的制备要求和方法。

3. 探究多相材料中相组成-微观力学性能-宏观力学性能的关联规律。

【仪器与试剂】

仪器：纳米压痕仪，电解抛光仪及配套电解液，抛光机及配套抛光剂等。

试验用样品：Q345 碳钢，SiC 增强的铝合金等多相共存的样品。

【实验步骤】

1. 测试样品的要求

(1)基本要求：测试面整体光滑平整，测试面平行于底面。

(2)样品中的相尺寸较大时，一般可以使用光镜辅助测试，但要求不同的相可以通过纳米压痕的光镜进行区分。

(3)样品中的相尺寸较小(相尺寸小于 5 μm)，一般需要使用 SPM(scanning probe microscope)模式进行辅助测试，SPM 测试对样品要求更高，要求不同的相表面光滑且有一定高度差。

2. 样品制备

(1)从低到高，依次使用不同目数的砂纸对样品进行打磨，同时调节测试面和底面的平行度。

(2)根据样品属性选择使用电解抛光或者是抛光机抛光样品。

(3)抛光后使用光镜观察样品，查看抛光质量是否达到要求，并确定能否用光镜对不同相进行区分。对于相尺寸较大，且光镜可以区分的样品，制样结束，如果不能区分，可以考虑使用腐蚀剂，轻微腐蚀，以便区分不同相；对于相尺寸较小的样品，一般需要轻微腐蚀后测试。

3. 纳米压痕测试

(1)将试样使用502一类的胶水固定在载玻片上，等待胶水完全固化后，将样品和载玻片一起放置在测试台上，使用样品台自带的负压吸附功能固定好。

(2)移动测试台的 XYZ 轴，调节获取待测样品的清晰视野，定义好样品测试区域，使用压头测量样品表面高度。

(3)对于相尺寸较大，可以用光镜直接进行区分的样品，利用纳米压痕光镜的十字光标，确定准确的测试位置。测试前，对于不同的相，尝试参数，选择一个对多种相都适用的载荷。随后，针对不同的相，选取相同测试载荷，分别选取若干个点进行测试。

(4)对于相尺寸较小的样品，首先使用光镜辅助定位目标区域，该目标区域有多种相共存；再启用SPM模式，扫描获取目标区域的放大图像，根据实际需要选择放大区域大小，在放大图的指引下，点选需要测试的不同相，设置载荷测试曲线，对不同的相进行多点测试；测试完毕，对该区域进行精细扫描，获取压痕后的区域图像。

【结果分析】

1. 结合不同相的成分、结构等，对不同的相的力学性能进行对照分析。

2. 结合不同相的占比、力学性能，对材料的宏观力学性能进行推演分析；如果实测的材料的宏观力学性能，可以与推演结果对照分析。

3. 使用扫描电镜图或者SPM图，对不同相的压痕进行观察表征。

【注意事项】

1. 实验样品制备对测试结果影响较大，相尺寸越小的精细测试对制样要求越高，过度腐蚀会一定程度改变材料表面性能，所以样品尽量选择轻微腐蚀。

2. 设备属于精密测试仪器，所有操作务必按照操作规范进行，出现意外情况，需要及时停止设备以免造成设备损坏。

【思考题】

1. 分析组成样品的相的力学性能与样品整体的宏观力学性能的关系。

2. 阐述SPM模式的原理与局限性。

实验20-3 测试涂层材料的力学性能
Testing the Mechanical Properties of Coating Materials

【实验目的】

1. 了解纳米压痕用于表征涂层材料的方法和结果分析。

2. 了解涂层材料用于不同类型测试的纳米压痕样品的制备要求和方法。

【仪器与试剂】

纳米压痕仪，冷镶嵌剂，抛光机及配套抛光剂。

试验用样品：表面有有机涂层的样品(测表面)，表面有熔覆涂层的金属样品(镶嵌磨抛测截面)。

【实验步骤】

1. 测试样品的要求

(1)基本要求：测试面整体光滑平整，测试面平行于底面。

(2)如果要测试涂层的表面，对于块体上的涂层材料，可以将块体直接固定在载玻片上，依附于条带一类的柔性基底的涂层材料，在粘贴固定时，需要确保粘贴平整，无气泡，排除多余的胶水。

(3)如果要测试涂层截面，需要使用镶嵌料辅助，获取光滑的截面。

2. 样品制备

(1)测试涂层表面的样品，直接使用胶水固定基底即可。

(2)测试涂层截面的样品，一般使用冷镶嵌剂，将样品进行固定；使用不同目数的砂纸和抛光机依次对样品进行处理，获取光滑平整的样品截面。

3. 纳米压痕测试

(1)涂层表面单刚度测试：此种情况下，默认涂层材料性能与压痕压入深度关联不大，根据压头特性和材料性能，选择适当的载荷，对涂层表面进行多点压痕测试，涂层材料往往存在一定的表面粗糙度和成分、结构的不均一性等特点，需要尽量多测一些点，以便后续对结果进行统计处理。

(2)涂层表面连续刚度测试：某些涂层材料从表面向下，随着深度增加，性能会发生一定变化，使用连续刚度测试可以获得从表面向内部的性能变化曲线。进行连续刚度测试时，首先需要对测试过程进行参数调校，使得压头与材料的相互作用处于最佳测试状态。

(3)涂层截面测试：有些涂层表面粗糙度较大，表面测试结果波动较大，或者是材料厚度非常大，从表面进行连续刚度测试无法表征性能随深度的变化，可以对涂层截面进行单刚度测试，既可以准确表征涂层材料性能，又可以获得随深度的性能变化曲线。

【结果分析】

1. 针对涂层材料表面进行的多个点的单刚度测试结果，查看结果分布情况，剔除明显偏离整体趋势的测试结果，对剩余结果进行统计分析，获取平均值和分布情况。

2. 针对涂层材料表面进行的连续刚度测试结果，提取出材料性能随深度变化的曲线，分析性能变化情况。

3. 针对涂层截面进行的单刚度测试结果，绘制从涂层表面向内部随深度变化的曲线，同一深度的多点结果，可以进行统计平均。

【注意事项】

1. 涂层材料的表面粗糙度、致密性、均一性等对结果影响比较大，尽量选择平滑密实的区域进行测试。

2. 如果涂层材料质地疏松，或者可能会在制样过程中发生反应变化，则不适合获取截面进行测试。

【思考题】

1. 如何去分析连续刚度法测试得到的结果？

2. 连续刚度法和截面测试都可以获得随深度变化的性能曲线，两者有什么区别？

【参考文献】

[1] 张泰华. 微/纳米力学测试技术：仪器化压入的测量、分析、应用及其标准化［M］. 北京：科学出版社，2013.

[2] Oliver W C，Pharr G M. An improved technique for determining hardness and elastic modulus using load and displacement sensing indentation experiments［J］. Journal of Materials Research，1992，7（6）：1564-1583.

[3] Pharr G M，Oliver W C，Brotzen F R. On the generality of the relationship among contact stiffness，contact area，and elastic modulus during indentation［J］. Journal of Materials Research，1992，7（3）：613-617.

[4] Huan Y，Liu D X，Yang R，et al. Analysis of the practical force accuracy of electromagnet-based nanoindenters［J］.

Measurement, 2010, 43 (9): 1090-1093.

[5] Lawn B R, Evans A G, Marshall D B. Elastic/plastic indentation damage in ceramics: The median/radial crack system [J] . Journal of the American Ceramic Society, 1980, 63 (9/10): 574-581.

[6] Pharr G M, Harding D S, Oliver W C. Measurement of fracture toughness in thin films and small volumes using nanoindentation methods [M] // Mechanical Properties and Deformation Behavior of Materials Having Ultra-Fine Microstructures. Dordrecht: Springer Netherlands, 1993: 449-461.

[7] Harding D S, Oliver W C, Pharr G M. Cracking during nanoindentation and its use in the measurement of fracture toughness [J] . MRS Proceedings, 1994, 356: 663-668.

[8] Zhang T H, Feng Y H, Yang R, et al. A method to determine fracture toughness using cube-corner indentation [J]. Scripta Materialia, 2010, 62 (4): 199-201.

[9] 冯义辉．脆性材料断裂韧度的仪器化压入测试技术 [D] . 北京：中国科学院大学，2011.

[10] Feng Y H, Zhang T H, Yang R. A work approach to determine vickers indentation fracture toughness [J] . Journal of the American Ceramic Society, 2011, 94 (2): 332-335.